전기기기

이철직 · 이택기 · 김남준
홍정표 · 조수억 · 이상훈 공저

도서출판 태영문화사

머 리 말

최근 산업사회의 전반에 걸쳐 전기에너지에 대한 관심이 크게 고조되고 있다. 특히 IT 산업을 필두로 정보화 사회의 기본 인프라를 구축하는데 전기공학이 근본을 이루고 있다고 해도 과언이 아니다. 향후 녹색에너지를 추구하는 미래 사회에서는 전기공학의 중요성이 더욱 부각될 것이다.

이러한 전기공학 중에서도 전기기기는 응용과학의 연구개발 분야 뿐만 아니라 산업분야의 전 영역에 걸쳐 에너지원과 동력원으로서 깊은 연관성을 갖고 있으며 그 중요성을 인정받고 있다.

전기기기 분야는 대학에서 전기공학의 핵심 교과목 중의 하나이며 국가기술자격시험의 필수 과목으로 지정되어 있고 새로운 과학기술의 도입과 개발에 따라 질적으로나 양적으로 많은 발전이 이루어지고 있다. 특히 전력전자 기술의 발달과 더불어 직류전동기 및 교류전동기의 제어는 전동기를 구동원으로 하는 모든 산업분야를 비롯해 특히 지하철, 전철, 고속전철과 같은 교통 분야에 막대한 영향을 발휘하고 있는 상황이다.

이에 따라 저자들은 기존에 이해하기 난해한 이론을 전기 분야에 종사하고 있는 모든 분들이 충분히 이해할 수 있도록 이론과 실제에 역점을 두고 내용을 기술하였다.

이 책의 구성은 제1장 전기기기의 기초, 제2장 직류기, 제3장 동기기, 제4장 변압기, 제5장 유도기, 제6장 반도체 전력변환장치 순으로 되어 있으며 각 단원의 기본적인 원리와 법칙을 그림을 통해 간결하게 기술하여 전기기기의 동작원리를 쉽게 이해할 수 있도록 하였으며 현재 산업기술의 발달 추세에 병행하여 새롭게 내용을 구성하였고 예제와 연습문제 그리고 각 단원의 내용을 정리할 수 있는 정리문제들을 수록하여 지식의 체계화 및 국가시험에 대비할 수 있도록 하였다.

이 책이 전기공학을 전공하는 학생 및 국가기술자격시험의 응시자 또는 산업현장의 기술자에게 조금이나마 보탬이 되길 바라는 마음이다.

그러나 엮어가는 중에 부족한 점이 많으리라 생각되며 부족한 부분에 관해서는 독자 여러분의 기탄없는 조언을 바라며 앞으로 계속 수정 보완하여 더 좋은 내용의 책이 되도록 하겠으며 이 책의 출판을 위해 물심양면으로 도움을 주신 도서출판 태영문화사 여러분께 깊은 감사를 드린다.

저자 씀

차 례

제1장 전기기기의 기초

제2장 직류기

제3장 동기기

제4장 변압기

제5장 유도기

제6장 반도체 전력변환장치

제 1 장 전기기기의 기초

1.1 전기기기의 분류

인간은 자연 속에 존재하는 여러 가지의 에너지를 생활에 도움이 되도록 변환하여 유효 적절하게 이용하여 왔다. 자연에 존재하는 에너지를 우리가 필요한 에너지의 형태로 변환하는 장치를 기계, 기구라 하며 에너지의 변환 중에서 하나 이상의 전기 에너지를 포함하는 것을 전기기기라 하며 기계적 운동이 포함되는 것을 전기기계, 그렇지 않은 것을 전기기구라 한다.

전기 에너지를 기계 에너지로 변환시키는 것을 전동기, 기계 에너지를 전기 에너지로 변환하는 것을 발전기라 한다.

현재 사용되고 있는 전기기기는 다음과 같이 분류된다.

- 전기기기
  - 회전기
    - 직류기
    - 교류기
      - 동기기
      - 비동기기
        - 유도기
        - 정류자기
  - 정지기
    - 변압기
    - 전력 변환기
      - 정류기
      - 인버터
      - 주파수 변환기
      - 직류 변압기

1.2 전자 유도와 전자력

1.2.1 전자 유도 작용

그림 1-1과 같이 권선을 지나가는 자속이 변화할 때, 또는 권선과 자속의 상호 운동으로 권선에 자속이 지나갈 때 권선에 기전력이 발생되는 현상을 전자 유도 작용이라 하며 이 때의 기전력을 유도 기전력 또는 유기 기전력이라 한다.

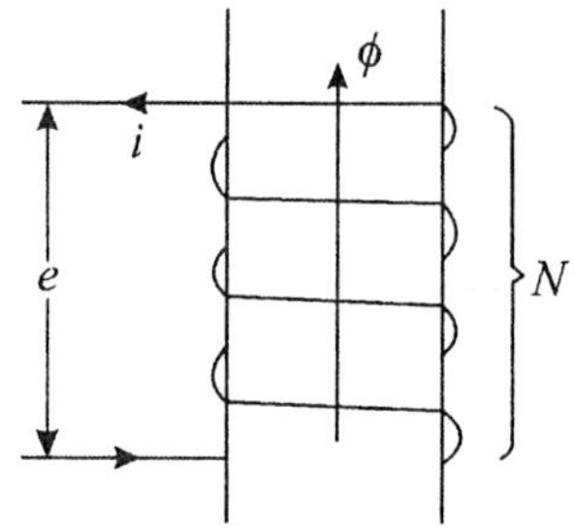

그림 1-1 패러데이의 전자 유도 법칙

권수 n인 권선에 직각으로 지나가는 자속 ϕ가 시간적으로 변화하면 권선을 쇄교하는 총 쇄교 자속은 $n\phi$이며 권선에는

$$e = -n\frac{d\phi}{dt}\,[\mathrm{V}] \tag{1-1}$$

인 기전력이 발생한다. 이것을 패러데이의 법칙이라 하고 자속을 방해하는 방향으로 기전력이 생기므로 −부호를 붙인다.

1.2.2 플레밍의 법칙

(1) 플레밍의 왼손 법칙

그림 1-2와 같이 전류가 흐르고 있는 도체를 자계 안에 놓으면 도체에 전자력이 작용한다. 즉, 자속밀도 B[Wb/m^2]의 자계에 직교하는 길이 l[m]의 도체에 i[A]의 전류가 흐를 때 도체에 작용하는 힘 F[N]는

$$F = Bil\,[\mathrm{N}] \tag{1-2}$$

으로 왼손의 엄지, 인지, 중지를 서로 직각으로 폈을 때 인지를 자계의 방향, 중지를 전류의 방향으로 하였을 때 엄지의 방향이 도체에 작용하는 힘의 방향이 되는 것을 플레밍의 왼손 법칙이라 한다.

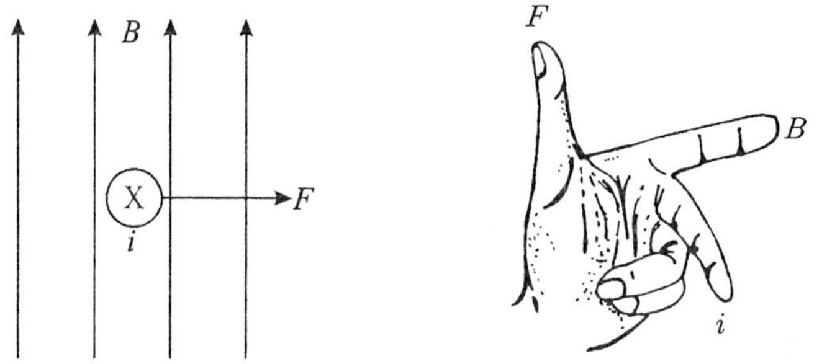

(a) (b)

그림 1-2 플레밍의 왼손 법칙

(2) 플레밍의 오른손 법칙

자속밀도 $B[\mathrm{Wb/m^2}]$의 자계 안에 길이 $l\,[\mathrm{m}]$인 도체가 $v[\mathrm{m/s}]$의 속도로 자계와 직각인 방향으로 움직였을 때 도체에 유기되는 기전력 e는

$$e = Blv\,[\mathrm{V}] \tag{1-3}$$

으로 오른손의 엄지, 인지, 중지를 서로 직각으로 폈을 때 인지를 자계의 방향, 엄지를 도체의 운동 방향으로 하였을 때 중지의 방향이 기전력의 방향이 되는 것을 플레밍의 오른손 법칙이라 한다.

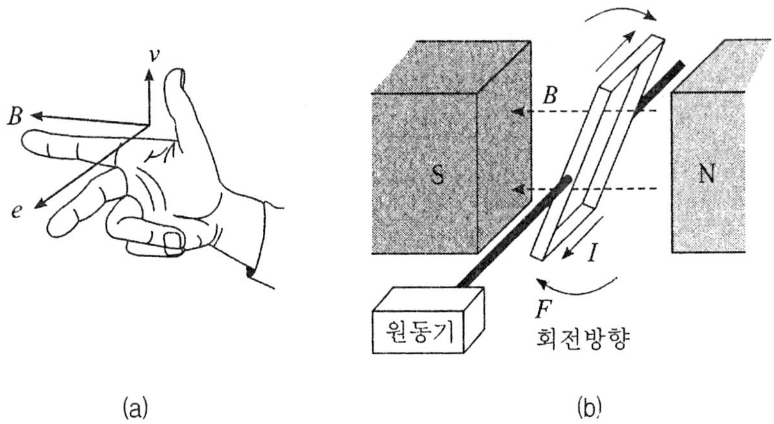

그림 1-3 플레밍의 오른손 법칙

(3) 전류의 표기

자속을 일으키는 근본은 전류(current)이다. 그런데 전류는 c로 표기하지 않고 i로 표기를 한다. 그 이유는 전류의 정의에서 알 수 있다. 전류의 정의는 단위시간당 흐르는 전하량의 비이며 1[A=C/sec]이며 일정한 전류일 때는 $I=Q/T$로 표시할 수 있다. 그런데 전하량이 시간에 따라서 연속적으로 변할 때 전류는 시간에 대한 전하량의 비, 즉 그 시점에서의 미분인 dq/dt가 전류의 정의가 된다. 따라서 전류는 순시적인 변수(instantaneous variable)라고 나타내기 위해 i로 표기한다.

$$i=\frac{dq}{dt} \tag{1-4}$$

1.3 전기기기의 손실

전기기기에서 발생하는 손실에는 기계손과 전기손이 있으며, 또한 부하전류에 따라 변하는 부하손과 부하전류에 무관한 무부하손으로 구별되며 부하손을 가변손, 무부하손을 고정손이라고도 한다. 기계손은 회전기에만 존재하는 손실로 베어링이나 브러시의 접촉 부분에서 발생하는 마찰손과 회전 부분이나 통풍 날개가 주변 공기와 부딪쳐 발생하는 풍손이 있으며 전기손에는 다음과 같은 것들이 있다.

1.3.1 철 손(iron loss)

철심을 지나가는 자속이 변화함으로써 철심에 발생하는 손실로 히스테리시스손과 와류손이 있다.

(1) 히스테리시스손(hysteresis loss)

철심에 가해지는 자계로 철심의 자속밀도가 히스테리시스 루프를 형성함으로써 철심에 발생하는 손실로 루프의 면적에 비례하며 히스테리시스손은 다음 식으로 나타낸다.

$$P_h = \eta_h \cdot f \cdot B_m{}^n \cdot V[\mathrm{W}] \tag{1-5}$$

여기서 η_h : 히스테리시스 손실 계수, f : 주파수[Hz],

B_m : 최대 자속밀도[Wb/m^2], V : 철심의 용적[m^3],

n : 열간 압연 규소 강판 : 1.6, 방향성 규소 강판 : 2.0 ~ 2.5

(2) 와류손(eddy current loss)

철심에 지나가는 자속의 변화로 철심에 기전력이 발생하여 철심에 흐르는 단락 전류를 와류라 하며 이 와류로 발생하는 손실을 와류손이라 하며 다음과 같은 식으로 나타낸다.

$$P_e = \eta_e (k_f t f B_m)^2 \cdot V[\mathrm{W}] \tag{1-6}$$

여기서 η_e : 재료의 계수, k_f는 파형율, t : 강판의 두께[m]

1.3.2 동 손(copper loss)

저항에 전류가 흐를 때 발생하는 손실로 각 권선의 동손, 브러시의 접촉 저항에 의한 동손이 있으며 저항을 R, 전류를 I라 하면 동손은 다음과 같은 식으로 나타낸다.

$$P_c = I^2 R[\mathrm{W}] \tag{1-7}$$

1.3.3 표유 부하손(stray load loss)

측정이나 계산으로 구할 수 없는 손실로 부하 전류가 흐름으로써 도체나 철심에 생기는 와류 때문에 발생하며 부하 전류의 2승에 비례한다. 또한 전류의 표피 효과로 인한 손실, 전기자 권선의 순환 전류에 의한 손실, 자속 분포의 변화에 의한 손실 등도 여기에 포함된다.

1.4 전기기기의 효율

(1) 실측 효율

기기의 입력과 출력의 비가 효율이며 입력과 출력을 측정하여 다음과 같이 백분률로 표시한 것을 실측 효율이라 한다.

$$\eta = \frac{\text{출력}}{\text{입력}} \times 100[\%] \tag{1-8}$$

(2) 규약 효율

일반적으로 기계적인 입력이나 출력은 측정하기가 힘들고 전기적인 것은 비교적 쉽게 측정할 수 있으므로 식 (1-8)을 변형해 다음과 같이 나타내는 것을 규약 효율이라 한다.

$$\eta_g = \frac{\text{출력}}{\text{출력}+\text{손실}} \times 100[\%] \tag{1-9}$$

$$\eta_m = \frac{\text{입력}-\text{손실}}{\text{입력}} \times 100[\%] \tag{1-10}$$

식 (1-9)는 발전기와 변압기의 규약 효율이고 식 (1-10)은 전동기의 규약 효율이다.

1.5 전기기기의 절연

전기기기의 권선이나 그 밖의 도전 부분의 절연은 내열 특성에 따라 구별되며 표 1-1은 종별에 따른 허용 최고 온도를 나타낸 것이다.

표 1-1 각종 절연의 허용 최고 온도(KS C 4004)

절연의 종류	허용 최고 온도[°C]	절연의 종류	허용 최고 온도[°C]
Y	90	F	155
A	105	H	180
E	120	C	180을 초과
B	130		

① Y종 절연 : 목면, 비단, 종이 등으로 구성되며 바니시에 함침하지 않은, 또는 기름(oil)에 담그지 않은 절연.

② A종 절연 : 목면, 비단, 종이와 같은 천연 식물성 및 동물성 섬유 세룰로이스 아세테이드 등의 재료로 구성되며 바니시에 함침 또는 기름에 담근 절연.

③ E종 절연 : 에나멜선용 폴리우레탄 수지 또는 에폭시 수지, 면 또는 종이 등의 적층품 등으로 구성된 절연.

④ B종 절연 : 운모, 석면, 유리 섬유 등의 재료를 접착 재료와 함께 사용한 절연.

⑤ F종 절연 : 운모, 석면, 유리 섬유 등의 재료를 실리콘, 알키드 수지 등의 접착 재료와 같이 사용한 절연.

⑥ H종 절연 : 운모, 석면, 유리 섬유 등의 재료를 규소 수지 등의 접착 재료를 사용한 절연.

⑦ C종 절연 : 운모, 석영, 유리, 도자기 등을 단독으로 사용하거나 접착 재료와 같이 사용한 절연.

1.6 전기기기의 정격

전기기기의 정격이란 기기에 대하여 지정된 조건으로 사용하는 한도로, 일반적으로 기기의 한도를 출력으로 나타내며 정격 출력이라 한다. 지정된 조건이란 정격 출력이 발생할 때의 전압, 전류, 회전 속도 등으로 정격 전압, 정격 전류, 정격 속도 등이라 하며 기기의 명판에는 이들 정격을 표시하도록 되어 있다. 온도 상승이 정격 출력을 결정하는 중요 요인이므로 기기의 사용 방법에 따라 정격을 다음과 같이 분류한다.

① 연속 정격 : 지정 조건에서 연속 사용할 때 그 기기에 대한 정격으로 정하여진 온도 상승, 기타의 제한을 초과하는 일이 없는 정격을 말한다.
② 단시간 정격 : 기기를 냉각된 상태에서 지정된 시간동안 지정된 조건으로 사용할 때의 정격으로 연속 정격보다 더 큰 정격을 지정할 수 있다.
③ 반복 정격 : 주기적으로 일정한 부하와 정지를 반복하는 기기의 정격으로 부하를 걸었을 때의 시간과 1주기의 비는 15, 25, 40, 60[%]가 표준이다.
④ 공칭 정격 : 공칭 정격은 전기 철도용의 전기기기에만 적용되는 특수 정격으로, 정격으로 연속 사용하여 기기의 온도가 최종 일정 값에 도달한 후 정격 출력의 1.5배의 부하로 2시간 연속 사용할 때 그 기기에 관한 정격에 정해진 온도 상승, 기타의 제한을 초과하는 일이 없고, 또 계속하여 정격 출력의 2배의 부하를 1분간 가하여도 이상이 발생하지 않고 그 후 정격 부하로 계속하여 사용하여도 지장이 없는 정격을 말한다.

예제 1-1

10회 감은 권선에 3초 사이에 15[Wb]의 자속이 지나갔을 때 권선의 유기 기전력[V]은 얼마인가?

풀이

권수 n은 10회, dt는 3초, $d\phi$는 15[Wb]이므로

$$e=n\frac{d\phi}{dt}=10\times\frac{15}{3}=50[\mathrm{V}]$$

예제 1-2

길이 0.5[m]의 도체가 자속밀도 0.8[Wb/m^2] 되는 자계 안에서 자계와 직각 방향으로 25[m/s]의 속도로 이동할 때 도체에 유기되는 전압은 몇 [V]인가?

풀이

$e=Blv$[V]에서 $e=0.8\times0.5\times25=10$[V]

연습문제 1

1. 패러데이의 법칙이란 무엇인가?

2. 플레밍의 오른손 법칙과 왼손 법칙이란 무엇인가?

3. 토크란 무엇인가? 전기기기의 회전운동은 어떻게 이루어지는가?

4. 전류의 표기를 왜 i로 나타내는가?

5. 자기저항이란 무엇인가?

6. 강자성체란 어떤 물질인가?

7. 강자성체 물질의 비투자율은 기자력에 따라 어떻게 변화하는가?

8. 히스테리시스란 무엇인가? 자기자구이론을 사용하여 기술하라.

9. 와전류란 무엇인가? 철심에서 와전류손실을 최소화 할 수 있는 방법은 무엇인가 기술하라.

10. 전기기기의 손실에 대하여 기술하라.

제 2 장

직류기

2.1 직류 발전기

2.1.1 직류 발전기의 원리

발전기는 전자 유도 현상을 이용하여 기계 에너지를 전기 에너지로 변환하는 장치를 말한다. 그림 2-1의 (a)와 같이 자극 N극과 S극에서 만들어지는 평등 자계 안에서 도체 a, b를 일정 속도로 회전시키면 도체에는 플레밍의 오른손 법칙에 따른 화살표 방향의 기전력이 발생된다.

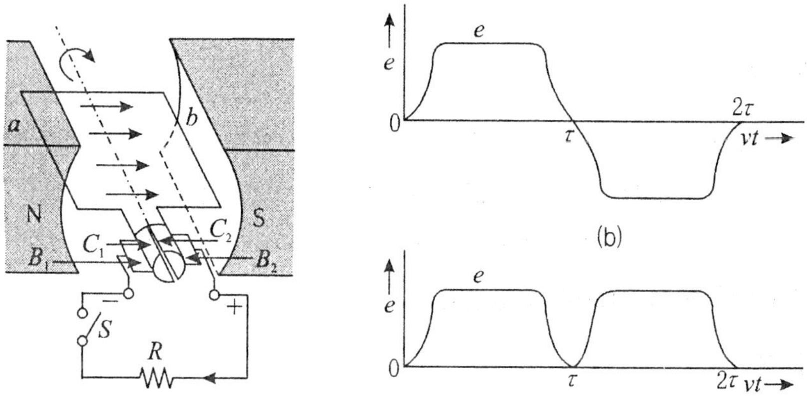

그림 2-1 직류 발전기의 원리와 기전력

그림 2-1의 (a)에 있는 도체 a, b가 180° 회전하면 도체에 발생하는 전압의 극성은 반대로 되므로 도체를 360° 회전, 즉 1회전 하였을 때 도체에는 그림 2-1의 (b)와 같은 기전력이 발생한다.

그림 2-1의 (a)는 서로 절연한 2개의 금속편 C_1, C_2로 된 1개의 원통환으로 각 금속편에 권선의 양단을 연결하고 브러시 B_1은 늘 N극 밑에 오는 도체에, 브러시 B_2는 늘 S극 밑에 오는 도체에 연결되도록 하면 B_1, B_2의 극성은 항상 일정하게 되어 단자 A, B 사이에는 그림 2-1의 (c)와 같은 일정 방향의 전압, 즉 직류 전압이 발생한다. 직류 발전기에서는 2개의 금속편 C_1, C_2를 정류자편, C_1, C_2로 된 원통환을 **정류자**(commutator)라 한다.

그림 2-1의 (c)는 두 도체, 즉 한 권선에서 발생하는 기전력으로 직류라고는 할 수 없지만 권선수와 정류자편수를 증가시키면 거의 완전한 직류를 얻을 수 있다.

2.1.2 직류 발전기의 구조

직류기는 직류 발전기와 직류 전동기로 분류되나 구조의 차이는 없고 사용 상태에 따라 구별된다. 즉, 기계적 입력에서 전기적 출력을 얻기 위하여 사용할 때는 발전기이고, 전기적 입력에서 기계적 출력을 얻기 위하여 사용할 때는 전동기이다. 구조가 같다고 하여 발전기로 설계된 것을 전동기로 사용하거나 전동기로 설계된 것을 발전기로 사용하면 만족스러운 결과를 얻을 수 없고 최상의 상태로 운전하려면 약간의 설계 변경이 필요하다.

(1) 계 자

계자(field magnet)는 자속을 발생하는 부분으로 영구 자석이나 전자석을 사용할 수 있으나 특수 소형을 제외하고는 대부분 전자석을 사용하므로 계철, 계자 권선, 계자 철심 및 자극편으로 되어 있다. 계철, 계자 철심, 자극편, 공극, 전기자 철심은 직류기의 자기 회로를 형성한다.

(가) 계 철

계철은 직류기의 바깥 틀을 형성함과 동시에 계자 권선이 감긴 자극 철심을 지지하고 또한 베어링 브래킷을 지지하므로 기계적으로 튼튼하게 만든다.

계철은 주철제, 주강제, 또는 연강판을 용접하여 조립하여 사용되며 대형의 것은 제작이나 운반하기 쉽게 상하 두 부분으로 분할하여 만들어 볼트로 죄어 사용할 때도 있다. 연강판은 주철보다 가볍고 비투자율이 높으며 기계적 강도가 커서 비교적 대형에 많이 사용된다.

(나) 계자 철심과 자극편

계자 철심은 주강이나 강판으로 제작하며 주강으로 만들 때는 자극편은 성층하여 사용하고, 강판으로 만들 때는 계자의 자속은 일정하므로 성층 철심으로 할 필요는 없으나 제작하기 쉽게 그림 2-2와 같이 자극편과 함께 강판을 찍어서 만든다. 정류를 잘 되게 하고 소음도 감소시키기 위하여 그림 2-2의 (a)와 같이 강판의 한쪽 귀를 잘라서 잘린 부분을 교대로 하여 성층하는 경우도 있다.

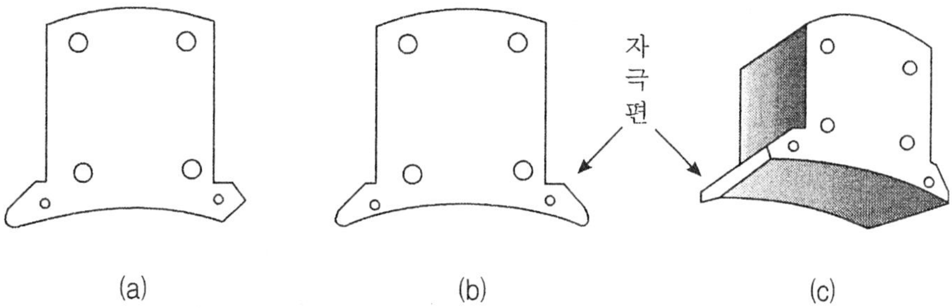

그림 2-2 계자 철심

(다) 자극편

자극편은 공극을 일정하게 하여 공극의 자속 분포를 일정하게 하는 역할을 한다. 자극편을 만들 때, 강판을 성층하는 것은 전기자 홈 때문에 생기는 자속의 맥동 현상으로 자극편에 와류가 흘러 생기는 와류손을 줄이기 위한 것이다.

(라) 계자 권선

계자 철심에 감겨 있는 계자 권선은 자속을 발생하는 부분으로, 계자 권선에는 권선에 흐르는 전류의 대소에 따라 평각 동선 또는 둥근 동선이 사용된다. 권선은 에나멜, 2중 면권, 유리섬유, 면이나 석면 테이프 등으로 절연한 동선을 형권으로 하여 계자 철심에 삽입한 다음, 절연 니스에 함침한 후 건조시켜 내습성을 갖도록 한다.

(2) 전기자

전기자(armature)는 원동기로 회전되며 자속을 끊어 기전력을 발생하는 부분으로 전기자 철심과 전기자 권선이 있다.

(가) 전기자 철심

자계 안에서 전기자가 회전하면 철심에 자속이 지나가므로 철심에 기전력이 발생하여 철심에 와전류가 흐른다. 따라서 철심에 와전류손과 히스테리시스 현상에 의한 히스테리시스손이 생기므로 이러한 손실을 줄이기 위하여 두께 0.35~0.7[mm]의 규소 강판 또는 무기질이나 반유기질로 절연 피막을 한 두께 0.35~0.65[mm]의 무방향성 규소 강판이나 강대를 적층한 성층 철심을 사용한다. 규소강은 보통의 철보다 히스테리시스손이 감소되고 저항률도 증가되어 와전류손도 감소되지만 규소의 함유량이 과다하면 투자율이 저하하고 기계적으로 약화되므로 규소 함유량 1~1.4[%] 정도의 규소강이 사용된다.

그림 2-3은 여러 형태의 전기자 철심으로 그림 (a)는 소형기의 철심으로 권선을 넣을 홈(slot)이나 축이 들어갈 구멍을 뚫은 원형 모양의 것을 직접 축에 삽입한다. 중 대형기의 철심은 그림 (b)와 같이 철심과 축 사이에 스파이더(spider)가 있어 규소 강판이 적게 사용되며 통풍구의 역할을 하여 냉각에 도움을 준다. 그림 (c)는 대형기에서 제작을 쉽게 하기 위해서 부채꼴의 강판을 스파이더의 주위에 조립하며 스파이더를 붙이는 부분은 그림과 같은 도브 테일(dove tail)로 할 때가 많다.

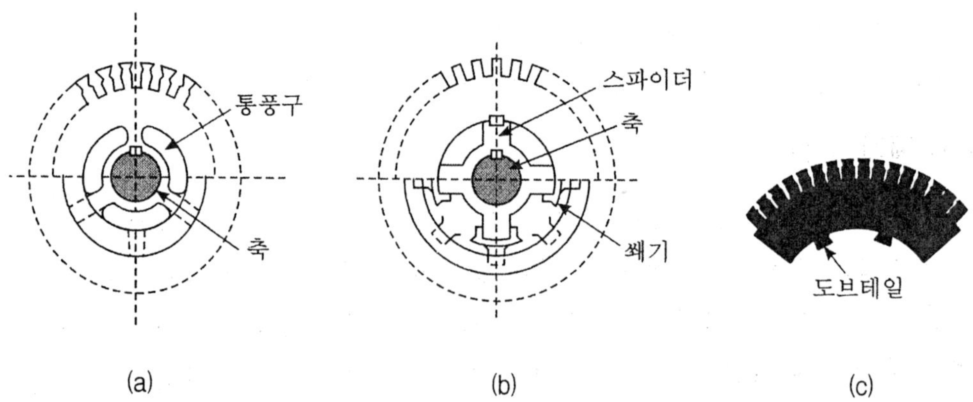

그림 2-3 전기자 철심

전기자 철심을 냉각하기 위하여 철심 길이 10[cm] 이상일 경우는 8~10[cm]마다 폭이 3~8[mm]의 통풍구를 그림 2-4의 (a)와 같이 설치하며 중형 이상의 것은 축 방향에도 통풍구를 설치할 경우가 있다.

전기자 철심에 권선을 넣기 위하여 설치한 홈은 그림 2-4의 (b)와 같이 여러 종류의 개구(open slot)와 반폐구(semi enclosed slot)가 있다. 일반적으로 소형기는 반폐구가 사용되고 중·대형기는 형권 권선이 사용되므로 개구가 많이 사용되나 고속도의 기계는 원심력에 의한 권선의 이탈을 막기 위하여 반폐구가 사용된다.

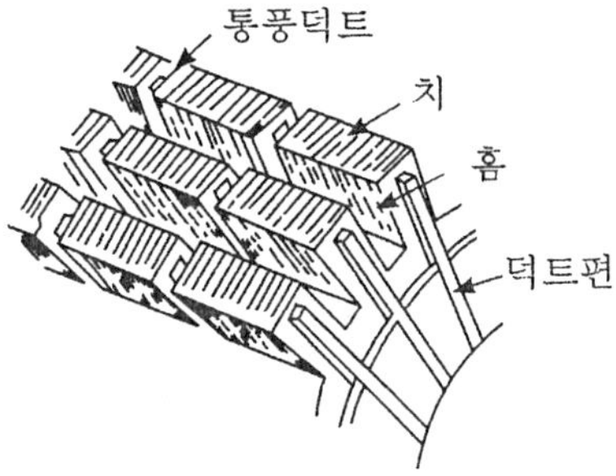

(a) 철심의 통풍구

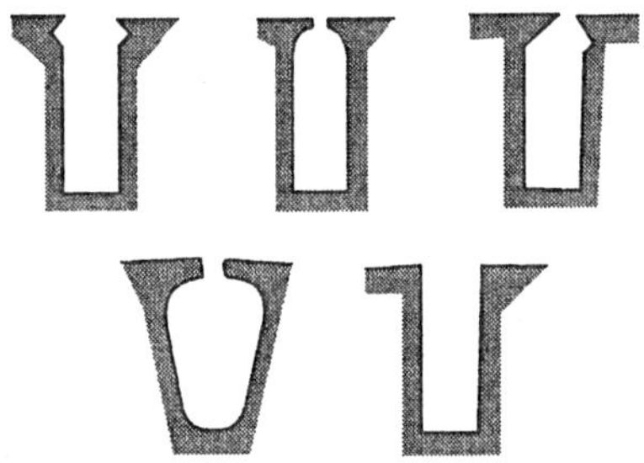

(b) 홈의 모양

그림 2-4 통풍구와 홈의 모양

(나) 전기자 권선

전기자 권선에 사용하는 도체에는 전류의 대소에 따라 둥근 동선이나 평각 동선을 사용한다.

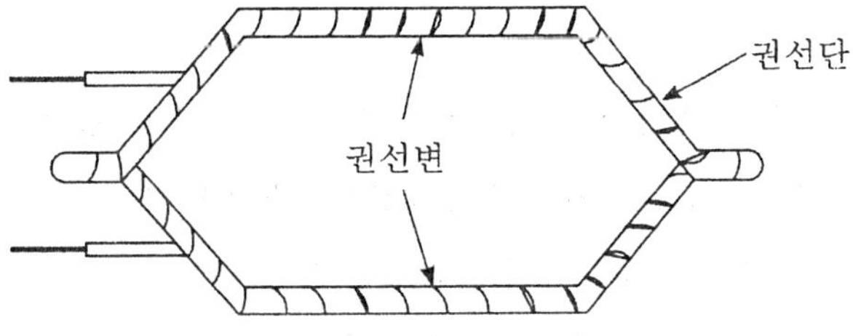

(a) 개구용 형권 권선

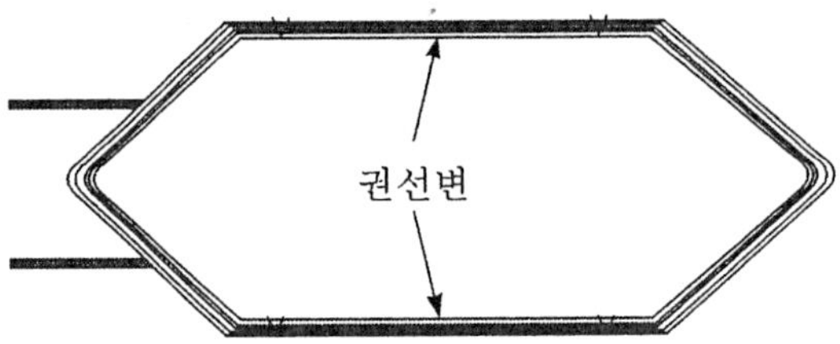

(b) 반폐구용 권선

그림 2-5 전기자 권선

개구에 사용되는 권선은 도체를 그림 2-5 (a)와 같이 권선한 후 니스 클로오드, 석면지, 면테이프 등으로 절연한 다음 니스에 함침하여 규정의 치수로 성형한 형권 권선(formed coil)을 사용한다. 권선이 홈에 들어가는 부분을 **권선변**(coil side), 홈의 바깥 부분을 **권선단**(coil end)이라 한다.

그림 2-5 (b)는 소형기의 반폐구용 권선으로 절연지를 홈에 넣은 후 권선변의 도체를 하나씩 홈에 넣고 권선단에는 니스 클로오드, 면테이프 등으로 절연한다.

권선이 원심력으로 홈에서 튀어나오는 것을 방지하기 위하여 보통 파이버 또는 합성수지로 만든 쐐기(wedge)를 홈에 삽입하거나 바인드선을 전기자에 감어서 권선을 고정시킬 때도 있다. 권선단의 변형을 막기 위해서 바인드선을 사용하는 것이 보통이다.

(3) 정류자

정류자(commutator)는 브러시와 접촉하여 유기 기전력을 정류하여 직류로 변환하는 부분으로 운전 중 항상 브러시와 접촉하여 마찰이 생길 뿐만 아니라 불꽃 등에 의하여 고온도로 되므로 전기적으로나 기계적으로도 충분히 견고하게 만든다.

정류자는 그림 2-6과 같이 쐐기 모양의 단면으로 되어 있는 경동의 정류자편과 정류자편용 운모판을 교대로 하여 원통형으로 조립한 후 그 양측에서 운모로 만든 V형 절연 링을 끼워서 연강 또는 주강의 V형 단면의 조임 링으로 정류자 스리브(commutator sleeve)에 볼트 조임으로 한다.

정류자편과 전기자 권선의 접속은 중·대형기는 정류자편의 한 쪽 끝에 있는 라이저(riser)에 납땜이나 용접을 하고, 소형기는 정류자편의 한 쪽 끝에 직접 납땜한다.

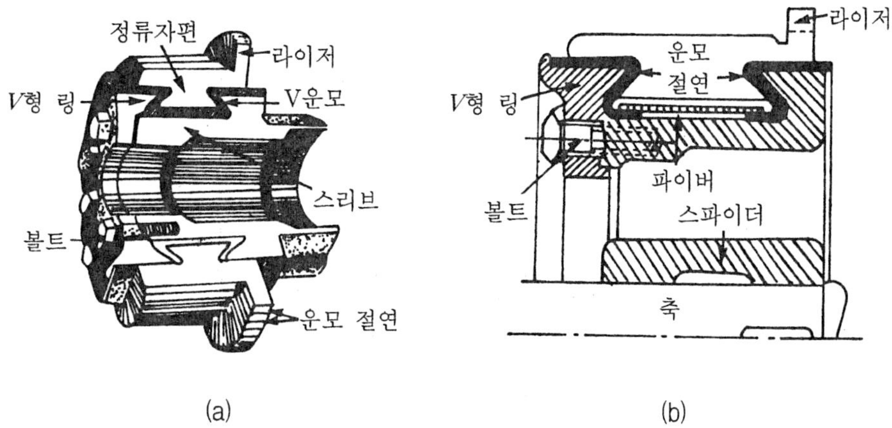

그림 2-6 정류자

(4) 브러시

브러시(brush)는 정류자면과 접촉하여 전기자 권선과 외부 회로를 연결하는 것으로 접촉 저항이 크며, 연마성은 적어서 정류자면의 손상을 적게 하면서도 기계적으로는 강한 재료를 사용한다.

브러시는 일반적으로 탄소질 또는 흑연질의 것이 사용되며 다음과 같은 종류가 있다.

(가) 탄소 브러시(carbon brush)

불순물이 적은 탄소 분말을 원료로 하여 성형 소결한 것으로 전류 용량이 작은 소형기에 주로 사용된다.

(나) 전기 흑연 브러시(electrographite brush)

불순물이 적은 탄소를 전기로에서 열처리하여, 흑연화하여 성형 소결한 것으로 가장 우수하며 각종 기계에 널리 사용된다.

(다) 금속 흑연 브러시(metallic carbon brush)

동의 미분(微分)과 흑연 분말을 혼합 소결한 것으로 전류 용량이 큰 저전압, 대전류의 기계에 사용된다.

브러시 홀더(brush holder)는 브러시를 올바른 위치에 유지시키면서 용수철의 탄성을 이용하여 0.15~0.45[kg/cm^2] 정도의 압력으로 정류자면에 접촉시키는 장치이다.

브러시 홀더(brush holder)는 브러시를 바른 위치에 유지하고 스프링에 의하여 0.15~0.25[kg/cm²] 정도의 적절한 압력으로 정류자면에 접촉시키는 장치이다. 브러시 전체를 정류자면에 따라 이동시킬 필요가 있을 때는 브러시 홀더를 로커(rocker)로 지지한다. 그림 2-7은 브러시 홀더의 한 예를 나타낸 것이다. 그리고 스프링으로 전류가 통하여 이를 과열시켜 변질되는 것을 막기 위하여 가는 연동선을 여러 개 꼰 피그 테일(pig tail)로 브러시의 두부와 브러시 홀더를 연결한 때가 많다. 브러시는 정류자의 회전방향에 대하여 그림 2-8과 같은 각도로 두게 된다.

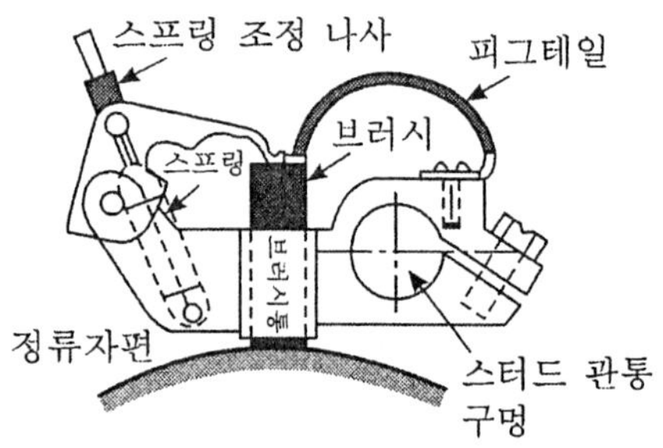

그림 2-7 브러시 홀더

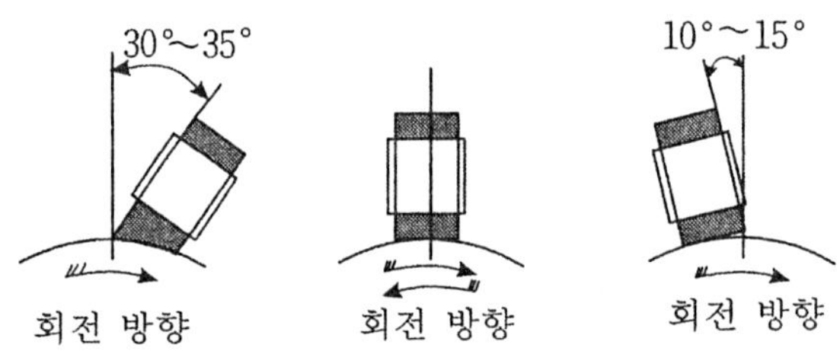

그림 2-8 브러시의 경사 각도

(5) 공 극

공극은 자극편과 전기자 사이의 간격으로 좁을수록 계자 권선의 기자력이 적어도 되지만 너무 좁으면 특성도 나쁘고 고장도 일어나기 쉬워 일반적으로 3~8[mm]로 한다.

(6) 축과 베어링

전기자의 축은 양질의 연강으로 만들며 축의 지름은 출력과 회전 속도에 의하여 정해진다. 베어링은 대형의 것은 별도로 베어링 대(bearing stand)를 설치하나 보통은 브래킷 베어링(bracket bearing)이 사용된다. 베어링 메탈(bearing metal)은 직접 축과 접하는 부분으로 내마모성의 금속으로 만든 원통형의 것이 사용되고, 보통 배빗 메탈(babbitt metal)을 안쪽에 주입시킨 주철제의 원통으로 되어 있다.

소형은 볼 베어링, 대형은 롤러 베어링을 사용할 경우도 있다.

전기기계는 일반적으로 고속기로 베어링 메탈과 급유에 주의를 요함으로 베어링의 하부에 기름 항아리(oil well)를 설치하고 축에 황동제 오일링을 걸고 그 하반부를 기름 속에 넣어서 축이 회전할 때 돌게 하여 기름 항아리의 기름이 축과 메탈 사이에 주입되게 하여 마찰을 경감시킨다. 볼 베어링이나 롤러 베어링에는 주로 그리이스(grease)가 사용된다.

2.1.3 전기자 권선법

전기자가 자계 안에서 회전할 때 전기자 권선에 발생하는 기전력을 가장 유효적절하게 이용할 수 있도록 전기자 권선을 홈에 삽입하고 권선을 접속하는 방법을 전기자 권선법이라 하며 다음과 같은 방법이 있다.

(1) 환상권과 고상권

그림 2-9는 환상권(ring winding)과 고상권(drum winding)의 권선방법을 나타낸 것이다.

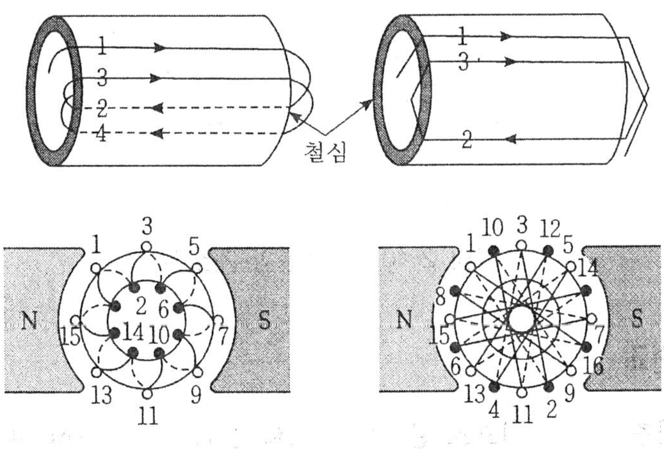

(a) 환상권 (b) 고상권

그림 2-9 환상권과 고상권

환상권은 고리 모양의 환상 철심에 절연 도체를 고리 모양으로 감는 방법으로 초기의 발전기에 사용되었지만 기전력을 발생하는 부분은 전기자의 공극쪽에 있는 도체만으로, 공극과 반대쪽에 있는 도체는 단지 접속선의 역할만을 하여 기전력을 발생하는데 기여하지 않으므로 대단히 비경제적이며 환상 철심에 도체를 권선하는데는 어려움이 있어 특수한 경우 이외는 현재 사용되지 않고 있다.

고상권은 도체를 전기자 표면에 있는 홈에 삽입하는 방법으로 전체의 도체가 기전력을 발생하므로 환상권에 비하여 도체가 유효하게 이용되고 권선하기가 쉬우므로 전기자 권선은 거의 대부분 고상권이다.

(2) 폐로권과 개로권

고상권은 폐로권과 개로권으로 분류되며 그림 2-10 (a)는 폐로권으로 권선의 시작과 끝이 없는 폐회로를 이루고 있지만 그림 (b)는 개로권으로 몇 개의 독립 권선이 정류자에 접속되어 있으므로 각 독립 권선은 브러시를 통하여 외부 회로와 연결되었을 때만 폐회로가 된다. 따라서 개로권은 외부 회로와 연결된 권선에 발생된 기전력만이 이용되지만 폐로권은 모든 권선에서 발생된 기전력을 이용할 수 있어 개로권은 사용되지 않고 폐로권만이 사용된다.

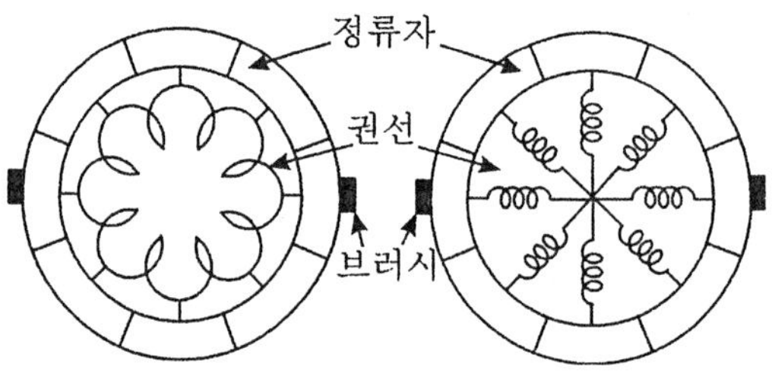

(a) 폐로권 (b) 개로권

그림 2-10 폐로권과 개로권

(3) 단층권과 2층권

폐로권은 단층권과 2층권으로 분류되며 그림 2-11 (a)와 같이 한 개의 홈에 한 개의 권선변을 넣는 것을 **단층권**(single layer winding), 그림 2-11 (b)와 같이 두 개의 권선변을 상하 2층으로 넣는 것을 **2층권**(double layer winding)이라 한다. 2층권은 권선의 제작 및 권선 작업이 간단하므로 거의 대부분 2층권을 사용한다.

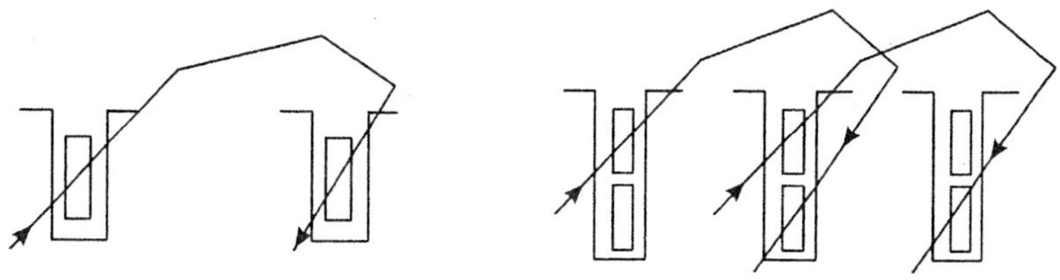

(a) 단층권　　(b) 2층권

그림 2-11 단층권과 2층권

(4) 중권(重捲)과 파권(波捲)

2층권에는 그림 2-12와 같이 권선하는 중권과 파권이 있으며 이들은 다시 권선의 진행 방향에 따라 진권과 역진권으로, 인접 권선과의 접속 여부에 따라 단중 권선과 다중 권선으로 분류된다.

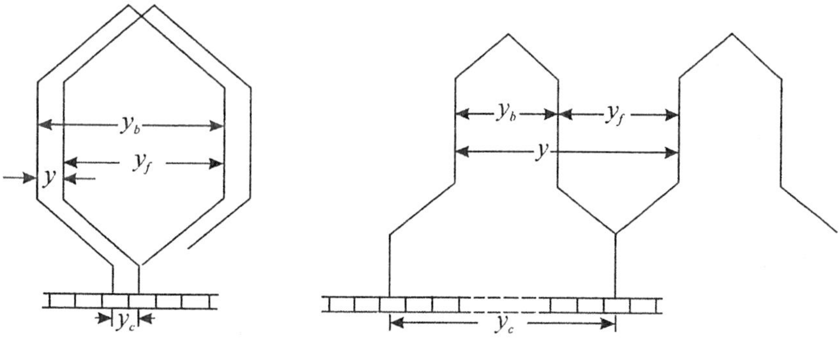

(a) 중권　　(b) 파권

그림 2-12 권선절

전기자 권선에서 사용되는 용어는 다음과 같다.

① 전절(front pitch) y_f : 정류자편에 접속된 두 권선변 사이의 간격으로 권선변수로 표시한다.

② 후절(back pitch) y_b : 정류자와 반대편에 있는 두 권선변 사이의 간격으로 권선변수로 표시한다.

③ 극절(pole pitch) : 극과 극 사이의 간격으로 전기각, 권선변수 또는 홈수로 표시한다.

④ 권선절(winding pitch) : 권선의 양 권선변 사이의 간격으로 전기각, 권선변수 또는 홈수로 표시하며 후절과 같다.

⑤ 정류자절 y_c : 한 권선의 양 권선변에 연결된 정류자편 사이의 간격으로 정류자편수로 표시한다.

⑥ 합성 권선절(resultant pitch) y :

$$\left.\begin{array}{l} \text{중권} : y = y_b - y_f = \pm m\,(+\text{는 진권, }-\text{는 역진권}) \\ \text{파권} : y = y_b + y_f \end{array}\right\} \qquad (2\text{-}1)$$

으로 합성절 또는 합성 피치라고도 하며 권선변수로 표시한다. 여기서 m은 다중도로 단중 중권일 때 $m=1$이다.

극수 P, 홈수 S인 전기자 권선을 권선할 때, 1개의 홈에 넣는 권선변수를 μ라 하면 전체의 권선변수 $Z_c = \mu S$이고 한 개의 권선에는 2개의 권선변이 있으므로 권선의 수는 $\mu S/2$이며 2개의 권선변이 하나의 정류자편에 접속되므로 정류자 편수 $k = \mu S/2$이 된다. 일반적으로 $\mu = 2$이며 Z_c/P에 가까운 홀수를 취하여 후절과 전절로 한다.

(가) 중 권

1 권선절의 결정

극수 4, 홈수 20인 단중 중권을 권선할 때 $\mu=2$로 하면 권선변수는 2×20=40이므로 $\dfrac{Z_c}{P} = \dfrac{40}{4} = 10$에서 후절을 11로 전절을 9로 한다.

권선절은 후절과 같으므로 권선절이 권선변수로는 11, 홈수로는 5가 되도록 20개의 권선을 만들어 번호를 붙인 후 전기자 철심에 권선을 한다.

2 권선의 삽입

그림 2-13에서 1번 권선의 시작 부분이 있는 권선변을 1번 홈의 상층에, 끝나는 부분이 있는 권선변을 6번 홈의 하층에 삽입하고 두 번째 권선의 시작 부분이 있는 권선변을 2번 홈의 상층에, 끝나는 부분이 있는 권선변을 7번 홈의 하층에 삽입한다. 이와 같은 방법으로 20개의 권선을 삽입한다.

③ 권선의 접속

1번 권선의 끝점과 2번 권선의 시작점을 정류자편 2에 접속하고 2번 권선의 끝점과 3번 권선의 시작점을 정류자편 3에 접속하고, 계속하여 같은 방법으로 접속하여 20번 권선의 끝점과 1번 권선의 시작점을 정류자편 1에 접속하면 권선이 끝난다.

④ 진권과 역진권

위와 같이 권선을 하는 경우 권선의 진행 방향은 시계 방향으로 된다. 이와 같은 권선법을 **진권**이라 하며 후절이 전절보다 크다.

1번 권선의 끝점과 20번 권선의 시작점을 정류자편 20에 접속하고 20번 권선의 끝점과 19번 권선의 시작점을 정류자편 19에 접속한다. 계속하여 같은 방법으로 접속하여 2번 권선의 끝점과 1번 권선의 시작점을 정류자편 1에 접속하면 전기자의 권선은 끝나며 권선의 진행 방향은 반시계 방향으로 된다. 이와 같은 권선법을 **역진권**이라 하며 **후퇴권** 또는 **여권**(戾捲)이라고도 한다. 역진권은 전절이 후절보다 크고 진권에 비해 권선의 1회의 평균 길이가 약간 길고 진권보다 유익한 점이 없어 사용되지 않는다.

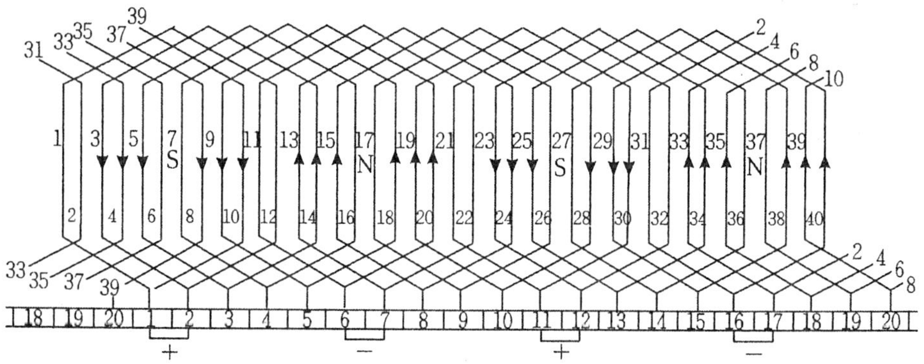

그림 2-13 단중 중권의 전개도

그림 2-13은 단중 중권(lap winding)을 진권으로 권선한 전개도로

$$y_b = 12 - 1 = 11,\ y_f = 12 - 3 = 9,\ y = 11 - 9 = 2,\ y_c = 2 - 1 = 1$$

이 된다.

5 단중 권선과 다중 권선

그림 2-13과 같이 인접한 권선과 접속하는 것을 **단중 권선**이라 하며 위의 전개도에서 권선의 내부 회로도를 그려보면 병렬 회로수는 4개가 됨을 알 수 있으며 단중 권선은 극수만큼의 병렬 회로수를 갖는다.

그림 2-13에서 정류자편 1 →권선변 1 →권선변 12 →정류자편 3 →권선변 5 →권선변 16 →정류자편 5 →권선변 9 → ·········와 같이 권선과 정류자를 하나씩 건너뛰어 접속하는 것을 **2중 권선**이라 하며, 같은 방법으로 권선과 정류자를 몇 개씩 건너뛰어 접속하는 것을 **다중 권선**이라 한다. 다중 권선의 병렬 회로수는 단중 권선의 m배가 되며 m을 **다중도**라 한다.

6 정류자절 y_c

$y_c = \pm m$으로 +일 때는 진권, −일 때는 역진권이다.

(나) 파 권

1 권선절의 결정

극수 4, 홈수 17인 단중 파권 권선에서 $\mu = 2$로 하면 전체의 권선변수는 34이고 정류자편수와 권선의 수는 17이다.

후절과 전절은 $Z_c/P = 34/4 = 8.5$에서 9로 한다.

합성 권선절은 $y = 9 + 9 = 18$로 한다.

2 정류자절의 결정

권선의 접속을 시작한 정류자편에서 $P/2$개의 권선과 $(P/2-1)$개의 정류자편을 거쳐 처음 시작한 정류자편의 앞에 있는 정류자편이나 뒤에 있는 정류자편에 접속되므로 정류자절 y_c는

$$y_c = \frac{k \pm 1}{P/2} \text{으로 } y_c = \frac{17 \pm 1}{4/2} = 8 \text{이나 } 9\text{로 한다.}$$

③ 권선 만들기와 삽입

권선의 수는 홈수와 같은 17개로 권선절은 후절과 같으므로 권선절이 권선변수로 8이나 9이고 홈수로 4인 권선 17개를 만들어 번호를 붙인 후 중권과 같은 방법으로 권선을 전기자 철심에 삽입한다.

④ 권선의 접속

1번 권선의 시작점을 정류자편 1에 접속하고 1번 권선의 끝점과 $(y/2+1)=18/2+1=10$번 권선의 시작점을 정류자편 10에 접속하고 10번 권선의 끝점과 2번 권선의 시작점을 정류자편 2에 접속한다. 계속하여 2번 권선의 끝점과 11번 권선의 시작점을 정류자편 11에 접속하는 방법으로 하여 접속하여 9번 권선의 끝점을 정류자편 1에 접속하면 모든 권선이 끝난다. 그림 2-14는 이와 같은 단중 파권의 전개도이다.

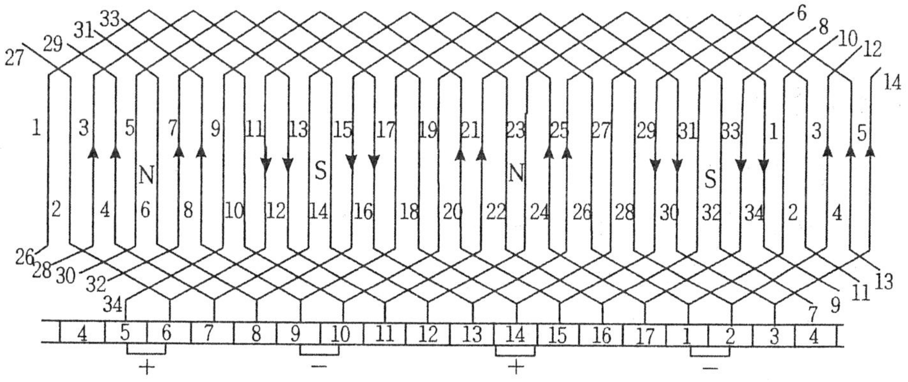

그림 2-14 단중 파권의 전개도

⑤ 진권과 역진권

위와 같은 접속 방법이 진권이며 역진권은 진권의 접속에서 10번 권선의 끝점과 2번 권선의 시작점을 정류자편 2에 접속하는 것이 아니고 10번 권선의 끝점과 20번 권선의 시작점을 정류자편 20에 접속한 후 20번 권선의 끝점과 9번 권선의 시작 점을 정류자편 9에 접속하는 방법으로 접속하는 것이 역진권이다. 파권에서는 진권에 비하여 권선의 길이가 짧은 역진권이 사용된다.

파권 권선의 내부 회로도를 그려보면 병렬 회로수는 극수에 관계없이 2이고 다중 권선인 경우는 $2m$ 이다.

(5) 중성점과 브러시의 위치

그림 2-13과 그림 2-14의 화살표는 기전력의 방향을 표시하는 것으로 기전력이 합해지는 것을 알 수 있으며 브러시와 접촉하는 정류자편에 접속된 권선변은 N, S 양극의 중간에 있어 기전력을 발생하지 않는다(그림 2-14에서 권선변 18과 27). 만일 그렇지 않은 위치에 브러시를 놓으면, +, -의 두 브러시 사이에 서로 반대 방향의 기전력을 발생하는 권선변이 있어 일부의 기전력은 +, -로 상쇄되고 만다. 또 기전력을 발생하는 권선을 브러시로 단락하는 것이 되어 큰 단락 전류가 흐른다. 이 전류는 권선이 브러시를 떨어질 때에 갑자기 끊기므로 불꽃이 계속해서 생기고 브러시와 정류자면을 손상시킨다.

이와 같이 N, S 어떤 자극의 영향도 받지 않는 권선변의 위치를 **중성점**(neutral point)이라 하고 브러시는 중성점에 있는 권선변과 접속된 정류자편에 접촉되도록 놓는 것을 브러시를 중성점에 놓는다고 한다. 브러시는 중성점마다 놓을 수 있으므로 브러시의 수는 극수와 같다.

(6) 균압선 접속

중권의 전개도에서 알 수 있는 바와 같이 한 병렬 회로의 모든 권선은 두 인접한 자극 아래에 있다. 따라서 공극의 자속 분포가 일정하지 않으면 각각의 병렬 회로에 발생하는 기전력도 같지 않으므로 브러시를 통하여 병렬 회로 사이에 순환 전류가 흘러 브러시에 불꽃이 발생하는 원인이 되고 정류가 나빠진다.

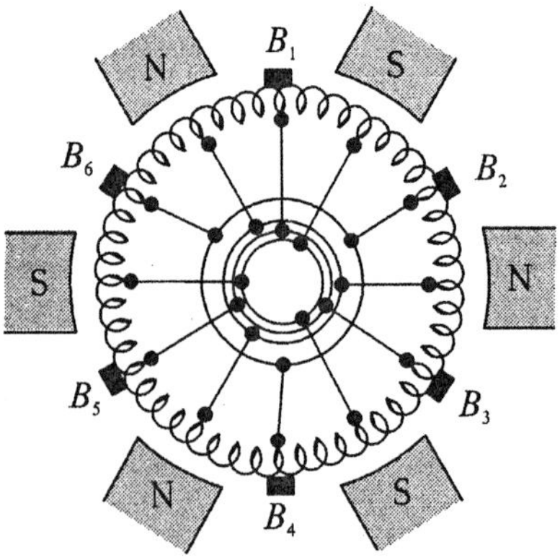

그림 2-15 균압선 접속

공극의 자속 분포가 일정하지 않은 것은 자기 회로의 불균일, 공극의 불균일 등으로, 이러한 것을 완전히 없애는 것은 불가능하므로 그림 2-15와 같이 정류자의 반대쪽에 여러 개의 저저항의 링을 두어 극성이 같은 자극 아래의 같은 위치에 있는 정류자편이나 도체(등전위점)들을 접속하여 순환 전류를 이 링에 흘리고 브러시에는 흘리지 않도록 한다. 이 링을 **균압환**이라 하며 권선의 등전위가 되는 정류자편이나 권선을 저저항의 도선으로 접속하는 것을 **균압선 접속**이라 한다.

2.1.4 유기 기전력

P극 직류 발전기에서 전기자 권선의 주변 속도를 v [m/s], 공극의 평균 자속밀도를 B[Wb/m^2], 도체의 유효 길이를 l[m]라 하면, 한 개의 전기자 도체에서 발생하는 기전력은 식 (1-3)에서 다음과 같으므로

$$e = Blv\,[\mathrm{V}] \tag{2-2}$$

전기자 직경 D[m], 회전수 N[rps], 주변 속도 $v = \pi DN$ [m/s]일 때 이들을 식 (2-2)에 대입하면

$$e = Bl\pi DN \tag{2-3}$$

으로 πDl은 전기자 주변의 표면적으로 이것에 평균 자속밀도 B[Wb/m^2]를 곱한 것이 전기자 표면의 총 자속으로 극당 자속 ϕ[Wb]와 극수 P를 곱한 것과 같다. 즉 $B\pi Dl = P\phi$으로 식 (2-3)에 대입하면 다음과 같다.

$$e = P\phi N \tag{2-4}$$

직류 발전기에서 한 병렬 회로의 직렬 도체수는 Z/a이므로 직류 발전기의 유기 기전력 E [V]는

$$E = \frac{Z}{a}e = \frac{PZ\phi N}{a}\,[\mathrm{V}] \tag{2-5}$$

으로 Z는 전기자의 총 도체수이고 a는 전기자의 병렬 회로수이다.

발전기의 단자전압은 기전력에서 전기자 저항의 전압 강하를 뺀 것으로 전기자

전류와 전기자 저항을 각각 I_a, R_a라 하면 다음과 같이 된다.

$$V = E - I_a R_a \text{[V]} \tag{2-6}$$

▌예제 2-1▐

자극수 4, 전기자 총 도체수 500, 극당 자속 0.01[Wb], 회전수 1200[rpm]의 직류 발전기에서 전기자 권선이 단중 중권일 때 유기 기전력은 몇 [V]가 되겠는가?

풀이

$$E = \frac{P}{a} \cdot Z\phi N = \frac{4}{4} \times 500 \times 0.01 \times \frac{1200}{60} = 100\text{[V]}$$

▌예제 2-2▐

권선변수 192, 한 개의 권선변에 있는 도체수 4, 자극수 4, 전기자 저항 0.06[Ω]인 단중 중권 발전기가 회전수 250[rpm]으로 회전할 때 단자 전압 500[V], 전기자 전류가 200[A]이면 유기 기전력[V]과 자속[Wb]은 얼마인가?

풀이

유기 기전력 $E = V + I_a R_a = 500 + 200 \times 0.06 = 512\text{[V]}$

총 도체수 $Z = 192 \times 4 = 768$, 단중 중권에서 $a = P$으로

식 (2-5)에 대입하면

$512 = \frac{4}{4} \times 768 \times \phi \times \frac{250}{60}$으로 $\phi = 0.16\text{[Wb]}$이다.

2.1.5 전기자 반작용

발전기에 부하를 접속하면 전기자 권선에 전기자 전류가 흐르고 이 전기자 전류 때문에 전기자 권선에 발생하는 전기자 기자력이 계자 기자력에 영향을 준다. 이와 같이 전기자 전류에 의한 자속이 계자 자속에 미치는 영향을 전기자 반작용(armature reaction)이라 하며, 다음과 같은 세 가지 영향이 있다.

첫째 : 전기적 중성점이 이동한다.

둘째 : 주자속이 감소된다.

셋째 : 정류자편간 전압이 일정하지 않으므로 정류자와 브러시 사이에 불꽃이 발생한다.

(1) 무부하시의 주자속

그림 2-16의 (a)는 2극 발전기의 전기자 단면도로 화살표는 무부하시 계자의 자속 분포를 나타낸 것이고 그림 (b)는 공극의 자속 분포를 전개하여 표시한 것으로 자극과 자극의 중간 부분에는 점차 자속이 감소하여 양극의 중간에서는 0이 된다. 이와 같이 자속이 0이 되는 위치 n을 **중성점**(neutral point), a, b를 **중성축** 또는 **정류축**(axis of commutation)이라 부른다.

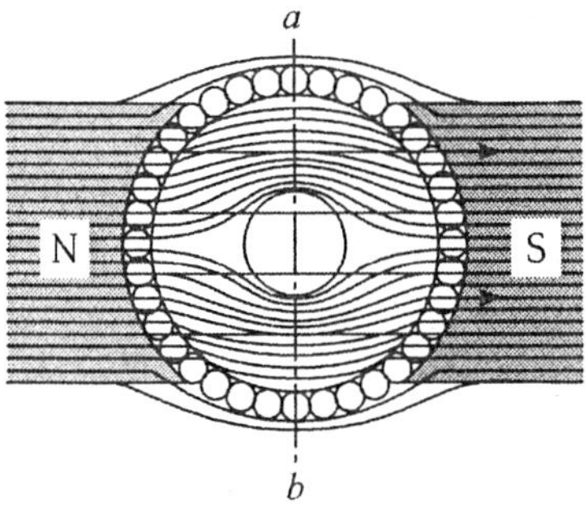

(a)

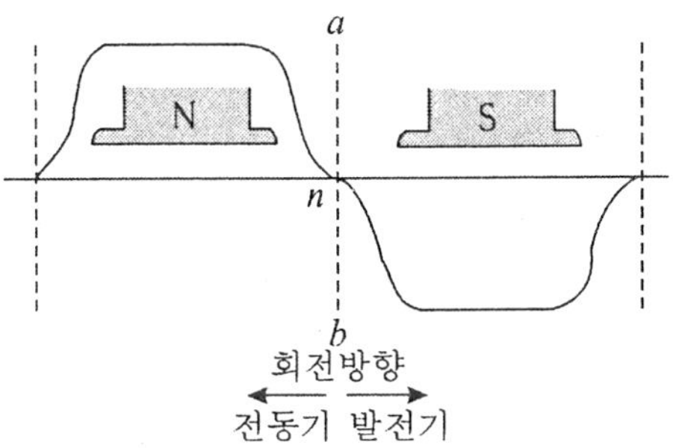

(b)

그림 2-16 계자 자속 분포

(2) 교차 자화 작용

그림 2-17은 부하를 접속하였을 때, 전기자에 흐르는 전류에 의하여 전기자에 발생하는 자속을 나타낸 것으로 계자 자속에 직각 방향으로 발생하므로 **교차 자화 작용**(cross magnetizing action)이라 한다.

그림 (b)에서 전기자 기자력은 직선으로 양 자극의 중간에서 방향이 달라지며, 양 자극의 중심에서 기자력은 최대가 되나 이 부분은 공극이 넓고 자기 저항이 크므로 자속의 분포는 그림과 같이 된다.

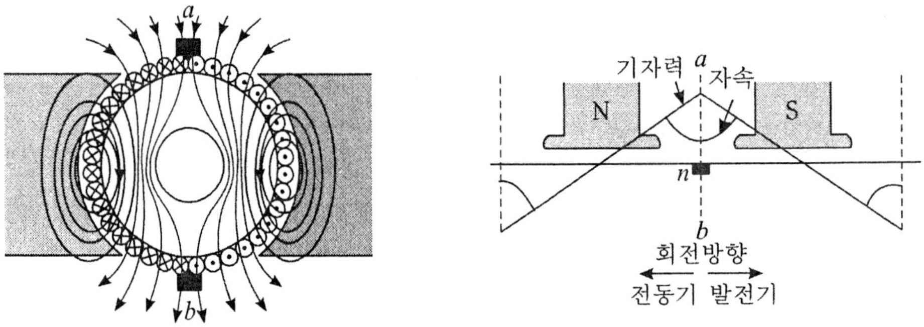

(a) (b)

그림 2-17 전기자 전류에 의한 자속 분포

그림 2-18은 전기자 자속의 경로를 표시한 것이다.

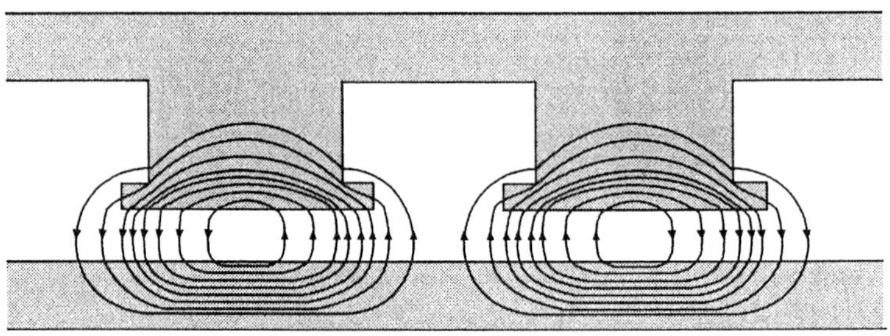

그림 2-18 전기자 자속의 경로

(3) 편자 작용과 주 자속의 감소

발전기에 부하를 접속하였을 때, 발전기에는 계자 전류와 전기자 전류가 동시에 흐르므로 부하시의 공극의 자속 분포는 그림 2-16과 그림 2-17을 합성한 것이 되어 그림 2-19와 같이 된다.

그림 2-19에서 회전 방향에 대하여 자극의 앞쪽에서는 계자 자속과 전기자 자속이 서로 반대 방향으로 작용하여 감소되고, 뒤쪽에서는 양 자속이 같은 방향으로 서로 합해져서 지속의 분포가 한쪽으로 치우치는 현상을 **편자작용**이라 한다. 그림 2-19 (b)에서 공극에 분포되어 있는 계자 자속의 전체량에는 변화가 없는 것 같지만 철심의 자기 포화 현상으로 계자의 자속은 감소한다.

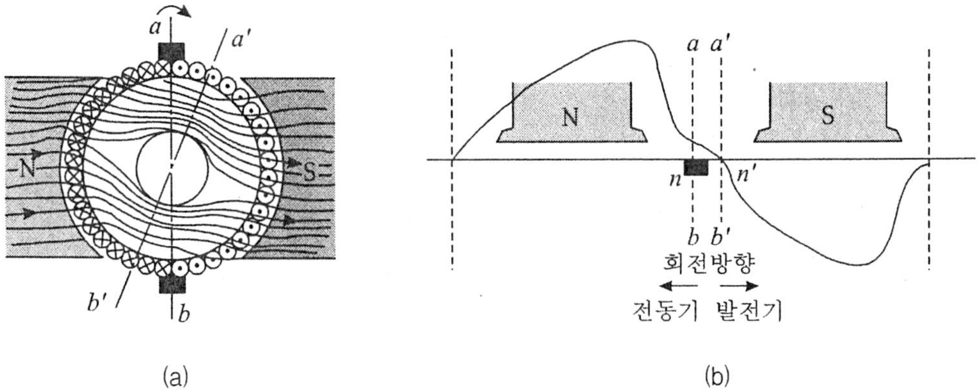

그림 2-19 공극의 자속 분포

그림 (b)에서 n점을 기하학적 중성점, n'를 전기적 중성점이라 하며 nn'간의 이동각은 부하 전류의 크기에 따라 변한다.

전기자 반작용 때문에 공극의 자속 분포가 일정치 않으므로 각 권선에서 발생하는 기전력은 일정하지 않다. 따라서 각 정류자편간 전압에는 차이가 생겨 브러시가 정류자편과 접촉할 때 불꽃이 발생한다. 또한 브러시를 전기적 중성점 n'로 옮기지 않으면 브러시로 단락되고 있는 권선에 기전력이 발생하여 불꽃의 원인이 되므로 부하 전류가 일정한 경우는 브러시를 전기적 중성점 n'로 이동시키지만 부하 전류가 변하는 경우는 부하가 변할 때마다 브러시를 이동시키는 것은 불가능하므로 브러시를 이동시키지 않고 기하학적 중성점이 전기적 중성점이 되도록 보극을 설치한다.

(4) 브러시의 이동과 감자 기자력

브러시를 기하학적 중성점에서 전기적 중성점 n'으로 이동시키면 전기자 전류에 의한 자속 분포는 그림 2-20과 같이 된다.

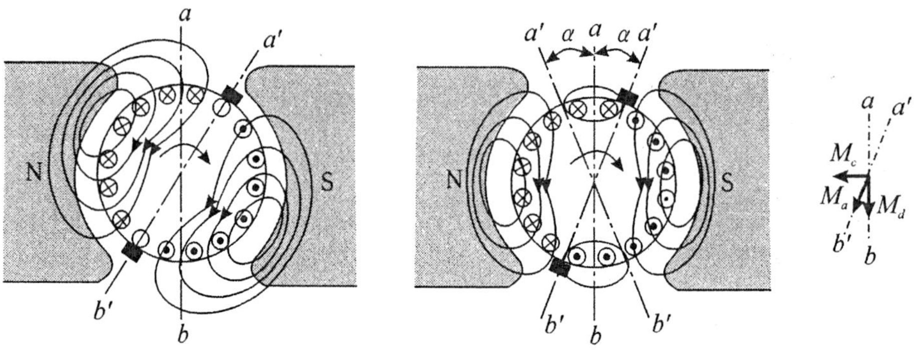

(a) (b) (c)

그림 2-20 감자 기자력

브러시를 기하학적 중성점에서 회전 방향으로 옮긴 각 α를 브러시의 진각이라 하며 기하학적 중성축을 중심으로 2α의 범위에 있는 전기자 권선의 기자력은 계자 기자력의 방향과 반대 방향의 기자력으로 **감자 기자력**이라 한다.

전기자 기자력은 $AT = \dfrac{ZI_a}{2aP}$[AT/극]으로 감자 기자력은

$$AT_d = \frac{I_a Z}{2ap}\frac{2\alpha}{180}[\text{AT/극}] \tag{2-7}$$

이 되고 보극이 있는 발전기는 브러시를 이동시키지 않으므로 감자 기자력은 없다.

$180 - 2\alpha = \beta$의 범위에 있는 권선의 기자력을 **교차 기자력**이라 하며 $AT_c = \dfrac{I_a Z}{2ap}\dfrac{\beta}{180}$[AT/극]으로 나타낸다.

(5) 보 극

전기자 반작용 때문에 기하학적 중성점에 자속이 존재하여 브러시로 단락되고 있는 권선에 유기되는 기전력으로 브러시에 불꽃이 발생하므로 중성점에 존재하는 자속을 상쇄할 수 있도록 주자극 사이에 설치하는 자극을 **보극** 또는 **정류극**이라고 한다.

보극의 기자력은 전기자 기자력에 비례하도록 전기자 권선과 직렬로 접속하며 중성점의 자속을 상쇄할 수 있는 것보다 크게 한다. 이것은 정류에서 설명하는 리

액턴스 전압 때문이다.

보극의 철심은 연강을 보통 사용하지만 부하가 심하게 변하는 기계는 강판을 성층하여 와류를 감소하는 경우도 있다.

발전기에서 보극의 극성은 보극을 설치할 장소에서 보아 회전 방향 쪽에 있는 주 자극의 극성과 같게 하고 전동기는 반대 극성으로 한다.

(6) 보상 권선

보극으로 중성점의 자속은 상쇄되지만 나머지 부분의 전기자 반작용의 영향은 그대로 있어 정류자 편간 전압이 일정하지 않아 브러시에 불꽃을 일으키므로 근본적으로 전기자 반작용의 원인인 전기자 기자력을 상쇄시킬 생각에서 나온 것이지만 전기자에 전기자 권선과 똑같은 권선을 하는 비경제성 때문에 자극편에 홈을 만들어 권선을 하고 이 권선과 전기자 권선을 직렬로 접속하여 전기자 전류를 반대 방향으로 흘리면 어느 정도의 전기자 반작용을 감소할 수 있다. 이와 같은 권선을 **보상 권선**이라 하며 보상 권선이 있는 기계라 하더라도 전기자 반작용이 완전히 상쇄되지 않을 뿐만 아니라 리액턴스 전압 때문에 보극을 설치한다.

2.1.6 정 류

(1) 정류 작용

전기자 권선에 흐르는 전류의 방향은 권선이 브러시를 지날 때마다 반대가 되나 브러시에 접촉되지 않은 권선의 전류는 일정한 방향으로 나타난다. 이것을 **정류 작용**(commutation)이라 한다.

그림 2-21은 권선변이 3과 10인 권선의 정류 과정을 나타낸 것이다.

그림 (a)에서 브러시는 정류자편 3에만 접촉하고 있어 권선변 5에 흐르는 전류와 권선변 3과 10에 흐르는 전류가 합해진 $2I_c$의 전류가 정류자편 3과 브러시를 통하여 부하에 흐르며, 이 때의 권선변 3의 전류 방향은 위로 향하고 권선변 10의 방향은 아래로 향하고 있다.

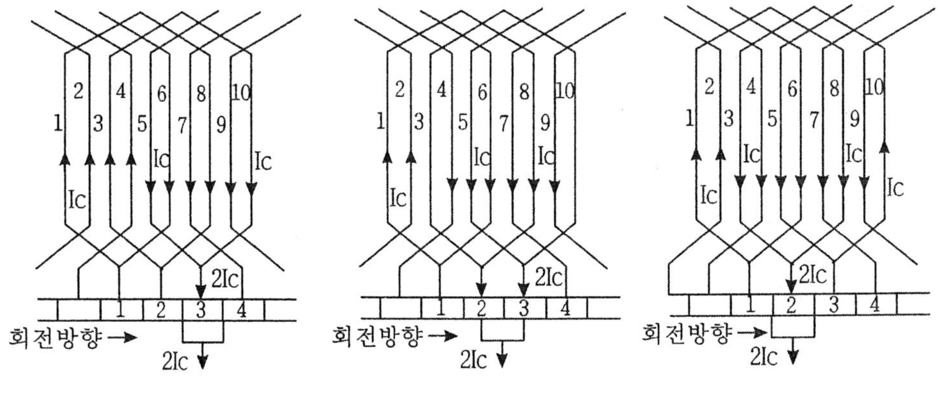

그림 2-21 정류 작용

그림 (b)는 정류자가 약간 회전하여 브러시가 정류자편 3과 2의 중앙에 접촉하고 있는 경우로, 권선변 1에서 권선변 8를 지나 정류자편 2에 흐르는 전류와 권선변 5에서 정류자편 3에 흐르는 전류가 합해진 $2I_c$의 전류가 브러시를 통하여 부하로 흐르며 권선변 3과 10에는 전류가 흐르지 않는다.

그림 (c)는 정류자가 약간 더 회전하여 브러시가 정류자편 2에만 접촉하는 경우로 권선변 1과 8에 흐르는 전류와 권선변 10과 3에 흐르는 전류가 합해진 $2I_c$의 전류가 정류자편 2와 브러시를 통하여 부하에 흐르며 권선변 3과 10에 흐르는 전류의 방향은 그림 (a)의 방향과 반대가 되어 정류중인 권선의 전류 i는 $+I_c$에서 0이 되었다가 $-I_c$가 되어 정류가 되었음을 알 수 있다.

권선이 브러시로 단락되기 시작하면서 정류가 시작되어 단락이 끝나 정류가 완료할 때까지의 시간을 **정류 주기**라 한다.

브러시 폭을 b[m], 정류자편 사이의 절연물 폭을 δ[m], 정류자의 주변 속도를 v_c[m/s]라 할 때 정류 주기 T_c는 다음과 같이 나타낸다.

$$T_c = \frac{b-\delta}{V_c}\,[\mathrm{s}] \tag{2-8}$$

(2) 정류 곡선

그림 2-22는 정류중인 권선의 전류 i_a의 변화를 나타낸 곡선으로 정류 곡선이라고 한다.

곡선 a는 전류가 직선적으로 변화하는 것으로 직선정류 또는 저항정류라 하며 이상적인 정류이고, 곡선 b는 정현파 정류로 정류가 시작될 때와 끝날 때, 전류의 변화가 적어 불꽃이 발생하지 않으므로 곡선 a와 b가 바람직한 정류 곡선이다.

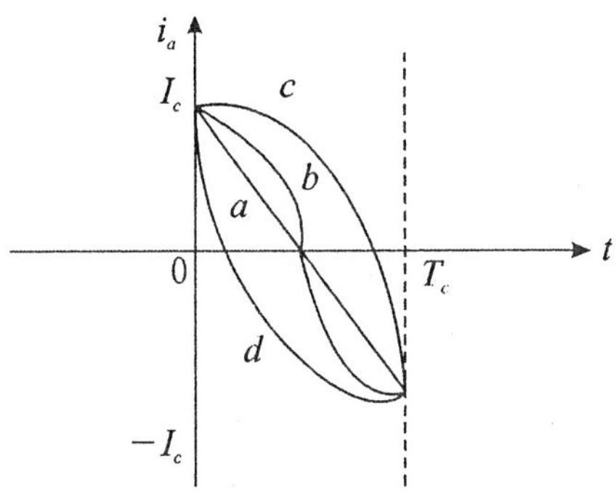

그림 2-22 정류 곡선

곡선 c는 부족정류로 정류가 끝날 때, 곡선 d는 과정류로 정류가 시작할 때, 전류의 변화가 커 브러시에서 불꽃이 발생한다.

(3) 저항 정류

그림 2-22의 곡선 a와 같은 정류 곡선이 되는 저항 정류는 권선의 자기 인덕턴스나 상호 인덕턴스가 없고 전기자 반작용이 없어 보극이 없으며 정류중인 권선의 저항이 정류자와 브러시의 접촉 저항에 비하여 상당히 적어 무시할 수 있는 경우에 얻어지므로 접촉 저항이 큰 탄소질이나 전기 흑연질의 브러시를 사용하여 정류하는 방식이다

(4) 전압 정류

권선은 반드시 자기 인덕턴스 L이나 상호 인덕턴스 M이 있으므로 정류중인 권선에 흐르는 전류 i_a의 값이 변화하면 렌츠의 법칙에 의하여 전류의 변화를 방해하는 유기 기전력이 발생한다. 이 기전력을 리액턴스 전압이라 한다. 그림 2-22

의 곡선 b와 같이 전류의 변화가 늦어져 정류가 끝나는 순간에서 전류의 변화가 커서 높은 리액턴스 전압이 정류중인 권선에 발생하여 정류가 끝나는 브러시의 끝 부분에서 불꽃이 발생한다.

정류중인 권선의 리액턴스 전압은 $e = -(L+M)di_a/dt$ 으로, i_a는 정류 주기 T_c동안에 I_c에서 $-I_c$로 변화하므로 평균값

$$E = (L+M)\frac{I_c - (-I_c)}{T_c} = (L+M)\frac{2I_c}{T_c} \tag{2-9}$$

이 된다.

보극을 설치하여, 보극에서 발생한 자속이 전기자 반작용으로 중성점에 존재하는 자속을 상쇄하고 남은 자속으로 정류중인 권선에 기전력을 발생하여 리액턴스 전압을 상쇄하므로써 그림 2-22의 곡선 b와 같은 정현파 정류가 되도록 하는 방식을 **전압 정류**라 한다. 리액턴스 전압을 상쇄시키는 리액턴스 전압과 크기가 같고 방향이 반대인 기전력을 **정류 전압**이라 한다.

이와 같이 보극은 양호한 정류를 위하여 중요한 역할을 하므로 **정류극**이라고도 한다.

2.1.7 직류 발전기의 분류

직류기에서 계자 자속을 만들기 위해 영구자석이나 전자석을 쓰는데 대부분의 직류기는 전자석을 사용한다. 전자석의 권선에 전류를 흘리는 것을 **여자**(excitation)라 하며, 직류 발전기의 여자 방식으로 분류하면 타여자 직류 발전기와 자여자 직류 발전기가 있다.

(1) 타여자 직류 발전기

그림 2-23 (a)와 같이 독립된 직류 전원(축전지 또는 다른 직류 발전기)에서 계자 권선에 전류를 흘려 여자하는 직류 발전기로 계자 회로와 전기자 회로는 서로 독립된 회로이다.

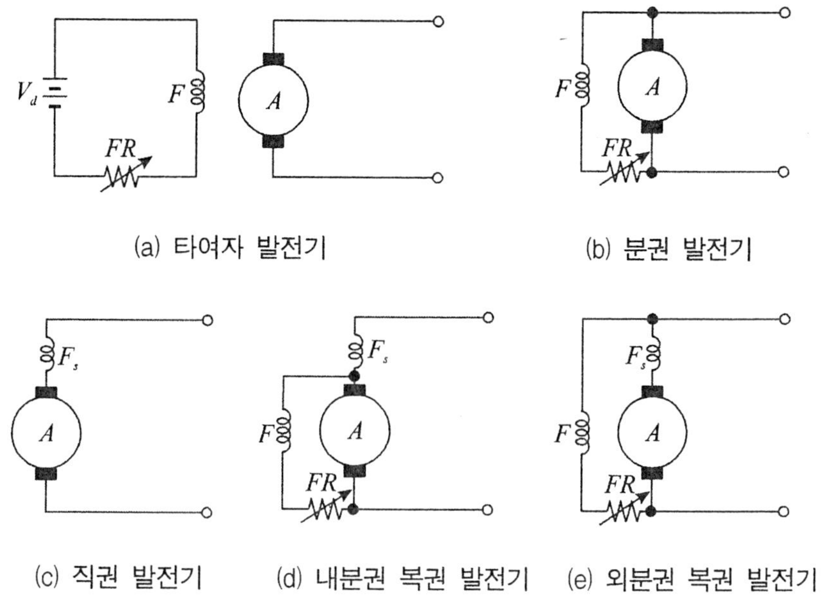

(a) 타여자 발전기 (b) 분권 발전기

(c) 직권 발전기 (d) 내분권 복권 발전기 (e) 외분권 복권 발전기

A : 전기자, F : 분권계자권선, F_s : 직권계자권선, FR : 계자저항조정기

그림 2-23 직류 발전기의 종류

(2) 자여자 직류 발전기

계자 권선의 전원이 타여자와 달리 전기자에서 발생한 기전력을 계자 권선에 공급하는 직류 발전기로 전기자 권선과 계자 권선의 접속 방법에 따라 세 가지로 분류된다.

① 분권 발전기 : 그림 2-23 (b)와 같이 전기자 권선과 계자 권선을 병렬로 접속한 발전기.

② 직권 발전기 : 그림 2-23 (c)와 같이 계자 권선과 전기자 권선을 직렬로 접속한 발전기.

③ 복권 발전기 : 이 발전기는 두 개의 계자 권선, 즉 직권 계자 권선과 분권 계자 권선이 있으며 이들 두 계자 권선과 전기자 권선의 접속 방법에 따라 그림 2-23 (d), (e)와 같이 내분권 복권 발전기와 외분권 복권 발전기로 구분된다. 또한 두 계자 권선에서 발생하는 자속의 방향이 같은 발전기를 가동 복권 발전기, 자속의 방향이 반대인 발전기를 차동 복권 발전기라 한다.

2.1.8 직류 발전기의 특성

여러 종류의 직류 발전기에서 부하에 적합한 발전기를 선정하려면 발전기의 특성을 알아야 한다. 직류 발전기의 여러 특성 중 많이 이용되는 것은 다음과 같은 특성이다.

① 무부하 특성 : 발전기가 무부하 상태에서 전기자가 일정한 회전수로 회전하고 있을 때, 계자 전류 I_f와 유기 기전력 E의 관계 곡선을 **무부하 특성 곡선** 또는 **무부하 포화 특성 곡선**이라 한다.

② 외부 특성 : 회전수와 계자 전류가 일정할 때 부하 전류 I와 단자 전압 V의 관계 곡선을 **외부 특성 곡선**이라 한다.

(1) 타여자 발전기의 특성

(가) 무부하 특성 곡선

직류 발전기의 유기 기전력 E[V]는 식 (2-5)에서

$$E=\frac{PZ\phi N}{a}=K\phi N \quad \text{여기서 } K=\frac{PZ}{a} \tag{2-10}$$

이므로 회전 속도 n이 일정할 때 유기 기전력은 자속에 비례한다.

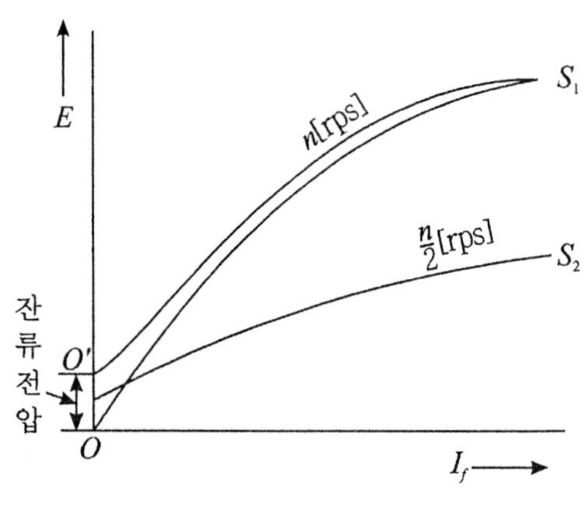

그림 2-24 타여자 발전기의 무부하 특성

유기 기전력은 계자 전류 I_f의 변화에 따른 자속 ϕ의 곡선인 자기 포화 곡선의

값에 일정한 값(KN)을 곱하여 I_f에 대한 E의 곡선을 그린 것이 그림 2-24로 타여자 발전기의 무부하 특성 곡선이다. I_f가 증가하면 자속 ϕ, 즉 기전력 E가 증가하지만 어느 정도 ϕ가 증가하면 철의 자기 포화 현상으로 I_f를 증가시켜도 ϕ는 그다지 증가하지 않는다.

계자 전류 I_f를 최대값에서 서서히 감소시키면 E는 곡선 $O'S_1$에 따라 감소하며 I_f가 O이 되어도 주 자극에 남는 잔류 자기 때문에 E는 0이 되지 않고 OO' 만한 전압이 남는다. 이것을 **잔류 전압**이라 한다.

식 (2-10)에서 기전력은 회전수에 비례하므로 회전수가 n에서 $n/2$으로 감소하면 기전력도 감소하여 무부하 특성 곡선은 OS_2가 된다.

(나) 외부 특성

그림 2-25 (a)와 같이 부하를 접속하여 전기자 권선에 전기자 전류, 즉 부하 전류가 흐르면 전기자 저항에서 발생하는 전압 강하 IR_a, 브러시의 접촉 저항에 의한 전압 강하 v_b, 전기자 반작용 때문에 자속이 감소하여 유기 기전력이 감소하는 감소분 v_a는 전압 강하로 볼 수 있으므로 타여자 발전기의 단자 전압은 다음과 같이 나타낼 수 있다.

$$V = E - IR_a - v_b - v_a \qquad (2\text{-}11)$$

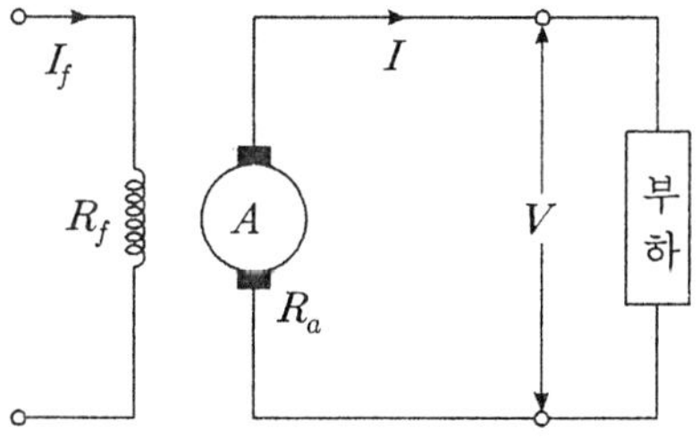

(a)

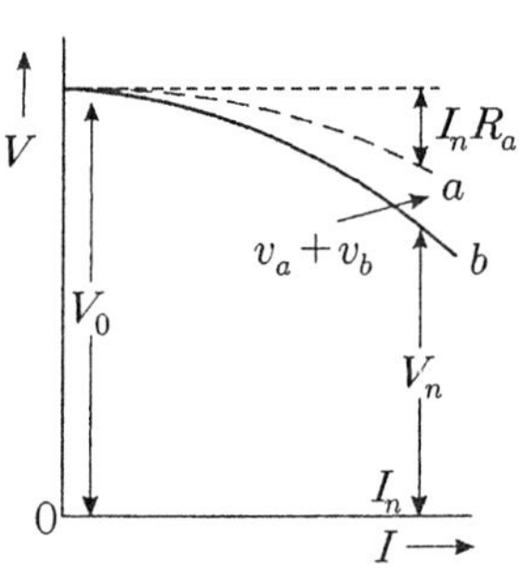

(b)

그림 2-25 타여자 발전기의 외부 특성 곡선

계자 전류와 회전수가 일정하면 기전력은 일정하지만 부하 전류가 흐르면 전기자 저항의 전압 강하가 발생하므로 단자 전압은 감소하여 외부 특성 곡선은 그림

2-25 (b)에 있는 곡선 a와 같이 된다. a곡선은 부하 전류가 변해도 기전력이 변하지 않는다고 생각한 경우로 전기자 반작용으로 자속이 감소하는 것과 브러시의 접촉 저항을 고려하면 곡선 (b)와 같이 곡선은 밑으로 더 기울게 된다.

(다) 용 도

타여자 발전기의 계자 권선의 전원은 다른 직류 발전기나 축전지이므로 전원 전압을 변화시키거나 계자 권선에 저항을 접속하여 접속된 저항을 가감하여 계자 전류를 변화시키면 광범위한 가변 전압을 얻을 수 있다.

따라서 여러 가지 값의 일정한 전압이 필요한 시험 또는 실험 설비용의 직류 전원, 직류 전동기, 속도 제어용 전원 발전기 및 대형 동기 발전기의 주여자기 등으로 사용한다.

(2) 분권 발전기의 특성

(가) 전압의 확립과 무부하 특성

타여자 발전기와 달리 계자 권선의 전원이 없는 자여자 발전기는 전기자 권선에서 발생한 기전력으로 계자 전류를 흘리므로 발전기가 회전하기 시작하여 기전력이 발생하지 않은 상태, 즉 계자 전류가 흐르지 않을 때는 철심의 잔류 자속이 전기자 권선을 지나감으로써 아주 미약한 기전력이 전기자 권선에 발생한다.

발생된 기전력이 계자 회로의 전원으로 작용하여 계자 전류가 흐르면 계자 권선에서 자속이 발생하기 시작한다. 발생된 자속이 잔류 자속의 방향과 같으면 두 자속은 합해져 전기자 권선에 전보다 큰 기전력이 발생하고 다시 계자 전류가 증가해 자속이 증가하므로 전기자 권선에는 더 큰 기전력이 발생한다. 이와 같은 과정이 반복되어 유기 기전력은 계속 상승하게 된다. 그림 2-26 (b)에서 점선은 이와 같은 과정을 표시한 것으로 유기 기전력이 P점에 도달하게 되는 것을 자여자 발전기에서 전압의 확립이라 한다.

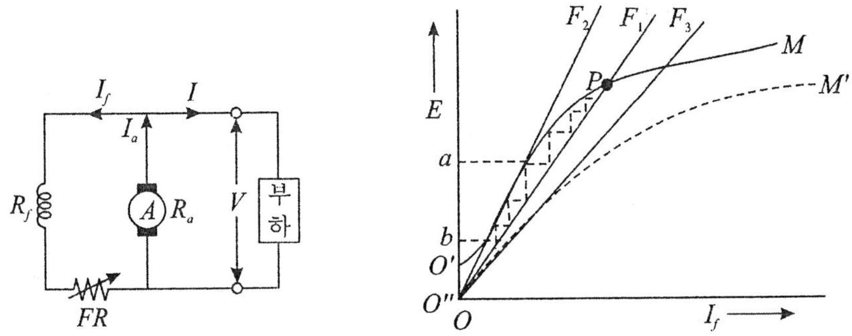

(a) 분권 발전기의 회로도 (b) 분권 발전기의 무부하 특성 곡선

그림 2-26 분권 발전기의 무부하 특성 곡선

그림 2-26 (b)에서 곡선 $O'M$은 분권 발전기의 무부하 특성 곡선으로 계자 저항선 $\overline{OF_1}$와 만나는 P점에서 전압은 안정된다.

$\overline{OF_2}$는 원점 O에서 무부하 특성 곡선에 접하는 계자 저항선으로 기전력은 $\overline{Oa}$에서 $\overline{Ob}$ 사이에 있는 임의의 전압을 발생하므로 안정된 전압을 얻을 수 없는 이 계자 저항선을 **임계 저항선** 또는 저항선의 기울기는 저항이므로 **임계 저항**이라고도 한다. 계자 저항이 임계 저항보다 크면 $\overline{Oa}$보다 낮은 기전력을 발생하므로 필요한 안정된 전압을 얻으려면 계자 회로의 저항이 임계 저항보다 작아야 한다.

회전 속도가 변하면 무부하 특성 곡선도 그림의 $\overline{O''M'}$과 같이 변하므로 임계 저항선도 $\overline{OF_3}$로 변한다.

(나) 외부 특성 곡선

분권 발전기의 외부 특성 곡선은 그림 2-27과 같이 된다. 이 경우의 전압 강하는 전기자 저항에 의한 전압 강하, 계자 저항에 의한 전압 강하, 브러시의 접촉 저항에 의한 저항 강하, 전기자 반작용에 의한 전압 강하 이외에 단자 전압이 강하하면 계자 전류가 감소하여 전압이 더욱 떨어지므로 타여자 발전기에 비해서 전압 강하는 크게 된다.

부하가 서서히 증가하면 부하 전류는 점 m까지 증가한 후 mn 곡선에 따라 점차 감소하여 $\overline{On}$이 된다. 이 전류는 부하가 서서히 증가하여 무한대가 된 상태, 즉 단락한 상태의 전류로 발전기의 단자를 갑자기 단락한 경우와는 다르다.

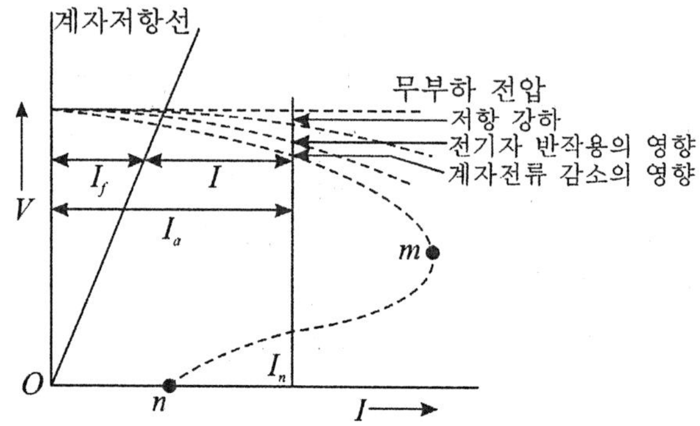

그림 2-27 분권 발전기의 외부 특성 곡선

(다) 용 도

분권 발전기의 전압 변동률은 타여자 발전기보다 좋지 못하나 계자 저항기로 상당한 범위까지 전압을 조정할 수 있어 타여자 발전기 대신 널리 사용되며 전기 화학용 전원이나 축전지의 충전용 등에 사용된다.

(3) 직권 발전기의 특성

직권 발전기는 그림 2-28 (a)와 같이 계자 권선과 전기자 권선이 직렬로 접속되어 있으므로 계자 전류와 전기자 전류는 부하 전류와 같다.

(가) 무부하 특성 곡선

무부하일 때 발전기의 회로는 개방 상태로 전류가 흐르지 않으므로 공극에는 잔류 자속만 존재하여 매우 낮은 기전력이 발생할 뿐 자기 여자에 의한 전압의 확립은 일어나지 않는다. 따라서 순수한 직권 발전기의 무부하 특성 곡선은 얻을 수 없고 계자 권선을 외부 전원에 접속하여 구할 수 있다.

(나) 외부 특성 곡선

직권 발전기에 부하를 접속하면 계자 권선에 전류가 흘러서 계자에 자속이 발생한다. 발생한 자속의 방향이 잔류 자속과 같은 방향일 때 비로소 전압의 확립이 이루어져서 전류의 증가와 더불어 유기 기전력이 높아져 단자 전압도 높아진다.

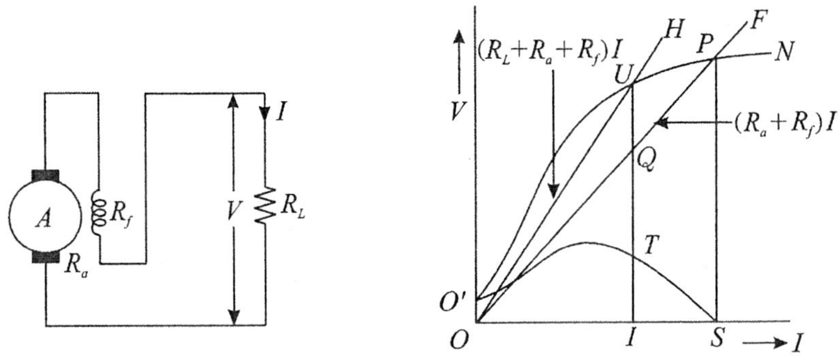

(a) 직권 발전기의 회로도 (b) 직권 발전기의 외부 특성 곡선

그림 2-28 직권 발전기의 외부 특성 곡선

직권 발전기에서 전기자 저항, 단자 전압 및 유기 기전력의 관계는 다음과 같다.

$$V = E - (R_a + R_f)I \qquad (2\text{-}12)$$

그림 2-28 (b)와 같이 횡축상의 임의의 점 I에서 그은 수직선과 $\overline{O'N}$ 및 $\overline{OF}$와의 교점을 각각 U및 Q라 하고, $\overline{IU}$상에 $\overline{TI} = \overline{UQ}$가 되는 점 T를 잡는다. I의 여러 값에 대하여 같은 작도를 해서 구한 점들을 이으면 외부 특성 곡선 $O'TS$가 얻어진다.

이것은 $\overline{TI} = \overline{UQ} = E - (R_a + R_f)I = R_L I$가 되기 때문이다.

외부 특성 곡선에서 직권 발전기는 부하 전류에 따라서 단자 전압이 현저하게 변하는 것을 알 수 있다.

이상과 같이 직권 발전기는 부하 저항이 정해지면 단자 전압과 부하 전류도 정해진다. 그러나 계자 권선에 병렬로 저항을 접속해서 분로를 만들어 주면 계자 전류를 변화할 수 있어 단자 전압, 부하 전류를 변화시킬 수 있다.

(다) 용 도

직권 발전기는 부하 전압의 변동이 심하므로 별로 사용되지 않지만 부하전류에 비례하는 전압이 필요한 경우와 장거리 급전선에 직류 발전기를 직렬로 접속하여 승압기(booster)로 사용하여 수전 전압을 일정하게 유지하는 경우에 사용한다.

(4) 복권 발전기의 특성

분권 발전기는 부하 전류의 증가에 따라 단자 전압이 강하하지만 직권 발전기는 이와 반대로 단자 전압이 상승한다. 그림 2-23 (d), (e)와 같이 복권 발전기는 분권 발전기의 특성을 갖는 분권 계자 권선과 직권 발전기의 특성을 갖고 있는 직권 계자 권선이 있어 두 계자 권선의 특성을 유효 적절하게 이용함으로써 그림 2-29와 같은 여러 가지 외부 특성 곡선을 갖고 있는 복권 발전기를 얻을 수 있다.

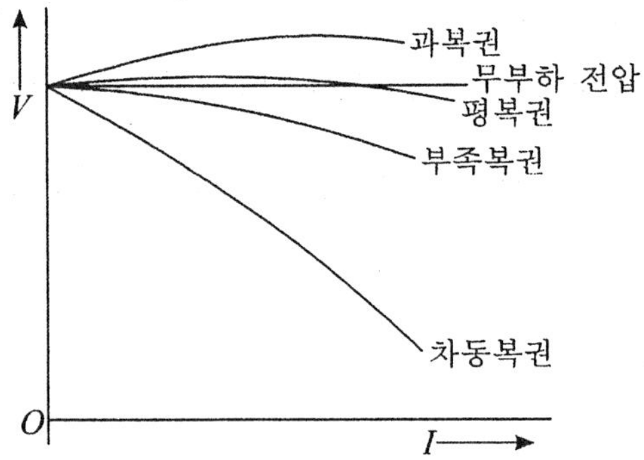

그림 2-29 복권 발전기의 외부 특성

양 계자의 자속 방향이 같은 가동 복권에는 직권 계자와 분권 계자가 거의 같게 작용하여 무부하 전압과 전부하 전압이 거의 같은 특성을 갖는 평복권, 직권 계자가 강하여 부하 전류의 증가에 따라 단자 전압이 상승하는 특성을 갖는 과복권, 분권 계자가 강하여 부하 전류의 증가에 따라 단자 전압이 강하하는 특성을 갖는 부족 복권이 있다. 차동 복권은 분권 계자와 직권 계자가 역으로 작용하므로 부하 전류가 증가함에 따른 단자 전압의 감소가 크다.

(가) 용 도

가동 복권은 정전압 전원으로서 평복권이 주로 사용되지만 발전기에서 부하까지의 거리가 멀고 그 사이에 저항 강하를 보상하는 경우는 과복권이 사용된다. 차동 복권은 정전류 전원, 예를 들면 직류 전기 용접기의 전원으로 사용한다.

예제 2-3

정격이 5[kW], 100[V], 50[A], 1800[rpm]인 타여자 발전기의 전기자 저항 0.2[Ω], 브러시의 전압 강하가 2[V]일 때 무부하일 때의 단자전압은 얼마인가?

풀이

무부하일 때의 단자전압 V_0는 유기 기전력 E와 같으므로

$V_0 = E = V + I_a R_a + e_b = 100 + 50 \times 0.2 + 2 = 112[V]$

예제 2-4

직류 분권 발전기의 무부하 포화 곡선이 $V = \frac{940}{33 + i_f} i_f$ 로 표시되고 계자 권선의 저항이 20[Ω]이라고 하면 정상 전압은 얼마인가?

풀이

$V = \frac{940}{33 + i_f} i_f, \quad V = R_f I_f = 20 I_f$

$660 I_f + 20 I_f^2 = 940 I_f$

$660 + 20 I_f = 940$

$V = 20 I_f = 280[V]$

예제 2-5

전기자 저항이 0.05[Ω]인 분권 발전기에서 부하 전류 100[A]를 부하에 공급할 때 단자 전압이 210[V]였다. 발전기의 유도 기전력은 얼마인가?

풀이

$V = E - I_a R_a$

$V = 210[V], \ I_a = 100[A], \ R_a = 0.05[\Omega]$

$E = V + I_a R_a = 210 + 100 \times 0.05 = 215[V]$

예제 2-6

정격출력 10[kW], 정격전압 100[V], 정격 회전수 1500[rpm]인 직류 직권 발전기가 있다. 회전수를 1200[rpm]으로 내리고 전과 같은 부하 전류를 흘렸을 경우 단자 전압은 얼마인가? 단, 전기자 저항과 계자 저항의 합은 0.05[Ω]이다.

풀이

정격전류 $I = 10000/100 = 100[A]$

유기 기전력 $E = 100 + 0.05 \times 100 = 105[V]$

기전력은 회전수에 비례하므로 $E \propto N$에서 회전수가 1200[rpm]일 때의 유기 기전력 E'는

$E' = \frac{N'}{N} \times E = \frac{1200}{1500} \times 105 = 84$로 단자 전압은

$V' = E' - I_a R_a = 84 - 100 \times 0.05 = 79$[V]이다.

예제 2-7

전기자 저항이 0.09[Ω], 직권 권선의 저항이 0.03[Ω], 분권 권선의 저항이 200[Ω]인 외분권 가동 복권 발전기에서 부하 전류 50[A], 단자 전압 400[V]일 때의 유기 기전력은 몇 [V]인가?

풀이

$I_f = \frac{V}{R_f} = \frac{400}{200} = 2$[A]

$I_a = I_f + I = 2 + 50 = 52$[A]

$\therefore E = V + I_a(R_a + R_s) = 400 + (0.09 + 0.03) \times 52 = 406.24$[V]

2.1.9 직류 발전기의 전압 변동률과 병렬 운전

(1) 전압 변동률

발전기를 정격 속도, 정격 전류에서 정격 전압이 되도록 계자 저항을 조정해 놓고 발전기를 무부하로 하면 단자 전압이 변화한다. 이 때의 무부하 전압 V_0와 정격 전압 V_n의 차를 정격 전압의 백분률로 표시한 것을 **전압 변동률**이라 하며 전압 변동률 ε는 다음과 같이 나타낸다.

$$\varepsilon = \frac{V_0 - V_n}{V_n} \times 100[\%] \qquad (2\text{-}13)$$

(2) 병렬 운전

2대 이상의 발전기를 병렬로 접속하여 같은 모선이나 부하에 전력을 공급하는 방식을 **병렬 운전**이라 하며 다음과 같은 경우에 병렬 운전한다.

① 한 대의 발전기로는 용량이 부족할 때

② 부하 변동의 폭이 클 경우에, 중부하일 때는 2대로 병렬 운전하고 경부하일

때는 한 대만을 운전한다.

③ 여러 대의 발전기를 병렬 운전할 때는 예비 발전기의 용량이 작아도 된다.

2대의 발전기를 병렬 운전할 때, 각 발전기의 유기 기전력을 E_1, E_2, 전기자 저항을 R_{a1}, R_{a2}, 계자 전류를 무시하여 각 발전기의 부하 전류는 전기자 전류와 같은 I_1, I_2, 모선 전압을 V, 부하 전류를 I라 하면 이들 사이에는 다음과 같은 관계식이 성립한다.

$$\left.\begin{aligned} V &= E_1 - I_1 R_{a1} = E_2 - I_2 R_{a2} \\ I &= I_1 + I_2 \end{aligned}\right\} \tag{2-14}$$

유기 기전력이 같으면 전류는 전기자 저항이 작은 발전기에 많이 흐르고 전기자 저항이 같으면 유기 기전력이 높은 발전기에 많이 흐른다.

병렬 운전하고 있는 2대의 발전기가 절반씩의 부하 분담을 하고 있을 때 한 쪽 발전기의 회전수를 올리든가 또는 계자 전류를 많이 흐르게 하여 기전력을 높이면 기전력을 높인 발전기의 전류는 증가하여 부하를 더 분담하게 되고 다른 발전기의 전류는 감소하여 부하 분담이 감소한다.

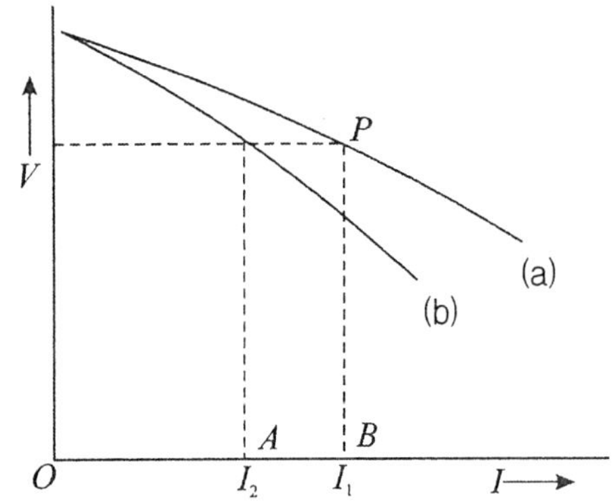

그림 2-30 직류 발전기의 외부 특성 곡선

그림 2-30은 병렬 운전하고 있는 두 발전기의 외부 특성 곡선으로 두 발전기의 특성 곡선이 일치하여 곡선 (a)이면 두 발전기의 전류는 $I_1 = I_2 = \overline{OB}$가 되지만, 두 발전기의 전압 변동률이 다를 때, 즉 외부 특성 곡선이 일치하지 않고 하나는

곡선 (a), 다른 하나는 곡선 (b)와 같을 때에는 발전기의 전류는 각각 $I_1 = \overline{OB}$, $I_2 = \overline{OA}$ 로 전류가 같지 않게 된다. 즉, 전압 변동률이 같지 않으면 유기 기전력이 같아도 부하가 균등하게 각 발전기에 나누어지지 않는다.

(가) 분권 발전기의 병렬 운전

그림 2-31은 분권 발전기를 병렬 운전할 때의 접속도로, 운전중인 분권 발전기 G_1 에 분권 발전기 G_2 를 병렬 운전시키자면 개폐기 S_2 를 열어 둔 채로 G_2 를 회전시켜 정격 속도가 되도록 한 후 계자 저항 조정기 FR_2 로 계자 전류를 변화시켜 유기 기전력 E_2 를 모선 전압과 같게 한 다음에 G_2 의 극성을 전압계로 확인하고 개폐기 S_2 를 닫는다. 이 때는 모선 전압과 기전력이 같으므로 G_2 에 전류가 흐르지 않는다. 따라서 G_2 의 계자 전류를 늘리면서 G_1 의 계자 전류를 줄이면 양 발전기의 기전력이 하나는 증가하고 다른 하나는 감소하므로 I_2 는 증가하고 I_1 은 감소하여 G_1 의 부하가 G_2 에 옮겨진다.

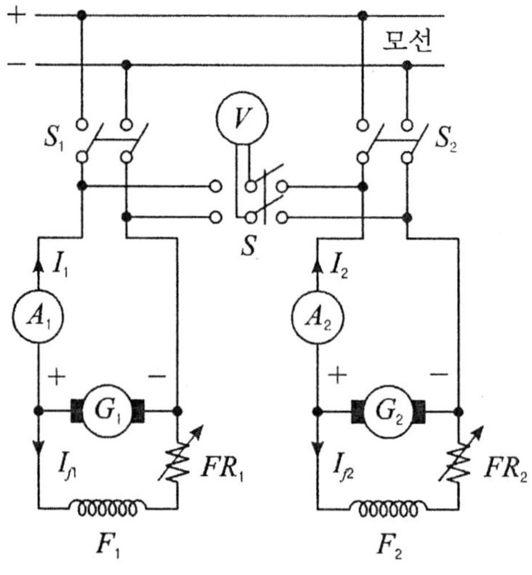

그림 2-31 분권 발전기의 병렬 운전

(나) 직권 발전기의 병렬 운전

직권 발전기와 같이 전류가 증가하면 전압이 상승하는 외부 특성을 갖는 발전기의 병렬 운전중 한 발전기의 전류가 약간 증가하면 전압도 상승하므로 점점 전류가 증가하여 안정된 병렬 운전을 할 수 없다.

따라서 직권 발전기의 병렬 운전을 안정되게 하려면, 그림 2-32 (a)와 같이 양 발전기의 직권 계자를 균압 모선으로 접속하여 F_1과 F_2를 병렬로 하여 항상 계자 전류를 등분하도록 하거나, 그림 (b)와 같이 계자 권선을 교차 접속으로 하여, 전류가 감소한 발전기의 계자에, 전류가 증가한 발전기의 전기자 전류가 흐르도록 한다.

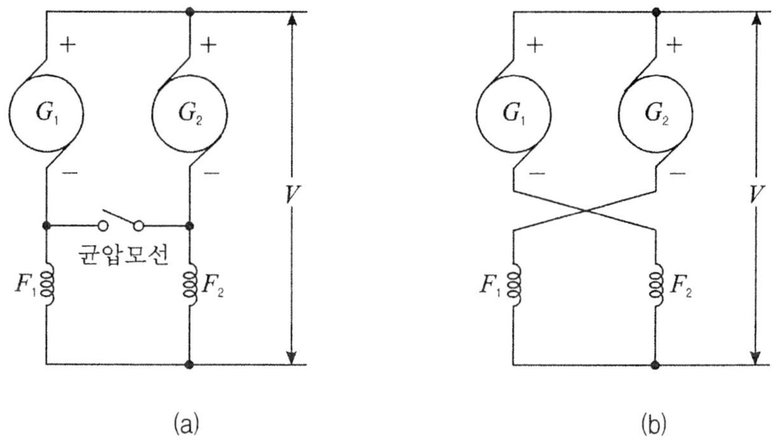

그림 2-32 직권 발전기의 병렬 운전

(다) 복권 발전기의 병렬 운전

그림 2-33과 같이 복권 발전기 G_1, G_2가 부하를 분담하여 병렬 운전하고 있을 때 일시적인 원인으로 G_1의 부하 전류 I_1이 증가하면 G_1의 직권 권선의 기자력이 많게 되어 G_1의 기전력이 증가하여 더욱 I_1이 증가한다.

이와 같이 G_1의 부하는 차츰 증가하는 것과는 반대로 G_2의 부하 전류 I_2는 차츰 감소하여 G_2의 부하는 0이 되고 더우 진행되면 G_2는 전동기로 동작되어 안정된 병렬 운전을 할 수 없으므로 직권 발전기와 같이 균압 모선를 설치한다.

그림 2-33에서 운전중인 G_1에 G_2를 병렬 운전시키려면 G_2를 정격 회전수로 한 다음 G_2의 분권 계자의 전류를 조정해서 G_2의 기전력을 모선 전압과 같게 한 후 개폐기 K, S_2'를 닫는다. 이 때 G_2의 직권 계자 권선에 부하 전류가 흐르게 되어 G_2의 기전력이 변하므로 다시 분권 계자 권선의 전류를 조정해서 기전력을 모선 전압과 같게 한 다음 S_2를 닫는다. 이 때 G_2는 부하를 분담하고 있지 않으

므로 부하를 분담시키려면 G_2의 계자 전류를 증가시켜 부하를 분담시킨다.

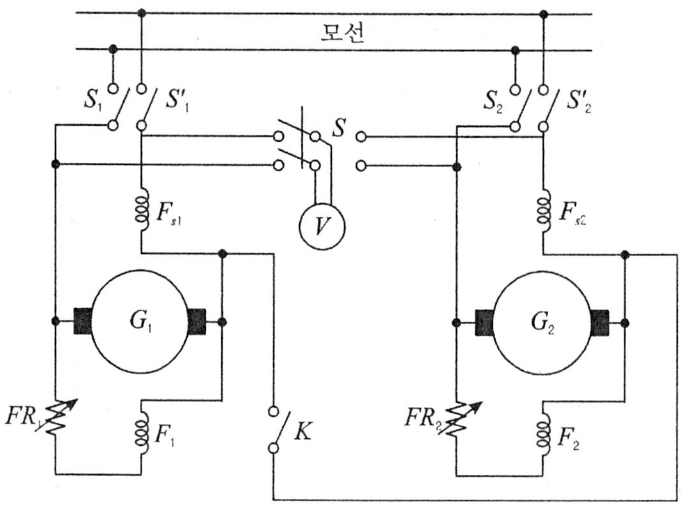

그림 2-33 복권 발전기의 병렬 운전

▌예제 2-8▐

2대의 발전기가 병렬 운전을 하여 360[A]의 부하에 전력을 공급하고 있다. 두 발전기의 유기 기전력과 단자 전압이 같고 전기자 저항은 각각 0.04[Ω], 0.02[Ω]일 때 각 발전기의 분담 전류는 얼마인가?

풀이

$$I_1 + I_2 = 360$$

$$E - I_1 \times 0.04 = V$$

$$E - I_2 \times 0.02 = V$$

$$I_2 = \frac{0.04}{0.02} I_1 = 2I_1$$

$$I_1 + 2I_1 = 360 \quad \therefore I_1 = 120[\text{A}],\ I_2 = 240[\text{A}]$$

▌예제 2-9▐

무부하에서 103[V] 되는 분권 발전기의 전압 변동률이 3[%]이다. 정격 전압은 얼마인가?

풀이

전압 변동률 $\varepsilon = \frac{V_0 - V_n}{V_n} \times 100$에서 $V_0 = 103[\mathrm{V}]$, $\varepsilon = 3[\%]$를 대입하면

$$3 = \frac{103 - V_n}{V_n} \times 100$$

$$V_n(1 + 0.03) = 103 \quad \therefore V_n = 100[\mathrm{V}]$$

2.2 직류 전동기

2.2.1 직류 전동기의 원리

(1) 회전력

자속밀도 $B[\mathrm{Wb/m^2}]$인 평등 자계 안에 있는 길이 $l[\mathrm{m}]$의 전기자 도체에 전류 $i[\mathrm{A}]$가 흐르면 이 도체에는 식 (1-2)에서

$$F = Bil[\mathrm{N}] \tag{2-15}$$

의 힘이 작용한다.

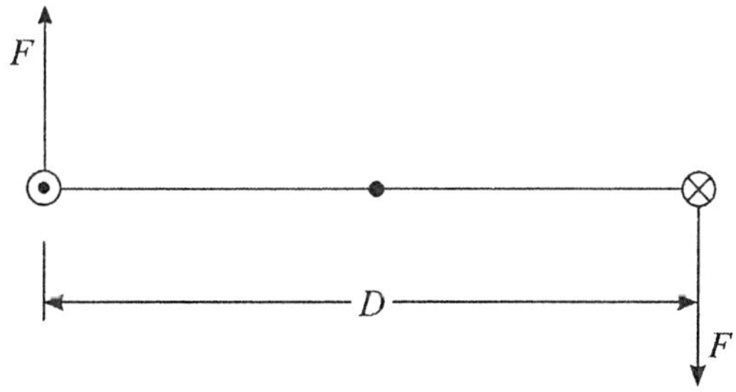

그림 2-34 전기자 권선에 작용하는 짝힘

전기자 직경을 $D[\mathrm{m}]$라 하면 두 개의 도체로 이루어진 한 권선에 작용하는 짝힘, 즉 회전력 τ는 그림 2-34에서 다음과 같이 된다.

$$\tau = F \times D = Bil \times D[\mathrm{N \cdot m}] \tag{2-16}$$

전동기의 전기자 총 도체수 Z, 극수 P, 한 극의 자속 ϕ[Wb], 전기자 전류 I_a [A], 전기자 병렬 회로수 a라 하면 $B=\dfrac{P\phi}{\pi Dl}$, $i=\dfrac{I_a}{a}$이므로 전동기에서 발생하는 회전력 T는

$$T=\frac{Z}{2}\tau=\frac{Z}{2}BilD=\frac{Z}{2}\frac{P\phi}{\pi Dl}\cdot\frac{I_a}{a}\cdot l\cdot D$$

$$=\frac{PZ}{2\pi a}\phi I_a=K\phi I_a\ [\mathrm{N\cdot m}] \tag{2-17}$$

$$=\frac{1}{9.8}K\phi I_a\,[\mathrm{kg\cdot m}] \tag{2-18}$$

가 되며 위의 식에서 $K=\dfrac{PZ}{2\pi a}$이다.

이 회전력으로 전동기는 회전하여 회전력과 전동기 축에 가해진 기계적 부하가 평형을 이루는 회전수 N[rpm]으로 회전한다.

(2) 역기전력

전동기가 회전하면 도체는 자속을 끊어 발전기와 같이 기전력을 발생한다. 이때 발생한 기전력의 방향은 플레밍의 오른손 법칙에 의해서, 전동기에 공급된 단자 전압과는 반대 방향이므로 역기전력이라 한다.

전동기의 역기전력 E_c[V]는 다음과 같이 발전기의 기전력식과 같다.

$$E_c=\frac{PZ}{a}\phi N\,[\mathrm{V}] \tag{2-19}$$

전동기에 발생하는 회전력이 부하에 필요한 회전력보다 크면 회전력의 차이로 전동기는 가속되어 역기전력이 증가하므로 전동기의 부하 전류는 감소되어 회전력은 평형을 이루게 된다. 즉 전동기는 부하를 회전하는데 필요한 전류가 흐를 수 있도록 역기전력을 발생하는 속도로 회전한다.

따라서 전동기는 다음의 전압 방정식을 만족하는 속도로 회전한다.

$$V=E_c+I_aR_a \tag{2-20}$$

전기자 전류 I_a는

$$I_a = \frac{V - E_c}{R_a} \tag{2-21}$$

으로 이 전기자 전류와 자속으로 발생하는 회전력 $T = K\phi I_a$은 부하의 회전력과 평형을 이룬다.

전동기의 부하가 증가하여 회전수가 감소하면 역기전력도 감소하게 되어 식 (2-21)에서 I_a가 증가하여 전동기의 입력은 자동적으로 증가하여 부하의 증가에 대응하게 된다.

(3) 회전수

식 (2-19)를 식 (2-20)에 대입하여 N에 대하여 정리하면

$$N = \frac{a}{PZ} \cdot \frac{(V - I_a R_a)}{\phi} = K\frac{(V - I_a R_a)}{\phi} \text{[rpm]}, \quad K = \frac{a}{PZ} \tag{2-22}$$

으로 전동기의 회전수는 $(V - I_a R_a)$에 비례하고, ϕ에 반비례한다는 것을 알 수 있다.

속도 변동의 정도를 나타내는데는 속도 변동률이 사용된다. 정격 전압, 정격 부하에서 정격 속도 N_n가 되도록 계자 저항 조정기를 조정한 상태에서 무부하로 하였을 때의 속도를 N_o라 할 때 속도 변동률은 다음과 같이 나타낸다.

$$\text{속도 변동률} = \frac{N_o - N_n}{N_n} \times 100[\%] \tag{2-23}$$

(4) 출 력

식 (2-20)의 양변에 I_a를 곱하여

$$VI_a = E_c I_a + I_a^2 R_a \tag{2-24}$$

으로 하면 VI_a는 전기자의 입력이고 $I_a^2 R_a$는 전기자 회로의 저항손이므로 $E_c I_a$가 전기자의 출력이 된다.

식 (2-17)에 식 (2-19)를 대입하여 정리하면 다음과 같이 된다.

$$T = \frac{E_c I_a}{2\pi N} [\text{N} \cdot \text{m}] \tag{2-25}$$

따라서 전기자의 출력 P_a는,

$$P_a = E_c I_a = 2\pi NT [\text{W}] \tag{2-26}$$

이며 전동기의 손실에는 전기자 동손 이외에 철손 P_i 및 기계손 P_m 등이 있기 때문에 전동기의 출력 P_0은 다음과 같이 나타낼 수 있다.

$$P_0 = \text{전기자 출력} - (\text{철손} + \text{기계손}) = P_a - P_i - P_m \tag{2-27}$$

2.2.2 직류 전동기의 특성

직류 전동기에서 부하가 변할 때 전동기의 특성이 어떻게 변하는 가를 아는 것은 전동기를 이용할 때 매우 중요하다. 직류 전동기의 여러 특성 중에서 다음의 두 특성이 가장 중요하다.

① 속도 특성 : 단자 전압과 계자 전류가 일정할 때 부하 전류 I와 회전수 N의 관계를 속도 **특성**이라 한다.

② 회전력 특성 : 단자 전압과 계자 전류가 일정할 때 부하 전류 I와 회전력 T의 관계를 회전력 **특성**이라 한다.

타여자 직류 전동기의 특성은 분권 전동기의 특성과 거의 비슷하고 전원 전압의 변화로 정회전과 역회전 두 방향으로 광범위하게 세밀한 속도를 변화할 수 있으므로 대형 압연기, 고급 엘리베이터, 일그너 방식이나 워어드 레오너드 방식의 주 전동기로 사용한다.

(1) 분권 전동기의 특성

분권 전동기는 그림 2-35 (a)와 같이 전기자 권선과 계자 권선이 병렬로 접속되어 전원에 연결된다.

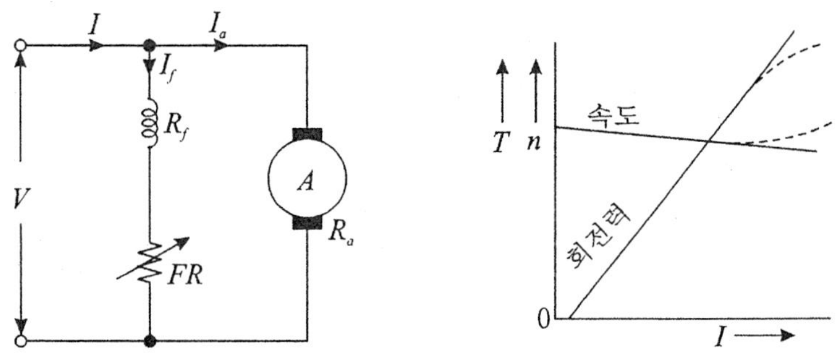

(a) (b)

그림 2-35

그림 2-35 (a)에서 계자 전류는 $I_f = V/R_f$ [A]으로 단자 전압이 일정하면 부하에 관계없이 일정하므로 전기자 반작용을 무시하면 자속 ϕ도 일정하며 부하 전류 $I = I_f + I_a$으로 I_f는 정격 전류에 비하여 매우 적어 $I \fallingdotseq I_a$이 된다.

(가) 속도 특성

직류 전동기의 속도는 식 (2-22)에서 $I_a \fallingdotseq I$라 하면

$$N = K\frac{(V - I_a R_a)}{\phi} \fallingdotseq K\frac{(V - IR_a)}{\phi} \qquad (2\text{-}28)$$

으로 R_f를 일정하게 하면 I_f와 ϕ도 일정하므로 $K/\phi = K'$라 놓으면

$$N = K'(V - IR_a)$$

이 된다. 따라서 단자 전압과 전기자 저항이 일정한 경우, 전동기의 속도는 그림 2-35의 (b)와 같이 전류가 증가하면 직선적으로 감소한다.

전기자 반작용으로 전기자 전류가 증가하면 자속이 감소하므로 식 (2-28)의 분모가 감소하여 속도는 특성 곡선의 점선과 같이 다소 증가하게 된다.

계자 전류를 감소시켜 0에 가깝게 하면 식 (2-28)에서 분모의 ϕ가 0에 가까워져 속도가 대단히 높아져, 경부하이거나 전기자 저항이 작은 경우에, 전동기가 무구속 속도에 도달할 수 있다. 무구속 속도일 때는 원심력으로 전동기가 파괴될 우려가 있으므로 계자 회로를 접속할 때 단선이 생기지 않도록 한다.

이와 같이 계자 회로의 고장으로부터 위험을 방지하기 위하여 축 끝에 일정 속

도 이상에서 동작하는 원심 개폐기를 붙이거나 전기자 전류로 동작하는 과전류 계전기를 동작시켜서 주 회로를 차단시킨다.

(나) 회전력 특성

식 (2-17)인 $T = K\phi I_a$ [N·m]에서 ϕ가 일정하므로 $K\phi = K''$로 하면

$$T = K'' I_a \fallingdotseq K'' I \tag{2-29}$$

가 되어 회전력 특성 곡선은 그림 2-35 (b)와 같은 직선이 되지만 전기자 반작용으로, 전기자 전류가 증가하면 주자속 ϕ가 감소하므로 회전력 특성 곡선은 점선과 같이 밑으로 구부러진다.

(다) 용 도

분권 전동기의 회전수는 부하가 증가하면 얼마만큼은 줄지만 대체로 일정하다고 볼 수 있으므로 정속도 전동기라 말할 수 있고 계자 저항 조정기로 속도를 제어할 수 있다. 공작 기계, 펌프 등에 적당하나 같은 특성의 3상 유도 전동기가 있어 별로 사용되지 않는다.

(2) 직권 전동기의 특성

그림 2-36 (a)와 같이 직권 전동기는 계자 권선과 전기자 권선이 직렬로 공급 전원에 접속되므로 전류는 $I_f = I_a = I$으로 부하 전류 I의 증감에 따라서 자속 ϕ도 증감한다.

(가) 속도 특성

계자 권선의 저항을 R_f라 하면 식 (2-22)는 다음과 같이 된다.

$$N = K\frac{V-(R_a+R_f)I}{\phi} \text{ [rps]} \tag{2-30}$$

자기 회로가 포화되지 않은 경우, ϕ는 I_a에 비례하므로 자속은 $\phi \fallingdotseq kI_a = kI$으로 위의 식에 대입하면 다음과 같이 된다.

$$N \fallingdotseq K\frac{V-(R_a+R_f)I}{kI} = K_1\frac{V-(R_a+R_f)I}{I}$$

$$= \frac{K_1 V}{I} - K_1(R_a + R_f) \qquad (2\text{-}31)$$

여기서, $K_1 = K/k$ 이다

위의 식은 단자 전압이 일정하면 다음과 같이 고칠 수 있다.

$$N = \frac{K_2}{I} - N_o, \text{ 여기서 } K_2 = K_1 V, \ N_o = K_1(R_a + R_f) \qquad (2\text{-}32)$$

식 (2-32)의 (b)에서 쌍곡선인 첫째 항에서 일정한 값인 둘째 항을 빼더라도 그 결과는 그림 2-36과 같이 종축과 횡축을 점근선으로 하는 쌍곡선인 속도 특성 곡선이 된다. 부하가 증가하여 계자 기자력이 증가하면 자기 회로가 포화하여 자속 ϕ는 일정하게 되어 식 (2-30)은 다음과 같이 된다.

$$N \fallingdotseq K'\{V - I(R_a + R_f)\}, \text{ 여기서 } K' = \frac{K}{\phi} \qquad (2\text{-}33)$$

따라서 속도 특성 곡선은 점선과 같이 직선이 된다.

직권 전동기는 무부하에 가까워지면 무구속 속도에 도달하여 원심력으로 파괴될 우려가 있으므로 직권 전동기로 다른 기계를 운전할 때는 반드시 직결하거나 치차를 사용한다.

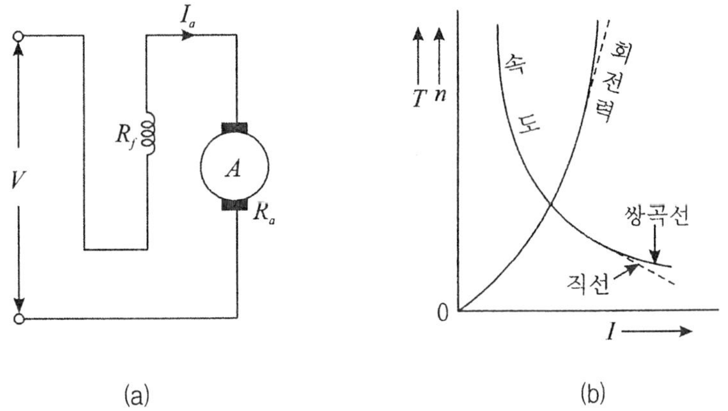

그림 2-36

(나) 회전력 특성

자기 회로가 포화되기 전까지는 자속은 계자 전류에 비례하므로 회전력 식 (2-17)에 $\phi \fallingdotseq kI_f = kI$를 대입하면

$$T = K\phi I = KkI^2 = K_3 I^2, \text{ 여기서 } K_3 = Kk \qquad (2\text{-}34)$$

으로 회전력 특성 곡선은 그림 2-36 (b)에서 실선으로 표시한 것과 같은 포물선이 된다. 그러나 부하 전류가 증가하여 자기 회로가 포화하면 ϕ는 증가하지 못하고 거의 일정하게 되어 회전력은

$$T = K\phi I = K''I, \ K'' = K\phi \qquad (2\text{-}35)$$

이 되어 그림 2-36 (b)에서 점선 부분과 같이 I에 비례하는 직선이 된다.

(다) 용 도

직권 전동기는 회전력이 증가하면 속도가 낮아지므로 회전수와 회전력의 곱에 비례하는 출력도 어떤 범위 안에서는 일정하며 회전력은 전류의 자승에 비례하므로 기동시킬 때 전류를 안전한 값으로 제한하면 충분히 큰 회전력을 발생시킬 수 있어 전철이나 기중기에 사용한다.

(3) 복권 전동기의 특성

가동 복권 전동기는 분권 계자와 직권 계자를 갖고 있어 직권 계자와 분권 계자의 기자력 비율에 따라 분권에 가까운 특성이 되기도 하고, 직권에 가까운 특성이 되기도 하여 속도 특성과 회전력 특성은 그림 2-37과 같이 된다.

가동 복권 전동기는 분권 계자가 있으므로 부하가 없어도 계자 권선에 의한 자속이 존재하므로 직권 전동기와 같이 위험한 무구속 속도로 될 우려가 없고, 또한 직권 계자가 있으므로 기동 회전력도 상당히 크다. 가동 복권 전동기는 특성이 직권에 가까우면서도 직권 전동기와 같이 무구속 속도에 도달할 염려가 없어 권상기, 공작 기계 등에 사용한다.

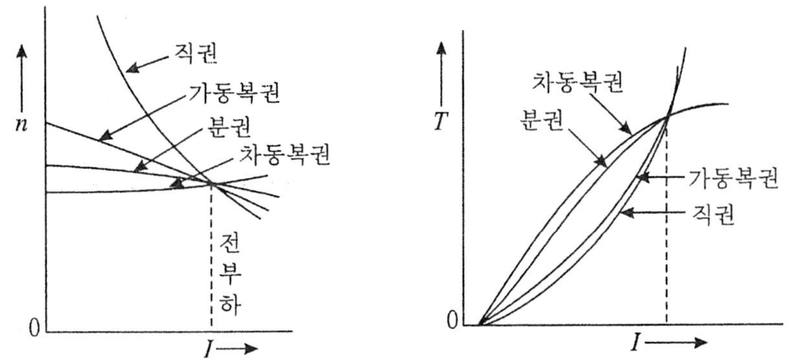

(a) 속도 특성

(b) 회전력 특성

그림 2-37

차동 복권 전동기는 직권 계자의 기자력이 분권 계자의 기자력을 상쇄하도록 작용하므로 부하 전류가 증가함에 따라 자속은 감소되어 속도를 상승시키는 작용을 하므로 속도 특성 곡선은 그림 2-37과 같이 오른쪽에서 올라가게 된다. 차동 복권 전동기는 기동 회전력이 작고 운전상 안정성이 없어 거의 사용되지 않는다.

예제 2-10

출력 7.5[kW]의 전동기가 1200[rpm]으로 회전할 때의 회전력은 얼마인가? 단, 철손 및 기계손을 무시한다.

풀이

$$T = \frac{P}{w} = \frac{7.5 \times 10^3}{2\pi \frac{1200}{60}} = 59.7\,[\text{N} \cdot \text{m}] \fallingdotseq 6.1\,[\text{kg} \cdot \text{m}]$$

예제 2-11

중권으로 감긴 직류 전동기가 있다. 극수 4, 전기자 도체수 160, 1극의 자속수 0.01[Wb], 부하 전류 100[A]일 때 전동기의 회전력을 구하라.

풀이

$$T = \frac{PZ}{2\pi a}\phi I_a$$

$$\therefore\ T = \frac{4 \times 160}{2\pi \times 4} \times 0.01 \times 100 = 25.5[\text{N} \cdot \text{m}]$$

예제 2-12

직류 분권 전동기가 단자 전압 215[V], 전기자 전류 50[A], 1500[rpm]으로 운전되고 있을 때 발생하는 회전력은 얼마인가? 단, 전기자 저항은 0.1[Ω]이다.

풀이

$$E_c = V - R_a I_a = 215 - 0.1 \times 50 = 210[\mathrm{V}]$$

$$P = E_c I_a = 2\pi n T$$

$$T = \frac{E_c I_a}{2\pi n} = \frac{210 \times 50}{2 \times 3.14 \times \frac{1500}{60}}$$

$$\fallingdotseq 66.9[\mathrm{N \cdot m}]$$

예제 2-13

전기자 저항 0.05[Ω]인 직류 분권 발전기가 있다. 회전수는 1000[rpm]으로 단자 전압이 220[V]일 때, 전기자 전류는 100[A]를 나타낸다. 지금 이것을 전동기로 사용하여 단자 전압과 전기자 전류를 발전기일 때와 같게 할 때 회전수는 얼마일까? 단, 전기자 반작용은 무시한다.

풀이

$$E = V + I_a R_a = 220 + 100 \times 0.05 = 225[\mathrm{V}]$$

$$E_c = V - I_a R_a = 220 - 100 \times 0.05 = 215[\mathrm{V}]$$

기전력이나 역기전력은 회전수에 비례하므로 전동기의 속도 N'는

$$N' = \frac{E_c}{E} \times N = \frac{215}{225} \times 1000 \fallingdotseq 956[\mathrm{rpm}]$$

와 같이 된다.

2.2.3 직류 전동기의 운전

(1) 직류 전동기의 기동

정지 상태에 있는 전동기를 운전 상태로 만드는 것을 기동이라고 하며, 기동중인 직류 전동기의 전기자 전류 I_a는 식 (2-19)와 식 (2-21)에서 다음과 같이 나타낼 수 있다.

$$I_a = \frac{V - K\phi N}{R_a}\text{[A]}, \text{ 여기서 } K = \frac{PZ}{a} \tag{2-36}$$

전동기를 기동하기 위하여 전동기에 직접 전 전압을 가하면 위의 식에서 전기자 저항 R_a는 극히 적은 값이고 $N=0$이므로, 전기자 전류는 $I_a = V/R_a$으로 정격 전류의 수 배에서 수십 배가 되어 다음과 같은 영향을 준다.

① 정류자 및 브러시가 손상한다.
② 전원에 큰 충격을 준다.
③ 매우 큰 회전력이 발생하므로 기계가 파손될 염려가 있다.

따라서 기동할 때 전기자 전류를 정격 전류의 100~150[%]로 제한할 수 있도록 전기자에 직렬로 접속하는 저항을 **기동 저항**이라 하며 기동 저항을 포함한 기구를 **기동기**라 한다. 기동기는 직렬로 접속된 몇 개의 저항을 순차적으로 단락시킬 수 있는 구조로 되어 있으며 그림 2-38은 수동 기동기와 자동 기동기로 동작 원리는 같다.

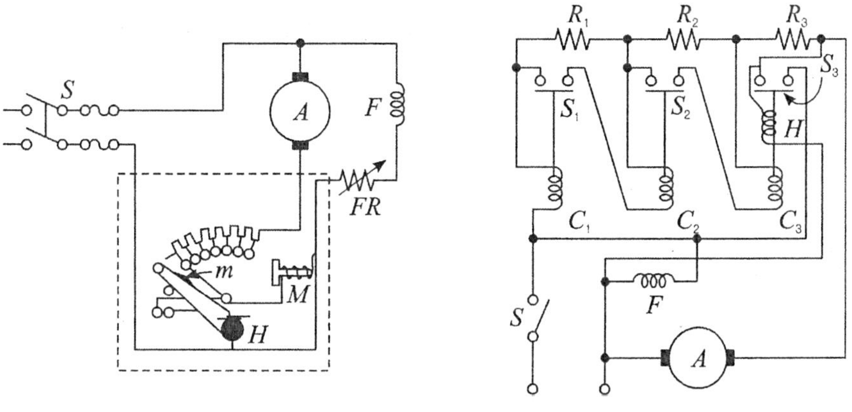

(a) 수동 기동기 (b) 자동 기동기

그림 2-38 기동기

기동기를 전기자와 직렬로 접속하여 전동기를 기동하면 기동 순간에는 정격 전류보다 많은 전류가 흐르지만 전동기가 회전하기 시작하면 역기전력 $E_c = K\phi N$이 발생하여 전기자 전류가 감소하기 시작한다. 전류가 정격 전류 정도로 감소하였을 때 기동기의 핸들 H를 오른 쪽을 돌려 기동 저항을 감소시키면 전류는 다시 증가하지만 회전수가 계속 상승하고 있으므로 전류는 다시 감소하기 시작한다. 다시 핸들로 기동 저항을 감소시키는 방법으로 계속 저항을 감소시켜 기동 저항이 0이 되면 기동은 끝난다. 수동 기동기에서 M은 무전압 개방기로 전원이 차단되었을 때, 핸들을 자동적으로 기동전의 위치로 복귀하도록 하여 전원이 다시 들어왔을 때 전동기의 소손을 방지하는 역할을 한다.

차동 복권 전동기를 기동시키는 경우에는 먼저 직권 계자 권선을 단락시켜 두지 않으면 반대 방향으로 회전하거나 혹은 기동 회전력을 현저히 약하게 하여 과대한 기동 전류가 흐를 우려가 있으므로 먼저 분권 전동기로 기동을 시켜 충분한 속도가 됐을 때 직권 권선에 전류를 흘리도록 한다.

(2) 속도 제어

전동기의 속도는 식 (2-22)에서 $N = K\dfrac{V - I_a R_a}{\phi}$ 로 속도를 변화시키는 방법은 다음과 같은 3가지가 있다.

① 계자 제어법 : 계자 전류를 조정하여 자속 ϕ를 변화시키는 방법
② 저항 제어법 : 전기자에 직렬로 저항을 접속하여 전기자 회로의 전압 강하를 변화시키는 방법
③ 전압 제어법 : 전기자에 가하는 전압을 변화시키는 방법

(가) 분권 전동기의 속도 제어

1 계자 제어법

그림 2-39 (a)의 회로도에서 계자 저항 조정기 FR로 계자 전류를 변화하면 자속 ϕ가 변하므로 속도는 자속에 반비례하여 변화한다. 즉, 자속 ϕ가 $\dfrac{\phi}{2}$, 2ϕ가 되면 속도는 그림 (b)와 같이 각각 2배, $\dfrac{1}{2}$배로 변한다.

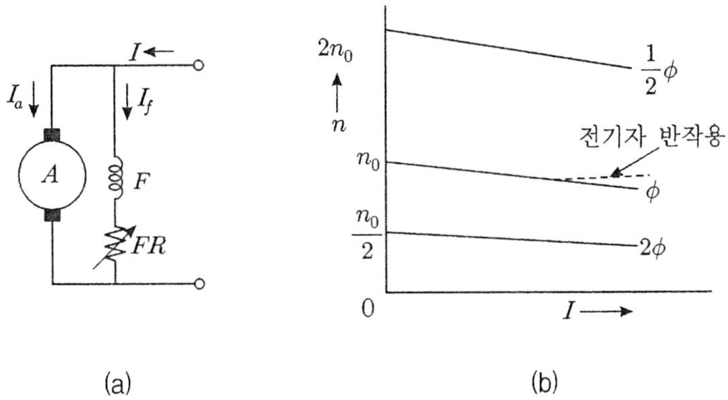

그림 2-39 분권 전동기의 계자 제어법

분권 계자 전류는 매우 적으므로 계자 저항 조정기에 흐르는 전류도 적으므로 전력 손실도 적고 조작도 간단하지만 저항을 아무리 감소시켜도 계자 권선의 저항과 자기 포화로 어느 정도 이하의 속도로 떨어뜨릴 수 없다. 또한 계자 회로의 저항을 지나치게 증가시켜 계자 전류가 매우 적게 되면 전기자 기자력이 계자 기자력보다 우세하게 되어 중성점의 이동이 심하게 된다. 따라서 보극이 없는 전동기는 정류 작용이 잘 되지 않게 된다.

② 저항 제어법

그림 2-40 (a)와 같이 전기자 회로에 직렬로 가변 저항 R_s을 접속하여 속도 제어하는 방법이다. 이 방법은 전기자 전류 I_a가 R_s에 흘러서 발생하는 전력 손실 $I_a^2R_s$가 커서 효율이 저하하고 속도 변동률이 커서 단시간 동안 속도를 매우 낮게 할 필요가 있는 경우에 적당하다.

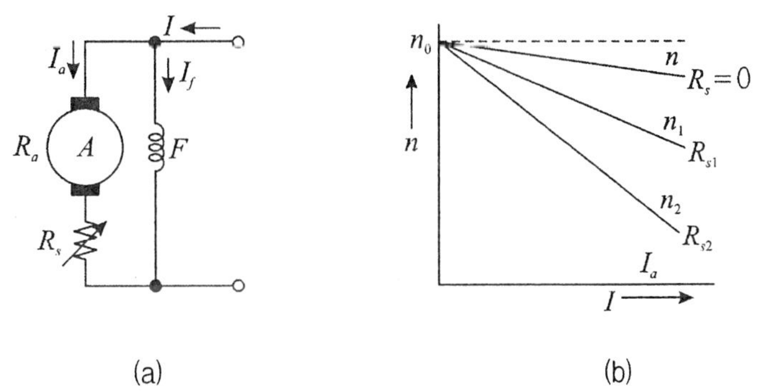

그림 2-40 분권 전동기의 저항 제어법

[3] 전압 제어법

전기자에 가하는 단자 전압을 변화시켜 속도를 제어하는 방법으로 다음과 같은 방식이 있으며 계자 권선을 타여자로 하면 넓은 범위의 속도에서 정회전과 역회전을 할 수 있으나 설비비가 많이 드는 결점이 있다.

① 워드 레오너드 방식(ward leonard system) : 그림 2-41과 같이 주 전동기 M에 전용의 타여자 발전기 G와 발전기를 회전시키는 구동용 전동기 DM을 두고, 발전기의 계자 저항 조정기 FR_1으로 주 전동기에 가하는 전압를 변화시키는 방식이다. 이와 같은 전압 제어에 전동기의 계자 저항 조정기 FR_2로 계자 제어를 함으로써 속도 조정 범위를 확대할 수 있다. 최근에는 반도체 정류기를 이용한 정지 워드 레오너드 방식이 개발되어 많이 이용하고 있다.

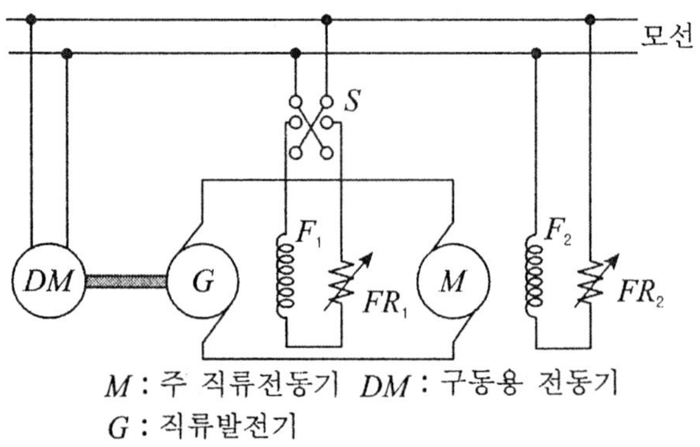

그림 2-41 워드 레오너드 방식

② 일그너 방식(illgner system) : 워드 레오너드 방식은 구동용 전동기로 직류전동기를 사용하지만 일그너 방식은 직류 전동기 대신 유도 전동기를 쓰고 축에 큰 플라이 휠(fly wheel)을 붙인 것이다. 이 방식은 주 전동기의 회전력이 갑자기 증가하면 유도 전동기의 부하가 증가하여 속도가 낮아진다. 이 때 플라이 휠에 저축된 운동 에너지를 방출하여 유도 전동기를 돕게 되므로 입력은 얼마 증가하지 않아도 되므로 전동기의 부하가 급변할 때 전원에서 공급되는 전력의 변동이 적다는 것이 특징이며 큰 압연기나 권상기에 적용된다.

(나) 직권 전동기의 속도 제어

1 계자 제어법

계자 기자력의 변화, 즉 ϕ를 변화시켜 속도를 변화시키려면 그림 2-42 (a)와 같이 계자 권선에 병렬로 접속한 가변 저항 R을 조정하여 계자 전류를 변화시키는 방법과 그림 (b)와 같이 계자 권선의 도중에 내놓은 탭의 접속을 바꾸는 방법이 있다.

2 저항 제어법

그림 2-42 (c)와 같이 전기자 회로에 직렬로 가변 저항 R을 접속하여 속도를 저하시킬 수 있으며 이 방법은 분권 전동기의 속도 제어에서 설명한 바와 같이 효율이 나쁜 것이 결점이지만 다음의 직병렬 제어법과 병용해서 많이 사용되는 방법이다.

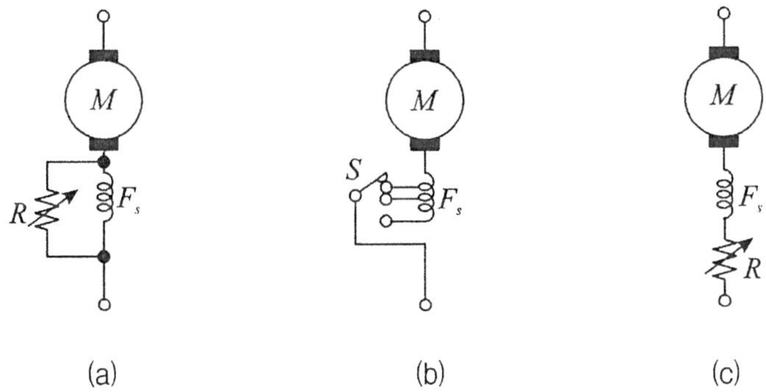

그림 2-42 직권 전동기의 계자 제어와 저항 제어

3 직병렬 제어법

전압 제어법의 일종으로 그림 2-43과 같이 정격이 같은 2대의 전동기를 사용하는 경우 이들을 직렬로 하면 각 제어기에는 1/2의 전압이 가해지고 병렬로 하면 전 전압이 가해지므로 속도를 조정할 수 있으나 속도의 변화가 제한적이므로 여기에 저항 제어법을 병용하여 속도의 변화를 다양하게 할 수 있다. 이 방법은 전철의 운전에서 제어기의 핸들을 돌려서 간단히 속도 제어를 한다.

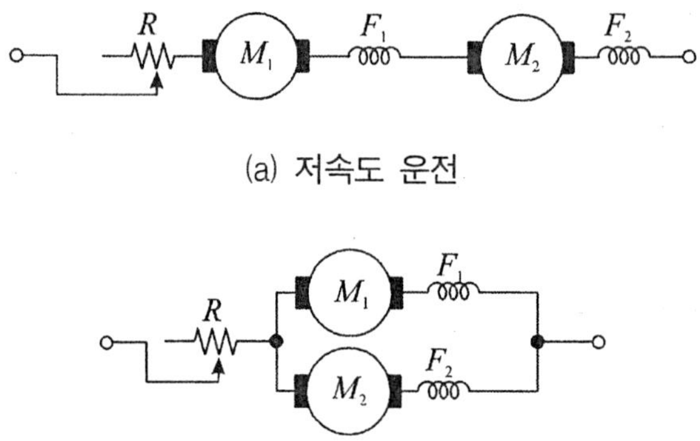

(a) 저속도 운전

(b) 고속도 운전

그림 2-43 직권 전동기의 직병렬 제어

(3) 전기 제동

전동기의 속도 상승을 억제하거나 정지 시간을 단축시키는 것을 제동이라 하며 기계 제동과 전기 제동이 있으며 전기 제동에는 다음과 같은 것이 있다.

(가) 발전 제동(dynamic braking)

발전 제동이란 운전중의 전동기를 전원으로부터 분리시켜 발전기로 동작하게 하여 회전자의 운동 에너지를 전기 에너지로 변화시킨 다음, 이것을 저항에서 열 에너지로 소비시켜서 제동하는 것이다.

분권 전동기는 계자를 전원에 접속한 상태로 전기자 회로만을 전원에서 떼어 그 양단에 저항기를 접속하면 타여자 발전기로 발전 제동이 된다. 직권 전동기와 복권 전동기의 경우, 직권 권선의 접속을 반대로 하거나 타여자로 한다. 제동으로 속도가 저하하면, 전기 제동의 작용은 약해지기 때문에 확실히 정지시키는 데는 기계 제동을 병용한다.

(나) 회생 제동

전철이 급경사의 길을 내려갈 때나 엘리베이터가 강하할 때는 중력 가속도로 속도가 상승하므로 속도를 일정히 유지하거나 감소시킬 때 사용하는 것으로 역기 전력을 전원 전압보다 크게 하여 발전기로서 전력을 전원에 돌려 보내 제동하는 것을 회생 제동이라 한다.

(다) 역전 제동(plugging braking)

운전중인 전동기의 전기자를 반대로 절환하면, 자속은 변하지 않고, 전기자 전류는 반대로 되어 전동기의 회전 방향과는 반대 방향의 회전력이 발생되므로 제동된다. 그러나 그대로 방치하면 역회전하므로 정지와 동시에 전원을 차단한다.

예제 2-14

공급 전압 525[V], 부하 전류 50[A], 회전수 1500[rpm]인 직류 직권 전동기의 공급 전압을 400[V]로 줄였을 때 부하 전류가 40[A]이면 회전수는 얼마로 되는가? 단, 전기자 권선과 계자 권선의 합성 저항은 0.5[Ω]이라 한다.

풀이

공급 전압 525[V] 때의 역기전력 $E_c = 525 - 0.5 \times 50 = 500[V]$

공급 전압 400[V] 때의 역기전력 $E_c' = 400 - 0.5 \times 40 = 380[V]$

$E_c = k\phi N = kk'IN,\ N = kk' \cdot \dfrac{E_c}{I}$ 이므로

$$N' = \frac{E_c'}{E_c} \times \frac{I}{I'} \times N = \frac{380}{500} \times \frac{50}{40} \times 1500 = 1425\,[\text{rpm}]$$

2.2.4 직류기 효율

(1) 효 율

직류기는 회전기이므로 기계손과 전기손이 존재하며 저항에 의한 손실 중에는 분권 전동기의 계자 동손과 같이 무부하손인 경우가 있다.

직류 발전기와 전동기의 단자 전압을 V, 부하 전류를 I, 무부하손을 P_o, 부하손을 kI^2라 하면, 발전기의 출력과 전동기의 입력은 VI이므로 규약 효율은 식 (1-8)과 (1-9)에 이들을 대입하면 발전기의 효율 η_g와 전동기의 효율 η_m은 다음과 같이 된다.

$$\eta_g = \frac{\text{출력}}{\text{출력}+\text{손실}} \times 100 = \frac{VI}{VI + (P_o + kI^2)} \times 100[\%] \qquad (2\text{-}37)$$

$$\eta_m = \frac{입력-손실}{입력} \times 100 = \frac{VI-(P_o+kI^2)}{VI} \times 100[\%] \qquad (2\text{-}38)$$

(2) 최대 효율

위의 식에서 분모 분자를 부하 전류 I로 나누면

$$\eta_g = \frac{V}{V+P_o/I+kI} \times 100[\%]$$

$$\eta_m = \frac{V-(P_o/I+kI)}{V} \times 100[\%]$$

이 되어, 단자 전압이 일정하면 $(P_o/I+kI)$이 최소일 때 효율은 최대가 된다.

$y=P_o/I+kI$라 하면 y가 최소가 되는 조건은 $\frac{dy}{dI}=0$이므로

$\frac{dy}{dI}=-\frac{P_o}{I^2}+k=0$에서

$$kI^2=P_o \qquad (2\text{-}39)$$

이 되어 부하손과 무부하손이 같을 때 효율은 최대가 된다.

예제 2-15

정격 전압 100[V], 계자 저항 40[Ω], 전기자 저항 0.2[Ω]인 직류 분권 발전기의 전부하 부하 전류가 50[A]이고 무부하손이 600[W]이면 전부하 효율은 얼마인가?

풀이

출력 $P=100\times50=5000$[W]

계자 전류 $I_f=100/40=2.5$[A]

전기자 동손 $P_a=(50+2.5)^2\times0.2 \fallingdotseq 551$[W]

계자 동손은 무부하손에 포함되므로

$$\eta=\frac{5000}{5000+551+600}\times100 \fallingdotseq 81.3[\%]$$

2.2.5 직류기의 시험

(1) 각 권선의 저항 측정

권선의 저항은 측정하려는 권선에 정격 전류의 약 25[%]의 직류를 흘려 전압 강하법으로 측정하는 방법과 휘이트스토운 브리지나 더블 브리지를 사용하여 측정한다.

(2) 극성 시험과 공극의 측정

주 자극과 보극에 직류를 흘려 자침을 접근시켜 극성를 조사하고 공극은 갭 게이지로 측정하여 공극에 차이가 있을 때는 자극과 계철 사이에 있는 가감 철판을 조절하여 같게 한다.

(3) 발전기의 특성 시험

(가) 발전기의 무부하 시험

발전기를 무부하 상태에서 정격 속도로 회전시키고 계자 권선을 타여자로 하여 계자 저항 조정기로 계자 전류를 0에서 최대 전류가 될 때까지 점차로 증가시켰다가 다시 0이 될 때까지 감소시키며 유기 기전력을 측정하여 계자 전류와 유기 기전력의 관계 곡선인 무부하 포화 곡선을 그린다. 계자 전류가 0일 때의 유기 기전력은 잔류 자기에 의한 것이고 같은 계자 전류에서 전류가 증가할 때와 감소할 때의 기전력이 다른 것은 철심의 히스테리시스 현상 때문이다.

(나) 발전기의 외부 특성 시험

온도 시험 직후 발전기를 정격 속도로 회전시키고, 전부하일 때 단자 전압이 정격 전압이 되는 계자 회로의 저항을 유지한 상태에서 부하 전류를 0에서 정격 전류의 1.5배까지 증가시키며 단자 전압을 측정하여 부하 전류와 단자 전압의 관계 곡선인 외부 특성 곡선을 그린다.

무부하일 때의 전압과 정격 전류일 때의 단자 전압을 알 수 있으므로 식 (2-13)에서 전압 변동률을 구할 수 있다.

(4) 전동기의 특성 시험

(가) 전동기의 속도 특성 시험

전동기에 정격 전압을 가하였을 때 정격 전류에서 정격 속도가 되는 계자 회로의 저항을 유지한 상태에서 부하 전류를 0에서 정격 전류의 1.5배까지 증가시키면서 속도를 측정하여 부하 전류와 속도의 관계 곡선인 속도 특성 곡선을 그린다. 무부하일 때의 속도를 알 수 있으므로 식 (2-23)에서 속도 변동률을 구할 수 있다.

(나) 회전력 특성 시험

부하 전류와 회전력의 관계 특성으로 전동기의 출력 측정에서 구할 수 있다.

(5) 무부하손의 측정

(가) 발전기법

손실을 측정하고자 하는 기기를 타여자 발전기로 하고 손실을 알고 있는 기기를 전동기로 운전한다. 발전기를 정격 속도로 회전시키고 발전기의 계자 전류를 조정하여 무부하 단자 전압이 정격 전압일 때, 전동기의 입력을 측정하여 전동기의 입력에서 전동기의 손실을 빼면 발전기의 무부하손이 된다. 다음은 발전기를 무여자로 하여 발전기가 정격 속도일 때의 전동기의 입력을 측정하면 발전기의 기계손을 알 수 있으므로 철손을 구할 수 있다.

(나) 전동기법

손실을 측정하고자 하는 기기를 전동기로 운전하여 무부하손을 측정하는 방법으로 전기자 회로에 정격 전압 V을 가하고 계자 저항 조정기를 조정하여 정격 속도가 되도록 하고 전기자 전류 I_a를 측정하면 VI_a에서 전기자 저항손 $I_a^2 R_a$를 뺀 것이 무부하손이다. 무부하손을 철손과 기계손으로 분리하려면 인가 전압을 변화시키면서 무부하손을 측정하여 횡축을 인가 전압, 종축을 무부하손으로 하는 곡선을 그려 곡선의 연장선과 종축이 만나는 점이 기계손이다. 여기서 전압을 변화시킬 때마다 정격 속도가 되도록 계자 저항 조정기를 조정한다.

(6) 전동기의 출력 측정

효율을 알고 있는 보조 발전기를 부하로 사용하는 방법과 프로니 브레이크(prony brake)나 전기 동력계를 이용하는 방법이 있다.

(가) 보조 발전기를 사용하는 방법

출력을 측정하려는 전동기와 효율을 알고 있는 보조 발전기를 직결하여 전동기에 정격 전압을 인가하고 발전기에 부하를 접속하면 발전기의 단자 전압, 부하 전류, 효율에서 발전기의 입력, 즉 전동기의 출력과 효율을 구할 수 있다.

따라서 회전력은 $T = P_a / 2\pi N$에서 구하며 회전력과 부하 전류의 관계를 구하면 회전력 특성 곡선을 얻을 수 있다.

(나) 프로니 브레이크를 사용하는 방법

그림 2-44는 프로니 브레이크(prony brake)로, 한 쌍으로 된 나무 조각으로 전동기 축의 양쪽에 대고 그 위에 길이 L[m]인 막대기의 한 쪽을 놓고 볼트로 고정하고 다른 한 쪽을 스프링 저울 B에 연결시켜서 저울에 작용하는 힘 W[kg]을 측정한다.

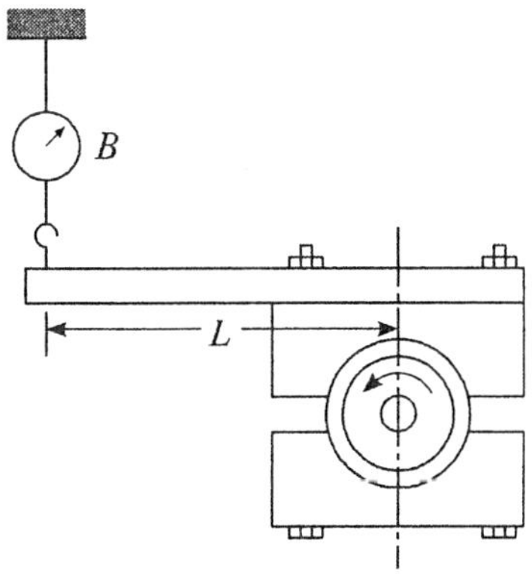

그림 2-44 프로니 브레이크

전동기의 회전력 T와 출력 P_a는 다음과 같다.

$$T = 9.8 \times LW \text{ [N·m]} \tag{2-40}$$

$$P_a = 2\pi NT = 2\pi NLW \text{ [W]} \tag{2-41}$$

(다) 전기 동력계를 사용하는 방법

출력을 측정하려는 전동기를 전기 동력계의 전기자에 직결하여 전기 동력계를 발전기로 운전하여 전동기의 회전력과 속도를 측정하여 출력과 효율을 구할 수가 있다.

(7) 온도 시험

전기기기의 출력은 온도 상승에 제한을 받으므로 기기에 정격 부하를 걸고 연속 정격인 것은 온도 상승이 멈출 때까지, 단시간 정격인 것은 지정한 시간 동안 운전하여 최종 온도 상승 한도 안에 있는가를 시험하는 것을 **온도 시험**이라 한다.

온도 시험은 측정하고자 하는 정지 부분에 온도계를 밀착시켜 일정한 시간마다 눈금을 읽으며 별도로 주위 온도의 눈금을 읽어서 온도 상승 곡선을 그린다.

연속 정격인 것은 온도 상승이 정지됐을 때, 운전을 정지하는 즉시 회전부의 온도를 측정한다.

권선의 평균 온도를 구하는데는 저항법을 사용하나, 온도 상승에 의한 권선 저항의 변화는 작기 때문에 저항을 정밀하게 측정하지 않으면 온도 상승에 큰 오차가 생긴다.

온도 시험을 할 때, 실제의 부하를 접속하면 전력을 소비하여 비경제적이므로 비슷한 정격의 기계가 있을 때 그림과 같이 2대의 기계를 기계적으로 직결하고 한 쪽을 발전기, 다른 쪽을 전동기로 운전하여 발전기가 발생한 전력을 전동기에 공급하고 전동기가 발생한 기계력을 발전기의 축에 반환하여 두 기계의 손실만을 외부에서 공급하는 것을 **반환 부하법**이라 하며 매우 경제적이고 편리하다.

그림 2-45와 같이 접속하고 전동기를 기동하여 정격 속도로 한 후에 발전기의 전압을 조정하여 전원 전압과 같게 하고 개폐기 S_2를 닫으면 두 기계는 병렬로 접속된다. 다음에 계자 저항 조정기 FR_1, FR_2를 조정하여 속도와 부하 전류를 정격에 맞추면 정격의 실부하를 걸은 것과 동일한 상태로 되고 두 기계의 손실은 전원에서 공급된다.

이와 같이 양기의 전 손실을 전기적으로 공급하는 것을 **카프법**(Kapp method)이라 하며 이 방법 이외에 다른 보조 전동기에서 전손실을 기계적으로 공급하는 **홉킨손법**(Hopkinson method), 두 기계의 무부하손은 기계적으로 보조 전동기에서 공급하고 동손은 전기적으로 승압기에서 공급하는 **블론델법**(Blondel method)이 있다.

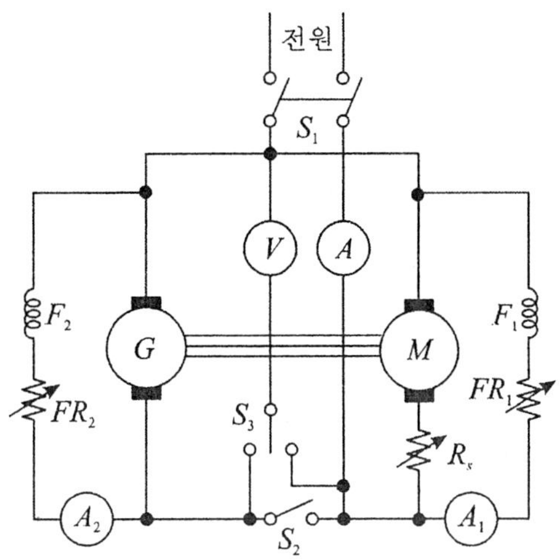

그림 2-45 반환 부하법

2.2.6 직류기의 고장과 보수

기계를 취급함에 있어 가장 중요한 것은 점검과 보수이다. 보수를 잘 하기 위해서는 기계에 생기는 고장의 원인과 보수 방법을 알고 있어야 한다. 다음에 열거하는 것은 직류기에서 발생하는 고장과 보수 방법이다.

(1) 전압의 확립이 안되는 경우

계자 권선의 접속 잘못, 계자 권선의 단선, 계자 회로 저항의 과대, 브러시 위치의 불량, 브러시의 접촉 불량, 역회전, 잔류 자기의 소멸, 속도의 저하 등의 경우는 발전되지 않거나, 전압의 확립이 불충분하게 된다. 접속 잘못, 단선, 브러시 위치의 불량, 브러시의 접촉 불량, 역회전 등의 경우는 바른 상태로 잡아 주면 발전되나, 잔류 자기가 소멸된 경우는 계자 권선에 직류를 일시적으로 흘리면 잔류 자기가 생긴다.

(2) 정류 불량

직류기에서 정류는 매우 중요하며 정류 불량의 원인에는 다음과 같은 것이 있다.

① 설계상의 원인 : 보극 설계의 부적합, 브러시의 품질과 치수의 부적합, 브러시 홀더의 부적합, 리액턴스 전압의 과대 등으로 브러시의 교체, 브러시 홀더의 조정은 할 수 있으나 보극의 문제는 다시 권선을 한다.
② 제작과 조립상의 원인 : 정류자 조립의 부적절, 운모의 돌출, 정류자편의 국부적인 돌출, 각 자극에서 자극과 브러시 간격의 불일치, 공극이 일정하지 않은 것이 주원인으로 조정하거나 다시 제작한다.
③ 취급상의 원인 : 브러시 압력이 적합치 않을 때는 브러시 홀더를 조정하고 정류자면이 불결하면 정류자면을 사포로 닦고 깨끗이 털어내면 된다.
④ 권선의 단선이나 단락 : 전기자 권선, 보상 권선, 보극 권선의 단락 등으로 심한 불꽃이 일어난다.

(3) 권선의 과열

권선의 층간 단락, 계자 권선의 단락으로 발생하는 유기 기전력의 불평형 및 라이저 사이에 브러시의 분말, 먼지가 있으면 전기자 권선이 과열될 우려가 있으므로 라이저 부근을 깨끗이 손질한다.

계자 권선의 국부적인 단락, 분권 계자 권선과 직권 계자 권선 사이의 단락으로 계자 권선이 과열된다.

(4) 전동기의 기동 불능

전기자 회로의 단선 또는 단락, 계자 권선의 단선, 기동 저항기의 단선, 브러시의 접촉 불량이나 위치의 부적합, 계자 조정기의 단선이나 접속 불량, 전원 전압의 강하, 벨트의 이완, 부하의 과대, 극성의 착오 등이 원인이 된다.

(5) 베어링의 과열

설치 불량, 오일 링의 동작 불량, 윤활유의 부적당, 축전류 등이 주원인이 된다. 베어링이 과열됐을 때는 즉시 기계를 정지시키고 베어링에 깨끗한 기름을 공급해 냉각시킨다.

(6) 소 음

소음은 기계적 불평형, 통풍관의 설계와 제작의 부적절, 자기적 불평형, 정류자면의 돌출, 브러시 재질의 불량 등에서 발생한다.

연습문제 1

1. 전기자의 교류전압이 출력단자에서는 직류전압으로 변환되는 정류의 원리는 무엇인가?

2. 전기각의 개념을 기술하라.

3. 중권과 파권의 차이는 무엇인가?

4. 균압선이란 무엇인가?

5. 전기자 반작용이란 무엇인가?

6. 보상권선은 무엇인가?

7. 분권 직류 전동기의 속도는 어떻게 조절할 수 있는가?

8. 타여자 직류 전동기와 분권 직류 전동기의 실제적인 차이점은 무엇인가?

9. 직권 직류 전동기의 특징은 무엇인가?

10. 워드 레오너드 전동기 제어 시스템이란 무엇인가?

11. 반도체 전동기 구동장치를 워드 레오너드 제어 시스템과 비교할 때 장·단점은 무엇인가?

12. 직류 전동기의 회전방향을 전환시키는 방법은 무엇인가?

13. 직류 발전기의 종류와 특성에 대하여 기술하라.

연습문제 2

1. 전기 기계에 있어서 히스테리시스손을 감소시키기 위하여 어떻게 하는 것이 좋은가?

㉮ 성층 철심 사용　　㉯ 규소 강판 사용

㉰ 보극 설치　　㉱ 보상 권선 설치

2. 직류기에서 양호한 정류를 얻는 조건이 아닌 것은?

㉮ 정류 주기를 크게 한다.

㉯ 전기자 권선의 인덕턴스를 작게 한다.

㉰ 평균 리액턴스 전압을 브러시 접촉면 전압 강하보다 크게 한다.

㉱ 브러시의 접촉 저항을 크게 한다.

3. 직류 발전기를 병렬 운전할 때 균압선이 필요한 직류기는?

㉮ 분권 발전기, 직권 발전기　　㉯ 분권 발전기, 복권 발전기

㉰ 직권 발전기, 복권 발전기　　㉱ 분권 발전기, 단극 발전기

4. 부하가 변하면 심하게 속도가 변하는 직류 전동기는?

㉮ 직권 전동기　　㉯ 분권 전동기

㉰ 차동 복권 전동기　　㉱ 가동 복권 전동기

5. 직류 전동기의 속도 제어법에서 정출력 제어에 속하는 것은?

㉮ 전압 제어법　　㉯ 계자 제어법

㉰ 워드 레오너드 제어법　　㉱ 전기자 저항 제어법

6. 자극수 4, 홈수 40, 홈 내부 권선 변수 4인 단중 중권 직류기의 정류자 편수는?

㉮ 10 ㉯ 20 ㉰ 40 ㉱ 80

7. 4극의 직류 발전기가 있다. 정류자 지름이 14.6[cm], 정류자 편수가 92개, 브러시 두께가 0.955[cm]로 매분 1150 회전한다면 정류 주기[s]는?

㉮ 1.085×10^{-3}[s] ㉯ 1.60×10^{-3}[s]

㉰ 1.85×10^{-4}[s] ㉱ 5.19×10^{-4}[s]

8. 4극의 직류 발전기가 있다. 축 방향의 길이가 0.6[m], 전기자 지름이 0.4[m], 전기자 권선수가 24, 한 권선의 권수가 18, 단중 중권, 공극의 평균 자속밀도 0.1[Wb/m^2], 회전수 1800[rpm]일 때 유기 기전력[V]은 얼마인가?

㉮ 약 204 ㉯ 약 244 ㉰ 약 407 ㉱ 약 489

9. 6극 직류 발전기의 정류자 편수가 132, 단자 전압이 220[V], 직렬 도체수가 132개이고 중권이다. 정류자 편간 전압[V]은?

㉮ 10 ㉯ 20 ㉰ 30 ㉱ 40

10. 도체수 500, 부하 전류 200[A], 극수 4, 전기자 병렬 회로수 2인 직류 발전기의 매극당 감자 기자력[AT]은 얼마인가? 단, 브러시의 이동각은 전기각도 20°이다.

㉮ 11100 ㉯ 5550 ㉰ 2777 ㉱ 1388

11. 어떤 타여자 발전기가 800[rpm]으로 회전할 때 120[V] 기전력을 유도하는데 4[A]의 여자 전류를 필요로 한다고 한다. 이 발전기를 640[rpm]으로 회전하여 140[V]의 유도 기전력을 얻으려면 몇 [A]의 여자 전류가 필요한가? 단, 자기 회로의 포화 현상은 무시한다.

㉮ 6.7 ㉯ 6.4 ㉰ 5.98 ㉱ 5.8

12. 타여자 발전기가 있다. 부하 전류 10[A]일 때 단자 전압 100[V]이었다. 전기자 저항 0.2[Ω], 전기자 반작용에 의한 전압 강하가 2[V], 브러시의 접촉에 의한 전압 강하가 1[V]였다고 하면 이 발전기의 유기 기전력[V]은?

㉮ 102 ㉯ 103 ㉰ 104 ㉱ 105

13. 정격이 5[kW], 100[V], 50[A], 1500[rpm]의 타여자 직류 발전기가 있다. 계자 전압 50[V], 계자 전류 5[A], 전기자 저항 0.2[Ω]이고 브러시의 전압 강하는 2[V]이다. 무부하시와 정격 부하시의 전압차는 몇 [V]인가?

㉮ 12[V] ㉯ 10[V] ㉰ 8[V] ㉱ 6[V]

14. 1000[kW], 500[V]의 분권 발전기가 있다. 회전수 246[rpm]이며, 홈수 192, 홈 내부 도체수 6, 자극수 12일 때 전부하시의 자속수[Wb]는 얼마인가? 단, 전기자 저항은 0.006[Ω]이고, 단중 중권이다.

㉮ 1.85 ㉯ 0.108 ㉰ 0.0185 ㉱ 0.001

15. 정격 220[V], 95[kW]의 내분권 가동 복권 발전기가 있다. 정격 전압에서 부하 전류가 40[A]일 때의 유기 기전력을 구하면? 단, 전기자 권선 저항 $R_a = 0.1$ [Ω], 직권 계자 권선 저항 $R_s = 0.05$ [Ω], 분권계자회로의 저항 $R_f = 55.5$ [Ω]이고, 전기자 반작용은 무시한다.

㉮ 225.5[V] ㉯ 226.4[V] ㉰ 227.3[V] ㉱ 228.5[V]

16. 정격 전압 220[V], 무부하 단자 전압 230[V], 정격 출력이 44[kW]인 직류 분권 발전기의 계자 저항이 22[Ω], 전기자 반작용에 의한 전압 강하가 5[V]라 하면 전기자 회로의 저항은 몇 [Ω]인가?

㉮ 약 0.028[Ω] ㉯ 약 0.035[Ω] ㉰ 약 0.024[Ω] ㉱ 약 0.042[Ω]

17. 전기자 권선의 저항 0.08[Ω], 직권 계자 권선 및 분권 계자 회로의 저항이 각각 0.07[Ω]과 100[Ω]인 외분권 가동 복권 발전기의 부하 전류가 18[A]일 때, 단자 전압이 200[V]라 하면 유기 기전력[V]은? 단, 전기자 반작용과 브러시 접촉 저항은 무시한다.

㉮ 201.5 ㉯ 203 ㉰ 205.4 ㉱ 207

18. 정격 전압 225[V], 전부하 전기자 전류 30[A], 전기자 저항 0.2[Ω] 되는 직류 분권 전동기가 있다. 이 전동기에 정격 전압을 걸어서 기동시킬 때 전기자 회로에 몇 [Ω]의 저항을 넣어야 하는가? 단, 기동 전류는 전부하 전류의 1.5배로 제한하고 계자 전류는 무시한다.

㉮ 4.8　　㉯ 5.7　　㉰ 6.8　　㉱ 7.7

19. 회전수 1200[rpm], 단자 전압 210[V]일 때 전기자 전류가 100[A]인 직류 분권 발전기를 전동기로 사용하여 그 단자 전압과 전기자 전류를 위와 같은 값으로 유지할 때의 회전수[rpm]는? 단, 전기자 회로의 저항은 0.05[Ω]이고, 전기자 반작용은 무시한다.

㉮ 약 1258　　㉯ 약 1144　　㉰ 약 1140　　㉱ 약 1136

20. 8극 50[kW], 220[V]의 평복권 발전기가 있다. 단중 병렬 권선을 가지고 있으며 분권 여자 권선 내의 동손이 출력의 2[%]일 때, 전부하에서 전기자 도체의 전류는 약 몇 [A]인가?

㉮ 232　　㉯ 222.8　　㉰ 29　　㉱ 27.8

21. 정격 전압 200[V], 정격 출력 10[kW]의 직류 분권 발전기의 전기자와 분권 계자의 저항은 각각 0.1[Ω], 100[Ω]이다. 전압 변동률은 몇 [%]인가?

㉮ 2　　㉯ 2.6　　㉰ 3　　㉱ 3.6

22. 2개의 직류 분권 발전기가 있다. 각각의 정격은 A기가 200[V], 200[kW], B기가 200[V], 300[kW]로서 전압 변동률은 모두 5[%]이다. 지금 이 발전기를 무부하에서 210[V]로 여자하여 병렬 운전시켜 1500[A]인 부하를 걸면 단자 전압 [V]은 얼마인가? 단, 외부 특성은 직선이라고 한다.

㉮ 222　　㉯ 218　　㉰ 210　　㉱ 204

23. 종축에 단자 전압, 횡축에 정격 전류의 [%]로 눈금을 적은 외부 특성 곡선이 겹쳐지는 두 대의 분권 발전기가 있다. 각각의 정격이 100[kW]와 200[kW]이고, 부하 전류가 150[A]일 때 각 발전기의 분담 전류[A]는?

㉮ $I_1 = 77$, $I_2 = 75$ ㉯ $I_1 = 50$, $I_2 = 100$
㉰ $I_1 = 100$, $I_2 = 50$ ㉱ $I_1 = 70$, $I_2 = 80$

24. 25[kW], 125[V], 1200[rpm]의 타여자 발전기가 있다. 전기자 저항(브러시 포함)은 0.04[Ω]이다. 정격 상태에서 운전하고 있을 때 속도를 200[rpm]으로 늦추었을 경우 부하 전류[A]는 어떻게 변화하는가? 단, 전기자 반작용은 무시하고 전기자 회로 및 부하 저항은 변하지 않는다고 한다.

㉮ 33.3 ㉯ 200 ㉰ 12000 ㉱ 3125

25. 100[V], 2[kW]의 직류 분권 전동기의 전류가 7.5[A]일 때 4[N·m]의 회전력을 발생하였다. 부하가 증가해서 전류가 22.5[A]로 되었을 때의 회전력은? 단, 전기자 저항과 계자 저항은 각각 0.2[Ω]과 40[Ω]이다.

㉮ 12[N · m] ㉯ 13[N · m] ㉰ 15[N · m] ㉱ 16[N · m]

26. 직류 분권 전동기가 있다. 단자 전압 215[V], 전기자 전류 150[A], 1500[rpm]으로 운전되고 있을 때 발생 회전력[N·m]은 얼마인가? 단, 전기자 저항은 0.1[Ω]이다.

㉮ 약 19.5 ㉯ 약 22.4 ㉰ 약 191 ㉱ 약 220

27. 50[kW], 610[V], 1200[rpm]의 직류 분권 전동기가 있다. 70[%] 부하 때 부하 전류 100[A], 회전 속도 1220[rpm]이다. 전기자 발생 토크[kg·m]는? 단, 전기자 저항은 0.1[Ω]이고, 계자 전류는 전기자 전류에 비해 현저히 작다.

㉮ 47.95 ㉯ 48.75 ㉯ 50.05 ㉱ 52.15

28. 어떤 직류 전동기의 역기전력이 100[V], 매분 회전수가 1800[rpm]으로 토크 10[kg · m]를 발생하고 있을 때의 전류[A]는?

㉮ 105 ㉯ 145 ㉰ 185 ㉱ 225

29. 부하 전류가 100[A]일 때 1000[rpm]으로 15[kg·m]의 토크를 발생하는 직류 직권 전동기가 80[A]의 부하 전류로 감소되었을 때의 토크는 몇 [kg·m]인가?

㉮ 12.2　　㉯ 11.5　　㉰ 10.7　　㉱ 9.6

30. 분권 전동기가 120[V]의 전원에 접속되어 운전되고 있다. 부하시에는 53[A]가 유입되고 무부하로 하면 4.25[A]가 유입된다. 분권 계자 회로의 저항은 40[Ω], 전기자 회로 저항은 0.1[Ω]일 때 부하 운전시의 출력은 몇 [kW]인가? 단, 브러시의 전압 강하는 2[V]이다.

㉮ 약 6.0　　㉯ 약 6.51　　㉰ 약 5.51　　㉱ 약 5.0

31. 100[kW], 250[V], 전기자 회로 저항 0.025[Ω]인 직류 분권 전동기의 무부하 속도가 1100[rpm]이 되도록 계자 저항을 조정한 후에 전기자 전류를 400[A]로 하면 회전 속도[rpm]와 출력[kW]은 얼마인가? 단, 브러시의 저항과 무부하 전류 및 손실은 무시한다.

㉮ 1146, 96　　㉯ 1146, 95　　㉰ 1056, 95　　㉱ 1056, 96

32. 어느 분권 전동기의 정격 회전수가 1500[rpm]이다. 속도 변동률이 5[%]이면 공급 전압과 계자 저항의 값을 변화시키지 않고 이것을 무부하로 하였을 때의 회전수[rpm]는?

㉮ 3257　　㉯ 2360　　㉰ 1575　　㉱ 1165

33. 전기자 저항이 0.02[Ω]인 직류 분권 발전기가 있다. 회전수가 1000[rpm]이고, 단자 전압이 220[V]일 때, 전기자 전류가 100[A]를 나타내었다. 지금 이것을 전동기로 사용하여 그 단자 전압과 전기자 전류가 위의 값과 같을 때의 회전수[rpm]를 구하여라. 단, 전기자 반작용은 무시한다.

㉮ 956　　㉯ 982　　㉰ 1018　　㉱ 1047

34. 100[V], 10[kW], 1000[rpm]의 분권 전동기를 부하 전류 102[A]의 정격 속도로 운전하고 있다. 지금 전기자에 직렬 저항 0.4[Ω]을 접속하고 전과 동일한 토크로 운전하려면 몇 회전하겠는가? 단, 전기자 및 분권 계자 회로의 저항은 각각 0.05[Ω]과 50[Ω]이다.

㉮ 약 579　　㉯ 약 560　　㉰ 약 585　　㉱ 약 570

35. 자극수 4, 전기자 도체수 50, 전기자 저항 0.1[Ω]의 중권 타여자 전동기가 있다. 정격 전압 105[V], 정격 전류 50[A]로 운전하던 것을 전압 110[V] 및 계자 회로를 일정히 하고 무부하로 운전했을 때 속도 변동률은? 단, 매극의 자속은 0.05[Wb]라 한다.

㉮ 3[%] ㉯ 5[%] ㉰ 6[%] ㉱ 8[%]

36. 일정 전압으로 운전하고 있는 직류 발전기의 손실이 $\alpha+\beta I^2$ 으로 표시될 때 효율이 최대가 되는 전류는? 단, α, β는 정수이다.

㉮ $\frac{\alpha}{\beta}$ ㉯ $\frac{\beta}{\alpha}$ ㉰ $\sqrt{\frac{\alpha}{\beta}}$ ㉱ $\sqrt{\frac{\beta}{\alpha}}$

37. 전부하 효율이 88[%]인 분권 직류 전동기가 있다. 80[%] 부하에서 최대 효율이 된다면 이 전동기의 전부하일 때의 고정손과 부하손의 비는?

㉮ 1.25 ㉯ 1 ㉰ 0.8 ㉱ 0.64

38. 직류 발전기에 직결한 3상 유도 전동기가 있다. 발전기의 부하 10[kW], 효율 90[%]이며, 전동기 단자 전압 3300[V], 효율 90[%], 역률 90[%]이다. 전동기에 흘러 들어가는 전류의 값[A]은?

㉮ 2.4 ㉯ 4.8 ㉰ 19 ㉱ 24

39. 25[HP], 250[V], 1500[rpm]의 직류 분권 전동기가 있다. 무부하 정격 속도에서 6.8[A]가 흐른다. 분권 계자 저항 200[Ω], 전기자 저항 0.118[Ω]일 때 철손과 기계손의 합[W]을 구하면?

㉮ 1082 ㉯ 1182 ㉰ 1282 ㉱ 1384

해답	
	1. ㉯ 2. ㉰ 3. ㉰ 4. ㉮ 5. ㉯ 6. ㉱ 7. ㉯ 8. ㉱ 9. ㉮ 10. ㉱
	11. ㉱ 12. ㉱ 13. ㉮ 14. ㉯ 15. ㉯ 16. ㉰ 17. ㉯ 18. ㉮ 19. ㉯ 20. ㉰
	21. ㉯ 22. ㉱ 23. ㉯ 24. ㉮ 25. ㉮ 26. ㉰ 27. ㉮ 28. ㉰ 29. ㉱ 30. ㉰
	31. ㉱ 32. ㉰ 33. ㉯ 34. ㉮ 35. ㉯ 36. ㉰ 37. ㉱ 38. ㉮ 39. ㉱

제 3 장

동기기

3.1 동기 발전기의 원리 및 구조

3.1.1 동기 발전기의 원리

그림 3-1과 같이 자극 N, S가 만드는 자계 안에서 권선 $abcd$를 $x-x'$을 축으로 하여 시계 방향으로 돌리면 권선변 ab, cd가 자속을 끊어 권선변 ab, cd에 플레밍의 오른손 법칙에 따르는 화살표 방향의 기전력이 발생되어 전류는 슬립 링 r_1, r_2와 브러시 b_1, b_2를 거쳐 A에서 B로 흐르게 된다. 반 회전 후에는 플레밍의 오른손 법칙에서 힘의 방향이 반대로 되므로 기전력의 방향도 반대로 되어 전류는 B에서 A로 향해 흐른다. 이와 같이 권선을 일정한 속도로 회전시키면 반 회전마다 기전력의 방향이 규칙적으로 변하는 교류 기전력이 권선에 발생한다.

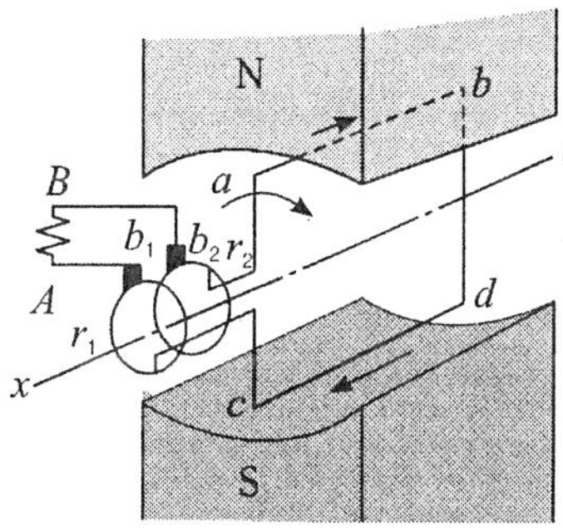

그림 3-1 동기 발전기의 원리

(1) 회전 전기자형과 회전 계자형

그림 3-2 (a)의 교류 발전기는 자극이 고정되어 있고 전기자가 회전하므로 이것을 회전 전기자형이라 한다. 그러나 코일에 기전력을 유기시키려면 코일이 자속을 끊기만 하면 되므로 그림 (b)와 같이 전기자를 고정시키고 자극을 돌려도 된다. 이러한 발전기를 회전 계자형이라 한다.

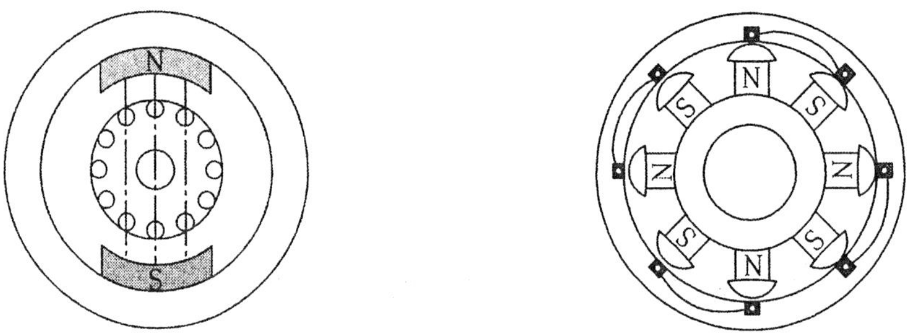

(a) (b)

그림 3-2 회전 전기자형과 회전 계자형

용량이 적은 저전압의 동기 발전기를 제외하고 대부분의 동기 발전기는 다음과 같은 이유로 회전 계자형으로 한다.

① 회전 전기자형으로 하면 고전압에 견딜 수 있게 전기자 권선을 절연하기가 곤란하다(국내 발전소에 있는 동기 발전기의 정격 전압은 11,000[V] 이상이다).

② 회전 계자형으로 하면 전기자가 고정되므로 전기자 권선에서 발생한 기전력을 슬립 링 없이 간단하게 직접 외부 회로에 접속할 수 있으며 여자에 필요한 110~440[V]의 전압은 슬립 링을 통해서 계자 권선에 공급하면 된다.

③ 회전 계자형은 기계적으로 튼튼하게 만드는데 용이하다.

이 외에 전기자 및 계자의 두 권선이 모두 고정되고, 유도자라고 하는 철심이 회전하는 유도자형이 있으며 고주파 발전기에 사용된다.

(2) 회전수와 극수

그림 3-1과 같은 2극인 발전기는 권선이 1회전할 때마다 1[Hz]의 기전력을 발생하지만 P극인 발전기에서 발생하는 기전력은 권선이 N극과 S극, 즉 2개의 극을 지날 때마다 1[Hz]의 기전력을 발생하여 권선이 1회전하는 사이에 $P/2$[Hz]의 기전력을 발생하므로 극수를 P, 회전수를 N[rpm], 주파수를 f라 하면 다음과 같은 식이 성립한다.

$$\left.\begin{aligned} f &= \frac{P}{2}\times\frac{N}{60}\,[\mathrm{Hz}] \\ N_s &= \frac{120f}{P}\,[\mathrm{rpm}] \end{aligned}\right\} \qquad (3\text{-}1)$$

주파수 f, 자극수 P일 때 식 (3-1)을 만족하는 회전수를 동기 속도라 하여 N_s로 나타내며 동기 속도로 회전하는 교류 발전기를 동기 발전기라 한다.

식 (3-1)에서 우리 나라의 전원 주파수는 60[Hz]로 일정하므로 발전기의 극수는 회전수에 따라 정해지며 회전수는 발전기를 회전시켜 주는 원동기에 따라 결정된다. 수력 발전소에서 수차의 회전수는 유량과 낙차로 결정되므로 다른 원동기에 비하여 회전수가 낮아 수차 발전기는 많은 극수가 필요하다. 화력 발전소나 원자력 발전소의 터빈은 고속일수록 효율이 높으므로 회전수를 대체로 1500~3600[rpm]으로 하므로 터빈 발전기의 극수는 2 또는 4로 하지만 대부분 2극으로 한다. 엔진 발전기의 회전수는 100~1000[rpm]으로 여기에 맞는 극수를 선택하게 된다.

3.1.2 동기 발전기의 구조

동기기는 일반적으로 회전 계자형이며 회전자와 고정자로 되어 있다. 회전자는 계자 철심, 계자 권선, 회전자 계철, 슬립 링 및 축으로 구성되며 고정자는 전기자 철심, 전기자 권선, 브러시 및 고정자 틀로 구성된다. 이 밖에 여자기, 베어링, 통풍 장치 및 급유 장치들이 있다.

(1) 회전자

동기기의 자극은 그림 3-3 (a)와 같은 철극과 그림 3-3 (b)와 같은 비철극이 있으며, 비철극을 **원통극**, 철극을 **돌극**이라고도 한다. 철극은 수차 발전기나 엔진 발전기와 같이 회전수가 낮아 극수가 많이 필요한 발전기에 사용되고 비철극은 터빈 발전기와 같이 극수가 적은 발전기에 사용된다.

(가) 철극과 비철극

철극의 철심은 두께 1.6~3.2[mm]의 강판을 그림 3-3 (c)의 모양으로 잘라 성층하고 자극편의 극호는 공극의 자속 분포가 정현파가 되도록 모양을 만든다.

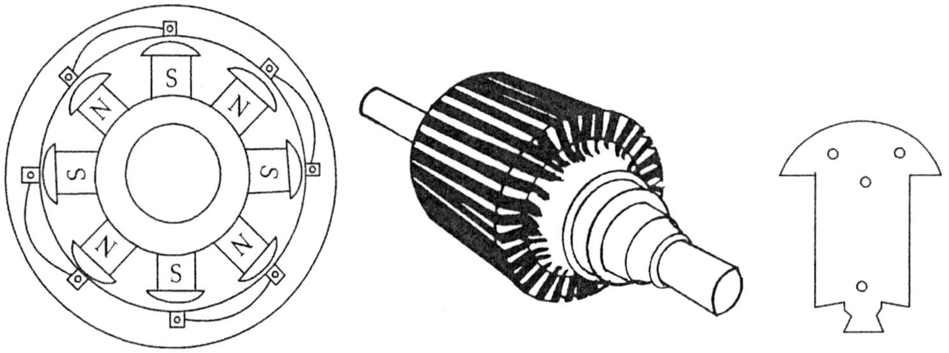

(a) 철극　　(b) 비철극　　(c)

그림 3-3 철극과 비철극

비철극은 그림 3-3 (b)와 같이 자극과 축을 하나로 만들며 대형기에서 하나로 만들기 힘든 경우는 분할하여 조립하고 홈 밑이나 다른 곳에 통풍로를 만들어 냉각이 잘 되도록 한다.

터빈 발전기는 고속 회전하므로 원심력이 적도록 회전자의 지름을 작게 하므로, 출력을 같게 하기 위해서 축 방향의 길이를 길게 한다. 따라서 축 방향으로 긴 횡축형이 된다. 권선단에는 특수 합금강 또는 비자성체의 보호환을 끼워 원심력에 견디도록 한다.

(나) 계자 권선

용량이 작은 발전기의 계자 권선은 2중 면권 또는 석면 피복의 둥근선이나 각선을 사용하며 용량이 클 때는 나동대를 사용한다. 비철극은 공극이 일정하므로 공극의 자속 분포가 정현파가 되도록 권선을 한다. 계자 권선은 저압이므로 절연 내력보다는 기계적으로 강하고 고온에 견디도록 층간 절연은 운모나 석면과 같은 내열성 재료를 사용한다.

(2) 고정자

(가) 전기자 철심

고정자 철심은 규소 강판을 성층하여 고정자 틀의 안쪽에 붙이고 성층 철심에는 철심 두께 약 50[mm]마다 폭 10[mm] 정도의 통풍로를 만든다.

철심용 강판은 소형은 원형으로 하고 대형은 부채꼴로 나누어 만들며 강판의 안쪽에는 전기자 권선을 넣을 수 있는 홈을 만든다. 철심 1장마다 바니시로 절연 처리를 하고 수십 장마다 내열 절연지를 넣어 와전류의 발생을 감소시킨다.

(나) 전기자 권선

전기자 권선은 소형은 둥근 동선, 중형 이상은 평각 나동대를 사용하여 형권으로 만든 다이어몬드형의 2층권이 사용된다. 전류 용량이 클 때는 표피 효과나 표유 부하손을 줄이기 위하여 단면이 작은 소선(素線)을 절연하여 병렬로 사용하고 각 소선은 홈 안에서 위치를 바꾸는 전위(轉位)를 한다.

홈과 권선변의 절연은 절연지, 절연포 및 운모 테이프를 사용하며 고압일 때는 절연물 사이에 충진제(혼합 절연물)를 침투시켜 내습성을 갖도록 한다.

권선을 홈에 넣은 후 파이버(fiber)나 기름으로 처리된 목재 쐐기를 끼워 권선을 고정시킨다. 권선단은 권선 받침으로 견고하게 지지하여 돌발 단락 때에 발생하는 전자력으로 변형되는 것을 방지한다.

3.1.3 발전기의 용량과 냉각 방식

발전기는 용량이 클수록 효율이 좋고 건설비와 발전 단가도 낮아지므로 전력 수요가 급증하고 제작 기술이 발달함에 따라 대용량화하고 있다.

발전기의 손실은 모두 열로 변환되어 기계의 온도를 상승시키므로 발전기의 용량이 증가함에 따라 온도 상승도 커져 이를 효과적으로 냉각시키는 것이 중요하다.

그러므로 터빈 발전기의 냉각 방식은 중용량기까지는 공기에 의한 강제 통풍 방식을 사용하지만 대용량기는 공냉식으로는 냉각 효과가 부족하므로 수소 냉각 방식을 사용한다.

수소 냉각 방식은 전폐형으로 냉각용 매체로 공기 대신에 수소를 사용하는 것으로 다음과 같은 장점이 있으나 수소와 공기의 혼합으로 폭발할 위험성이 있으므로 여러 가지 복잡한 부속 설비가 필요하여 설비비가 많이 든다.

① 수소의 밀도는 공기의 약 7[%]이므로, 풍손은 공기 냉각일 때의 약 1/10로 감소하므로 풍손이 큰 비율을 차지하는 고속기는 효율을 0.75~1[%] 정도 높일 수 있다.
② 수소의 열 전도율은 공기의 약 6.7배, 비열은 약 14배, 표면의 열 발산율은 약 1.5배로 냉각 효과가 크므로 같은 출력의 기계에서 기계의 크기를 공냉식보다 약 25[%] 적게 할 수 있다.
③ 수소는 공기보다 불활성이므로 권선의 절연이 오래 간다.
④ 코로나 전압이 높고 코로나가 발생해도 절연물에 끼치는 해가 적다.
⑤ 전폐형으로 불순물의 침입이 없고 소음이 적다.

발전기의 용량이 커지면 보통 구조의 수소 냉각 방식으로는 발전기의 치수와 중량이 증가하여 회전자 축의 제조 한계를 벗어나게 된다. 따라서 권선에 사용하는 절연물은 전기적인 절연물인 동시에 열에 대한 절연물이므로 권선의 절연물을 통하지 않고 중공(中空) 도체에 직접 냉각 매체를 삽입하여 냉각하는 내부 냉각 방식이 개발되어 사용하기에 이르렀다. 구조는 복잡하지만 냉각 효과가 커 수소 냉각 방식에 비하여 유효 철심의 길이를 50~70[%]로 할 수 있다.

3.1.4 종축형과 우산형 발전기

(1) 횡축형과 종축형

발전기는 축을 설치하는 방법에 따라 횡축형과 종축형으로 분류되며 횡축형은 터빈 발전기와 같은 고속기나 소형기에 사용되며 종축형은 주로 수차 발전기에 사용된다. 횡축형과 종축형을 비교하면 다음과 같다.

① 발전기의 용량이 증가하면 고정자의 중량이 증가하여 고정자 틀이 비틀어지게 된다. 따라서 이를 방지하려면 횡축형은 틀이 대형이 되고 무거워지며 회전자 축의 휘어짐을 막기 위하여 굵게 되어 결국 가격 상승을 가져오지만 종축형은 비교적 간단하게 이를 막을 수 있다. 그러나 전체의 구조는 횡축형이 간단하다.

② 수송 중량이나 크기의 제한이 있는 경우는 종축형이 고정자의 분할이 간단하므로 대형기의 설계와 수송이 편리하다.

③ 종축형은 발전기를 수차 위에 설치하므로 홍수위가 높아 바닥 면적을 넓게 차지하기 어려운 경우나 흡출고를 이용하는 경우 매우 유리하다.

(2) 우산형 발전기

종축형 발전기는 여자기가 축의 맨 위에 있고 그 밑에 추력 베어링을 설치하나 이것만으로는 축이 좌우로 동요하므로 회전자의 위와 아래에 각각 한 개의 안내 베어링을 설치한다.

저속도의 대형기에 사용되는 수차 발전기의 일종인 우산형 발전기는 회전자의 아래에 추력 베어링과 안내 베어링을 설치하고 위쪽에는 베어링을 설치하지 않는다. 우산형은 저속도 발전기에만 적용되는 것으로 저속도이면 축의 길이가 짧아 안내 베어링의 수를 적게 하여도 되기 때문이다.

따라서 우산형 발전기는 구조가 간단하고 동일한 정격에 비하여 중량이 가볍고 발전소 건물의 높이도 낮출 수 있어 기중기의 용량과 높이를 낮출 수 있다.

3.1.5 엔진 발전기

디젤 엔진 또는 가스 엔진과 같은 왕복 기관으로 운전되는 발전기로, 보통 횡축형의 회전 계자형으로 저속도의 것이 많다. 취급이 간단하고 기동하는데 필요한 시간이 짧아서 예비 전원, 벽지의 전등 전력용 전원 등으로 사용된다. 왕복 기관은 1회전중의 회전력이 균일하지 않으므로 회전자에 적당한 플라이 휠 효과를 주어 회전자의 각속도를 균일하게 하며 난조를 방지하기 위하여 자극 면에 제동 권선을 설치한다.

3.2 동기 발전기의 기전력

3.2.1 전기자 권선법

(1) 중권, 파권 및 쇄권

권선을 감는 방법에 따라 분류하면 중권, 파권 및 쇄권이 있으며 중권과 파권은 이미 직류기에서 배운 바 있으며 쇄권은 그림 3-4 (c)와 같은 권선법이다. 동기기의 전기자 권선은 일반적으로 중권을 쓰며 쇄권은 고압의 기계에 사용되고 파권은 거의 사용되지 않는다. 비철극의 계자 권선은 공극의 자속 분포를 정현파에 가깝도록 하기 위하여 단층권의 쇄권이 사용된다.

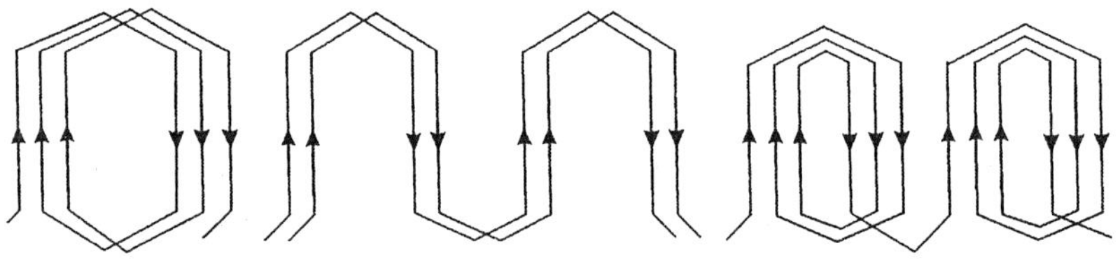

(a) 중권 (b) 파권 (c) 쇄권

그림 3-4 권선법

(2) 집중권과 분포권

1극 1상의 홈수가 1개인 권선을 **집중권**, 2개 이상인 것을 **분포권**이라 하고 분포권으로 하면 기전력의 파형이 개선되고 권선의 누설 리액턴스를 감소시키며 전기자 동손으로 발생하는 열이 고르게 분포되어 과열이 감소되므로 동기기는 분포권을 주로 사용한다.

(3) 전절권과 단절권

권선절과 극절이 같은 것을 **전절권**, 권선절이 극절보다 작은 것을 **단절권**이라 하며 권선절을 적당히 선정하면 특정 고조파를 제거하여 기전력의 파형을 개선할 수 있으며 권선단의 길이가 짧아져 기계 전체의 길이가 축소되며 동량(銅量)이 적게 들기 때문에 동기기는 단절권을 주로 사용한다.

(4) 단상 권선과 다상 권선

한 쌍(N과 S)의 자극에 한 개의 권선군을 가진 권선이 단상 권선이고 한 쌍의 자극에 이웃하는 권선군 사이의 전기각이 같은 여러 개의 권선군을 설치하면 각 권선군에 발생하는 기전력은 전기각에 해당하는 위상차를 갖는 기전력이 발생한다. 이와 같은 권선을 다상 권선이라 한다. 예를 들면 90°의 위상차를 갖는 것이 2상 권선, 120°의 위상차를 가진 것이 3상 권선이다.

3.2.2 집중권, 전절권의 유기 기전력

공극의 자속 분포가 정현파라 하고 한 권선의 권선변 a와 b가 그림 3-5와 같이 중성점에서 ωt와 $\omega t+\pi$만큼 떨어진 위치에 있을 때 이 권선을 지나가는 자속 ϕ는 공극의 자속밀도가 $B=B_m \sin\omega t$ [Wb/m^2]이면 다음과 같이 구할 수 있다.

$$\phi=\int_{\omega t}^{\pi+\omega t} B_m \sin\omega t \cdot l \cdot d(\omega t)=[-B_m l\cos\omega t]_{\omega t}^{\pi+\omega t}=2B_m l\cos\omega t \quad (3\text{-}2)$$

자속의 평균 자속밀도 B_a, 극절 $\tau=\pi$, 1극의 총 자속수를 Φ라 하면

$$\Phi=B_a \tau l=\frac{2B_m}{\pi}\cdot\pi\cdot l=2B_m l \quad (3\text{-}3)$$

가 되므로 $\phi=\Phi\cos\omega t$으로 나타낼 수 있다.

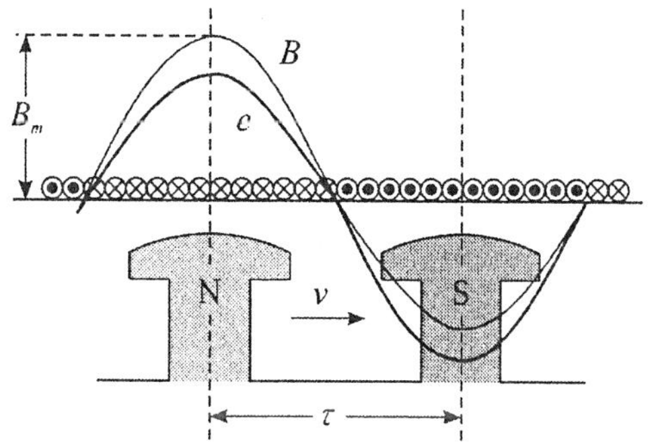

그림 3-5 유기 기전력

1상에 직렬로 접속된 권선의 권수가 n이라면 1상의 권선에서 발생하는 유기 기전력은 식 (1-1)에서

$$e=-n\frac{d\phi}{dt}=-n\cdot\frac{d\phi}{d(\omega t)}\cdot\frac{d(\omega t)}{dt}=-n\frac{d(\Phi\cos\omega t)}{d(\omega t)}\cdot\frac{d(\omega t)}{dt}$$

$$=\omega n\Phi\sin\omega t=2\pi fn\Phi\sin\omega t=E_m\sin\omega t\,[\mathrm{V}] \qquad (3\text{-}4)$$

이 되므로 실효값 E는 다음과 같이 된다.

$$E=\frac{E_m}{\sqrt{2}}=\frac{2\pi fn\Phi}{\sqrt{2}}\fallingdotseq 4.44fn\Phi\,[\mathrm{V}] \qquad (3\text{-}5)$$

3.2.3 분포권, 단절권의 유기 기전력

(1) 분포 계수

1극 1상에 직렬로 접속된 q개의 권선이 q개의 홈에 분포되어 있는 분포권인 경우, 홈과 홈 사이는 전기각으로 α의 위상차가 있어 각 홈에 있는 권선의 유기 기전력은 크기는 같고 α만큼의 위상차가 발생하므로 이들의 합성 기전력은 벡터합이 되고 q개의 권선이 1개의 홈에 있는 집중권인 경우의 각 권선의 유기 기전력은 크기가 같고 기전력 사이에는 위상차가 없어 산술합이 된다.

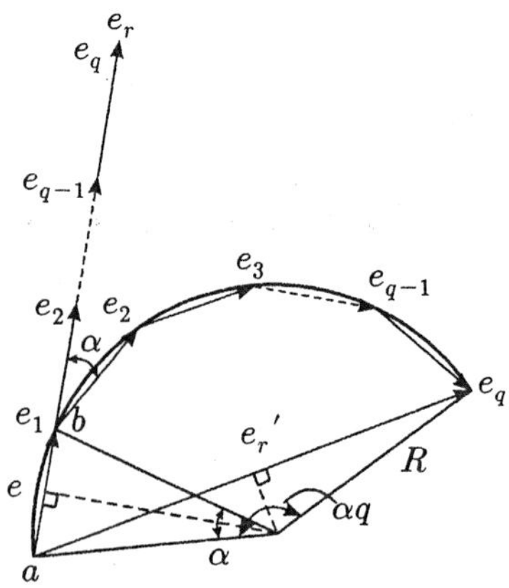

그림 3-6 분포권의 벡터도

1극 1상의 홈수를 q, 상수를 m이라 하면 홈과 홈 사이의 위상차는 다음과 같이 나타낼 수 있다.

$$\alpha = \frac{\pi}{mq}[\text{rad}] \tag{3-6}$$

집중권과 분포권의 합성 기전력을 각각 e_r과 e_r'라 할 때의 벡터도는 그림 3-6과 같이 된다.

$e_r = q \times e$ 이며 e_r'의 벡터는 원에 내접하는 정다각형의 일부이므로 원의 반경을 R, 한 권선의 기전력을 e라 하면 e_r'는 그림 3-6에서

$$e = \overline{ab} = 2 \times R \ \sin\frac{\pi}{2mq}$$

$$e_r' = 2 \times R \ \sin\frac{\pi}{2m}$$

이 되며 e_r에 대한 e_r'의 비 k_d는

$$k_d = \frac{e_r'}{e_r} = \frac{\sin\frac{\pi}{2m}}{q\sin\frac{\pi}{2mq}} \tag{3-7}$$

으로 분포 계수라 하며 3상 발전기에서 q는 보통 3~7 정도이다.

예제 3-1

216개의 슬롯을 갖는 60[Hz], 300[rpm], 3상 교류 발전기에서 기본파의 대한 분포계수는 얼마인가?

(단, sin7.5° = 0.1305, sin10° = 0.1736, sin15° = 0.2588, sin37.5° = 0.6088)

풀이

극수는 $p = \frac{120f}{N_s} = 120\frac{120 \times 60}{300} = 24$극

상수를 $m = 3$ 매극 매상의 슬롯수를 $q = \frac{\text{슬롯수}}{\text{극수} \times \text{상수}} = \frac{216}{24 \times 3} = 3$

분포 계수 $k_d = \dfrac{\sin\dfrac{\pi}{2m}}{q\sin\dfrac{\pi}{2mq}} = \dfrac{\sin\dfrac{\pi}{2\times3}}{3\sin\dfrac{\pi}{2\times3\times3}} \fallingdotseq 0.96$

(2) 단절 계수

권선절이 극절과 같은 전절권의 경우는 한 권선에 있는 양 권선변의 유기 기전력의 위상차는 π[rad]가 된다.

그림 3-7 (a)와 같은 단절권에서 권선절과 극절 τ의 비를 β라 하면, 양 권선변 a, b의 유기 기전력 e_a와 e_b 사이에는 그림 3-7 (b)와 같이 $(1-\beta)\pi$ 만큼의 위상차가 생기므로 권선의 양단에 나타나는 합성 유기 기전력 e'는 e_a와 e_b의 벡터 합이 된다.

그림 3-7 (b)에서 $e_a = e_b = e$, $\dfrac{e'}{e_a + e_b} = k_p$ 라 하면, $e' = 2e\sin\dfrac{\beta\pi}{2}$ 이므로

$$k_p = \frac{e'}{e_a + e_b} = \frac{e'}{2e} = \sin\frac{\beta\pi}{2} \tag{3-8}$$

이 되고 k_p를 단절 계수라 한다. 표 3-1은 기본파에 대한 β와 K_p의 값을 나타낸 것이다.

표 3-1 단절 계수값

β	1.0	17/18	14/15	11/12	8/9	13/15	5/6	12/15	7/9	9/12	11/15
K_p	1.0	0.996	0.995	0.991	0.985	0.978	0.966	0.951	0.940	0.924	0.914

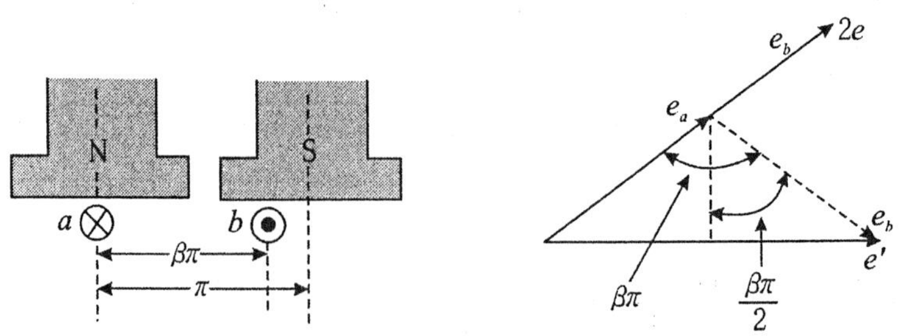

(a) 단절 권선 (b) 벡터도

그림 3-7 단절권과 벡터도

따라서 분포권, 단절권의 기전력은

$$E = 4.44 f k_d k_p n \Phi = 4.44 f k_w n \Phi \,[\mathrm{V}] \qquad (3\text{-}9)$$

으로 $k_w = k_d \cdot k_p$를 권선 계수라 한다.

식 (3-7)과 (3-8)은 기본파에 대한 것으로 n고조파에 대한 분포 계수와 단절 계수는 다음과 같이 된다.

$$k_{dn} = \frac{\sin\dfrac{n\pi}{2m}}{q\sin\dfrac{n\pi}{2mq}}, \quad k_{pn} = \sin\frac{\beta n\pi}{2} \qquad (3\text{-}10)$$

식 (3-9)는 기본파 기전력이고 고조파 기전력은 k_w에 $k_{wn} = k_{dn} k_{pn}$를 대입하고 Φ에 고조파 자속 Φ_n을 대입하여 다음과 같이 나타낼 수 있다.

$$E_n = 4.44 f k_{dn} k_{pn} n \Phi_n = 4.44 f k_{wn} n \Phi_n \,[\mathrm{V}] \qquad (3\text{-}11)$$

3.2.4 상간 결선

3상 발전기에서 각 상의 권선을 결선하는 방법은 그림 3-8과 같이 Y결선, Δ결선, 2중 Y결선, 2중 Δ결선, 지그재그 Y 결선, 지그재그 Δ결선의 6가지가 있으며 이 중에서 3상 발전기에는 주로 Y결선이나 2중 Y결선을 사용한다.

표 3-2 결선법과 선간 전압, 선전류 및 용량의 관계

결선방법	선간전압[V]	선전류[A]	용량[kVA]
Y결선	$2\sqrt{3}E$	I	$\sqrt{3}\times 2\sqrt{3}E\times I = 6EI$
Δ결선	$2E$	$\sqrt{3}I$	$\sqrt{3}\times 2E\times \sqrt{3}I = 6EI$
2중 Y결선	$\sqrt{3}E$	$2I$	$\sqrt{3}\times \sqrt{3}E\times 2I = 6EI$
2중 Δ결선	E	$2\sqrt{3}I$	$\sqrt{3}\times E\times 2\sqrt{3}I = 6EI$
지그재그 Y결선	$3E$	I	$\sqrt{3}\times 3E\times I = 3\sqrt{3}EI$
지그재그 Δ결선	$\sqrt{3}E$	$\sqrt{3}I$	$\sqrt{3}\times \sqrt{3}E\times \sqrt{3}I = 3\sqrt{3}EI$

1상의 권선을 똑같은 2조로 나누어 1조의 유기 기전력을 E[V], 각 권선의 전류

를 I[A]라 하면 각 결선 방법의 선간 전압, 선전류와 용량의 관계는 표 3-2와 같다.

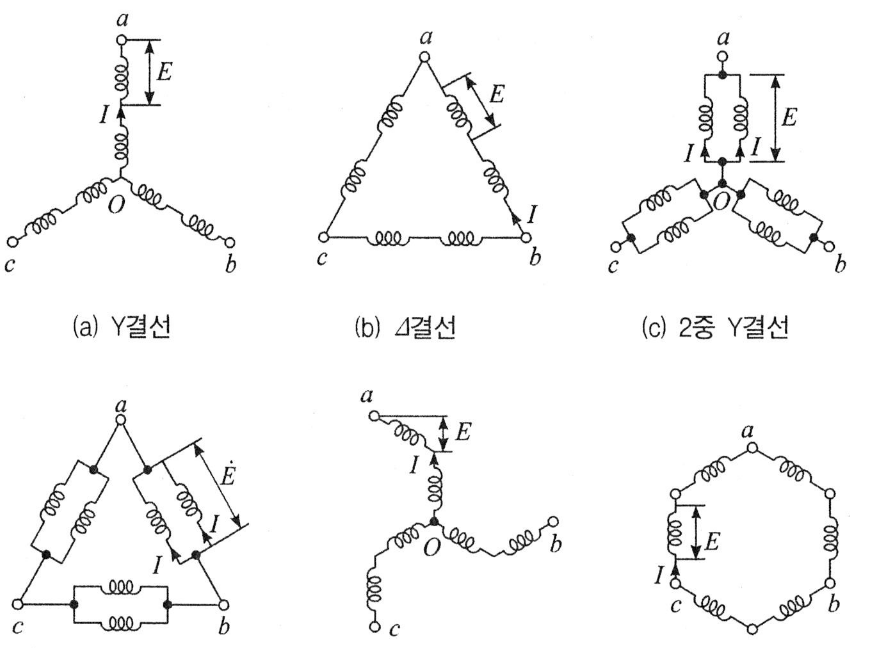

(a) Y결선 (b) Δ결선 (c) 2중 Y결선

(d) 2중 Δ결선 (e) 지그재그 Y결선 (f) 지그재그 Δ결선

그림 3-8 3상 동기 발전기의 상간 결선

예제 3-2

극수 20, 2층 중권, 홈수 180, 한 홈의 도체수 10, 권선절 7홈, 2중 Y결선, 주파수 60[Hz]인 3상 교류 발전기가 있다. 선간 전압 3300[V]의 기전력을 발생하는데 필요한 극당 자속은 얼마인가?

풀이

1상의 권수 $n = \dfrac{180 \times 10}{2 \times 3 \times 2} = 150$

매극 매상의 홈 $q = 180/(3 \times 20) = 3$

분포 계수 $k_d = \dfrac{\sin \dfrac{\pi}{2m}}{q \sin \dfrac{\pi}{2mq}} = \dfrac{\sin \dfrac{\pi}{2 \times 3}}{3 \sin \dfrac{\pi}{2 \times 3 \times 3}} \fallingdotseq 0.96$

극절은 180/20=9이고 권선절은 7이므로 $\beta=7/9$인 단절권이다.

단절 계수 $k_p=\sin\frac{\beta\pi}{2}=\sin\frac{7\pi}{18}≒0.94$

상전압 $E=3300/\sqrt{3}$ 을 발생하는데 필요한 자속 Φ은 다음과 같다.

$$\Phi=\frac{E}{4.44fnk_dk_p}=\frac{3300/\sqrt{3}}{4.44\times60\times150\times0.94\times0.96}=0.053\,[\mathrm{Wb}]$$

3.3 전기자 반작용

3.3.1 회전 자계

3상 동기기의 전기자 권선에 평형 3상 전류가 흐를 때 전기자 권선에서 발생하는 기자력을 구해 보자.

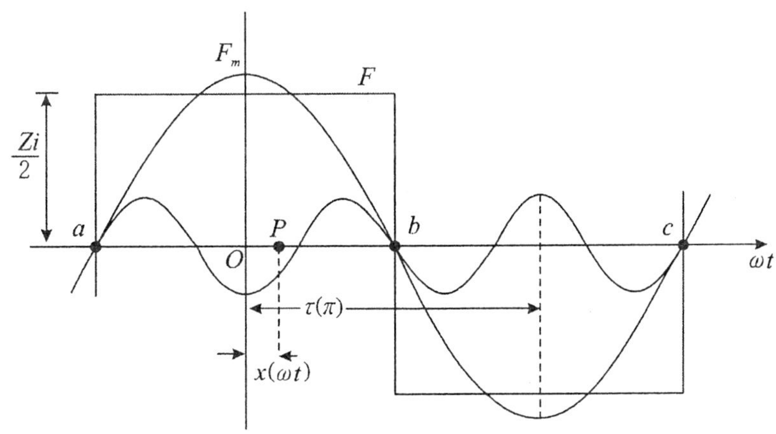

그림 3-9 전기자 기자력

그림 3-9에서 ab, bc는 전절권, 집중권으로 권선된 전기자 권선을 표시한다. 한 권선의 도체수를 Z라 하고 도체에 흐르는 전류를 $i=I_m\sin(\omega t-\phi)$라 하면 권선 ab와 bc의 기자력은 $F=\frac{Z}{2}\cdot i$으로 크기는 같으나 방향은 반대가 되어 기자력 분포는 집중권이므로 그림 3-9와 같이 구형파가 된다. 권선의 중심을 원점으로 하고 원점에서 x거리에 있는 점 P의 기자력을 푸리에 급수(Fourier 급수)로 전개

하여 기본파와 제3고조파만 그리면 그림 3-9와 같이 된다.

$$F_x = \frac{4}{\pi}\frac{Z}{2}i\left(\cos\frac{\pi}{\tau}x - \frac{1}{3}\cos3\frac{\pi}{\tau}x + \frac{1}{5}\cos5\frac{\pi}{\tau}x - \cdots\cdots\right) \tag{3-12}$$

여기서 τ는 거리로 표시한 극절이며 이 기자력은 1상의 기자력이다. $2\pi/3$ 만큼의 위상차가 있는 위치에 권선되어 있는 각 상의 권선에

$$\left.\begin{aligned} i_a &= I_m\sin(\omega t - \phi) \\ i_b &= I_m\sin(\omega t - \frac{2\pi}{3} - \phi) \\ i_c &= I_m\sin(\omega t + \frac{2\pi}{3} - \phi) \end{aligned}\right\} \tag{3-13}$$

의 전류가 흐를 때 각 상에 발생하는 기자력은 다음과 같이 된다.

$$\left.\begin{aligned} F_{ax} &= F_m\sin(\omega t - \phi)\left(\cos\frac{\pi}{\tau}x - \frac{1}{3}\cos3\frac{\pi}{\tau}x + \cdots\right) \\ F_{bx} &= F_m\sin(\omega t - \frac{2\pi}{3} - \phi)\left\{\cos(\frac{\pi}{\tau}x - \frac{2\pi}{3}) - \frac{1}{3}\cos3(\frac{\pi}{\tau}x - \frac{2\pi}{3}) + \cdots\right\} \\ F_{cx} &= F_m\sin(\omega t + \frac{2\pi}{3} - \phi)\left\{\cos(\frac{\pi}{\tau}x + \frac{2\pi}{3}) - \frac{1}{3}\cos3(\frac{\pi}{\tau}x + \frac{2\pi}{3}) + \cdots\right\} \end{aligned}\right\} \tag{3-14}$$

여기서 $F_m = \frac{4}{\pi}I_m\frac{Z}{2}$ 이다.

식 (3-14)에서 1항은 기본파이고 나머지 항은 고조파이므로 P점의 합성 기자력은 다음과 같이 된다.

$$\begin{aligned} F_x =& \frac{F_m}{2}\left\{\sin(\omega t + \frac{\pi}{\tau}x - \phi) + \sin(\omega t - \frac{\pi}{\tau}x - \phi)\right\} + \text{고조파} \\ &+ \frac{F_m}{2}\left\{\sin(\omega t + \frac{\pi}{\tau}x - \frac{2\pi}{3} - \phi) + \sin(\omega t - \frac{\pi}{\tau}x - \phi)\right\} + \text{고조파} \\ &+ \frac{F_m}{2}\left\{\sin(\omega t + \frac{\pi}{\tau}x + \frac{2\pi}{3} - \phi) + \sin(\omega t - \frac{\pi}{\tau}x - \phi)\right\} + \text{고조파} \\ =& \frac{3F_m}{2}\sin(\omega t - \frac{\pi}{\tau}x - \phi) + \text{고조파} \end{aligned} \tag{3-15}$$

식 (3-15)에서 $\omega t - \frac{\pi}{\tau}x = 0$일 때, $F_x = \frac{3F_m}{2}\sin(-\phi)$으로 일정한 기자력이 된다. $\omega t - \frac{\pi}{\tau}x = 0$을 시간 t에 대하여 미분하여 정리하면

$$\frac{dx}{dt} = \frac{\omega\tau}{\pi} = v \tag{3-16}$$

으로 v는 주변 속도로 전기자의 직경을 D[m], 회전 속도를 N[rps]이라 하면 $v = \pi DN$[m/s]이고, 극수를 P라 하면 극절은 $\tau = \pi D/P$[m]이며 각속도 $\omega = 2\pi f$이므로 이들을 식 (3-16)에 대입하여 N에 대하여 정리하면

$$N = \frac{2f}{P}\text{[rps]} \tag{3-17}$$

으로 합성 기자력은 동기 속도로 회전하는 회전 자계임을 알 수 있다.

이 회전 자계의 대부분은 계자 기자력에 영향을 주는 전기자 반작용으로 작용하며 일부는 전기자 권선에만 지나가는 누설 자속이 된다.

3.3.2 전기자 반작용과 누설 리액턴스

무부하일 때 계자 전류가 일정하면 공극의 자속 Φ도 일정하므로 식 (3-5)에서 기전력 E도 일정하다. 그러나 부하가 접속되어 전기자 권선에 전류가 흐르면, 전기자 권선에서 자속이 발생하여 계자 자속에 영향을 주어 공극의 자속 분포가 변하므로 유기 기전력도 변하게 된다. 이와 같이 전기자 권선에서 발생한 자속 중에서 공극의 자속 분포에 영향을 주는 현상을 전기자 반작용이라 하며 전기자 전류의 크기, 권선의 분포, 자기 회로의 자기 저항에 따라 다를 뿐 아니라 부하 역률에 따라서도 작용이 다르게 된다.

(1) 횡축 반작용

부하 역률이 1인 경우, 즉 유기 기전력과 전기자 전류가 동 위상인 경우를 생각해 보자. 그림 3-10에 표시된 도체는 전기자 도체 중에서 최대 전류가 흐르는 도체를 나타낸 것이다. 그림 3-10 (a)는 자극의 중심이 도체 바로 아래에 온 경우

로, 도체를 지나는 자속은 최대가 되어 도체에 발생하는 기전력이 최대가 되므로 기전력과 전류는 동 위상이 되어 역률이 1인 경우다.

이 경우에 전기자 권선에서 발생한 자속의 축은 $a-a'$로 두 극의 중간점에 최대치를 가지는 분포로 그림에서 보여 주는 것과 같이 자극의 한 쪽 끝에서는 자속을 증가시키고 다른 쪽에서는 자속이 감소하여 자속 분포는 왜형파가 된다. 이 때의 전기자 반작용은 자극의 축과 90° 방향, 즉 횡축 방향으로 작용하므로 횡축 반작용 또는 두 자축이 90°로 교차한다고 하여 교차 자화 작용이라 한다.

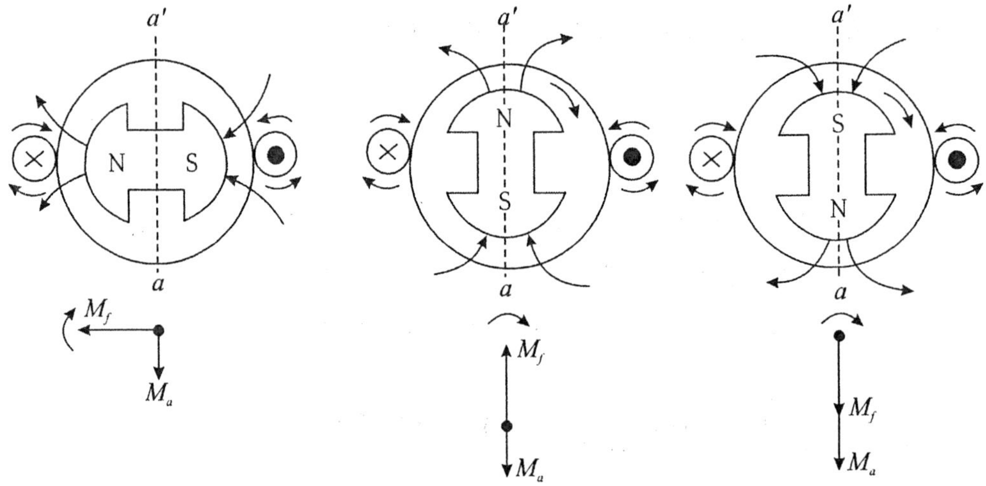

(a) p.f=1 (b) p.f=0(lag) (c) p.f=0(lead)

그림 3-10 전기자 반작용

(2) 직축 반작용

계자가 그림 3-10 (a)에서 회전 방향으로 90° 회전한 경우가 그림 3-10 (b)로 최대 기전력을 발생하는 위치가 최대 전류가 흐르는 위치보다 회전 방향으로 90° 앞서 있으므로 지역률 0인 경우이다. 이 때의 전기자 반작용은 자극의 축과 일치하므로 직축 반작용이라 하며 그림에서 알 수 있는 것과 같이 전기자 자속은 계자 자속을 감소시키므로 감자 작용이라고도 한다.

그림 3-10 (c)는 계자가 그림 (a)의 위치에 오기 전의 상태로, 최대 기전력을 발생하는 위치와 최대 전류가 흐르는 위치는 90°의 차이로 감자 작용과 같으나 발생하는 기전력의 방향이 반대이므로 전류가 기전력보다 90° 앞서 있으므로 진

역률 0인 경우이다. 이 때도 전기자 반작용은 자극의 축과 일치하여 직축 반작용이 되며 전기자 자속은 계자 자속을 증가시키므로 **증자 작용** 또는 **자화 작용**이라고도 한다.

(3) 누설 리액턴스

전기자 기자력에 의하여 생기는 자속에는 전기자 반작용으로 작용하는 자속 이외에 전기자 권선을 지나가나 계자 권선을 지나가지 않는 자속과 유기 기전력의 기본파에 영향을 주지 않는 자속을 전기자 **누설 자속**이라 하며 이 누설 자속에 의한 리액턴스를 전기자 **누설 리액턴스**라 한다. 그림 3-11은 전기자 누설 자속의 종류를 나타낸 것이다.

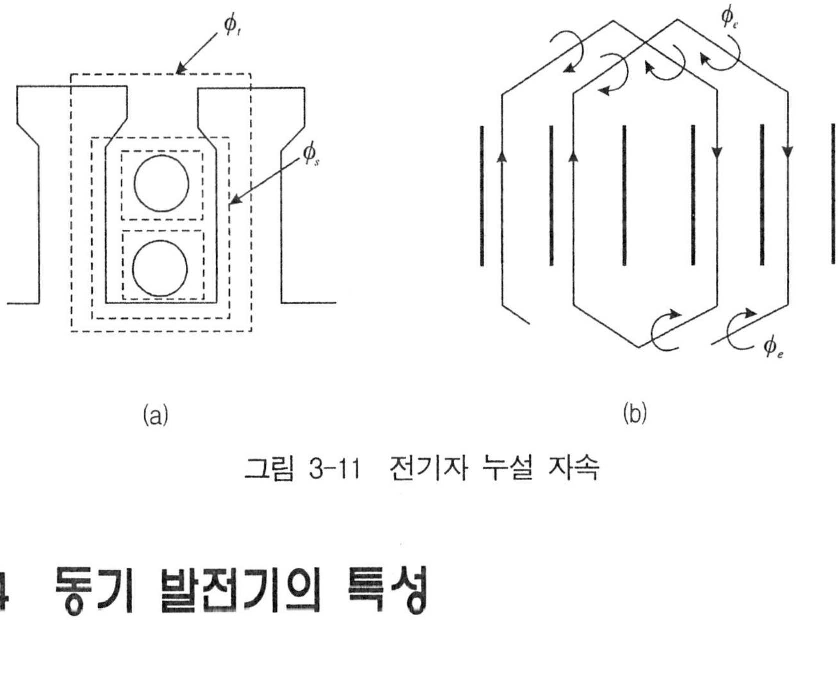

그림 3-11 전기자 누설 자속

3.4 동기 발전기의 특성

3.4.1 무부하 포화 곡선

동기 발전기가 정격 속도에서 무부하로 운전하는 경우에 동기 발전기의 유기 기전력은 식 (3-9)인 $E = 4.44k_w f n\Phi$에서 자속 Φ에 비례한다.

그러나 무부하의 경우에, 계자 권선의 권수가 일정하면 자속은 계자 전류에 따라 결정되므로 무부하 유기 기전력과 계자 전류의 관계 곡선을 얻을 수 있다. 이 관계 곡선을 **무부하 포화 곡선**이라 한다.

이 곡선은 전압이 낮은 부분에서는 유기 기전력이 계자 전류에 비례하여 증가하지만 전압이 높아짐에 따라 철심의 자기 포화로 자기 저항이 증가하여 일정한 기전력을 발생하는데 계자 전류가 더 많이 필요하게 되므로 그림 3-12의 OM과 같은 무부하 포화 곡선이 된다. 이 그림에서 $\overline{OF}$는 무부하 포화 곡선의 직선부를 연장한 직선으로 **공극선**이라 하며 자여자 직류 발전기의 임계 저항선과 같은 것이다. 그림 3-12에서 점 a가 정격 전압일 때

$$\sigma = \frac{\overline{bc}}{\overline{ab}} \tag{3-18}$$

를 **포화율**이라 하여 철심의 자기 포화의 정도를 나타낸다.

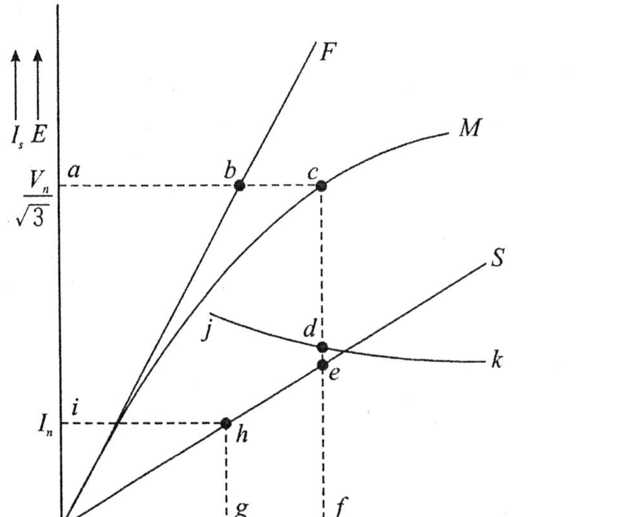

그림 3-12 동기 발전기의 특성 곡선

3.4.2 3상 단락 곡선

동기 발전기의 중성점을 제외한 전 단자를 단락하고 동기 발전기가 정격 속도로 회전하고 있을 때 계자 전류 I_f를 O에서 서서히 증가시키는 경우에, 단락 전류 I_s와 I_f의 관계 곡선을 **단락 곡선**이라 하며 그림 3-12의 곡선 OS는 이것을 나

타낸 것으로 거의 직선이다.

3.4.3 단락비

정격 속도에서 무부하 정격 전압을 발생시키는데 필요한 계자 전류와 단락 전류가 정격 전류가 되는데 필요한 계자 전류의 비를 단락비라 하며 그림 3-12의 무부하 포화 곡선과 단락 곡선에서 다음과 같이 나타낸다.

$$\text{단락비 } K_s = \frac{I_f'}{I_f''} = \frac{\overline{Of}}{\overline{Og}} \tag{3-19}$$

단락비 K_s의 값은 수차와 엔진 발전기는 0.9~1.2정도이고 터빈 발전기는 0.6~1.0 정도이다.

3.4.4 벡터도와 동기 임피던스

(1) Potier 벡터도

비철극 동기 발전기의 1상에 대하여 계자 자속, 전압 및 전류의 관계를 표시한 것이 그림 3-13이다.

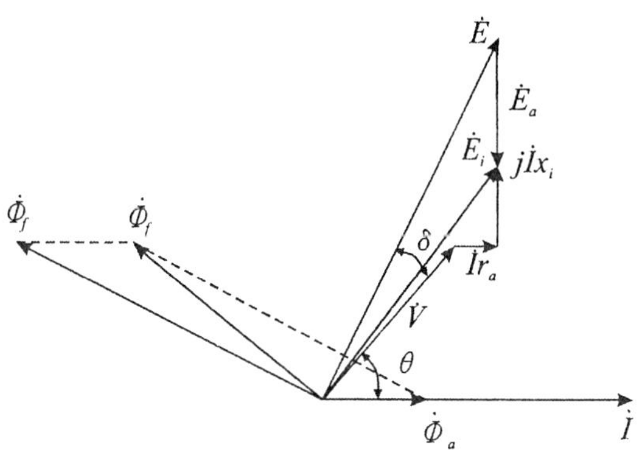

그림 3-13 동기 발전기의 potier 벡터도

전기자 권선에 계자 자속 $\dot{\Phi}_f$가 지나가면 자속보다 90° 뒤진 위상의 기전력 $\dot{E}$가 전기자 권선에 발생하므로 발전기에 부하를 접속하면 전기자 권선에 부하 전류 $\dot{I}$가 흘러서 전기자 권선에 부하 전류와 위상이 같은 자속 $\dot{\Phi}_a$가 발생한다. 자속 $\dot{\Phi}_a$가 전기자 권선을 지나가면 전기자 권선에 $\dot{\Phi}_a$보다 90° 뒤진 기전력 $\dot{E}_a$가 발생하므로 부하가 접속되었을 때, 전기자 권선에서 발생하는 기전력 $\dot{E}_i = \dot{E} + \dot{E}_a$을 내부 전압이라 한다.

단자 전압 $\dot{V}$는 $\dot{E}_i$에서 전기자 권선의 저항 r_a의 전압 강하 $\dot{I}r_a$와 누설 리액턴스 x_l의 전압 강하 $j\dot{I}x_l$을 뺀 것이므로 그림 3-13과 같은 벡터도가 된다. 벡터도에서 유기 기전력 $\dot{E}$와 단자 전압 $\dot{V}$ 사이의 위상차 δ를 **부하각**이라 한다.

(2) 동기 임피던스

그림 3-13에서 $\dot{E}_a$와 $j\dot{I}x_l$는 일직선상에 있으며 $\dot{E}_a$는 부하 전류가 흐름으로써 발생한 것으로, $j\dot{I}x_l$가 전기자 누설 리액턴스의 전압 강하이므로 $\dot{E}_a$를 리액턴스의 전압 강하로 볼 수 있으므로

$$-\dot{E}_a = j\dot{I}x_a \tag{3-20}$$

로 나타낼 수 있으며 x_a를 **전기자 반작용 리액턴스**라 한다. 따라서 리액턴스 강하를

$$-\dot{E}_a + j\dot{I}x_l = j\dot{I}(x_a + x_l) = j\dot{I}x_s \tag{3-21}$$

으로 나타낼 수 있고

$$x_s = x_a + x_l \tag{3-22}$$

을 **동기 리액턴스**라 하며

$$\dot{Z}_s = r_a + jx_s \tag{3-23}$$

를 **동기 임피던스**라 한다. 일반적으로 동기기에서 전기자 저항 r_a는 동기 리액턴스 x_s에 비해서 무시할 수 있는 정도이다.

벡터도에서 유기 기전력 $\dot{E}$, 단자 전압 $\dot{V}$, 동기 임피던스 $\dot{Z}_s$ 사이에는 다음과 같은 벡터식이 성립한다.

$$\dot{V} = \dot{E} - \dot{I}\dot{Z}_s \tag{3-24}$$

식 (3-24)를 이용하여 3상 동기 발전기 1상에 대한 등가 회로를 그림 3-14와 같이 나타낼 수 있으며 그림 3-15는 역률 $\cos\theta$인 부하 전류 $\dot{I}$가 흐르고 있는 비철극 동기 발전기의 벡터도이다.

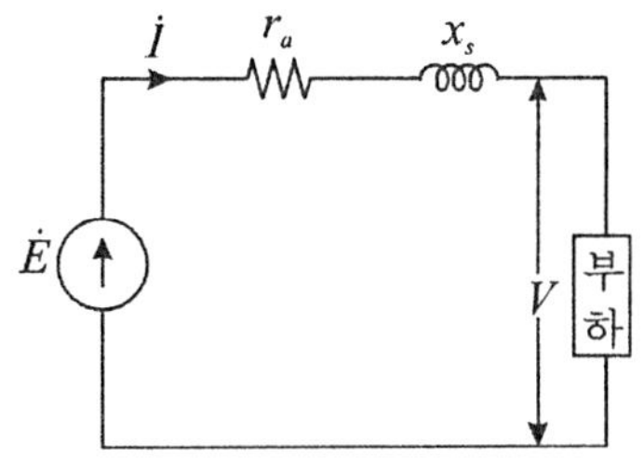

그림 3-14 동기 발전기의 등가 회로

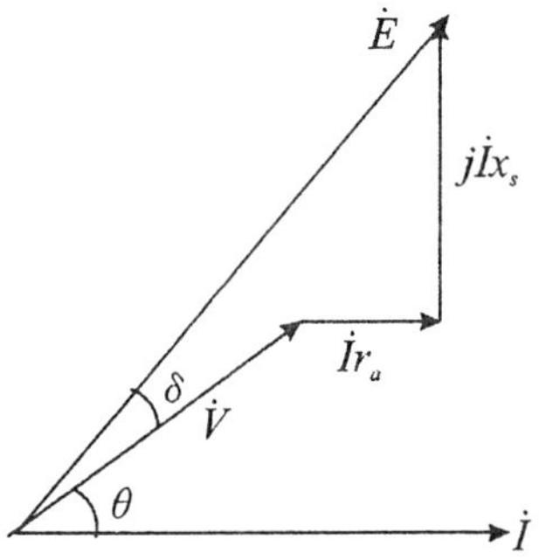

그림 3-15 비철극형의 벡터도

(3) 철극기의 벡터도

비철극기는 공극이 균일하므로 전기자 반작용을 직축과 횡축으로 나눌 필요가 없으나 철극기는 직축이 횡축에 비하여 공극이 좁으므로 직축 반작용에 대한 등가 리액턴스가 횡축에 대한 것보다 크므로 전기자 반작용을 직축과 횡축으로 나누어 생각하는 것이 바람직하다.

그림 3-16은 철극기의 벡터도로 전기자 기자력을 횡축분과 직축분으로 나누어 적용하는 2반작용법(two reaction method)의 벡터도이다.

그림 3-16에서 전기자 전류를 직축분과 횡축분으로 나눈 것이 $\dot{I}_d$와 $\dot{I}_q$이고 이

두 전류가 전기자 권선에 발생하는 자속이 $\dot{\phi}_d$와 $\dot{\phi}_q$이다. 전기자 권선에 $\dot{\phi}_d$와 $\dot{\phi}_q$가 지나가서 전기자 권선에 발생되는 기전력이 $\dot{E}_d$와 $\dot{E}_q$이며 $\dot{E}$는 계자 자속으로 발생되는 기전력이다. 전기자 누설 자속의 전압 강하 $j\dot{I}x_l$를 직축 성분 $j\dot{I}_d x_l$과 횡축 성분 $j\dot{I}_q x_l$으로 분해하고 $\dot{E}_d$와 $\dot{E}_q$를 전압 강하로 보면 이들의 관계는 다음과 같이 된다.

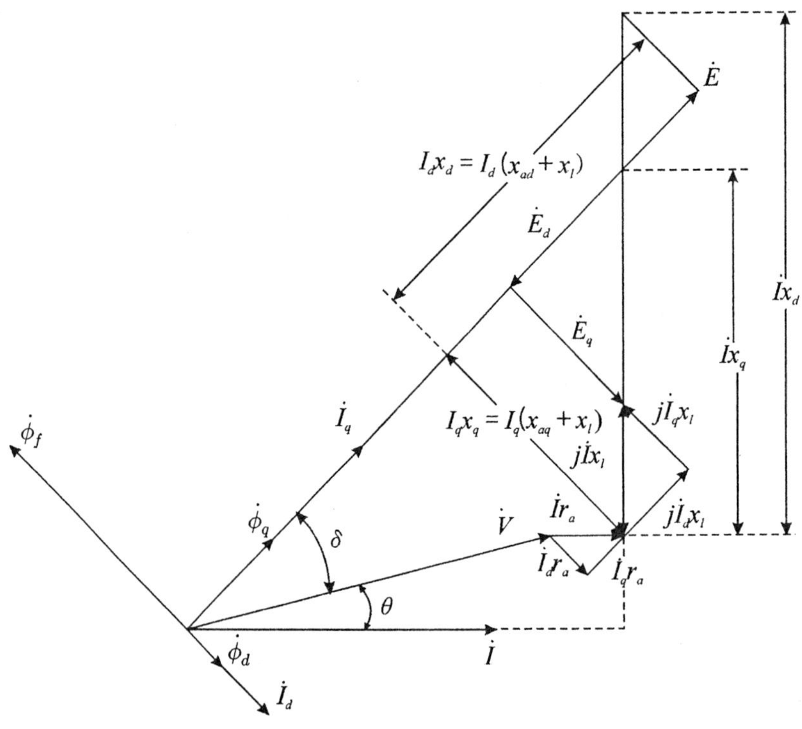

그림 3-16 철극형의 벡터도

$$-\dot{E}_d + j\dot{I}_d x_l = j\dot{I}_d x_{ad} + j\dot{I}_d x_l = j\dot{I}_d(x_{ad}+x_l) = j\dot{I}_d x_d \qquad (3\text{-}25)$$

$$-\dot{E}_q + j\dot{I}_q x_l = j\dot{I}_q x_{aq} + j\dot{I}_q x_l = j\dot{I}_q(x_{aq}+x_l) = j\dot{I}_q x_q \qquad (3\text{-}26)$$

여기서 직축 동기 리액턴스 : $x_d = x_{ad} + x_l$ (3-27)

횡축 동기 리액턴스 : $x_q = x_{aq} + x_l$ (3-28)

계자 자속으로 발생한 기전력 $\dot{E}$에서 직축 동기 리액턴스의 전압 강하 $j\dot{I}_d x_d$, 횡축 동기 리액턴스의 전압 강하 $j\dot{I}_q x_q$ 및 저항의 전압 강하 $\dot{I}r_a$을 뺀 것이 단자 전압 $\dot{V}$이다.

3.4.5 동기 임피던스와 단락비

그림 3-14의 등가 회로에서 부하 임피던스가 0인 경우, 즉 단락된 경우의 전류를 I_s라 하면 동기 임피던스 Z_s는 다음과 같이 나타낼 수 있다.

$$Z_s = \frac{E}{I_s}\,[\Omega] \tag{3-29}$$

그림 3-12에서 같은 계자 전류에서 무부하 포화 곡선의 유기 기전력 E와 단락 곡선의 단락 전류 I_s를 식 (3-29)에 대입하여 Z_s를 구하면 자기 포화 현상으로 일정한 값이 되지 않고 계자 전류 I_f에 따라 다르게 되어 곡선 jdk로 된다. 그러므로 동기 임피던스는 무부하시 정격 전압 $V_n/\sqrt{3}$를 발생하는데 필요한 계자 전류일 때의 값으로 다음과 같이 나타낸다.

$$Z_s = \frac{V_n/\sqrt{3}}{I_s} = \frac{\overline{cf}}{\overline{ef}} = \overline{df}\,[\Omega] \tag{3-30}$$

정격 전류 I_n일 때의 동기 임피던스의 전압 강하 I_nZ_s를 정격 전압 $V_n/\sqrt{3}$으로 나눈 값을 단위법(per unit)이라 하여 일반적으로 Z_s'로 나타내며 단위는 [p · u]를 사용한다.

$$Z_s' = \frac{Z_sI_n}{V_n/\sqrt{3}}\,[\mathrm{p\cdot u}] \tag{3-31}$$

그림 3-12에서 $I_n = \overline{gh}$, $V_n/\sqrt{3} = \overline{cf}$ 이므로 식 (3-31)과 식 (3-19)에서 다음과 같은 식을 얻을 수 있다.

$$z_s' = \frac{Z_sI_n}{V_n/\sqrt{3}} = \frac{(\overline{cf}/\overline{ef}\,)\times\overline{gh}}{\overline{cf}} = \frac{\overline{gh}}{\overline{ef}} = \frac{I_f''}{I_f'} = \frac{1}{K_s} \tag{3-32}$$

식 (3-32)는 동기 임피던스 z_s'가 단락비 K_s의 역수임을 나타낸다.

K_s와 z_s' 사이에는 식 (3-32)와 같은 관계가 있으므로 단락비가 큰 동기기는 동기 임피던스가 적고 전기자 반작용이 적은 것을 의미한다.

전기자 반작용이 적은 것은 공극이 크고 계자의 기자력이 전기자 기자력에 비하여 상당히 큰 것으로 자로에 있는 철심의 단면적을 크게 설계한 것을 의미한다.

따라서 단락비가 큰 기계는 동기 임피던스가 적어 전압 변동률이 양호하고 출력도 증가하여 안정도가 증가하며 자기 여자 작용도 적지만 단락 전류는 커진다.

3.4.6 전압 변동률

전압 변동률은 계자 전류 및 속도를 변화시킴이 없이 정격 출력(지정 역률)에서 무부하로 하였을 때의 전압 변동의 비율을 말하며 일반적으로 정격 전압에 대한 백분률로 표시한다. 즉, 정격 단자 전압을 V_n, 정격 출력에서 무부하로 하였을 때의 전압을 V_0이라 하면 전압 변동률 ε은 다음과 같은 식으로 나타낸다.

$$\varepsilon = \frac{V_0 - V_n}{V_n} \tag{3-33}$$

전압 변동률은 부하 전류에 따라서 달라질 뿐만 아니라 같은 부하 전류라도 역률이 다르면 그 값이 달라진다.

부하 전류에 대한 단자 전압의 관계 곡선을 외부 특성 곡선이라 하며 그림 3-17은 이 곡선을 나타낸 것으로 유도성 부하인 경우에는 전압 변동률은 $+(V_0 > V_n)$의 값을 가지며 용량성 부하인 경우는 $-(V_0 < V_n)$로 된다.

동기 발전기의 전압 변동률은 자동 전압 조정기를 사용하지 않을 때는 역률 100[%]에서 15~18[%], 지역률 80[%]에서 25~30[%] 정도이고, 자동 전압 조정기를 사용할 때는 역률 100[%]에서 18~25[%], 지역률 80[%]에서 30~40[%] 정도이다.

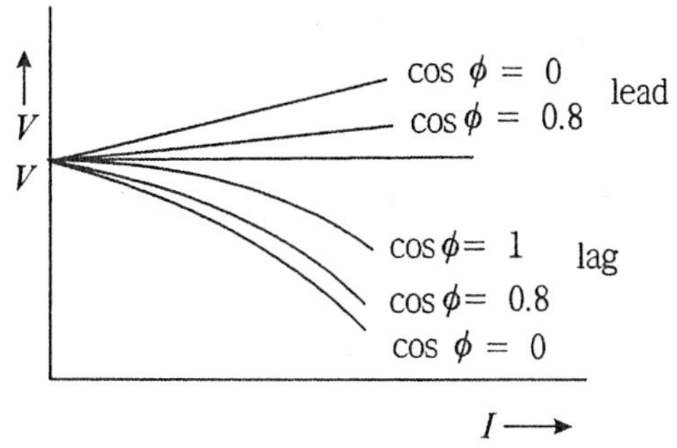

그림 3-17 외부 특성 곡선

예제 3-3

정격 전압 6600[V], 정격 전류 480[A]의 3상 동기 발전기에서 계자 전류 200[A]일 때 무부하 단자 전압이 6600[V]이고 3상 단락 전류는 600[A]이면 이 발전기의 단락비는 얼마인가?

풀이

단락 전류는 계자 전류에 비례하므로 정격 전류와 같은 단락 전류를 흘리는데 필요한 계자 전류 I_f''는

$I_f'' = 200 \times \dfrac{480}{600} = 160$[A]으로 단락비 K_s는 다음과 같이 된다.

$K_s = I_f' / I_f'' = 200/160 = 1.25$

예제 3-4

정격 전압 6600[V], 정격 전류 480[A]인 3상 동기 발전기에서 1상의 전기자 저항은 0.03[Ω]이고 동기 리액턴스는 0.4[Ω]이면 전부하 지역률 0.8일 때의 전압 변동률을 구하라.

풀이

정격 상전압 $V_{pn} = \dfrac{6600}{\sqrt{3}} \fallingdotseq 3810$[V]

전부하 전류 $I = 480$[A]

전기자 저항 강하 $Ir_a = 480 \times 0.03 = 14.4$[V]

동기 리액턴스 강하 $Ix_s = 480 \times 0.4 = 192$[V]

그림 3-15에서 $\cos\theta = 0.8$ 이고 $V = V_{pn}$ 이므로

$$V_0 = E = \sqrt{(V_{pn}\cos\theta + Ir_a)^2 + (V_{pn}\sin\theta + Ix_s)^2}$$

$$= \sqrt{(3810 \times 0.8 + 14.4)^2 + (3810 \times 0.6 + 192)^2} \fallingdotseq 3939[\text{V}]$$

으로 전압 변동률은 다음과 같이 된다.

$$\varepsilon = \frac{V_0 - V_n}{V_n} \times 100 = \frac{3939 - 3810}{3810} \fallingdotseq 3.4[\%]$$

3.4.7 자기 여자 작용

(1) 자기 여자 작용

동기 발전기에 콘덴서를 접속하여 영역률의 진상 전류가 전기자 권선에 흐르면 전기자 반작용으로 증자 작용이 되므로 발전기에 계자 전류가 흐르지 않더라도 전기자 권선에 기전력이 발생한다.

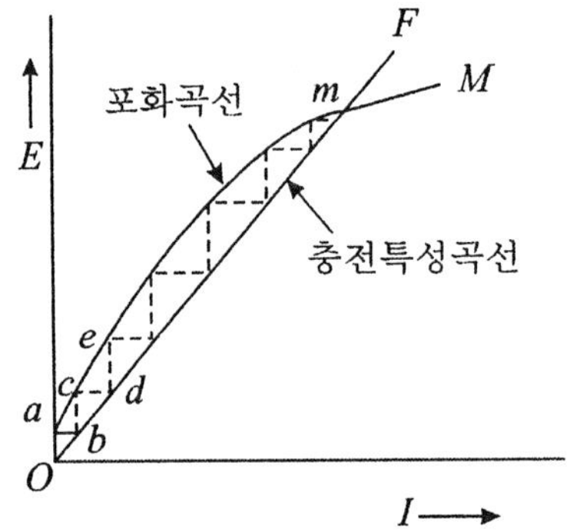

그림 3-18 자기 여자 작용

전기자 권선에 영역률의 진상 전류로 여자된 포화 곡선이 그림 3-18의 곡선 aM과 같은 동기 발전기에 OF로 표시된 충전 특성을 갖는 부하를 접속하면 발전기의 단자 전압은 aM과 OF의 교점 m에 상당하는 전압까지 올라간다.

즉, 그림 3-18에서 주 자극의 잔류 자기로 인한 $\overline{Oa}$ 만큼의 기전력이 전기자 권선에 발생되면 충전 전류 $\overline{ab}$ 가 흘러 기전력은 $\overline{bc}$ 만큼 높아지고 다시 충전 전류는 $\overline{cd}$ 만큼 증가하여 기전력은 $\overline{de}$ 만큼 높아진다. 이와 같이 하여 기전력은 차차 높아져서 두 곡선의 교점 m에서 전압의 상승이 끝난다. 만일 이 점보다 충전 전

류가 증가하면 부하의 전압 강하가 발전기의 기전력보다 높아지므로 다시 전류는 감소하여 m 점으로 되돌아간다. 이와 같은 현상을 동기 발전기의 자기 여자 작용이라 한다.

이와 같은 현상은 무여자의 동기 발전기가 무부하의 장거리 송전선에 접속된 경우에 일어나는 현상으로 발전기의 유기 기전력이 정격 전압보다 훨씬 높은 전압으로 되어 위험할 때가 있다.

(2) 단락비와 충전 용량

발전기 1대로 장거리 송전 선로에 송전하는 경우 자기 여자 작용을 일으키지 않는 단락비는 다음의 식으로 나타낸다.

$$\text{단락비} > \frac{Q'}{Q}\left(\frac{V}{V'}\right)^2(1+\sigma) \qquad (3\text{-}34)$$

이 식에서

Q' : 충전 전압 V'일 때의 선로의 충전 용량[kVA]

Q : 발전기의 정격 출력[kVA]

V : 발전기의 정격 전압[V]

σ : 발전기의 포화율

선로 충전의 경우, 일반적으로 수전단의 전압은 송전단의 전압보다 선로의 리액턴스 강하만큼 높아지므로 충전 전압을 발전기의 정격 전압의 80[%] 정도를 채용한다. 따라서 식 (3-34)의 V'를 $0.8V$로 하고 $\sigma=0.1$이라 하면

$$\text{단락비} > \frac{Q'}{Q}\times 1.72 \qquad (3\text{-}35)$$

으로 발전기의 정격 용량이 충전 용량과 같은 경우의 단락비는 1.72 이상으로 한다.

(3) 자기 여자 방지법

식 (3-35)를 만족하는 단락비를 가진 발전기로 송전할 경우는 문제가 없지만 그렇지 않은 경우는 다음과 같은 방법을 쓴다.

① 발전기 2대 또는 3대를 병렬로 모선에 접속한다.
② 수전단에 동기 조상기를 접속하고 이것을 부족 여자로 하여 송전선에 지상 전류를 흐르게 하여 충전 전류를 감소시킨다.
③ 송전 선로의 수전단에 변압기를 접속한다.
④ 수전단에 리액턴스를 병렬로 접속한다.

3.4.8 단락 전류

전압을 발생하고 있는 동기 발전기의 전기자 단자를 갑자기 단락하면 단락 순간에는 정격 전류의 수배에서 수십 배의 과도 전류가 전기자 권선에 흐르지만 시간이 지남에 따라 차츰 감소하여 일정한 전류가 된다. 이 때의 과도 전류를 **돌발 단락 전류**라 하고, 시간이 지나 과도 전류가 감소하여 일정하게 흐르는 전류를 **영구 단락 전류** 또는 **지속 단락 전류**라 한다.

영구 단락 전류는 전기자 단자를 미리 단락하고, 갑자기 단락되었을 때의 계자 전류와 같은 계자 전류를 흘렸을 때의 단락 전류, 즉 단락 특성 곡선에서 구한 단락 전류와 같은 값으로 식 (3-29)에서

$$I_s = \frac{E}{Z_s}\,[\mathrm{A}] \tag{3-36}$$

으로 동기 임피던스 Z_s에 의하여 제한된다.

돌발 단락 전류가 단락 초기에 매우 큰 것은 전기자 반작용이 순간적으로 나타나지 않으므로 단락 최초에 전류를 제한하는 것은 전기자 저항을 무시하면 누설 리액턴스뿐이기 때문이다.

전기자 반작용이 나타나기 시작하면 단락 전류는 감소하기 시작하여 결국 동기 임피던스로 제한되는 식 (3-36)의 전류가 흐른다.

단락 전류는 정격 전류보다 매우 크므로 권선을 소손한다든가 권선 상호간의 반발력 때문에 권선을 파손할 염려가 있으므로, 일반적으로 누설 리액턴스가 작은 터빈 발전기는 전기자 권선에 직렬로 리액터를 접속하여 단락 전류를 제한하는 경우가 있다.

3.5 동기 발전기의 출력

3.5.1 비철극기의 출력

발전기 1상의 출력 P는 다음과 같이 나타낼 수 있다.

$$P = VI\cos\theta\,[\mathrm{W}] \tag{3-37}$$

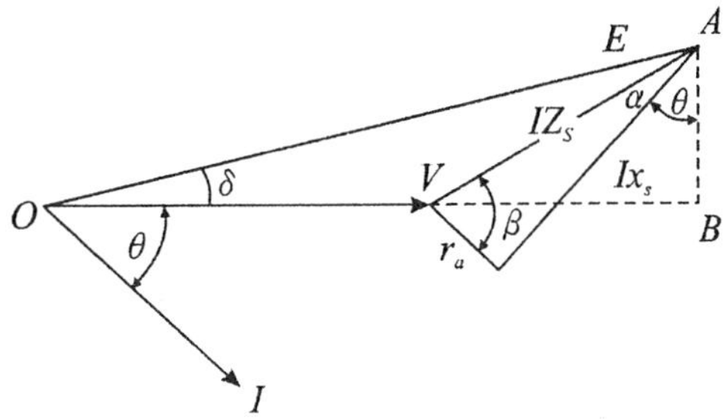

그림 3-19 비철극기의 벡터도

그림 3-19의 벡터도에서 $\triangle OAB$의 $\overline{AB}$와 $\overline{OB}$는

$$\overline{AB} = IZ_s\cos(\theta+\alpha) = E\sin\delta$$

$$\overline{OB} = V + IZ_s\sin(\theta+\alpha) = E\cos\delta$$

으로 삼각 함수의 가법 정리를 적용하면 다음과 같이 된다.

$$IZ_s(\cos\theta\cos\alpha - \sin\theta\sin\alpha) = E\sin\delta$$

$$IZ_s(\sin\theta\cos\alpha + \cos\theta\sin\alpha) = E\cos\delta - V$$

위의 식에 각각 $\cos\alpha$와 $\sin\alpha$를 곱하여 더하면

$$IZ_s\cos\theta(\cos^2\alpha + \sin^2\alpha) = E\sin\delta\cos\alpha + (E\cos\delta - V)\sin\alpha$$

으로 $I\cos\theta$에 대하여 정리하면

$$I\cos\theta = \frac{E\sin(\delta+\alpha) - V\sin\alpha}{Z_s} \qquad (3\text{-}38)$$

이므로 식 (3--37)에 식 (3-38)을 대입하여 다음과 같은 출력식을 얻을 수 있다.

$$P = \frac{EV}{Z_s}\sin(\delta+\alpha) - \frac{V^2}{Z_s}\sin\alpha \qquad (3\text{-}39)$$

전기자 권선의 저항은 누설 리액턴스에 비하여 매우 적으므로 $Z_s \fallingdotseq x_s$ $\alpha \fallingdotseq 0$이라 하면 다음과 같은 간단한 출력식을 얻을 수 있다.

$$P \fallingdotseq \frac{EV}{x_s}\sin\delta[\mathrm{W}] \qquad (3\text{-}40)$$

따라서 비철극기의 출력은 $\delta = 90°$에서 최대가 된다.

3.5.2 철극기의 출력

그림 3-20은 철극기의 벡터도인 그림 3-16에서 전기자 저항 r_a를 무시한 벡터도로 철극 발전기 1상의 출력 P는

$$P = VI_q\cos\delta + VI_d\sin\delta \qquad (3\text{-}41)$$

이 되고 그림 3-20의 벡터도에서

$$V\cos\delta = E - I_d x_d\,,\; V\sin\delta = I_q x_q$$

으로 I_d와 I_q에 대하여 정리하면 다음과 같다.

$$I_d = \frac{E - V\cos\delta}{x_d},\; I_q = \frac{V\sin\delta}{x_q} \qquad (3\text{-}42)$$

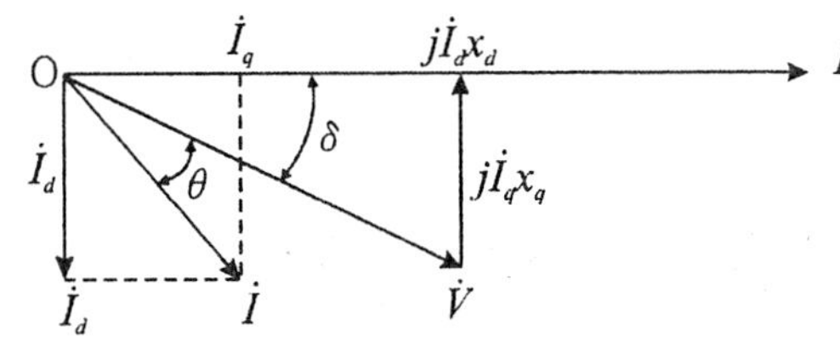

그림 3-20 철극기의 벡터도

식 (3-41)에 (3-42)를 대입해 정리하면 다음과 같은 철극기의 출력식을 얻을 수 있다.

$$\begin{aligned} P &= V\cos\delta \cdot \frac{V\sin\delta}{x_q} + V\sin\delta \cdot \frac{E - V\cos\delta}{x_d} \\ &= \frac{V^2}{x_q}\sin\delta \cdot \cos\delta + \frac{VE\sin\delta}{x_d} - \frac{V^2\sin\delta\cos\delta}{x_d} \\ &= \frac{EV\sin\delta}{x_d} + \frac{V^2(x_d - x_q)}{x_q x_d}\sin\delta\cos\delta \\ &= \frac{EV}{x_d}\sin\delta + \frac{V^2(x_d - x_q)}{2x_d x_q}\sin 2\delta\,[\mathrm{W}] \qquad (3\text{-}43) \end{aligned}$$

식 (3-43)의 E와 V를 일정하게 하고 δ를 변화시켰을 때 출력 P는 그림 3-21과 같다.

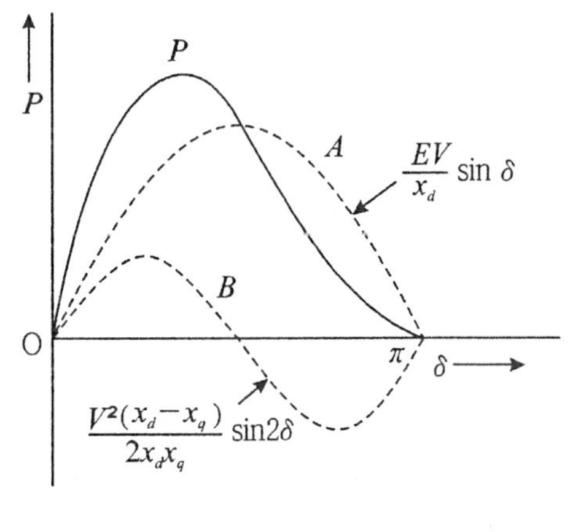

그림 3-21 철극기의 부하각과 출력

A곡선은 식 (3-41)의 제 1항을, B곡선은 제2항을 표시한다. 대체로 δ=60° 부

근에서 최대 출력이 되고 정격 부하일 때, δ는 20° 부근이 된다.

3.6 동기 발전기의 병렬 운전

3.6.1 병렬 운전의 조건

2대 이상의 동기 발전기를 같은 모선에 연결하여 운전하는 것을 병렬 운전이라 하며 동기 발전기를 병렬 운전하려면 발전기와 원동기는 다음의 조건을 만족해야 한다.

(1) 발전기의 조건

① 기전력의 크기가 같을 것.
② 기전력의 위상이 같을 것.
③ 기전력의 주파수가 같을 것.
④ 기전력의 파형이 같을 것.

①은 계자 전류를 조정해서 전압계로 확인할 수 있고, ②와 ③은 발전기의 속도, 즉 원동기의 속도를 조정해서 만족시킬 수 있는데 이것은 동기 검정기로 확인한다. ④는 발전기 제작상의 문제로 운전중에는 고려할 필요가 없다.

(2) 원동기의 조건

① 균일한 각속도를 가질 것.
② 적당한 속도 변동률을 가질 것.

터빈 발전기와 수차 발전기는 각속도가 균일하여 ①의 조건이 만족되지만 왕복기관으로 운전되는 엔진 발전기는 플라이 휠을 붙여서 될수록 균일한 각속도에 가깝도록 한다.

부하가 변할 때 속도 변동률이 적은 것이 좋지만 병렬 운전할 때는 부하의 분배를 원활하게 하려면 수하 특성의 적당한 속도 변동률을 가져야 한다.

원동기의 조건은 최초 설비할 때 고려할 조건이므로 동기 발전기를 병렬 운전할 때는 발전기에 필요한 조건만 고려한다.

3.6.2 병렬 운전

그림 3-22에서 모선에 접속되어 운전 중에 있는 발전기 A에 발전기 B를 병렬 운전하려면 B기의 원동기를 정격 속도가 되도록 한 다음 B기의 무부하 단자 전압의 주파수와 크기를 A의 주파수와 전압이 같도록 주파수계와 전압계를 보면서 원동기의 속도와 계자 전류를 조정하고 동기 검정기를 보면서 원동기의 속도를 조정하여 동기가 됐을 때 차단기를 투입하여 B기를 모선에 접속한다.

그림 3-22의 3개의 전등 L_1, L_2, L_3은 동기 검정기의 일례로 L_1은 a와 a'상 사이에, L_2는 b와 c'상 사이에, L_3는 c와 b'상 사이에 접속한 경우 두 발전기의 주파수가 일치하지 않았을 때는 전등은 명멸한다.

B기의 속도가 느려서 A기의 주파수보다 B기의 주파수가 낮은 경우, 전등은 L_1, L_3, L_2의 순서로 밝게 되어 마치 빛이 시계 방향으로 회전하는 것 같이 보인다.

반대로 B기의 속도가 빠르면 L_1, L_2, L_3의 순서로 밝게 되므로 빛의 회전 방향을 보고 속도가 빠름과 느림을 알 수 있다.

B기의 속도를 조정해서 A기의 주파수에 가깝게 되면 빛의 회전은 점점 느려져 주파수가 일치하면 빛의 회전은 정지하고 각 전등은 일정한 빛을 내고 위상도 일치하면 L_1은 꺼지고 L_2, L_3의 빛은 같은 밝기로 된다. 이와 같이 주파수와 위상이 일치하였을 때 차단기로 B기를 모선에 접속하면 두 발전기는 병렬 운전의 상태로 된다.

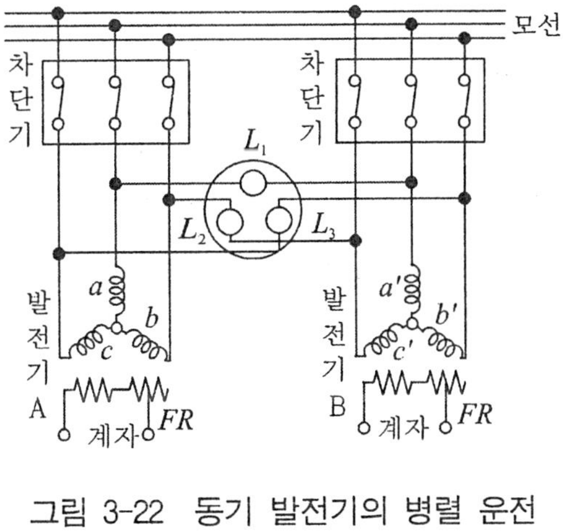

그림 3-22 동기 발전기의 병렬 운전

발전소에서 사용하는 동기 검정기는 대부분 지침형의 계기로 주파수가 일치하지 않으면 지침은 주파수의 높고 낮음에 따라 좌우로 회전하고, 일치하면 지침은 정지하여 위상차를 나타낸다. 위상이 일치하면 지침은 위로 향하여 정지한다.

위와 같은 동기 검정은 수동으로 조작하므로 오조작의 염려가 있으므로 대용량의 동기 발전기는 동기 검정과 차단기 투입을 자동적으로 하는 자동 동기 장치를 사용하고 있다.

3.6.3 순환 전류

그림 3-23과 같이 두 대의 동기 발전기가 병렬 운전하고 있을 때, 여자 전류의 변화나 속도의 변화로 기전력의 차가 생기면 두 발전기 사이에 순환 전류가 흐른다.

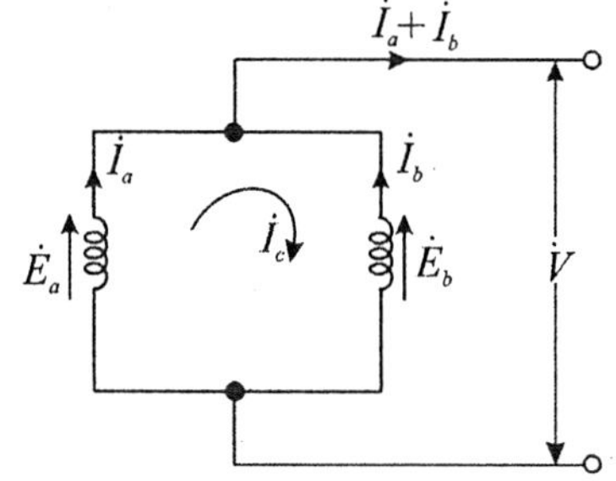

그림 3-23 병렬 운전할 때의 회로

(1) 무효 순환 전류와 무효 전력의 분담

같은 발전기 A, B가 같은 여자 전류, 같은 속도로 병렬 운전하여 $2\dot{I}$의 부하 전류를 공급하고 있을 때 A기의 여자 전류를 증가시키면 두 발전기에서 발생하는 기전력에는 크기의 차가 생겨 두 발전기 사이에는 다음과 같은 순환 전류가 흐른다.

$$\dot{I}_c = \frac{\dot{E}_a - \dot{E}_b}{2\dot{Z}_s} \tag{3-44}$$

$\dot{Z}_s$는 발전기의 동기 임피던스로 $\dot{Z}_s = r_a + jx_s \fallingdotseq jx_s$, $\dot{E}_c = \dot{E}_a - \dot{E}_b$로 놓으면 식 (3-44)는 다음과 같이 나타낼 수 있다.

$$\dot{I}_c = \frac{\dot{E}_a - \dot{E}_b}{2\dot{Z}_s} \fallingdotseq \frac{\dot{E}_c}{j2x_s} \tag{3-45}$$

순환 전류 $\dot{I}_c$는 유기 기전력보다 90° 뒤지는 무효 전류이므로 무효 순환 전류라 하며 A기에 대하여는 $\dot{I}_c$의 전기자 반작용이 감자작용을 하여 기전력을 감소시키고 B기에서는 증자 작용으로 기전력을 증가시켜 두 발전기의 전압은 같게 된다. 그림 3-24는 이들의 벡터도로

$$\dot{I}_a = \dot{I} + \dot{I}_c, \quad \dot{I}_b = \dot{I} - \dot{I}_c \tag{3-46}$$

가 되어 A기의 역률은 $\cos\theta_a$, B기는 $\cos\theta_b$가 되어 부하 역률 $\cos\theta$와는 각각 다른 값이 되므로 병렬 운전중인 발전기의 여자 전류를 변화시키면 무효 순환 전류가 흘러 두 발전기의 역률이 변한다.

이러한 무효 순환 전류가 흐르면 A기는 무효 전류가 증가하고 B기는 무효 전류가 감소한 것이 되므로 병렬 운전하고 있는 발전기의 여자 전류를 변화시키면 무효 전류의 배분, 즉 무효전력의 배분을 변화시킬 수 있다.

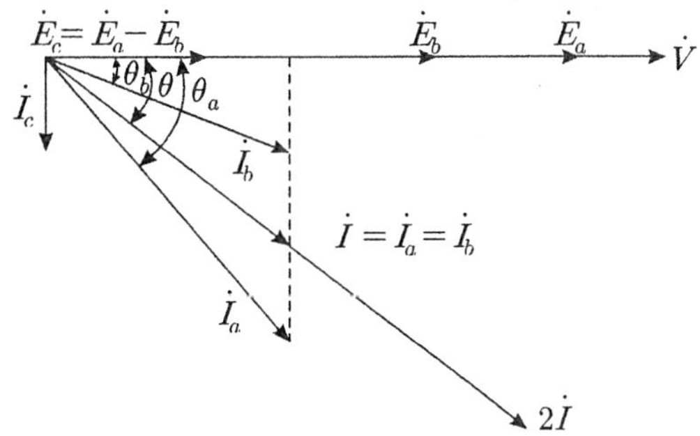

그림 3-24 무효 순환 전류

(2) 동기화 전류와 유효 전력의 분담

발전기 A, B가 같은 부하를 분담하여 운전하고 있는 경우에 어떤 원인으로 A기의 유기 기전력의 위상이 B기보다 δ_s 앞서면 두 발전기의 기전력 사이에는 $\dot{E}_s = \dot{E}_a - \dot{E}_b$의 차가 생겨 다음과 같은 순환 전류가 흐른다.

$$\dot{I}_s = \frac{\dot{E}_s}{2\dot{Z}_s} \fallingdotseq \frac{\dot{E}_s}{j2x_s} \qquad (3\text{-}47)$$

순환 전류 $\dot{I}_s$는 $\dot{E}_s$보다 90° 뒤지고 $\dot{E}_a$보다는 $\frac{\delta_s}{2}$뒤진다. $\dot{E}_b$에 대하여는 $-\dot{I}_s$가 되므로 위상 차는 $\pi - \frac{\delta_s}{2}$이 된다.

각 발전기에 순환 전류가 흘러 발생하는 1상의 유효 전력 P_1, P_2는

$$\left.\begin{aligned} P_1 &= E_a I_s \cos\frac{\delta_s}{2} \\ P_2 &= E_b I_s \cos\left(\pi - \frac{\delta_s}{2}\right) = -E_b I_s \cos\frac{\delta_s}{2} \end{aligned}\right\} \qquad (3\text{-}48)$$

으로 두 발전기의 전력은 크기는 같고 부호는 반대가 되어 A기는 유효 전력이 증가하고 B기는 유효 전력이 감소한다.

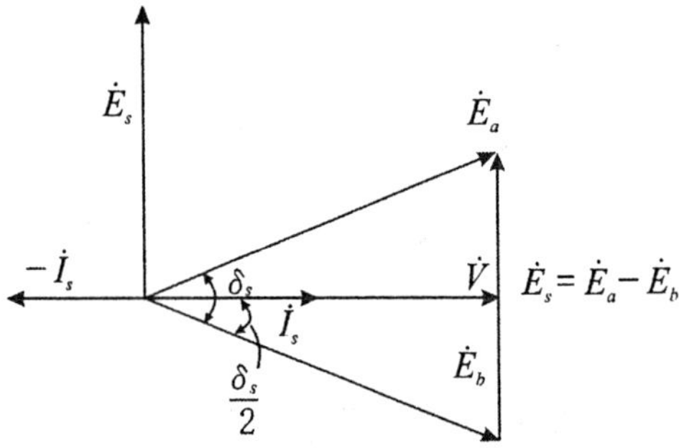

그림 3-25 동기화 전류

이 관계를 나타낸 것이 그림 3-25로 $|\dot{E}_a| = |\dot{E}_b| = E_0$이라 하면,

$$E_a\cos\frac{\delta_s}{2} = E_b\cos\frac{\delta_s}{2} = E_0\cos\frac{\delta_s}{2}$$

$$I_s = \frac{E_s}{2|\dot{Z}_s|},\quad E_s = 2|\dot{E}_a|\sin\frac{\delta_s}{2}$$

으로 이들을 식 (3-48)에 대입하여 정리하면 다음과 같이 된다.

$$P_1 = E_0 \cdot \frac{E_s}{2Z_s}\cos\frac{\delta_s}{2} = \frac{E_0^2\sin\delta_s}{2Z_s} \fallingdotseq \frac{E_0^2\sin\delta_s}{2x_s} \tag{3-49}$$

이 전력 P_1은 A기에는 부하가 되고 B기에는 (−)의 부하가 된다. 즉, 발전기 A의 부하는 P_1만큼 증가하여 속도가 감소하고 B기의 부하는 P_1만큼 감소하여 속도가 증가하여 A기의 기전력의 위상은 늦어지고 B기의 위상은 빨라져 A, B 두 발전기에서 발생하는 전압의 위상은 일치하게 된다.

이와 같이 I_s는 동기화 작용을 하므로 동기화 전류라 하고 동기 상태로 복귀하려는 힘 $dP_1/d\delta_s$을 동기화력이라 하며 다음과 같이 나타낸다.

$$P_s = \frac{dP_1}{d\delta_s} = \frac{E_0^2}{2Z_s}\cos\delta_s \fallingdotseq \frac{E_0^2}{2x_s}\cos\delta_s\,[\mathrm{W/rad}] \tag{3-50}$$

A, B의 발전기가 병렬 운전하고 있는 경우 A기를 구동하고 있는 원동기의 조속기를 조정하여 A기의 입력을 증가시키면 A기의 유기 기전력의 위상은 B기의 위상보다 앞서므로 A기와 B기 사이에 동기화력이 작용하여 B기의 부하는 증가하고 A기의 부하는 감소하여 부하의 분담이 새로이 된다.

(3) 속도 조정률과 부하 분담

병렬 운전중 부하가 변할 때 부하 분담은 원동기의 조속기의 특성에 따르고 부하의 배분을 원활하게 하려면 속도 특성이 수하 특성을 가져야 한다.

조속기의 특성을 나타내는 속도 조정률 S는 다음과 같이 표시된다.

$$S = \frac{N_0 - N}{N} \times 100[\%] \tag{3-51}$$

여기서 N_0는 무부하 회전수이고 N은 정격 회전수이다.

속도 조정률의 값에 따라 속도 특성 곡선의 기울기가 결정되며 조정률이 작을 때는 속도 변화에 따르는 부하의 변화가 너무 커서 운전이 불안정하게 된다. 대체로 속도 조정률은 2~3[%]이며 보상기로 0~6[%]로 조정할 수 있다.

그림 3-26 (a)와 같이 동일한 속도 특성을 가진 동일 정격의 A, B 발전기가 같은 부하로 운전하고 있을 때 어떤 원인으로 A기의 부하가 증가하여 I_A'가 되었다고 하면 A기의 속도는 감소하며, B기의 부하는 I_B'로 감소하여 B기의 속도는 상승한다. 따라서 B기의 기전력의 위상이 A기의 위상보다 앞서게 되어 동기화력이 생겨 두 발전기의 부하 분담은 같게 된다.

만일 A, B의 속도 특성이 그림 3-26 (b)와 같이 서로 다르면 각 기의 부하 분담은 전부하에서는 같게 되나 부분 부하에서는 같지 않게 되므로 병렬 운전에서 어떠한 부하에 대해서나 각 발전기에 용량에 비례하는 부하 분담이 되려면 속도 변동률이 같아야 한다.

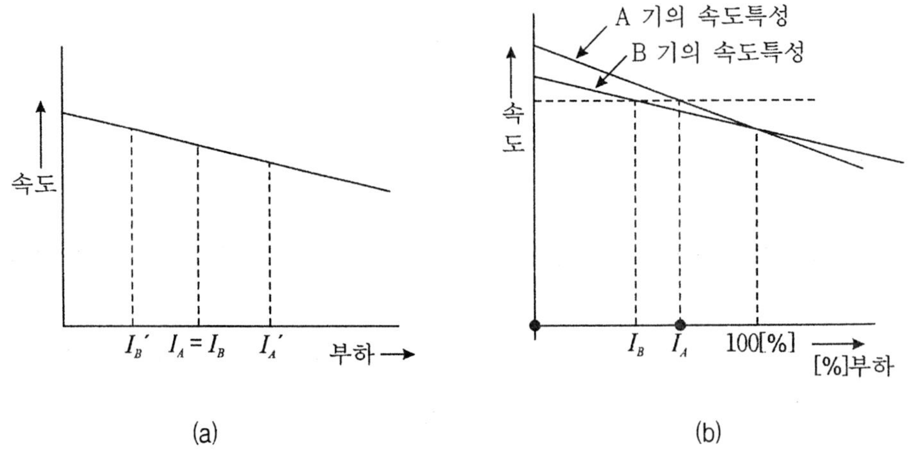

그림 3-26

조속기에는 속도 조정률을 조정하는 장치가 있으므로 이것으로 속도 조정률을 같게 할 수 있다.

예제 3-5

8000[kVA], 6000[V], 동기 임피던스 10[Ω]인 2대의 3상 동기 발전기가 병렬 운전하고 있을 때 두 발전기의 기전력 사이에 20°의 위상차가 있으면 동기화 전류는 얼마인가?

풀이

$$E_s = 2E_0\sin\frac{\delta_s}{2} = 2\times 6000/\sqrt{3}\times \sin 10° ≒ 1205[\mathrm{V}]$$

$$I_s = \frac{E_s}{2Z_s} = \frac{1205}{2\times 10} = 60.25[\mathrm{A}]$$

예제 3-6

동일 정격인 동기 발전기 A, B가 병렬 운전하여 지역률 0.8, 전류 800[A]의 부하에 전력을 공급하고 있을 때 A기의 여자를 증가하여 A기의 전류를 500[A]로 했다. 부하의 변화는 없을 때 B기의 전류는 얼마인가?

풀이

부하 전류의 유효분 : $800\cos\theta = 800\times 0.8 = 640[\mathrm{A}]$
부하 전류의 무효분 : $800\sin\theta = 800\times 0.6 = 480[\mathrm{A}]$
각 발전기의 유효 전류 : $640/2 = 320[\mathrm{A}]$
A 발전기의 무효 전류 : $\sqrt{500^2 - 320^2} ≒ 384[\mathrm{A}]$
B 발전기의 무효 전류 : $480 - 384 = 96[\mathrm{A}]$
B 발전기의 전류 : $\sqrt{320^2 + 96^2} ≒ 334[\mathrm{A}]$

3.7 동기 전동기

3.7.1 동기 전동기의 이론

(1) 동기 전동기의 원리

3상 동기기의 전기자 권선에 평형 3상 전류가 흐르면 전기자 권선에서 발생하는 기자력은 회전 자계가 됨을 이미 배운 바와 같이 3상 동기 전동기의 전기자 권선에 평형 3상 전압을 공급하면 동기 속도로 회전하는 회전 자계가 전기자 권선에 발생한다.

그림 3-27은 어느 순간의 회전 자계의 자극 N_f, S_f와 회전자 자극 N, S의 상대적인 위치를 나타낸 것으로 N_f와 N, S_f와 S는 서로 반발하고 N_f와 S, N과 S_f

는 서로 흡인력이 작용하여 시계 방향의 회전력이 발생해 회전자는 회전 자계 방향으로 회전한다.

이와 같은 회전력이 발생할 때는 그림과 같은 상대적인 위치가 유지할 때, 즉 회전 자계가 동기 속도로 회전하므로 회전자도 동기 속도로 회전할 때이다. 따라서 기동할 때와 같이 회전자가 정지하고 있는 경우는 회전 자계의 자극과 회전자 자극 사이에는 흡입력과 반발력이 $f/2$초의 주기로 반복되므로 평균 회전력은 0이 되어 기동 회전력은 발생하지 않는다.

이와 같이 동기 전동기는 동기 속도로 회전하는 전동기로 정지 상태에서 동기 속도가 되도록 하는 기동 방법이 필요하다.

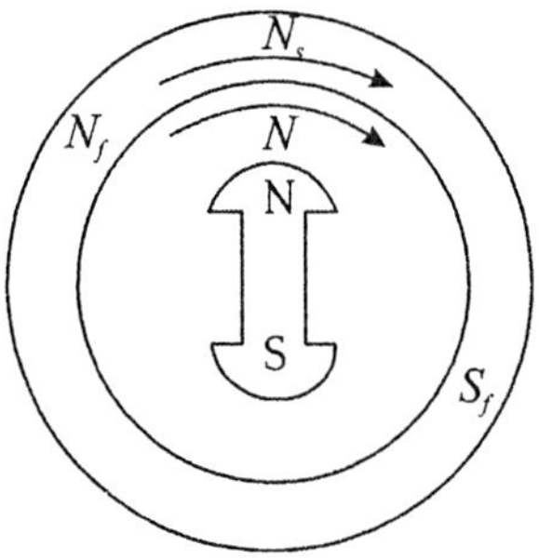

그림 3-27 동기 전동기의 원리

3.7.2 벡터도

동기 전동기의 전기자 권선에서 발생하는 유기 기전력, 즉 역기전력 E_c은 식 (3-9)에서

$$E_c = 4.44 f k_w n \Phi \,[\mathrm{V}] \tag{3-52}$$

이 되며 전기자 전류와 반대 방향의 기전력이므로 $\dot{V}$를 공급 전압, $\dot{E}_c$를 역기전력, $\dot{I}$를 전기자 전류, $\dot{Z}_s$를 동기 임피던스라 하면 동기 전동기의 전압식은

$$\dot{V} = \dot{E}_c + \dot{I}\dot{Z}_s \tag{3-53}$$

이 되며 등가 회로는 그림 3-28과 같이 그릴 수 있다.

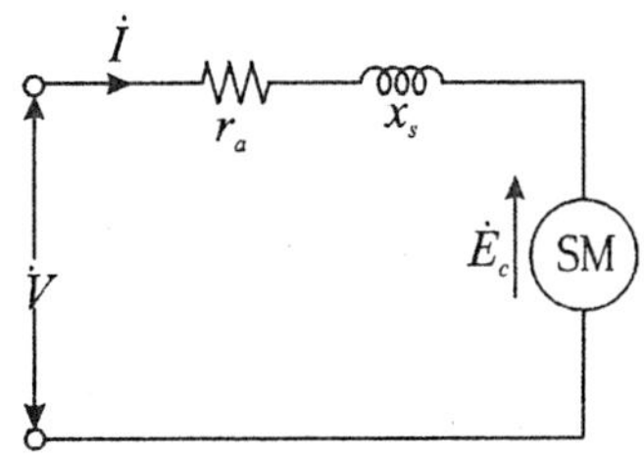

그림 3-28 동기 전동기의 등가 회로

(1) 무부하시의 벡터도

무부하로 운전하고 있는 동기 전동기의 모든 손실과 임피던스 강하를 무시하면 단자 전압과 역기전력은 크기가 같아 전압의 평형을 이룬다.

계자 전류로 발생하는 자속이 적당한 값이면 그림 3-29 (a)와 같이 전압이 평형되어 전류는 흐르지 않으나 계자 전류가 필요 이상 흐르면 그림 3-29 (b)와 같이 역기전력이 공급 전압보다 높게 되므로 전압의 평형을 유지하려면 전기자 권선에 무효 전류가 흘러 자속을 감소시켜야 한다. 자속을 감소시키는 무효 전류는 역기전력보다 위상이 90° 뒤진 전류로 공급 전압보다 90° 앞선 진상 전류가 된다. 그림 3-29의 (c)와 같이 역기전력이 공급 전압보다 낮게 되면 공급 전압보다 위상이 뒤진 무효 전류로 자속을 증가시켜 전압의 평형을 다시 이루게 된다.

(a)

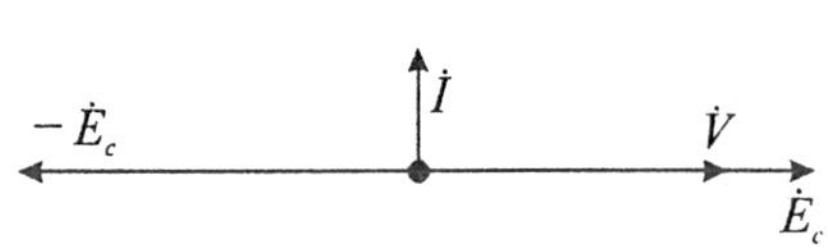

(b)

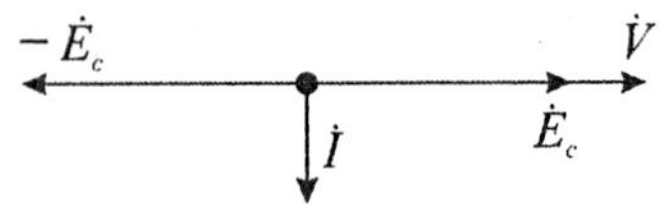

(c)

그림 3-29 무부하일 때의 벡터도

이와 같이 동기 전동기는 공급 전압과 역기전력 사이에 전압의 평형을 유지하기 위하여 무효 전류가 흐르고 공급 전압에 대하여 과여자의 경우는 진상 전류, 부족 여자의 경우는 지상 전류가 흐른다.

(2) 부하시의 벡터도

그림 3-30은 동기 전동기의 벡터도로 (a)는 역률 1, (b)는 지역률, (c)는 진역률의 경우를 나타낸다.

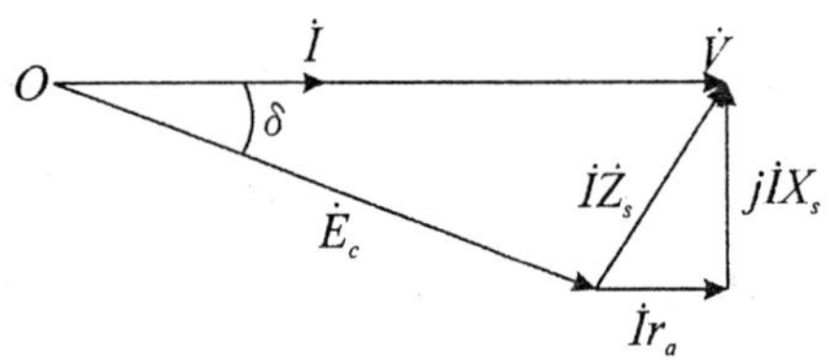

(a)

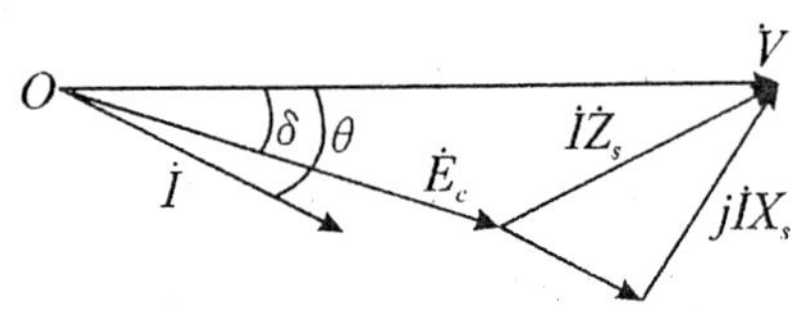

(b)

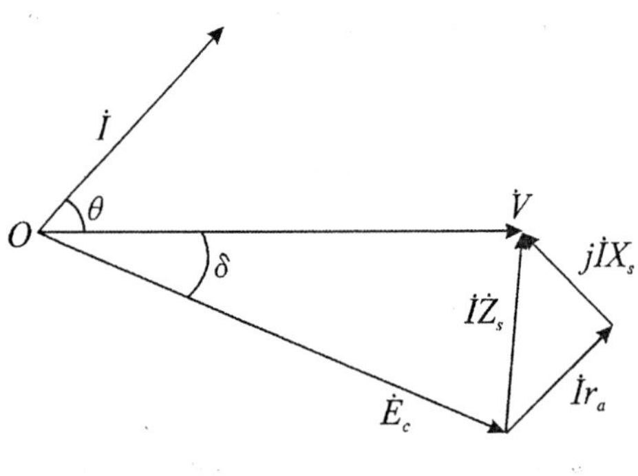

(c)

그림 3-30 동기 전동기의 역률에 따른 벡터도

3.7.3 출 력

전동기 1상의 입력은 $P_1 = VI\cos\theta$ 으로 1상의 출력 P_2는 P_1에서 동손 P_c를 뺀 것이 되므로 그림 3-31의 벡터도에서 다음과 같이 됨을 알 수 있다.

$$P_2 = P_1 - P_c = VI\cos\theta - I^2 r_a = I(V\cos\theta - Ir_a)$$
$$= E_c I\cos\phi \qquad (3\text{-}54)$$

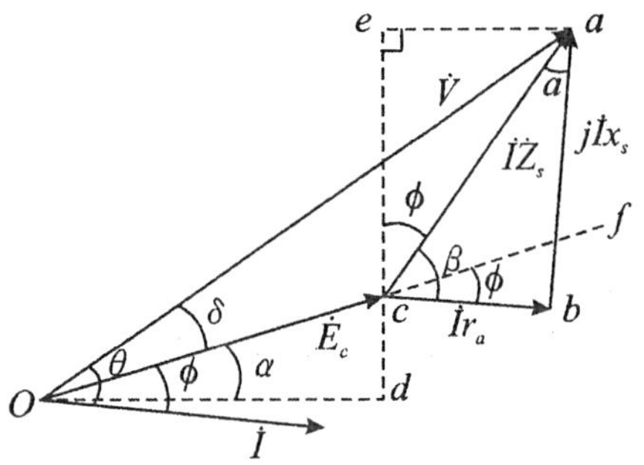

그림 3-31 동기 전동기의 벡터도

그림 3-31에서 $\angle ace = \phi$가 되도록 직선을 그리고 이 직선에 a에서 수선 $\overline{ae}$를 그린다. 다음에 $\overline{ce}$의 연장선에 수선 $\overline{Od}$을 그리고 $\overline{Oc}$의 연장선 $\overline{cf}$를 그리면 $\angle Ocd = \angle ecf = \phi + \angle acf = \beta$ 이 성립한다.

그러므로 $\overline{ce} = IZ_s\cos\phi$, $\overline{de} = V\sin(\delta+\alpha)$, $\overline{cd} = E_c\sin\alpha$ 이 되어

$$\overline{ce} = \overline{de} - \overline{dc}$$

$$IZ_s\cos\phi = V\sin(\delta+\alpha) - E_c\sin\alpha$$

$$I\cos\phi = \frac{V\sin(\delta+\alpha) - E_c\sin\alpha}{Z_s}$$

이 된다. 이 식을 식 (3-54)에 대입하면

$$P_2 = E_c I\cos\phi = \frac{E_c V\sin(\delta+\alpha)}{Z_s} - \frac{E_c^2\sin\alpha}{Z_s} \qquad (3\text{-}55)$$

으로 전기자 저항 r_a가 동기 리액턴스 x_s에 비하여 상당히 적으므로 전기자 저항을 무시하면 $\alpha \fallingdotseq 0$이므로 식 (3-55)는

$$P_2 \fallingdotseq \frac{E_c V \sin\delta}{x_s} \tag{3-56}$$

가 되며 출력 P_2는 역기전력 E_c와 전기자 전류 I 사이의 전력으로 입력에서 전기자 동손만 뺀 것이므로 P_2에는 철손과 기계손이 포함되어 있어 P_2에서 철손과 기계손을 뺀 것이 전동기의 출력이 된다.

3.7.4 회전력

(1) 동기 와트

동기 전동기의 회전력 T는 동기 각속도를 ω이라 하면

$$T = \frac{P_2}{\omega} = \frac{P_2}{2\pi N_s} \tag{3-57}$$

이 되며 동기 전동기는 언제나 동기 속도로 회전하므로 출력은 회전력에 비례한다. 따라서 동기 전동기의 회전력을 출력 P_2로 나타내며 동기 와트라 한다.

(2) 탈출 회전력과 절대 탈출 회전력

식 (3-55)에서 일정한 여자를 주었을 때 발생할 수 있는 최대 회전력 P_m은 $\sin(\delta+\alpha)=1$인 경우로 다음과 같이 된다.

$$P_m = \frac{E_c}{Z_s}(V - E_c \sin\alpha) \tag{3-58}$$

여자가 일정하면 P_m 이상의 회전력을 발생할 수 없으므로 부하 회전력이 이 이상이 되면 전동기는 동기를 벗어나 정지한다. 이러한 최대 회전력을 탈출 회전력이라 한다.

여자 전류를 변화시키면 $dP_m/dE_c = 0$의 조건을 만족하는 역기전력 E_c에서 P_m은 최대가 된다.

$$\left.\begin{aligned} &\frac{dP_m}{dE_c} = \frac{1}{Z_s}(V - 2E_c \sin\alpha) = 0 \\ &E_c = \frac{V}{2\sin\alpha} \end{aligned}\right\} \tag{3-59}$$

식 (3-59)를 식 (3-58)에 대입할 때의 회전력을 $P_{ab \cdot m}$이라 하면

$$P_{ab \cdot m} = \frac{V^2}{4Z_s \sin\alpha} \tag{3-60}$$

이 되고 임피던스 3각형에서

$$\alpha = \tan^{-1}\frac{r_a}{x_s}, \quad \sin\alpha = \frac{r_a}{Z_s}, \quad Z_s \sin\alpha = r_a$$

이므로 이들을 식 (3-60)에 대입하면

$$P_{ab \cdot m} = \frac{V^2}{4r_a} \tag{3-61}$$

과 같이 되며 $P_{ab \cdot m}$을 절대 탈출 회전력이라 하며 이론상 발생할 수 있는 최대 회전력으로 실제의 최대 회전력을 훨씬 넘는 값이다.

(3) 인입 회전력

인입 회전력은 동기 전동기가 기동하여 동기 속도 가까이 도달하여 동기에 들어가려고 할 때, 정격 주파수의 정격 전압에서 계자 전류를 흘려 전동기 자체와 부하의 관성을 이겨 동기로 들어갈 수 있는 최대 회전력이다.

동기 전동기가 정격 주파수의 정격 전압으로 기동 중 동기 속도의 95[%]에서 이용할 수 있는 회전력을 공칭 인입 회전력이라 한다.

(4) 안정 운전의 범위

동기 전동기의 부하 회전력이 변화하면 부하각 δ가 변화한다. 즉 부하 회전력이 감소하면 부하각 δ는 작아지고 부하 회전력이 증가하면 δ는 커진다.

부하각 δ가 커졌을 때 전동기의 발생 회전력 P_2가 증가하여 부하 회전력과 평

형할 수 있으면 새로운 부하각 δ에서 운전을 계속할 수 있으나 δ가 증가하였을 때 P_2가 감소하면, 즉 P_m을 넘으면 운전을 계속할 수 없고 동기를 벗어난다.

따라서 동기 전동기가 안전한 운전을 하려면 $P_2 > 0$일 때 다음의 조건을 만족해야 한다.

$$\frac{dP_2}{d\delta} > 0 \tag{3-62}$$

3.8 동기 전동기의 특성

3.8.1 브론델 원선도

동기 전동기의 벡터도를 기초로 한 그림 3-32와 같은 브론델 원선도를 그리면 원선도에서 동기 전동기의 특성을 구할 수 있다.

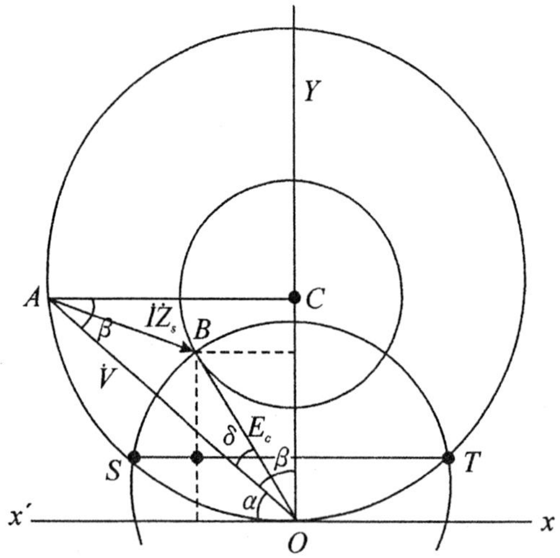

그림 3-32 브론델 원선도

브론델 원선도는 다음과 같이 그린다.

① 직각 좌표의 원점 O에서 Y축과 $\beta = \tan^{-1}(x_s/r_a)$의 각을 이루고 크기가

V가 되도록 선분 $\overline{OA}$을 그린다.

② A에서 $\angle OAC=\beta$가 되도록 직선을 그려 Y축과 만나는 점 C까지 선분 $\overline{AC}$를 그린다.

③ 직각 좌표의 원점 O에서 $\angle AOB=\delta$가 되고 크기가 E_c가 되도록 선분 $\overline{OB}$을 그린다.

④ 선분 $\overline{AB}$를 그린다.

⑤ C를 중심으로 하고 반지름이 $\overline{CB}$인 원을 그린다.

⑥ O를 중심으로 하고 반지름이 $\overline{OB}$인 원을 그린다.

그림 3-32에서 $\angle X'OA=\alpha=\tan^{-1}(r_a/x_s)$이 되므로 B점의 좌표를 (x, y)라 하면

$$x=-E_c\cos(\delta+\alpha)$$

$$y=E_c\sin(\delta+\alpha)$$

$$x^2+y^2=E_c^2$$

이 되며 이들을 식 (3-55)에 대입하여 정리하면 다음과 같이 된다.

$$P_2=\frac{E_cV\sin(\delta+\alpha)}{Z_s}-\frac{E_c^2\sin\alpha}{Z_s}=\frac{V}{Z_s}y-(x^2+y^2)\frac{r_a}{Z_s^2}$$

$$x^2+\left(y-\frac{VZ_s}{2r_a}\right)^2=\left(\frac{Z_s}{r_a}\sqrt{\frac{V^2}{4}-P_2r_a}\right)^2 \tag{3-63}$$

위의 식은 $\left(0, \frac{VZ_s}{2r_a}\right)$를 중심으로 하고 $\frac{Z_s}{r_a}\sqrt{\frac{V^2}{4}-P_2r_a}$을 반지름으로 하는 원으로 그림 3-32에서 $\overline{OC}=\frac{VZ_s}{2r_a}$이므로 B점은 C를 중심으로 하고 $\overline{BC}=\frac{Z_s}{r_a}\sqrt{\frac{V^2}{4}-P_2r_a}$을 반지름으로 하는 원둘레 위에 있게 된다.

C를 중심으로 하고 반지름이 $\overline{BC}$인 원을 출력원이라 하고 출력원의 반지름은 출력 P_2에 따라 달라져 무부하일 때는 반지름이 $\overline{CA}$가 되고 이론상의 최대 출력일 때는 반지름은 0이다.

V와 E_c를 일정하게 하고 P_2를 변화시키면 B점은 원점을 중심으로 하고 E_c를 반지름으로 하는 원이 되는데 이 원을 여자원이라 하며 B점은 출력원과 여자원의 교점이 된다.

원선도에서 C를 중심으로 하고 반지름이 $\overline{CA}$인 원을 그려 여자원과 만는 두 점 S와 T을 직선으로 연결하고 B에서 선분 $\overline{ST}$에 수선을 내려 만나는 점을 Q라 하면 출력 P_2는 다음과 같이 나타낸다.

$$P_2 = \overline{BQ} \times \frac{V}{Z_s} \tag{3-64}$$

3.8.2 위상 특성(V 곡선)

그림 3-33은 출력은 같고 계자 전류가 다른 세 경우의 원선도를 그린 것이다.

그림 3-33 (a)는 B점이 원선도의 선분 $\overline{CA}$ 위에 있는 경우로 벡터의 방향을 그림과 같이 잡고 $\overline{AB}$가 $\dot{I}\dot{Z}_s = \dot{I}r_a + j\dot{I}x_s$이 되도록 그리면 $\dot{I}r_a$는 전압 $\dot{V}$와 동 위상이 되므로 부하 전류는 공급 전압과 동 위상이 되고 그림 (b)는 (a)보다 적은 계자 전류를 흘린 경우로 $\overline{AB}$가 $\dot{I}\dot{Z}_s = \dot{I}r_a + j\dot{I}x_s$이 되도록 그리면 $\dot{I}r_a$는 전압 $\dot{V}$에 뒤진 위상이 되므로 부하 전류는 공급 전압에 뒤진 위상이 되며 그림 (c)는 (a)보다 많은 계자 전류를 흘린 경우로 $\overline{AB}$가 $\dot{I}\dot{Z}_s = \dot{I}r_a + j\dot{I}x_s$이 되도록 그리면 $\dot{I}r_a$는 전압 $\dot{V}$에 앞선 위상이 되므로 부하 전류의 위상은 공급 전압 보다 앞서게 된다. 따라서 일정한 공급 전압과 출력에서 계자 전류를 변화시키면 그림 3-34와 같은 곡선을 얻을 수 있다. 이와 같은 곡선을 위상 특성 곡선 또는 V곡선이라 한다.

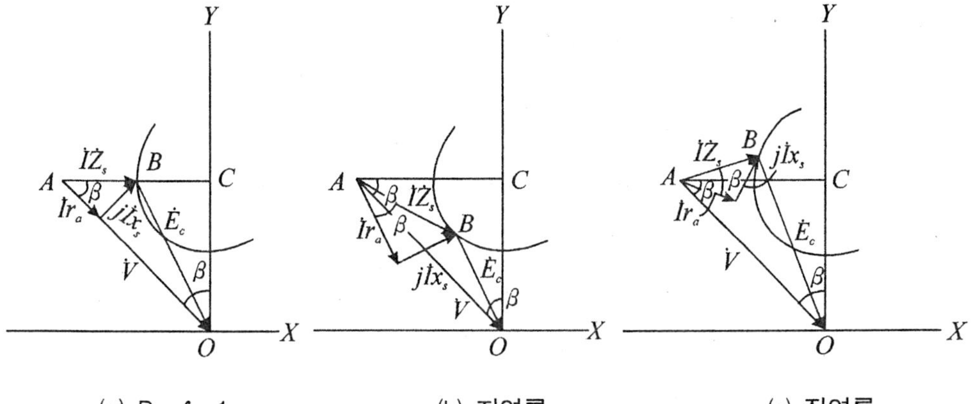

그림 3-33 위상 특성

곡선 1은 무부하, 곡선 2와 3은 부하를 증가시킨 경우의 곡선으로 부하가 클수록 V곡선은 위쪽으로 이동한다. 이들 곡선의 최저점은 역률 1인 점이며 이보다 오른쪽은 앞선 역률, 왼쪽은 뒤진 역률의 범위이다.

이와 같이 동기 전동기는 계자 전류를 가감시켜서 부하 전류의 크기와 위상을 변경시킬 수 있으므로 항상 역률 1로 운전할 수도 있고 필요하면 뒤진 전류나 앞선 전류를 취할 수도 있다.

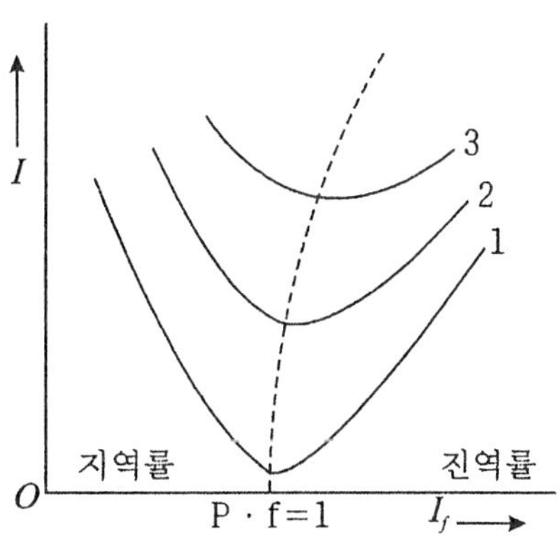

그림 3-34 위상 특성 곡선

3.8.3 동기 전동기의 용도

동기 전동기의 장점은 속도가 일정하며 계자 전류를 조정하여 역률을 100[%]로 할 수 있을 뿐만 아니라, 진상 역률로 할 수 있으므로 일반적인 전동기로 사용할 수 있을 뿐만 아니라 부하의 역률 개선에 이용할 수 있는 것이다.

동기 전동기의 결점으로는 기동 회전력이 적고 속도 제어를 할 수 없으며 직류 전원이 필요하므로 설비비가 많이 든다는 것이다.

동기 전동기는 이와 같은 특성을 가지고 있으므로 소형은 전기 시계, 오실로그래프, 전송 사진 등에 쓰는 일이 있지만 주로 압축기, 분쇄기, 압연기 등의 저속도 대용량의 전동기로 사용된다.

3.8.4 동기 전동기의 기동

동기 전동기는 회전자가 동기 속도에 가까운 속도일 때만 회전력을 발생하므로 다음과 같은 기동 방법을 사용한다.

(1) 자기동법

철극형 계자 철심에 유도 전동기의 농형 권선과 같은 제동 권선을 권선하여 기동 권선으로 이용하여 기동 회전력을 얻는 방법으로 전동기에 3상 전압을 공급하면 회전 자계가 생기고 제동 권선은 유도 전동기의 2차 권선과 같이 작용하여 기동 회전력을 발생한다. 이 때 전동기에 정격 전압을 공급하면 많은 기동 전류가 흐르므로 이를 줄이기 위해 기동 보상기, 직렬 리액터 또는 탭 변압기를 써서 정격 전압의 30~50[%]의 전압을 공급하여 기동한다. 기동할 때 회전 자속으로 계자 권선에 고압을 발생하여 절연을 파괴할 우려가 있으므로 계자 권선을 단락한 상태에서 기동하여 동기 속도 가까이 됐을 때 계자 권선에 전류를 흘리면 인입 회전력으로 동기 속도로 된다. 동기 속도가 되면 공급 전압을 정격 전압으로 한다.

(2) 기동 전동기법

동기 전동기의 축에 직결한 기동 전동기로 기동시키는 방법으로 기동 전동기로 유도 전동기를 이용하는 경우에는 동기 전동기의 극수보다 2극 적은 극수의 유도 전동기를 사용한다.

(3) 중부하 기동 동기 전동기

보통의 동기 전동기는 기동 회전력이 작기 때문에 무부하 또는 경부하의 경우가 아니면 기동할 수 없으므로 중부하 상태에서 기동할 수 있도록 제작된 동기 전동기가 있다.

(가) 초동기 전동기

이 전동기는 회전 계자형 동기 전동기에서 고정자인 전기자가 회전자의 주위를 회전하도록 2중 구조의 베어링을 갖고 있으며 전기자에 제동 장치가 있다.

부하가 걸려 있는 상태에서 전기자 권선에 전압을 공급하면 회전 자계가 발생하여 회전자의 제동 권선을 지나가면 제동 권선에 기전력이 발생한다. 이 기전력으로 제동 권선에 전류가 흘러 회전력이 발생한다. 그러나 부하가 걸려 있으므로 회전자는 회전할 수 없고 자유롭게 회전할 수 있는 전기자가 회전 자계의 방향과 반대 방향으로 회전하기 시작한다. 전기자가 가속되어 동기 속도에 가까워졌을 때, 계자 전류를 흘리면 동기에 인입되며 동기 속도로 회전한다.

이 때 전기자에 있는 제동 장치로 제동을 걸어서 속도를 낮추면 회전자와 전기자의 상대 속도가 동기 속도가 되도록 고정자와 반대 방향으로 회전자가 회전하기 시작한다. 제동을 더욱 가하여 고정자를 정지시키면 회전자는 동기 속도로 되어 보통의 동기 전동기와 같은 상태로 된다.

이 방식의 특징은 회전자의 기동 회전력을 탈출 회전력까지 발생할 수 있으므로 강력한 기동 회전력을 얻을 수 있어 시멘트 공장 등에 사용하나 구조가 복잡하여 대용량의 고속기를 만들기는 힘들다.

(나) 유도 동기 전동기

유도 동기 전동기는 보통의 권선형 유도 전동기와 같은 구조로 기동할 때는 회전자 권선에 기동 저항기를 접속하여 폐회로로 만들어 유도 전동기의 양호한 기동 특성을 이용하는 것이다. 동기 속도 가까이 되었을 때에 2차 권선에 직류 전류를 흘리면 동기 속도로 인입하여 동기 전동기로 운전된다.

회전자 권선은 3상으로 권선하여 운전 상태일 때는 성형 결선의 3상 권선 중 2상을 외부에서 단락하여 병렬로 한 것과 제3상 사이에 여자 전원을 연결한다.

3.8.5 난 조

동기기의 부하가 변동해서 부하 출력과 전기자 출력 사이에 불평형이 되면 즉시 새로운 평형 상태의 부하각으로 옮겨지는 것이 아니다.

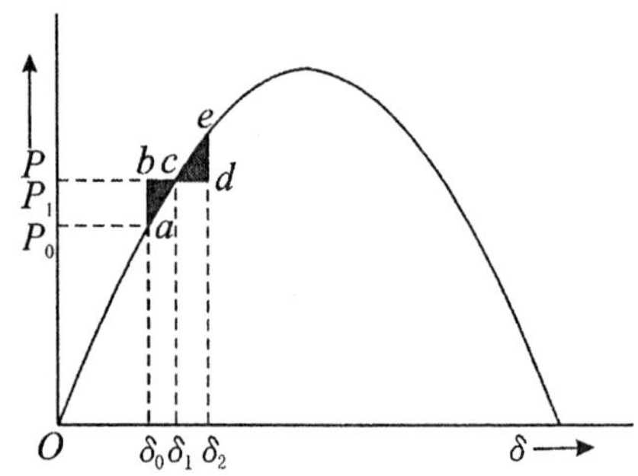

그림 3-35 전력대 부하곡선

일정한 단자 전압과 기전력 상태로 부하각 δ_0로 운전하고 있는 동기기의 부하가 갑자기 증가하면 부하각은 δ_0에서 증가된 부하에 상당한 부하각 δ_1이 되어야 하지만 회전자의 관성으로 δ_0는 즉시 δ_1로 될 수 없어 증가된 부하 출력보다 동기기의 출력이 부족하여 회전자는 순간적으로 에너지를 방출하며 감속하여 동기 속도 이하가 된다. 그러면 δ_0는 증가해서 δ_1이 되나 회전자의 관성이 다시 작용하여 δ_1에서 부하각이 안정되지 않고 지나치게 증가하여 δ_2에 이른다. 이렇게 하여 부하각이 δ_1이상으로 되면 동기기의 출력은 부하 출력보다 크게 되므로 회전자는 가속되고 부하각은 다시 감소하여 δ_1을 지나 변동전의 부하에 대한 부하각 δ_0 부근까지 되돌아간다. 이와 같이 회전자가 δ_1을 중심으로 해서 진동하는 현상을 난조라 하며 이상의 관계를 에너지의 평형식으로 적으면

$$\int_{\delta_0}^{\delta_1}\frac{P_1-P_0}{\omega_0}d\delta=\int_{\delta_1}^{\delta_2}\frac{P_1-P_0}{\omega_0}d\delta \tag{3-65}$$

와 같이 되어 그림 3-35에서 면적 abc = 면적 cde 가 되는 부하각 δ_2가 구해지는 한 난조는 일어나나 동기 이탈은 생기지 않는다.

난조는 병렬 운전하고 있는 동기 발전기에 갑자기 부하 변동이 있을 때 조속기의 감도가 너무 예민한 경우, 엔진 발전기와 같이 원동기 회전력에 고조파분이 포함되는 경우 및 병렬 운전하고 있는 발전기 사이의 송전 선로의 저항이 큰 경우에 발생한다. 이러한 진동은 자극편의 와전류 및 계자 권선이나 제동 권선의 유도 전류가 제동 역할을 하여 난조가 억제되어 부하각은 δ_1이 되지만 엔진 발전기와 같이 원동기의 회전력이 주기적으로 변할 때는 이 주기와 난조의 주기가 겹쳐 공진이 일어나서 발전기는 정지하게 된다.

동기 전동기의 이러한 진동은 곧 억제되지만 회전자의 고유 진동과 전원 또는 부하의 주기적 변화로 인한 강제 진동이 일치하였을 때에는 한층 더 심하게 되어 결국은 동기를 이탈하여 정지한다.

난조를 방지하는 방법으로는 제동 권선을 설치하는 방법과 회전자에 플라이 휠을 붙이는 방법이 있다. 제동 권선은 자극면의 홈에 유도 전동기의 농형 회전자와 같이 저항이 적은 단락 권선을 설치하는 것으로 회전자가 동기 속도로 회전하고 있는 경우는 회전자와 회전 자계의 상대 속도는 0으로 제동 권선에 전류가 흐르지 않으나 회전자가 동기 속도를 벗어나면 전류가 흘러 제동 작용을 한다.

회전자에 플라이 휠을 붙이면 전동기의 자유 진동의 주기가 길어지므로 난조가 일어나는 것을 방지할 수는 있으나 플라이 휠의 무게와 크기가 알맞지 않은 때는 도리어 자유 진동의 주기가 강제 진동의 주기에 일치하여 공진이 일어나 전동기는 동기를 이탈하여 정지하는 경우가 있다.

3.8.6 안정도

안정도에는 운전 상태의 완만한 변화에 대한 정태 안정도와 동태 안정도가 있으며 운전 상태의 급격한 변화에 대한 과도 안정도가 있다.

(1) 정태 안정도

정태 안정도란 여자를 일정하게 유지하고 부하를 천천히 증가시킬 때, 안정되게 운전할 수 있는 정도를 말하며 이 때의 출력을 정태 안정 극한전력(static stability limit)이라 하고 비철극기는 부하각 $\delta=90°$일 때이며 철극기는 $\delta=60°\sim70°$일 때이다.

(2) 동태 안정도

동태 안정도란 동기 발전기를 송전 선로에 접속하고 자동 전압 조정기로 여자 전류를 제어하여 발전기 단자 전압을 정전압으로 안정하게 운전할 수 있는 정도를 말하며 정태 안정도는 최대 송전 전력에 중점을 두는데 대하여 동태 안정도는 진역률의 운전 영역에서 안정도에 중점을 두고 있다.

송전 전압의 상승, 케이블 회선의 증가 등으로 전력 계통에 진상 무효 전력이 증가되며 그 값은 경부하일 때 더 커지는 경향이 있다. 경부하 때 계통 전압이 이상 상승하게 되면 자동 전압 조정기에 의해서 단자 전압을 일정하게 유지하도록 여자 전류가 감소되므로 동기기의 내부 전압은 낮아지고 안정 극한 전력은 작아져 계통이 불안정해지는 경우가 있다.

(3) 과도 안정도

과도 안정도란 부하의 급변, 선로의 개폐, 접지, 단락 등으로 운전 상태가 급변하여도 계통이 안정을 유지하는 정도를 말하며 이 때의 전력을 과도 안정 극한전력이라 하며 정태 안정 극한전력보다 훨씬 적은 값이다.

과도 안정 극한전력은 정태 안정 극한전력의 40~50[%]가 된다.

(4) 안정도 증진법

① 단락비를 크게 한다.

② 회전자 관성을 크게 하면 부하각의 동요가 적다.

③ 자동 전압 조정기의 속응도를 크게 한다.

3.8.7 동기 조상기

동기 전동기는 무부하에서 계자 전류를 조정하여 임의의 역률인 전기자 전류를 얻을 수 있으므로 전력 계통의 전압 조정과 역률 개선을 위하여 전력 계통에 무부하의 동기 전동기를 접속하여 사용하는 동기 전동기를 **동기 조상기**라 한다.

동기 조상기의 계자를 과여자로 운전하여 선로에 앞선 전류를 공급하면 부하의 뒤진 전류를 보상하여 송전 선로의 역률을 좋게 하고 전압 강하를 감소시키며 부족 여자로 운전하면 리액터로 작용하여 발전기의 자기 여자 작용을 방지할 수 있다.

예제 3-7

5000[kVA], 역률 80[%]인 전력 계통의 수전단에 동기 조상기를 연결하여 역률을 100[%]로 하려면 조상기의 용량은 몇 [kVA]이면 되는가? 동기 조상기의 손실은 500[kW]이다.

풀이

선로의 무효 전력 : $5000 \times 0.6 = 3000$[kVAR]

조상기의 용량 : $\sqrt{500^2 + 3000^2} \fallingdotseq 3041$[kVA]

3.9 특수 동기기

3.9.1 단상 동기 발전기

단상 교류 전력을 발생하는 동기 발전기를 **단상 동기 발전기**라고 한다. 소용량은 소형 선박이나 자동차용 전원, 신호용 및 실험실용으로 사용되며 수십 [kVA] 정도까지 제작되고 있지만 3상 발전기에 비해 출력, 효율 및 파형의 특성이 뒤지므로 대용량기는 사용하지 않는다.

단상 발전기의 전력은 2배의 주파수로 맥동하여 전기자에 기계적인 진동을 일으키므로 베이스(base)와 고정자 프레임의 레그 사이에 강력한 스프링을 넣어서 맥동을 흡수하도록 한 것이 많다.

단상 발전기의 전기자 반작용은 공간적으로 고정된 위치에서 다만 진폭만이 변화하는 교번 자계로 전기자에는 기본파의 3배, 5배, 7배의 등의 고조파가 발생하고 계자 권선에는 직류 이외에 우수 고조파 전류가 흐르므로 이것을 경감시키기 위하여 자극 면에 제동 권선을 설치한다.

3.9.2 단상 정현파 발전기

부하에 관계없이 항상 정현파 교번 기전력을 발생하는 발전기를 정현파 발전기라고 한다. 단상 발전기는 무부하 기전력이 정현파라도 부하 전류가 흐르면 전기자 반작용으로 고조파 자속이 발생하여 전압의 파형이 변한다. 따라서 정현파 발전기는 원통형 회전자를 채용하여 공극의 자기 저항을 균일하게 하고 계자 권선은 평형 2상 또는 3상으로 하여 계자 기자력의 분포를 정현파로 만드는 구조로 되어 있다.

3.9.3 고주파 발전기

일반적으로 상용 주파수보다 현저히 높은 교류 전력을 발생하는 동기 발전기를 고주파 발전기라 하며 150[Hz] 정도의 것은 방직 공장에서 스핀들 전동기의 구동용으로 사용하고 400~500[Hz]는 고속 전동기, 형광등, 자기 증폭기, 유도 가열용으로 사용하고 1000~20000[Hz]는 고주파 유도 전기로, 용접, 초음파 세척기의 전원으로 사용한다.

동기 발전기는 $f = Pn_s/2$의 관계가 있으므로 고주파 발전기는 극수를 많게 할 필요가 있으나 구조상의 제한이 있으므로 500[Hz] 이상은 유도자형 발전기가 사용된다.

유도자형은 전기자 권선과 계자 권선이 모두 고정되고, 회전자에는 유도자라고 하는 성층 철심의 원주에 철극과 홈을 번갈아 만들어 전기자 권선 아래에 철극이 오는 경우와 홈이 오는 경우의 자기 저항이 다르므로 전기자 권선을 지나가는 자속이 변화하여 전기자 권선에 기전력을 발생하는 것이다. 유도자는 철극과 홈의 한 쌍이 1[Hz]의 기전력을 발생하므로 원주상의 철극의 수를 P, 회전수를 n[rps]라 하면 기전력의 주파수는 $f = Pn$ [rps]로 된다. 이런 구조의 회전자는 구조가 견고하여 고속에도 견딜 수 있다.

3.9.4 동기 주파수 변환기

주파수가 다른 두 개의 송전 계통을 서로 연결하여 전력을 사용할 경우, 또는 상용 주파수의 60[Hz]를 120~180[Hz] 정도의 주파수로 바꾸려는 경우에 사용되는 주파수 변환기에는 많은 종류가 있다.

이들 중에서 동기 전동기와 동기 발전기를 직결하고 발전기와 전동기의 극수를 적당히 선정한 정비 주파수 변환기인 동기 주파수 변환기의 구조는 일반적인 철극형 동기 발전기와 전동기를 그림 3-36과 같이 직결한 전동 발전기로 자극편에 제동 권선을 설치하고 기동은 보통 자기동법으로 하나 전원의 형편상 기동 전류를 제한할 필요가 있는 경우에는 기동 전동기를 직결해서 사용한다.

동기 주파수 변환기는 조작이 비교적 간단하고 효율이 좋으며 구조도 간단하나 부하, 주파수, 전압 등이 갑자기 변동하면 난조나 동기 이탈을 일으키는 경우가 있고 병렬 운전이 잘 되지 않는다.

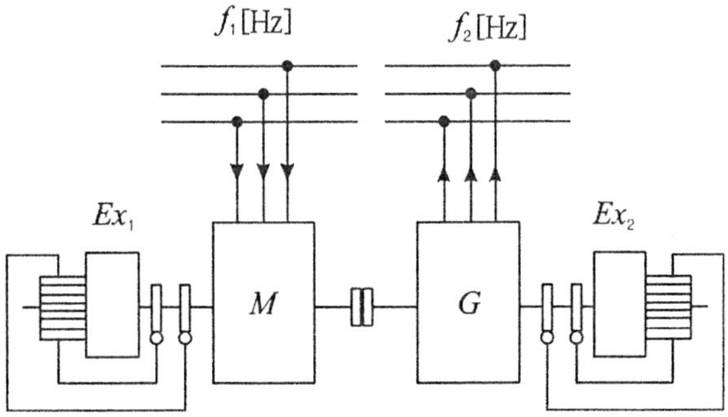

그림 3-36 동기 주파수 변환기

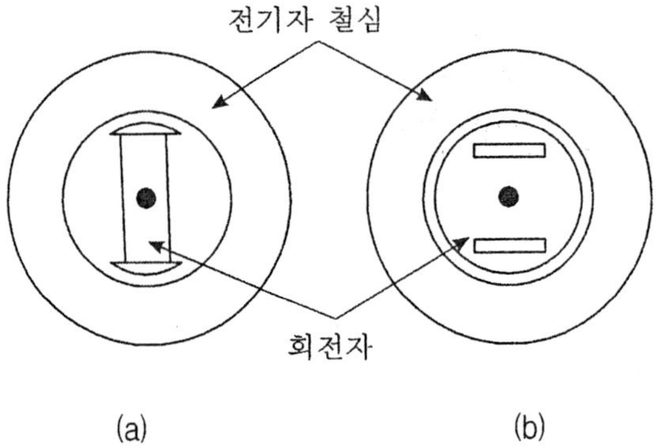

그림 3-37 반작용 전동기

3.9.5 반작용 전동기

동기 전동기의 전기자에 지상 전류가 흐르면 전기자 반작용이 증자 작용을 하므로 계자 전류를 흘리지 않아도 계자는 여자된다. 따라서 계자의 자속과 전기자 전류의 유효분 사이에 회전력이 발생하여 동기 속도로 회전한다. 이와 같은 전동기를 반작용 전동기라 하며 반작용 전동기는 그림 3-37 (a)와 같은 철극형과 (b)와 같이 회전자에 직사각형의 구멍을 만들고 가로, 세로의 자기 저항을 달리한 것이 있다.

3상 반작용 전동기는 자극면에 설치되어 있는 농형 권선으로 기동되나 단상 반작용 전동기는 적당한 방법으로 외부에서 동기 속도로 회전시켜 주어야 동기 전동기로 운전할 수 있다. 이 전동기는 회전력이 비교적 적고 역률은 대단히 나쁘나 구조가 간단하며 직류 여자가 필요 없으며 동기 속도에 인입하면 쉽게 동기를 이탈하지 않으므로 소용량의 정속도 전동기로서 수차 발전기의 조속기 구동용, 공업 계기 등에 사용한다.

연습문제 1

1. 3상 동기 발전기의 결선은 일반적으로 Y접속으로 하고 Δ접속을 사용하지 않는다. 그 이유를 성명하시오.

2. 동기 발전기에서 자기여자 방지법에는 어떠한 방법이 있는가?

3. 동기 발전기의 전기자 반작용은 역률에 따라 어떻게 변하는지 설명하시오.

4. 동기 발전기의 난조의 원인과 그 방지책을 설명하시오.

5. 동기 전동기의 회전자 권선이 기동시 외부저항으로 결선하는 이유를 설명하시오.

6. 동기 전동기의 기동방법의 종류를 들고 간단히 설명하시오.

7. 제동 권선에 대해 설명하시오.

8. 동기 전동기의 기동법을 들고 각각 설명하시오.

9. 동기 전동기의 장·단점을 들고 그 용도를 설명하시오.

10. 동기 전동기의 위상특성과 V곡선에 대해 설명하시오.

연습문제 2

1. 동기 발전기의 권선을 분포권으로 하면?
   ㉮ 파형이 좋아진다.
   ㉯ 권선의 리액턴스가 커진다.
   ㉰ 집중권에 비하여 합성 유도 기전력이 높아진다.
   ㉱ 난조를 방지한다.

2. 동기 발전기에서 기전력의 파형을 정현파로 하기 위해 채용되는 방법이 아닌 것은?
   ㉮ 매극 매상의 홈수를 크게 한다.
   ㉯ 단절권 및 분포권으로 한다.
   ㉰ 전기자 철심을 사구로 한다.
   ㉱ 공극의 길이를 작게 한다.

3. 3상 동기 발전기에 무부하 전압보다 90°뒤진 전기자 전류가 흐를 때 전기자 반작용은?
   ㉮ 교차 자화 작용을 한다.　　㉯ 증자 작용을 한다.
   ㉰ 감자 작용을 한다.　　㉱ 자기 여자 작용을 한다.

4. 전압 변동률이 작은 동기 발전기는?
   ㉮ 동기 리액턴스가 크다.　　㉯ 전기자 반작용이 크다.
   ㉰ 단락비가 크다.　　㉱ 값이 싸진다.

5. 병렬 운전중인 동기 발전기의 여자 전류를 증가시키면 그 발전기는?
   ㉮ 전압이 높아진다.　　㉯ 출력이 커진다.
   ㉰ 역률이 좋아진다.　　㉱ 역률이 나빠진다.

6. 동기 발전기의 병렬 운전 조건에서 같지 않아도 되는 것은?

㉮ 주파수 ㉯ 용량 ㉰ 위상 ㉱ 기전력

7. 동기 발전기의 돌발 단락 전류를 주로 제한하는 것은?

㉮ 동기 리액턴스 ㉯ 누설 리액턴스

㉰ 권선 저항 ㉱ 역상 리액턴스

8. 3상 동기 발전기에 단상 부하를 걸 때 전기자 권선 및 계자 권선에 유기되는 고조파 기전력의 차수를 각각 n_a 및 n_f라 하면 옳은 것은?

㉮ $\begin{cases} n_a = 3, 5, 7 \cdots \\ n_f = 3, 5, 7 \cdots \end{cases}$ ㉯ $\begin{cases} n_a = 3, 5, 7 \cdots \\ n_f = 2, 4, 6 \cdots \end{cases}$

㉰ $\begin{cases} n_a = 2, 4, 6 \cdots \\ n_f = 2, 4, 6 \cdots \end{cases}$ ㉱ $\begin{cases} n_a = 2, 4, 6 \cdots \\ n_f = 3, 5, 7 \cdots \end{cases}$

9. 발전기 권선의 층간 단락 보호에 가장 적합한 계전기는?

㉮ 과부하 계전기 ㉯ 온도 계전기

㉰ 접지 계전기 ㉱ 차동 계전기

10. 3상 동기기의 제동 권선의 효용은?

㉮ 출력 증가 ㉯ 효율 증가

㉰ 역률 개선 ㉱ 난조 방지

11. 극수 6, 회전수 1200[rpm]의 교류 발전기와 병렬 운전하는 극수 8의 교류 발전기의 회전수는 몇 [rpm]이라야 되는가?

㉮ 800 ㉯ 900 ㉰ 1050 ㉱ 1100

12. 20극, 360[rpm]의 3상 동기 발전기가 있다. 전 홈수 180, 2층권 각 권선의 권수 4, 전기자 권선은 성형으로, 단자 전압 6600[V]인 경우 1극의 자속[Wb]은 얼마인가? 단, 권선 계수는 0.9라 한다.

㉮ 0.0375 ㉯ 0.3751 ㉰ 0.0662 ㉱ 0.6621

13. 60[Hz], 12극 회전자 외경 2[m]의 동기 발전기에 있어서 자극면의 주변 속도 [m/s]는?

㉮ 31.4 ㉯ 40 ㉰ 50 ㉱ 62.8

14. 34극, 60[MVA], 역률 0.8, 60[Hz], 22.9[kV] 수차 발전기의 전부하 손실이 1600[kW]이면 전부하 효율[%]은?

㉮ 92 ㉯ 94.2 ㉰ 96.8 ㉱ 99

15. 3상 66000[kVA], 22900[V] 터빈 발전기의 정격 전류[A]는?

㉮ 2882 ㉯ 962 ㉰ 1664 ㉱ 431

16. 홈수 36의 고정자 철심이 있다. 여기에 3상, 4극의 2층권으로 권선할 때 매극 매상의 홈수와 권선수는?

㉮ 3과 18 ㉯ 9와 36 ㉰ 3과 36 ㉱ 9와 18

17. 3상 동기 발전기의 매극, 매상의 홈수를 3이라 할 때 분포 계수를 구하면?

㉮ $6\sin\frac{\pi}{18}$ ㉯ $3\sin\frac{\pi}{9}$ ㉰ $\frac{1}{6\sin\frac{\pi}{18}}$ ㉱ $\frac{1}{3\sin\frac{\pi}{18}}$

18. 동기 발전기에서 제 5 고조파를 제거하려면 어떤 단절권으로 하는 것이 가장 좋을지 β=권선절/극절을 구하면?

㉮ 1.2 ㉯ 0.8 ㉰ 0.6 ㉱ 0.4

19. 3상, 6극, 홈수 54의 동기 발전기가 있다. 전기자 권선의 두 변이 제 1 홈과 제 8 홈에 들어 있다면 단절 계수는 얼마인가?

㉮ 0.9397 ㉯ 0.9567 ㉰ 0.9337 ㉱ 0.9117

20. 동기 발전기에서 전기자 전류를 I, 유기 기전력과 전기자 전류의 위상각을 θ 라 하면 횡축 반작용을 하는 성분은?

㉮ $I\cot\theta$　　㉯ $I\tan\theta$　　㉰ $I\sin\theta$　　㉱ $I\cos\theta$

21. 3상 동기 발전기가 있다. 이 발전기의 여자 전류 5[A]에 대한 1상의 유기 기전력이 600[V]이고 3상 단락 전류는 30[A]이다. 이 발전기의 동기 임피던스[Ω]는 얼마인가?

㉮ 2　　㉯ 3　　㉰ 20　　㉱ 30

22. 정격 용량 10000[kVA], 정격 전압 6000[V], 극수 24, 주파수 60[Hz], 단락비 1.2 되는 3상 동기 발전기 1상의 동기 임피던스[Ω]는?

㉮ 3.0　　㉯ 3.6　　㉰ 4.0　　㉱ 5.2

23. 정격 용량 10000[kVA], 정격 전압 6000[V], 극수 24, 주파수 60[Hz], 1상의 동기 임피던스 3[Ω]인 3상 동기 발전기가 있다. 이 발전기의 단락비를 구하여라.

㉮ 1　　㉯ 1.1　　㉰ 1.2　　㉱ 1.3

24. 정격 전압 6000[V], 용량 5000[kVA]의 3상 동기 발전기에서 여자 전류 200[A]일 때, 무부하 단자 전압은 6000[V]이고, 단락 전류는 600[A]이다. 이 발전기의 단락비 및 동기 리액턴스[p · u]는?

㉮ 단락비 1.25, 동기 리액턴스 0.80　　㉯ 단락비 1.25, 동기 리액턴스 5.77

㉰ 단락비 0.80, 동기 리액턴스 1.25　　㉱ 단락비 0.17, 동기 리액턴스 5.77

25. 동기 리액턴스 $x_s=10$[Ω], 전기자 저항 $r_a=0.1$[Ω]인 Y결선의 3상 동기 발전기가 있다. 3상 중 1상의 단자 전압은 $V=4000$[V]이고 유도 기전력은 $E=6400$[V]이다. 부하각은 $\delta=30°$라고 하면 발전기의 출력[kW]은 얼마인가?

㉮ 1250　　㉯ 2830　　㉰ 3840　　㉱ 4650

26. 2대의 3상 동기 발전기를 무부하로 병렬 운전할 때 대응하는 기전력 사이에 30°의 위상차가 있다면 한 쪽 발전기에서 다른 쪽 발전기에 공급되는 전력은 1상당 몇 [kW]인가? 단, 발전기의 1상 기전력은 2000[V], 동기 리액턴스는 10[Ω], 전기자 저항은 무시한다.

㉮ 50 ㉯ 100 ㉰ 200 ㉱ 300

27. 3상 비철극 동기 발전기가 있다. 정격 출력 10000[kVA], 정격 전압 6600[V], 정격 역률 $\cos\theta = 0.8$이다. 여자를 정격 상태로 유지할 때 이 발전기의 최대 출력[kW]은? 단, 1상의 동기 리액턴스는 0.9[p · u]이며 저항은 무시한다.

㉮ 약 6296 ㉯ 약 10918 ㉰ 약 18889 ㉱ 약 82280

28. 3상 동기 발전기의 정격 출력이 10000[kVA], 정격 전압은 6600[V], 정격 역률은 0.8이다. 1상의 동기 리액턴스를 1.0[p · u]라고 할 때 정태 안정 극한 전력[kW]을 구하면?

㉮ 약 8000 ㉯ 약 14240 ㉰ 약 17800 ㉱ 약 22250

29. 정격 출력 5000[kVA], 정격 전압 6600[V], 정격 역률 0.8의 3상 교류 동기 발전기가 있다. 이 발전기의 동기 리액턴스가 0.8[p · u]인 경우, 전압 변동률[%]은?

㉮ 약 80 ㉯ 약 64 ㉰ 약 61 ㉱ 약 43

30. 3000[V], 1500[kVA], 동기 임피던스 3[Ω]인 동일 정격의 두 동기 발전기를 병렬 운전하던 중 한 쪽 계자 전류가 증가해서 각 상 유도 기전력 사이에 300[V]의 전압차가 발생했다면 두 발전기 사이에 흐르는 무효 횡류는 몇 [A]인가?

㉮ 20 ㉯ 30 ㉰ 40 ㉱ 50

31. 8000[kVA], 6000[V], 동기 임피던스 6[Ω]인 2대의 교류 발전기를 병렬 운전 중, A기의 유기 기전력의 위상이 20° 앞서는 경우의 동기화 전류[A]를 구하여라. 단, $\cos 5° = 0.996$, $\sin 10° = 0.174$이다.

㉮ 49.5 ㉯ 49.8 ㉰ 50.2 ㉱ 100.4

32. 2대의 3상 동기 발전기를 병렬 운전하여 역률 0.8, 1000[A]의 부하 전류를 공급하고 있다. 각 발전기의 유효 전류는 같고, A기의 전류가 667[A]일 때 B기의 전류는 몇 [A]인가?

㉮ 약 385 ㉯ 약 405 ㉰ 약 435 ㉱ 약 455

33. 동일 정격의 2대의 동기 발전기를 병렬 운전시켜 지상 역률 0.8, 전류 400[A]의 부하에 전력을 공급하고 있다. 그 중 1대의 여자를 증가시켜 그 분담 전류를 250[A]로 증가했을 때, 각 발전기의 역률은? 단, 부하는 변하지 않은 것으로 한다.

㉮ A기의 역률=0.64, B기의 역률=0.958
㉯ A기의 역률=0.64, B기의 역률=0.64
㉰ A기의 역률=0.64, B기의 역률=0.8
㉱ A기의 역률=0.8, B기의 역률=0.8

34. 450[kVA], 역률 0.85, 효율 0.9 되는 동기 발전기 운전용 원동기의 입력[kW]은? 단, 원동기의 효율은 0.85이다.

㉮ 450 ㉯ 500 ㉰ 550 ㉱ 600

35. 정격 용량 1000[kVA]인 교류 발전기가 뒤진 역률 0.75, 출력 500[kW]의 유도 전동기에 전력을 공급하고 있다. 이 발전기가 정격 상태가 될 때까지는 몇 개의 50[W] 전구를 켤 수 있는가? 단, 유도 전동기의 효율은 0.88이다.

㉮ 3000개 ㉯ 4000개 ㉰ 5000개 ㉱ 6000개

36. 6600[V], 200[A]의 3상 동기 전동기(Y 결선)가 있다. 그 저항이 0.02[p·u], 동기 리액턴스 1.00[p·u]이다. 역률을 100[%]로 했을 때의 부하각이 30°라면 부하 전류[A]는 얼마이며 또 유기 기전력[V]은?

㉮ 약 43, 약 5750 ㉯ 약 86, 약 6850
㉰ 약 114, 약 7530 ㉱ 약 244, 약 8450

37. 일정 여자로 운전하는 동기 전동기가 있다. 최대 회전력은 전 부하 회전력의 2배이고 부하각 30°에서 생긴다. 전 부하 회전력이 발생할 때의 부하각 δ는 얼마인가? 단, 동기 리액턴스는 전기자 저항보다 매우 크다.

㉮ $\sin^{-1}(0.25)$ ㉯ $\sin^{-1}(0.30)$ ㉰ $\sin^{-1}(0.35)$ ㉱ $\sin^{-1}(0.40)$

38. 3상 전원의 수전단에서 전압 3300[V], 1000[A] 뒤진 역률 0.8의 전력을 받고 있을 때 동기 조상기로 역률을 개선해 1로 하고자 한다. 필요한 동기 조상기의 용량[kVA]은 얼마로 하면 되겠는가?

㉮ 315 ㉯ 1525 ㉰ 3150 ㉱ 3430

39. 역률 0.8의 부하 300[kW]에 50[kW]를 소비하는 동기 전동기를 병렬로 접속하여 합성 부하의 역률을 0.9로 하려면 전동기의 진상 무효 전력은 얼마인가?

㉮ 29[kVar] ㉯ 55.5[kVar] ㉰ 40.2[kVar] ㉱ 151[kVar]

해답

1. ㉮	2. ㉱	3. ㉰	4. ㉰	5. ㉱	6. ㉯	7. ㉯	8. ㉯	9. ㉱	10. ㉱
11. ㉯	12. ㉰	13. ㉱	14. ㉰	15. ㉰	16. ㉰	17. ㉰	18. ㉯	19. ㉮	20. ㉱
21. ㉰	22. ㉮	23. ㉰	24. ㉮	25. ㉰	26. ㉯	27. ㉰	28. ㉰	29. ㉰	30. ㉱
31. ㉱	32. ㉯	33. ㉮	34. ㉯	35. ㉱	36. ㉰	37. ㉮	38. ㉱	39. ㉯	

제 4 장

변압기

4.1 변압기의 이론

발전기나 전동기는 기계 에너지와 전기 에너지를 상호 변환시키는 회전기인 것에 비하여 변압기(transformer)는 회전기가 아닌 고정기로서 에너지 변환 장치는 아니지만 많은 에너지 변환 계통에서 교류 전압과 전류의 크기를 변성하는 장치로 공통 자기회로에 의해 결합된 2개 이상의 전기회로를 갖는 간단한 장치이다. 또한 변압기는 전기 기기를 이해하는데 기본적인 원리를 이용하고 있다.

변압기는 상호 자기회로로 결합된 2개 이상의 전기회로로 이루어져 있으며, 구성에서 빈틈없이 연결하거나 높은 자속밀도를 얻기 위해서는 강자성체의 철심이 이용되고 있다. 이러한 변압기를 **철심 변압기**(iron core transformer)라고 하며 고출력용에 많이 사용되고 있다. 공심변압기(air core transformer)는 자기 회로에서 자속의 결합율이 낮으므로 전출력 전자 회로에 사용된다.

전기 회로의 한 쪽을 전원에 접속하고, 다른 한 쪽을 부하에 접속하면 전력은 자기 회로를 통하여 부하에 전달된다. 전원에 접속되는 권선을 **1차 권선**, 부하에 접속되는 권선을 **2차 권선**이라고 한다.

4.1.1 전자 유도 작용

그림 4-1과 같이 철심에 권선 P와 S를 감고 권선 P에 시간에 따라 변화하는 전류, 즉 교류를 흘리면 권선 P에 교번 자속 ϕ가 발생한다. 발생된 자속이 권선 P와 S를 지나가면 권선 P와 S에는 전자 유도 작용으로 유기 기전력이 발생한다.

권선 P에 발생된 기전력 e_1을 자기 유도 기전력, 권선 S에 발생된 기전력 e_2을 상호 유도 기전력이라 하며, 권선 P와 S의 권수를 각각 n_1, n_2라 하면 유기 기전력은 다음과 같이 나타낼 수 있다.

$$\left.\begin{aligned} e_1 &= -n_1 \frac{d\phi}{dt} [\mathrm{V}] \\ e_2 &= -n_2 \frac{d\phi}{dt} [\mathrm{V}] \end{aligned}\right\} \tag{4-1}$$

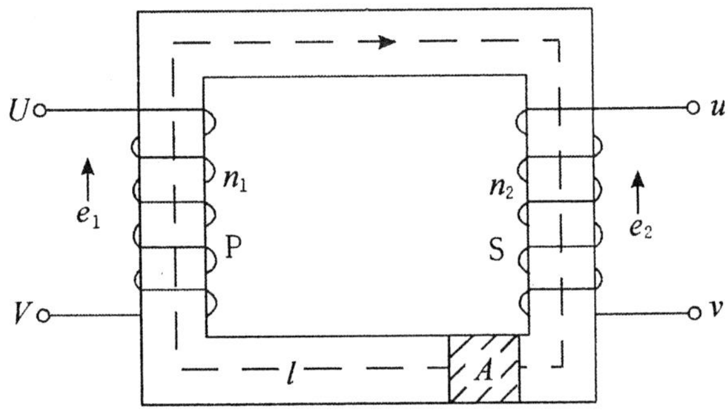

그림 4-1 이상 변압기

4.1.2 이상 변압기

변압기의 실제 등가회로를 유도하기 위해서 이상적인 변압기가 먼저 고려되어야 한다. 그림 4-1은 1차 권선의 수 n_1, 2차 권선의 수 n_2로 구성된 변압기의 단면도이다. 단면도에서 실제 변압기에서는 권선들이 교대로 되어 있지만 철심의 2개 다리에 2개의 권선을 나타내는 것은 일반적인 관례이다. 이상적인 변압기(ideal transformer)는 다음과 같은 특성을 갖는다고 가정한다.

① 권선 저항은 무시한다.

② 모든 자속은 철심을 통과하고, 양 권선과 쇄교한다. 즉, 누설자속 및 철손은 무시한다.

③ 철심의 투자율은 무한대이다. 따라서 철심에 자속을 발생시키기 위한 여자 전류는 무시해도 좋다. 즉 철심에 자속을 발생시키기 위한 순기자력은 0이다.

위의 사항을 고려하여 이상변압기(理想 變壓器)를 다룬 다음에 이들을 고려한 보통의 변압기에 대하여 전압, 전류의 기본식을 유도하도록 한다.

(1) 자기 인덕턴스

길이 l[m], 단면적 A[m^2]의 철심에 감긴 권수 n_1인 1차 권선과 권수 n_2인 2차 권선의 자기 인덕턴스 L_1과 L_2는

$$L_1 = \frac{n_1^2}{R}[\text{H}],\ L_2 = \frac{n_2^2}{R}[\text{H}] \tag{4-2}$$

이며 $R = \dfrac{l}{\mu A}$는 자기 저항이고 μ는 철심의 투자율 $(\mu = \mu_0 \mu_s)$이다.

(2) 여자 전류

그림 4-1을 앞에서 언급한 이상 변압기라 하면 2차 권선을 무부하로 하고 1차 권선에 $v_1' = \sqrt{2}\, V_1' \sin\omega t$[V]의 정현파 전압을 인가하면 1차 권선에는

$$i_0 = \frac{\sqrt{2}\, V_1'}{\omega L_1}\sin(\omega t - \frac{\pi}{2}) = \sqrt{2}\, I_0 \sin(\omega t - \frac{\pi}{2})[\text{A}]$$

$$I_0 = \frac{V_1'}{\omega L_1} \tag{4-3}$$

의 전류가 흐르며 i_0를 여자 전류라 하며 전압보다 $\pi/2$ 뒤지며 이 전류에 의하여 1차 권선에는 다음과 같은 자속 ϕ가 발생한다.

$$\phi = \frac{\text{기자력}}{\text{자기 저항}} = \frac{n_1 i_0}{R}[\text{Wb}] \tag{4-4}$$

위 식에 L_1과 i_0를 대입하여 정리하면

$$\phi = \frac{\sqrt{2}\,V_1'}{wn_1}\sin(\omega t - \frac{\pi}{2}) = \sqrt{2}\,\Phi \sin(\omega t - \frac{\pi}{2})[\text{Wb}]$$

$$\Phi = \frac{V_1'}{wn_1} = \frac{V_1'}{2\pi f n_1}[\text{Wb}] \tag{4-5}$$

으로 자속 ϕ는 전압 v_1'보다 $\pi/2$ 뒤지고, 여자 전류 i_0와 동위상이다.

(3) 유기 기전력

1차 권선과 2차 권선에 자속 ϕ가 지나가면 1차 권선과 2차 권선에 발생되는 기전력 e_1과 e_2는 식 (4-1)에서 다음과 같이 된다.

$$\left.\begin{aligned} e_1 &= -n_1\frac{d\phi}{dt} = -\sqrt{2}\,\omega n_1 \Phi \sin\omega t = -\sqrt{2}\,V_1' \sin\omega t\,[\text{V}] \\ e_2 &= -n_2\frac{d\phi}{dt} = -\sqrt{2}\,\omega n_2 \Phi \sin\omega t\,[\text{V}] \end{aligned}\right\} \tag{4-6}$$

유기 기전력 e_1과 e_2의 방향은 공급 전압 v_1'과 반대 방향이며 유기 기전력 e_1의 크기는 공급 전압 v_1'의 크기와 같으므로 다음과 같이 된다.

$$\dot{V}_1' = -\dot{E}_1 \tag{4-7}$$

유기 기전력 e_1과 e_2의 실효값 E_1, E_2는 다음과 같이 된다.

$$\left.\begin{aligned} E_1 &= \frac{\sqrt{2}\,\omega n_1 \Phi}{\sqrt{2}} \\ &= \omega n_1 \Phi = 2\pi f n_1 \Phi = \frac{2\pi}{\sqrt{2}} f n_1 \times \sqrt{2}\,\Phi \fallingdotseq 4.44 f n_1 \Phi_m [\text{V}] \\ E_2 &= \frac{\sqrt{2}\,\omega n_2 \Phi}{\sqrt{2}} \\ &= \omega n_2 \Phi = 2\pi f n_2 \Phi = \frac{2\pi}{\sqrt{2}} f n_1 \times \sqrt{2}\,\Phi \fallingdotseq 4.44 f n_2 \Phi_m [\text{V}] \end{aligned}\right\} \tag{4-8}$$

위의 관계를 벡터도로 나타내면 그림 4-2와 같이 되고 식 (4-8)에서

$$\frac{E_1}{E_2} = \frac{n_1}{n_2} = a \tag{4-9}$$

으로 이상 변압기의 1차와 2차 권선에 발생되는 기전력의 비는 1차 권선과 2차 권선의 권수비와 같음을 알 수 있다.

$E_2 < E_1$ 인 변압기를 강압 변압기라 하고, 반대로 $E_2 > E_1$ 인 변압기를 승압 변압기라고 한다.

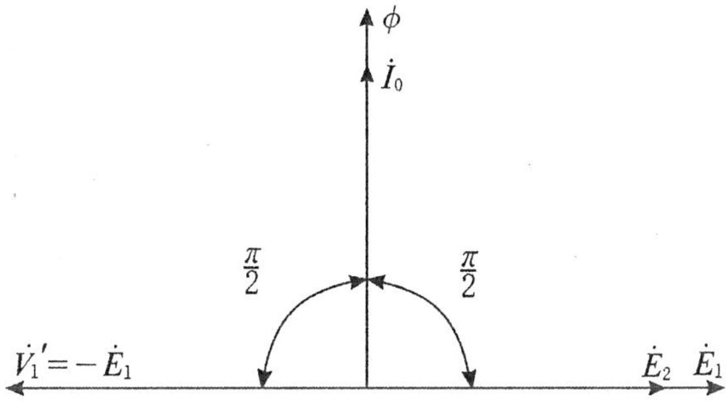

그림 4-2 이상 변압기의 벡터도

(4) 기자력의 평형과 부하 전류

이상 변압기의 2차 권선에 그림 4-3의 (a)와 같이 임피던스 $\dot{Z} = R + jX$인 부하를 접속하면 2차 권선에는 다음과 같은 부하 전류 $\dot{I}_2$가 흐른다.

$$\dot{I}_2 = \frac{\dot{E}_2}{\dot{Z}} = \frac{\dot{E}_2}{R + jX} [\mathrm{A}] \tag{4-10}$$

2차 권선에 부하 전류 $\dot{I}_2$가 흐르면 2차 권선에 기자력 $n_2\dot{I}_2$가 발생하므로 자속 Φ가 변화하지 않으면 안된다. 그러나 1차 권선에 가해지고 있는 전압 V_1'은 일정하고, 이것과 평형을 이루고 있는 E_1이 일정한 값을 유지하지 않으면 안된다. 그러므로 식 (4-8)에서 E_1이 일정한 값을 유지하기 위해서는 Φ가 일정하여야 하므로 기자력 $n_2\dot{I}_2$를 상쇄할 수 있는 기자력 $n_1\dot{I}_1'$이 발생하도록 1차 권선에 전류

$\dot{I}_1'$가 흘러 두 기자력 $n_2\dot{I}_2$와 $n_1\dot{I}_1'$의 벡터합은 0이 되어야 한다. 즉,

$$n_1\dot{I}_1' + n_2\dot{I}_2 = 0$$

$$\therefore \dot{I}_1' = -\frac{n_2}{n_1}\dot{I}_2 = -\frac{1}{a}\dot{I}_2 \tag{4-11}$$

이 되고 $\dot{I}_1'$를 1차 부하 전류라 한다.

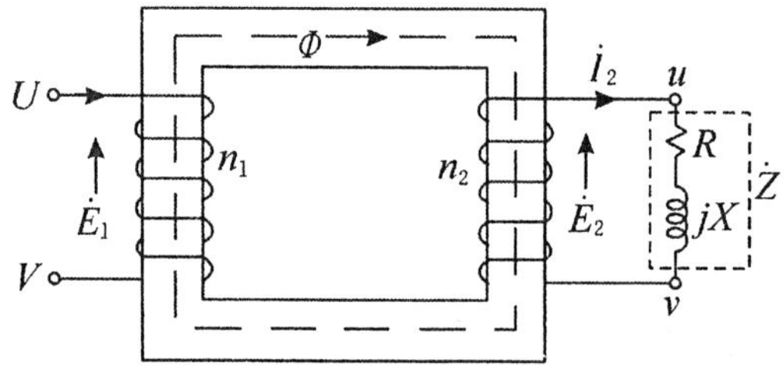

(a)

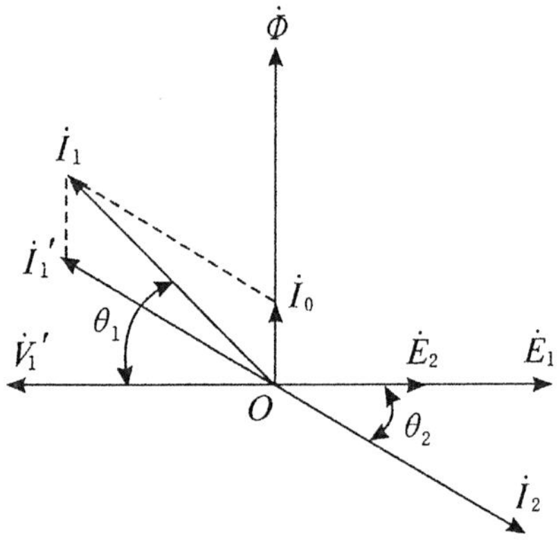

(b)

그림 4-3 이상 변압기에 부하를 연결하는 경우

따라서 1차 권선에는 여자 전류 $\dot{I}_0$와 1차 부하 전류 $\dot{I}_1'$가 흐르게 된다.

$$\dot{I}_1 = \dot{I}_0 + \dot{I}_1' = \dot{I}_0 - \frac{n_2}{n_1}\dot{I}_2\,[\mathrm{A}] \tag{4-12}$$

$\dot{I}_1$을 1차 전류라 하고 여자 전류 $\dot{I}_0$는 보통 매우 작으므로, 부하 전류가 클 때는 무시할 수 있다.

$$\dot{I}_1 \fallingdotseq \dot{I}_1' = -\frac{n_2}{n_1}\dot{I}_2 = -\frac{\dot{I}_2}{a}\,[\mathrm{A}] \quad \therefore \frac{I_1}{I_2} = \frac{n_2}{n_1} = \frac{1}{a} \tag{4-13}$$

식 (4-13)에서 1차 전류와 2차 전류의 비, 즉 변류비는 부하 전류가 큰 경우에는 권수비에 반비례한다.

위의 관계를 벡터도로 표시하면 그림 4-3의 (b)와 같다.

전원 전압 v_1이 정현파이면 식 (4-9), (4-13)은 실효치로서 다음과 같이 나타낼 수 있다.

$$\frac{V_1}{V_2} = \frac{n_1}{n_2} = a \tag{4-14}$$

$$\frac{I_1}{I_2} = \frac{N_2}{N_1} = \frac{1}{a} \tag{4-15}$$

(5) 임피던스 변환

그림 4-4 (a)는 이상적인 변압기의 회로도로서 1차측에서는 정현파 전압이 인가 되었고, 2차측에는 부하 임피던스 Z_2가 연결되었다. Z_2는

$$Z_2 = \frac{V_2}{I_2}$$

입력 임피던스 Z_1은

$$Z_1 = \frac{V_1}{I_1} = \frac{aV_2}{I_2/a} = a^2 \frac{V_2}{I_2}$$

$$= a^2 Z_2 \tag{4-16}$$

따라서

$$Z_1 = a^2 Z_2 = Z_2' \tag{4-17}$$

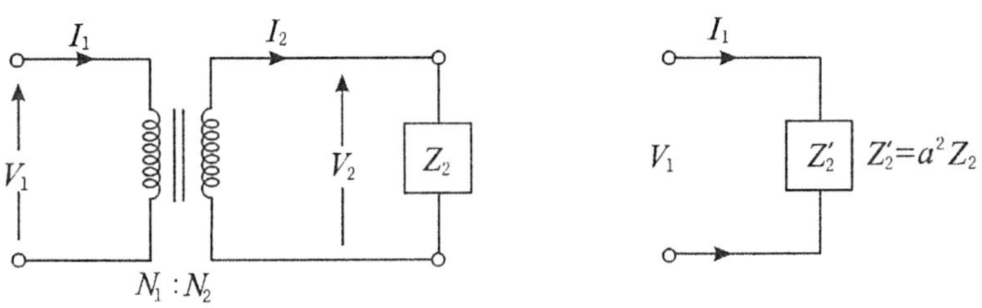

(a) (b)

그림 4-4 이상 변압기의 임피던스 변환

2차측에 연결된 임피던스 Z_2는 1차측에서 본 임피던스 Z_2'로 표현할 수 있으므로 그림 4-4 (b)의 회로와 그림 4-4 (a)의 회로는 등가 관계가 있다. 임피던스 값은 권선비의 제곱(a^2)을 곱하면 2차측에서 1차측으로 본 임피던스 변환이 이루어진다. 또한 1차측에서 본 임피던스를 2차측에서 본 임피던스로의 변환도 가능하다. 이러한 경우는 권선비의 제곱으로 나누면 된다. 즉

$$Z_1' = \frac{1}{a^2} Z_1 = Z_2 \tag{4-18}$$

이러한 임피던스 변환은 전기 회로에서 변압기의 결합 상태가 제거되어 회로가 간단해지므로 아주 유용하다.

예제 4-1

그림 4-5 (a)처럼 9[Ω]인 스피커가 내부저항 1[Ω]인 10[V] 전원에 연결되어 있다.

(a) 스피커에서 소모되는 전력을 구하여라.

(b) 스피커에 전달되는 전력을 최대로 하기 위해서 그림 4-5 (b)와 같이 전원과 스피커 사이에서 권선비 1 : 3인 변압기가 사용되어 있다. 스피커에서 소모되는 소비 전력을 구하여라.

풀이

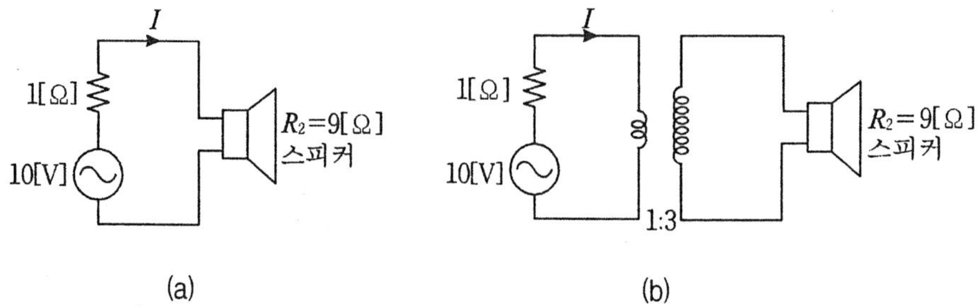

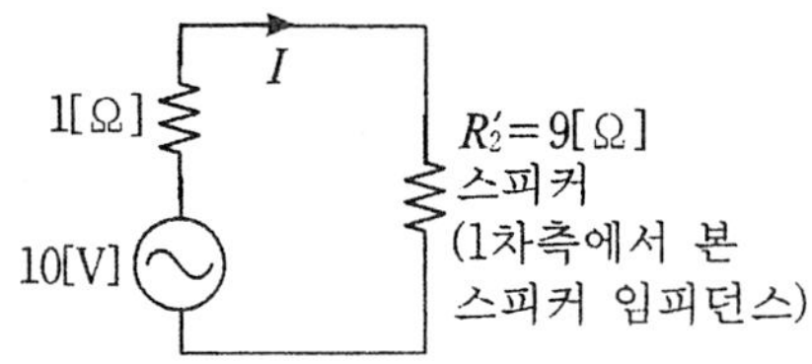

(c)

그림 4-5

(a) 그림 4-5 (a)에서

$$I = \frac{10}{1+9} = 1[\text{A}]$$

$$P = 1^2 \times 9 = 9[\text{W}]$$

(b) 스피커 저항은 1차측에서 본 저항으로 변환하면 그 저항값은

$$R_2{}' = a^2 R_2 = \left(\frac{1}{3}\right)^2 \times 9 = 1[\Omega]$$

등가 회로는 그림 4-5 (c)와 같다.

$$I = \frac{10}{1+1} = 5[\text{A}]$$

$$P = 5^2 \times 1 = 25[\text{W}]$$

(6) 극 성

변압기나 다른 전기 기기의 권선에는 극성(polarity)을 단자에 표시한다. 그림 4-6과 같이 2개의 권선을 생각하면 단자 1과 3으로 흘러들어가는 전류가 공통적인 자기 경로의 철심에서 동일한 방향으로 자속이 흐르므로 같은 극성을 이룬다. 다시 말해서 변압기의 1차측은 1차측 전원에 대해서 부하 역할을 하는 것이고, 변압기의 2차측은 2차측의 부하에 대해서 전원 역할을 하는 것이다. 부하에 대해서는 전류가 +방향으로 흘러 들어가고 전원에서는 +단자에서 전류가 흘러나오게 된다. 마찬가지로 단자 2와 4도 같은 극성의 단자이다. 만일 두 권선이 공통적인 시변자속과 쇄교하면 표시된 것이 같은 극성의 전압이 유기될 것이다. 또 만일 임의의 순간에 단자 1의 전위가 단자 2에 대하여 양(+)이라 하면 같은 순간에 단자

3의 전위는 단자 4에 대해서 양(+)이 될 것이다. 다시 말하면 유기 전압 e_{12}와 e_{34}는 같은 위상이다. 단자 1과 3 또는 2와 4가 동일 극성의 단자일 경우 그림 4-6 (b)와 같이 점(dot) 또는 ±로 표시된다. 이러한 것을 권선의 극성 표시라 한다. 이러한 극성 표시는 권선이 철심에 어떻게 감겨져 있는가를 나타낸다.

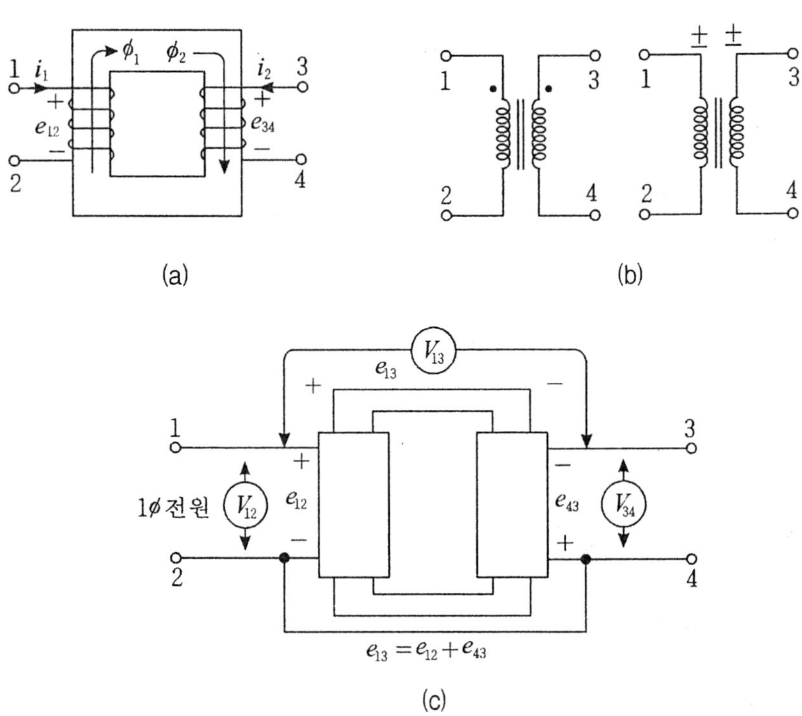

그림 4-6 극성 판정

만일 전기 기기 내의 권선을 눈으로 볼 수 있다면 극성들을 결정할 수 있다. 그러나 일반적으로 권선의 단자만이 기계 밖으로 나와 있으므로 실험에 의해서 권선의 극성을 결정할 수 있다. 간단히 결정하는 방법은 그림 4-6 (c)에 나타나 있다. 여기서 단자 2와 4는 공통으로 연결되어 있고 권선 1과 2는 교류 전원이 연결되어 있다. 단자 1-2, 3-4와 1-3 사이의 전압을 전압계로 측정한다. 이들 전압을 각각 V_{12}, V_{34}, V_{13}라고 하자. 만일 전압계의 측정값 V_{13}가 V_{12}와 V_{34}의 합과 같다면($V_{13} \simeq V_{12} + V_{34}$) 순시적으로 단자 1의 전위가 단자 2에 대해 양(+)이고 단자 4의 전위는 단자 3에 대해 양(+)임을 뜻한다. 그림 4-6 (c)와 같이 유기 기전력 e_{12}와 e_{43}은 $e_{13} = e_{12} + e_{43}$으로 되어 동일 위상이다. 결과적으로 단자 1과 4는 같은 극성이다. 만일 전압계 측정 전압값 V_{13}이 V_{12}와 V_{34}의 차 ($V_{13} \simeq V_{12} - V_{34}$)와 같다면 단자 1과 3은 같은 극성의 단자이다.

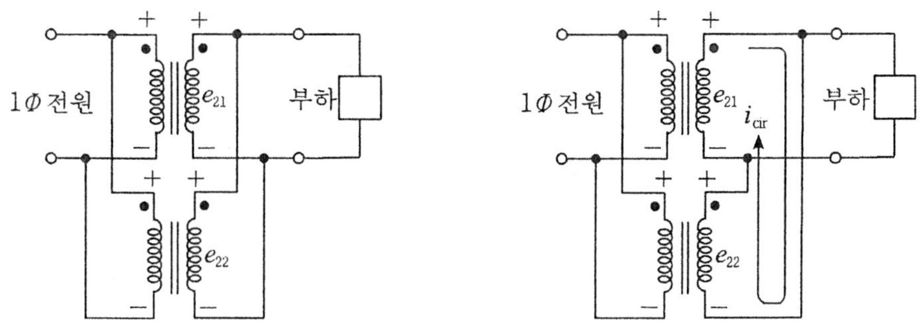

(a) 바른 결선 (b) 잘못된 결선

그림 4-7 단상 변압기의 병렬 운전

변압기가 공통적인 부하에 대해서 병렬로 연결되었다면 권선의 극성도 알 수 있다. 그림 4-7 (a)는 단상 변압기 2개가 병렬로 연결된 것을 나타낸다. 이것은 2차 전압 e_{21}과 e_{22}가 내부적으로 서로 반대 극성이므로 바르게 연결된 결선이고 그림 4-7 (b)는 잘못 연결된 결선이다. 왜냐하면 내부적으로 e_{21}과 e_{22}가 서로 합쳐져 큰 순환 전류 i_{cir}가 권선에서 흐르게 되어 변압기에 위험을 줄 수도 있기 때문이다.

4.1.3 실제적인 변압기

실제적인 변압기(practical transformer)에서는 이상적인 변압기의 가정은 유효하지 못하다. 예를 들면 실제적인 변압기 권선에는 권선 저항이 있고, 모든 권선이 같은 크기의 자속과 쇄교하지 않으며, 철심 재료의 투자율은 무한대가 아니다. 또한 철심 재료에 시변 자속이 흐르면 손실이 발생한다. 실제적인 변압기를 해석하는 경우에는 이러한 모든 단점이 고려되어야 한다.

변압기를 해석하기 위한 2가지 방법은 이상 변압기와의 차이를 설명하는 데 이용될 수 있다.

① 물리적인 관점에 기초를 둔 등가 회로 모델

② 자기적 결합 회로의 고전적인 이론에 기초를 둔 수학적 모델

실제적인 변압기에 대해 두 가지 방법으로 해석할 경우 똑같은 특성을 얻게 된다. 그러나 등가 회로는 내부에 포함된 물리적 현상을 더욱 잘 이해할 수 있으므로 등가 회로에 의한 실제적인 변압기의 해석에 대하여 알아보자.

실제적인 변압기의 권선에는 저항이 분포되어 있으나 변압기 회로에는 그림 4-8 (a)와 같이 집중 저항으로 권선에 직렬로 연결되어 있다. 전류가 변압기 권선에 흐를 때 철심에 통과하는 상호 자속 Φ_m을 형성하게 된다. 그러나 작은 양의 누설 자속 Φ_l는 한쪽 권선만 쇄교하고 다른 쪽 권선은 쇄교하지 않는다. 누설 자속의 경로는 주로 공기 중이므로 누설 자속은 전류에 따라 선형적으로 변한다. 누설 자속에 의한 영향은 다음과 같은 누설 인덕턴스로 설명할 수 있다.

$$L_{l1} = \frac{N_1 \Phi_{l1}}{i_1} = \text{권선 1의 누설 인덕턴스}$$

$$L_{l2} = \frac{N_2 \Phi_{l2}}{i_2} = \text{권선 2의 누설 인덕턴스}$$

그림 4-8 (a)와 같이 전기 저항 R과 누설 리액턴스 $X_l(=2\pi f L_l)$에 의해 권선 저항과 누설 자속에 의한 영향을 설명할 수 있다.

실제 권선에서 흐르는 자화 전류 I_m은 일정한 투자율을 갖는 철심 내에서 자속을 만든다. 이러한 자속은 자화 인덕턴스 L_m으로 나타낼 수 있다. 물론, 철심 재료에 의한 철손은 저항 R_c로 나타낼 수 있다. 그러므로 실제적인 변압기의 등가 회로는 이상적인 변압기에 손실부분을 합친 것이다.

(1) 권선의 저항

이상 변압기는 권선의 저항을 무시하였으나 보통의 변압기는 권선의 저항이 있으므로 권선의 저항에서 전압 강하와 동손이 발생하므로 권선에 발생되는 기전력은 이상 변압기의 경우와 다소 다르게 된다.

따라서 보통의 변압기는 그림 4-8의 (a)와 같이 권선에는 저항이 없고, 1차 권선과 2차 권선의 저항 r_1과 r_2가 각각 1차 권선과 2차 권선에 직렬로 접속된 것으로 생각할 수 있다.

(2) 누설 리액턴스

이상 변압기는 1차와 2차 권선에서 발생한 자속이 모두 1차와 2차 권선을 지나가는 것으로 가정하였으나 보통의 변압기는 다소의 누설 자속이 있다. 그림 4-8 (a)에서 Φ는 1차와 2차 권선을 지나가는 자속으로 **주자속**이라 하고, Φ_{l1}은 1차 권선에서 발생한 자속 중 1차 권선에만 지나가고 2차 권선을 지나가지 않는 자속이고, Φ_{l2}는 2차 권선에서 발생한 자속 중 2차 권선에만 지나가고 1차 권선을 지나가지 않는 자속으로 Φ_{l1}과 Φ_{l2}를 각각 **1차 누설 자속**과 **2차 누설 자속**이라 하며 Φ_{l1}은 1차 전류에, Φ_{l2}은 2차 전류에 비례한다.

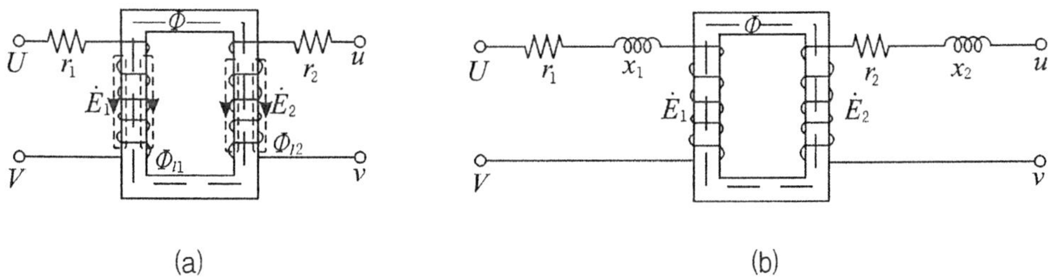

그림 4-8 보통의 변압기

주자속으로 기전력이 발생되는 것과 같이, 누설 자속으로 권선에 기전력이 발생되지만 1차 누설 자속 Φ_{l1}은 2차 권선에는 기전력을 발생하지 않고 1차 권선에만 기전력을 발생하며 2차 누설 자속 Φ_{l2}는 1차 권선에는 기전력을 발생하지 않고 2차 권선에만 기전력을 발생한다.

누설 자속 Φ_{l1}와 Φ_{l2}에 의해서 발생되는 기전력 E_{l2}와 E_{l1}은 다음과 같이 나타낼 수 있으며 누설 자속보다 $\pi/2$ 뒤지고, 크기는 누설 자속의 크기에 비례한다.

$$\dot{E}_{l1} = -jx_1\dot{I}_1,\ \dot{E}_{l2} = -jx_2\dot{I}_2 \qquad (4\text{-}19)$$

여기서 x_1과 x_2를 각각 1차와 2차의 누설 리액턴스라 한다.

전원에서 볼 때 E_{l1}와 E_{l2}은 전압 강하로 볼 수 있으므로 그림 4-8 (b)와 같이 x_1과 x_2가 각 권선에 직렬로 접속된 것으로 취급할 수 있다.

여기서 $\dot{Z}_1 = r_1 + jx_1$과 $\dot{Z}_2 = r_2 + jx_2$를 각각 변압기의 1차 누설 임피던스 및 2

차 누설 임피던스라고 한다.

(3) 여자 회로

(가) 여자 전류의 파형과 철손

변압기의 1차에 공급한 전압 v_1'를 정현파라고 하면, 이것과 평형을 이루는 1차 유기 기전력 e_1도 당연히 정현파이어야 하므로 이것을 발생하는 자속 ϕ도 정현파이어야 한다. 그런데 변압기의 철심에는 자기 포화 현상과, 히스테리시스 현상이 있으므로 자속 ϕ를 발생하는 여자 전류 i_0는 그림 4-9와 같이 왜형파(distortion wave)가 된다.

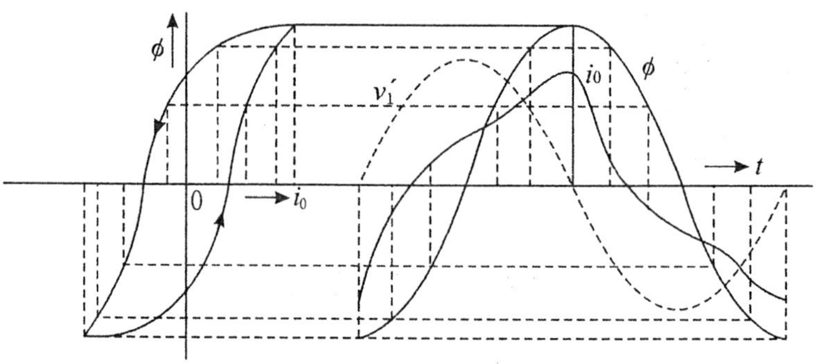

그림 4-9 여자 전류의 파형

그림 4-9에서 보는 바와 같이 히스테리시스 현상으로 여자 전류 i_0는 이그러질 뿐만 아니라 자속 ϕ보다 위상이 앞서게 되므로 i_0와 전압 v_1'에서 전력이 발생하여 히스테리시스손이 생기게 된다. 이 손실 이외에 철심에는 자속의 변화 때문에 와류가 흘러서 와류손이 발생한다. 철심에서 발생하는 손실인 히스테리시스손과 와류손의 합을 철손이라 한다.

무부하 상태의 변압기에 전압 V_1'를 공급할 때 1차 권선에 흐르는 왜형파의 여자 전류는 유효 전력이 철손과 같고 실효값과 위상이 같은 등가인 정현파 전류 I_0로 나타낼 수 있으므로 위상각을 θ_0라 하면 철손 P_i [W]은 다음과 같다.

$$P_i = V_1' I_0 \cos\theta_0$$

여자 전류 $\dot{I}_0$를 주 자속 $\dot{\Phi}$와 동 위상인 무효분 $\dot{I}_\phi$와 직각인 유효분 $\dot{I}_i$로 나눌

수 있으며 이들의 벡터도는 그림 4-10과 같이 된다.

$$\dot{I}_0 = \dot{I}_\phi + \dot{I}_i \tag{4-20}$$

$$\left.\begin{aligned} I_i &= \frac{P_i}{V_1'} = I_0 \sin\alpha = I_0 \cos\theta_0 \,[\mathrm{A}] \\ I_\phi &= I_0 \cos\alpha = I_0 \sin\theta_0 \,[\mathrm{A}] \end{aligned}\right\} \tag{4-21}$$

I_i는 철손을 공급하는 전류로 철손 전류라 하고, I_ϕ는 자속을 발생하는 전류로 자화 전류라고 한다.

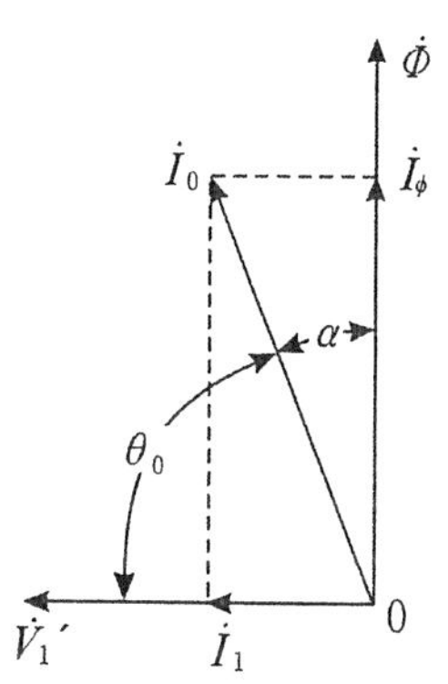

그림 4-10 여자 전류의 벡터도

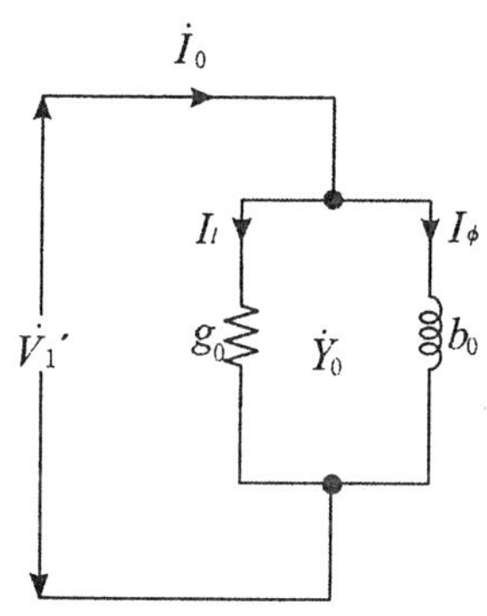

그림 4-11 여자 회로

(나) 여자 회로와 여자 어드미턴스

무부하인 변압기의 1차 권선에는 여자 전류 i_0만 흐르므로 식 (4-20)에 등가인 회로는 그림 4-11과 같이 나타낼 수 있으며 이 회로를 여자 회로라 하며 여자 회로의 어드미턴스를 Y_0로 나타내면 $\dot{Y}_0 = g_0 - jb_0$이므로 다음과 같이 된나.

$$\left.\begin{aligned} Y_0 &= \sqrt{g_0^{\,2} + b_0^{\,2}} = \frac{I_0}{V_1'} \,[\mho] \\ g_0 &= \frac{I_i}{V_1'} = \frac{P_i}{V_1'^2} \,[\mho] \\ b_0 &= \sqrt{Y_0^2 - g_0^2} = \sqrt{\left(\frac{I_0}{V_1'}\right)^2 - \left(\frac{P_i}{V_1'^2}\right)^2} \,[\mho] \end{aligned}\right\} \tag{4-22}$$

여기서 Y_0는 여자 어드미턴스, g_0는 여자 컨덕턴스, b_0를 여자 서셉턴스라고 하며 V_1', I_0, P_i을 알면 식 (4-22)에서 Y_0, g_0, b_0를 구할 수 있으며 여자 전류 $\dot{I}_0$는 다음과 같이 나타낼 수 있다.

$$\left.\begin{aligned} \dot{I}_0 &= (g_0 - jb_0)\dot{V}_1' = \dot{Y}_0\dot{V}_1' \\ I_i &= g_0 V_1', \quad I_\phi = b_0 V_1' \end{aligned}\right\} \tag{4-23}$$

권선의 저항, 누설 자속, 철손을 고려하면 보통의 변압기 회로는 그림 4-12와 같이 나타낼 수 있고 여자 전류 I_0는 여자 어드미턴스 Y_0에 흐른다. 부하가 접속되어 2차 권선에 부하 전류 I_2가 흐르면 이에 대응해서 1차 권선에 1차 부하 전류 I_1'이 흐른다고 생각할 수 있다.

예제 4-2

1차 전압이 2200[V], 무부하 전류 0.088[A], 철손이 110[W]인 단상 변압기에서 여자 어드미턴스, 철손 전류 및 자화 전류를 구하라.

풀이

$$Y_0 = \frac{I_0}{V_1'} = \frac{0.088}{2200} = 4\times10^{-5}[\mho]$$

$$g_0 = \frac{P_i}{V_1'^2} = \frac{110}{2200^2} \fallingdotseq 2.27\times10^{-5}[\mho]$$

$$b_0 = \sqrt{Y_0^2 - g_0^2} = \sqrt{4^2 - 2.27^2}\times10^{-5} \fallingdotseq 3.29\times10^{-5}[\mho]$$

$$\dot{Y}_0 = g_0 - jb_0 = (2.27 - j3.29)\times10^{-5}[\mho]$$

$$\dot{I}_0 = \dot{V}_1'\dot{Y}_0 = 2200\times(2.27 - j3.29)\times10^{-5} \fallingdotseq 0.05 - j0.072[\mathrm{A}]$$

4.1.4 변압기의 벡터도

변압기 회로인 그림 4-12에서 전압과 전류의 관계식을 구하여 벡터도를 그리고 전압비와 전류비를 계산한다.

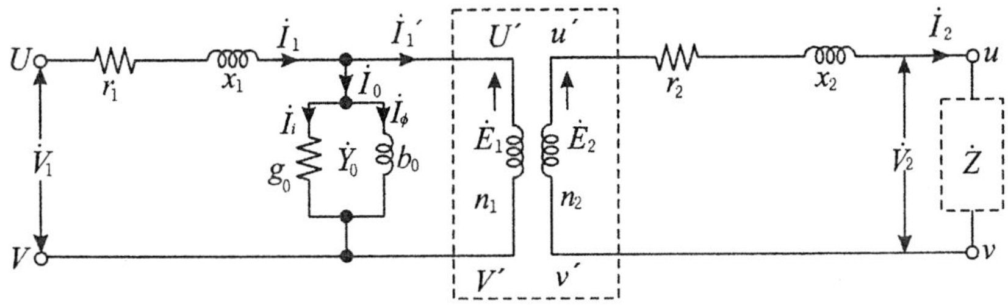

그림 4-12 변압기의 회로

(1) 전압과 전류의 계산

권수비 a, 1차 임피던스 $\dot{Z}_1 = r_1 + jx_1$, 2차 임피던스 $\dot{Z}_2 = r_2 + jx_2$, 부하 임피던스 $\dot{Z} = R + jX$라 하면 식 (4-9)와 식 (4-7)에서

$$\dot{E}_2 = \frac{n_2}{n_1}\dot{E}_1 = \frac{1}{a}(-\dot{V}_1') = -\frac{\dot{V}_1'}{a} \tag{4-24}$$

으로 2차 전류 $\dot{I}_2$는

$$\dot{I}_2 = \frac{\dot{E}_2}{\dot{Z}_2 + \dot{Z}} = \dot{Y}\dot{E}_2 = -\frac{\dot{Y}}{a}\dot{V}_1' \left(\text{단, } \dot{Y} = \frac{1}{\dot{Z}_2 + \dot{Z}}\right) \tag{4-25}$$

이며 1차 부하 전류 $\dot{I}_1'$는 식 (4-11)과 식 (4-25)에서

$$\dot{I}_1' = -\frac{\dot{I}_2}{a} = \frac{\dot{Y}}{a^2}\dot{V}_1' \tag{4-26}$$

이 되며 여자 전류는 $\dot{I}_0 = \dot{Y}_0\dot{V}_1'$이므로 1차 전류는 다음과 같이 된다.

$$\dot{I}_1 = \dot{I}_0 + \dot{I}_1' = \dot{Y}_0\dot{V}_1' + \frac{\dot{Y}}{a^2}\dot{V}_1' \tag{4-27}$$

1차 단자 전압과 2차 단자 전압은 다음과 같이 된다.

$$\dot{V}_1 = \dot{V}_1' + \dot{Z}_1\dot{I}_1 = \dot{V}_1' + \dot{Z}_1\left(\dot{Y}_0\dot{V}_1' + \frac{\dot{Y}\dot{V}_1'}{a^2}\right)$$

$$= \dot{V}_1'\left(1+\dot{Z}_1\dot{Y}_0+\frac{\dot{Z}_1\dot{Y}}{a^2}\right) \tag{4-28}$$

$$\dot{V}_2=\dot{E}_2-\dot{Z}_2\dot{I}_2=-\frac{\dot{V}_1'}{a}+\frac{\dot{Y}\dot{V}_1'\dot{Z}_2}{a}=-\frac{\dot{V}_1'}{a}(1-\dot{Z}_2\dot{Y}) \tag{4-29}$$

실제로 변압기의 전압이나 전류를 구할 때는 위의 식보다는 다음에 설명하는 등가 회로에서 구하는 것이 편리할 때가 많다.

$\dot{V}_2$에 유도성 부하 $\dot{Z}=R+jX$가 접속된 경우, 식 (4-24)~(4-29)에 의해서 벡터도를 그리면 그림 4-13과 같이 된다. 이 벡터도를 그리는 방법은 다음과 같다.

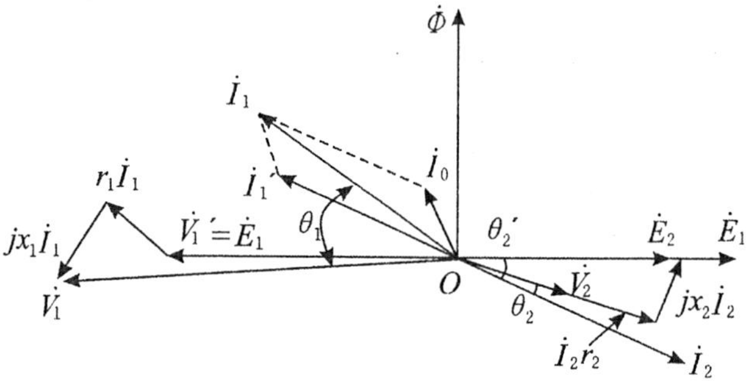

그림 4-13 변압기의 벡터도

① 기준 벡터를 $\dot{E}_2$로 하여 $\dot{E}_1$과 $\dot{E}_2$를 그리고 $\dot{E}_2$보다 $\pi/2$ 앞서게 $\dot{\Phi}$를 그린다.

② $\dot{V}_1'=(-\dot{E}_1)$을 $\dot{\Phi}$보다 $\pi/2$ 앞서게, $\dot{I}_0$는 $\dot{\Phi}$보다 철손각 a만큼 앞서게 그린다.

③ 부하 전류 $\dot{I}_2$를 $\dot{E}_2$보다 $\theta_2'=\tan^{-1}\dfrac{x_2+X}{r_2+R}$만큼 뒤지게 그린다.

④ $\dot{I}_2$와 반대 방향으로 크기가 I_2/a이 되도록 $\dot{I}_1'$를 그리고, $\dot{I}_0$와 합성해 $\dot{I}_1$을 그린다.

⑤ $\dot{V}_1'$의 화살표에서 $\dot{I}_1$과 평행하게 $\dot{I}r_1$을 그리고 $\dot{I}_1$과 직각으로 $\dot{I}r_1$보다 $\pi/2$ 앞서게 $j\dot{I}_1x_1$을 그리고 $\dot{I}_1r_1$, $j\dot{I}_1x_1$ 및 $\dot{V}_1'$를 합성해서 $\dot{V}_1$을 그린다.

⑥ $\dot{E}_2$의 화살표에 $\dot{I}_2$보다 $\pi/2$ 앞선 $j\dot{I}_2x_2$의 화살표가 오도록 그린다.

⑦ $\dot{I}_2r_2$를 $\dot{I}_2$와 평행하고 화살표가 $j\dot{I}_2x_2$의 화살표의 반대편에 오도록 그린다.

⑧ 원점에서 $\dot{I}_2 r_2$의 화살표와 반대 부분에 화살표가 오도록 그리면 이것이 $\dot{V}_2$의 벡터다.

이 벡터도에서 보면 전압비 V_1/V_2는 무부하일 때의 전압비 E_1/E_2와는 다르므로 부하시의 전압비와 전류비를 알아보기로 한다.

식 (4-28)과 (4-29)에서 변압기의 전압비는 다음과 같이 된다.

$$\frac{\dot{V}_1}{\dot{V}_2} = -\frac{a\left(1+\dfrac{\dot{Z}_1\dot{Y}}{a^2}+\dot{Z}_1\dot{Y}_0\right)}{1-\dot{Z}_2\dot{Y}} \tag{4-30}$$

위의 식에서 일반적으로 $\dot{Z}_1\dot{Y}_0$는 매우 작으며 무부하일 때는 $\dot{Y}=0$이므로 변압비는 다음과 같이 된다.

$$\left[\frac{\dot{V}_1}{\dot{V}_2}\right]_{Y=0} = -a(1+\dot{Z}_1\dot{Y}_0) \fallingdotseq -a \tag{4-31}$$

경부하나 무부하일 때의 전압비는 a에 가깝고 부하가 증가함에 따라 a와 차가 생기나 그 차는 작다.

식 (4-25)와 식 (4-27)에서 전류비는 다음과 같이 된다.

$$\frac{\dot{I}_1}{\dot{I}_2} = -\frac{1}{a}\left(1+a^2\frac{\dot{Y}_0}{\dot{Y}}\right) \tag{4-32}$$

위의 식에서 2차 단자가 단락되었을 때는 $\dot{Y}=\infty$이므로 $a^2\dot{Y}_0/\dot{Y} \ll 1$이 되어 식 (4-32)는 다음과 같이 된다.

$$\left[\frac{\dot{I}_1}{\dot{I}_2}\right]_{Y=\infty} = -\frac{1}{a}(1+a^2\frac{\dot{Y}_0}{\dot{Y}}) \fallingdotseq -\frac{1}{a} \tag{4-33}$$

2차 단자가 단락되었다는 것은 무한대의 부하가 접속된 것과 같으므로 부하가 증가할수록 전류비는 $1/a$에 가까워진다는 것을 알 수 있다.

예제 4-3

용량 3[kVA], 권수비 20, $\dot{Z}_1 = 50 + j20[\Omega]$, $\dot{Z}_2 = 0.2 + j0.1[\Omega]$, $\dot{Y}_0 = (5 - j4) \times 10^{-6}[\mho]$인 변압기에 지역률 0.8인 전부하를 접속할 때 단자 전압이 200[V]이었다. 여자 전류, 1차 전류 및 전원 전압은 얼마인가?

풀이

$$I_2 = \frac{3 \times 1000}{200} = 15$$

$\dot{V}_2$를 기준 벡터로 한다.

$$\dot{V}_2 = 200$$

$$\dot{I}_2 = 15(0.8 - j0.6) = 12 - j9$$

$$\dot{I}_2\dot{Z}_2 = (12 - j9) \times (0.2 + j0.1) = 3.3 - j0.6$$

$$\dot{E}_2 = \dot{V}_2 + \dot{I}_2\dot{Z}_2 = 200 + 3.3 - j0.6 = 203.3 - j0.6$$

$$\dot{E}_1 = a\dot{E}_2 = 20 \times (203.3 - j0.6) = 4066 - j12$$

$$\dot{V}_1' = -\dot{E}_1 = -4066 + j12$$

$$\dot{I}_0 = \dot{V}_1'\dot{Y}_0 = -(4066 - j12) \times (5 - j4) \times 10^{-6} = -0.020 + j0.016$$

$$I_0 \fallingdotseq 0.0260[\text{A}]$$

$$\dot{I}_1' = -\frac{\dot{I}_2}{a} = -\frac{12 - j9}{20} = -0.6 + j0.45$$

$$\dot{I}_1 = \dot{I}_1' + \dot{I}_0 = -0.6 + j0.45 - 0.020 + j0.016 = -0.620 + j0.466$$

$$I_1 \fallingdotseq 0.776[\text{A}]$$

$$\dot{I}_1\dot{Z}_1 = (-0.620 + j0.466) \times (50 + j20) = -40.32 + j10.9$$

$$\dot{V}_1 = \dot{V}_1' + \dot{I}_1\dot{Z}_1 = -4066 + j12 - 40.32 + j10.9 = -4106.32 + j22.9$$

$$V_1 \fallingdotseq 4106[\text{V}]$$

4.2 변압기의 등가 회로

변압기의 회로는 독립된 2개의 전기 회로가 하나의 자기 회로로 결합되어 있어 특성 계산이 복잡하지만 변압기의 회로를 하나의 전기 회로로 변환시키면 회로가 간단해지며 특성 계산을 쉽게 할 수 있다. 이와 같이 변환시킨 회로를 등가 회로라 하며 2차측을 1차측으로, 또는 1차측을 2차측으로 변환시킬 수가 있다.

4.2.1 2차측을 1차측으로 환산

그림 4-12에서 2차 전류 I_2와 1차 부하 전류 I_1'가 같고, 2차 유기 기전력 E_2와 1차 유기 기전력 E_1이 같다면, 1차 회로와 2차 회로를 연결하여도 점선안에 있는 1차 권선이나 2차 권선에는 전류가 흐르지 않으므로 이들 권선을 없애도 회로에는 영향이 없다는 것을 알 수 있다.

권수비 a인 변압기에서 2차 유기 기전력과 1차 유기 기전력이 같고 2차 전류와 1차 부하 전류가 같도록 E_2에 a를 곱하고 I_2는 a로 나눈다. 즉, 식 (4-9)와 (4-13)에서 $E_1 = aE_2 = E_2'$와 $I_1' = \dfrac{I_2}{a} = I_2'$이 되도록 한다. 이와 같이 2차 회로의 전압과 전류를 변환하였으므로 2차 회로의 임피던스 $(\dot{Z}_2 + \dot{Z})$도 다음과 같이 변환한다.

$$(\dot{Z}_2 + \dot{Z})' = \frac{\dot{E}_2'}{\dot{I}_2'} = \frac{a\dot{E}_2}{\dot{I}_2/a} = a^2\frac{\dot{E}_2}{\dot{I}_2} = a^2(\dot{Z}_2 + \dot{Z}) \qquad (4\text{-}34)$$

이와 같은 $(\dot{Z}_2 + \dot{Z})'$를 등가 1차 임피던스라 하며 2차 회로의 임피던스 성분인 2차 권선의 저항 r_2, 누설 리액턴스 x_2, 누설 임피던스 $\dot{Z}_2$ 및 부하 임피던스 $\dot{Z} = R + jX$는 각각 다음과 같이 변환된다.

$$\left.\begin{aligned} \dot{z}_2' &= a^2\dot{z}_2 = a^2(r_2 + jx_2) = a^2r_2 + ja^2x_2 = r_2' + jx_2' \\ \dot{Z}' &= a^2\dot{Z} = a^2(R + jX) = a^2R + ja^2X = R' + jX' \end{aligned}\right\} \qquad (4\text{-}35)$$

2차 전류 I_2'는 다음과 같이 되어 크기만 $1/a$배로 될 뿐, 전압과 전류의 위상차는 변하지 않는다.

$$\dot{I}_2' = \frac{a\dot{E}_2}{a^2(r_2 + jx_2) + a^2(R + jX)} = \frac{1}{a}\frac{\dot{E}_2}{(r_2 + jx_2) + (R + jX)} \qquad (4\text{-}36)$$

1차 회로를 2차 회로로 환산하자면 전압은 $1/a$배하여 $\dot{E}_1/a$, 전류는 a배하여 $a\dot{I}_1$, 저항, 누설 리액턴스, 누설 임피던스 등은 각각 $1/a^2$배를 하여 r_1/a^2, x_1/a^2, $\dot{Z}_1/a^2$으로 하고, 여자 어드미턴스는 a^2배하여 $a^2\dot{Y}_0$, a^2g_0, a^2b_0로 하면 된다.

4.2.2 등가 회로

1차측으로 환산한 2차 유기 기전력 $\dot{E}_2{'}$와 2차 전류 $\dot{I}_2{'}$는 다음과 같이 된다.

$$\dot{E}_2{'} = a\dot{E}_2 = \frac{n_1}{n_2}\dot{E}_2 = \dot{E}_1$$

$$\dot{I}_2{'} = \frac{1}{a}\dot{I}_2 = \frac{n_2}{n_1}\dot{I}_2 = \dot{I}_1{'}$$

이렇게 환산하면 그림 4-12 변압기 회로에서 이상 변압기 부분(점선으로 표시된 부분)의 2차 유기 기전력은 1차 유기 기전력과 같고, 2차 전류는 1차 권선에 유입하는 전류와 같다.

따라서 그림 4-12의 U'와 u', V'와 v'를 연결하고 1차 권선과 2차 권선이 없는 그림 4-14와 같은 하나의 회로로 해도 아무런 변화가 없다. 이와 같은 회로를 변압기의 등가 회로라고 하며 이러한 등가 회로를 사용하여 계산할 때는 계산의 결과에서 2차 회로의 전압은 $1/a$배, 전류는 a배를 한다.

일반적으로 여자 어드미턴스는 매우 작으므로 여자 전류 I_0도 매우 적고 1차 임피던스 $\dot{Z}_1 = r_1 + jx_1$도 작은 값이므로 $\dot{I}_0$에 의한 1차 임피던스의 전압 강하 $\dot{I}_0\dot{Z}_1$도 매우 작으므로 이 전압 강하를 무시하여 그림 4-15와 같이 $\dot{Y}_0$를 $\dot{Z}_1$의 좌측, 즉 전원측으로 옮겨 놓아도 특성 계산에서 큰 차이는 없으나 특성 계산은 보다 더 간단하게 되므로 이 회로가 널리 사용되고 있다.

이와 같은 회로를 간이 등가 회로라 하고 그림 4-14와 같은 회로를 정밀 등가 회로라 한다.

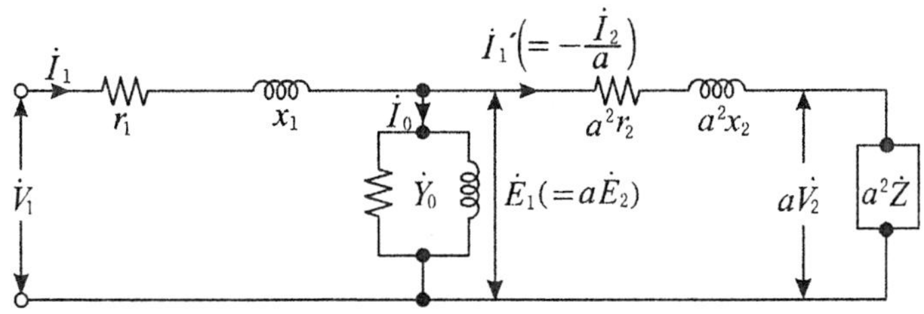

그림 4-14 2차측을 1차로 환산한 등가 회로

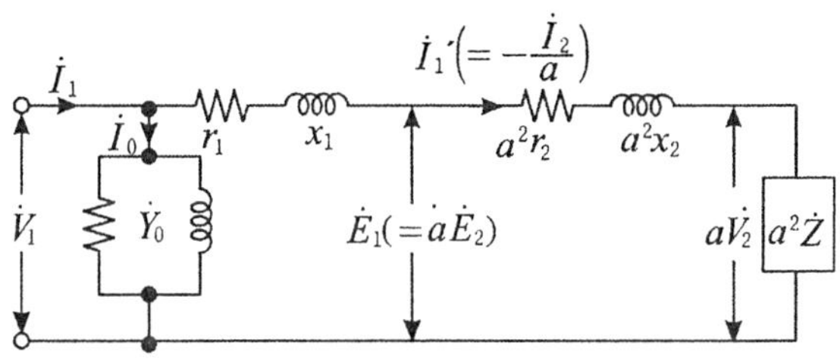

그림 4-15 2차측을 1차로 환산한 간이 등가 회로

그림 4-15의 간이 등가 회로에서 전압, 전류는 다음과 같이 계산한다.

여자 전류 $\dot{I}_0$

$$\left.\begin{aligned} \dot{Y}_0 &= g_0 - j b_0 \\ \dot{I}_0 &= \dot{V}_1 \dot{Y}_0 \end{aligned}\right\} \tag{4-37}$$

1차 부하 전류 $\dot{I}_1'$

$$\left.\begin{aligned} &\dot{Z}_1 = r_1 + j x_1,\ \dot{Z}_2' = a^2(r_2 + j x_2),\ \dot{Z}' = a^2(R + jX) \\ &\dot{I}_1' = \frac{\dot{V}_1}{\dot{Z}_1 + \dot{Z}_2' + \dot{Z}'} \end{aligned}\right\} \tag{4-38}$$

$$1차\ 전류\ \dot{I}_1 = \dot{I}_0 + \dot{I}_1' = \dot{V}_1\dot{Y}_0 + \dot{V}_1\frac{1}{\dot{Z}_1 + \dot{Z}_2' + \dot{Z}'}$$

$$= \dot{V}_1\left(\dot{Y}_0 + \frac{1}{\dot{Z}_1 + \dot{Z}_2' + \dot{Z}'}\right) \tag{4-39}$$

2차 전류 $\dot{I}_2 = -a\dot{I}_1{}' = -\dfrac{a\dot{V}_1}{\dot{Z}_1 + \dot{Z}_2{}' + \dot{Z}'}$ (4-40)

1차로 환산한 2차 단자전압

$$\left.\begin{aligned}\dot{V}_2{}' &= a\dot{V}_2 = \dot{V}_1 - \dot{I}_1{}'(\dot{Z}_1 + \dot{Z}_2{}') \\ \dot{V}_2{}' &= \dot{Z}'\dot{I}_1{}' = \frac{\dot{V}_1\dot{Z}'}{\dot{Z}_1 + \dot{Z}_2{}' + \dot{Z}'}\end{aligned}\right\} \quad (4\text{-}41)$$

2차 단자전압 $\dot{V}_2 = \dfrac{1}{a}\dot{V}_2{}' = \dfrac{1}{a}\dfrac{\dot{V}_1\dot{Z}'}{\dot{Z}_1 + \dot{Z}_2{}' + \dot{Z}'}$ (4-42)

1차로 환산한 2차 유기 기전력 $\dot{E}_2{}' = a\dot{E}_2 = \dot{E}_1 = \dot{V}_2{}' + \dot{Z}_2{}'\dot{I}_2{}'$ (4-43)

1차로 환산한 2차 단락 전류 $\dot{I}_{2s}{}' = \dfrac{\dot{V}_1}{\dot{Z}_1 + \dot{Z}_2{}'}$

2차 단락 전류 $\dot{I}_{2s} = -a\dot{I}_{2s}{}' = -\dfrac{a\dot{V}_1}{\dot{Z}_1 + \dot{Z}_2{}'}$ (4-44)

1차 단락 전류 $\dot{I}_{1s} = \dot{V}_1\left(\dot{Y}_0 + \dfrac{1}{\dot{Z}_1 + \dot{Z}_2{}'}\right) \fallingdotseq \dfrac{\dot{V}_1}{\dot{Z}_1 + \dot{Z}_2{}'} = \dot{I}_{2s}{}'$ (4-45)

예제 4-4

권수비 10인 변압기에서 2차 전압 2000[V], 역률 0.8(lag)로 출력 100[kW]을 내는 경우 1차 전류와 1차 전압을 구하라. 변압기의 정수는 다음과 같다.

$\dot{Z}_1 = 50 + j\,80[\Omega]$, $\dot{Z}_2 = 0.6 + j\,0.8[\Omega]$, $\dot{Y}_0 = (2 - j6) \times 10^{-6}\ [\mho]$

풀이

출력 $p_2 = V_2I_2\cos\theta_2$ 이므로 2차 전류는 $I_2 = \dfrac{100 \times 1000}{2000 \times 0.8} = 62.5$로 2차 전류를 기준 벡터로 한다.

$\dot{I}_2 = 62.5$

$\dot{V}_2 = 2000(\cos\theta_2 + j\sin\theta_2) = 2000(0.8 + j\,0.6) = 1600 + j1200$

$\dot{I}_2\dot{Z}_2 = 62.5(0.6 + j\,0.8) = 37.5 + j\,50$

$\dot{E}_2 = \dot{V}_2 + \dot{I}_2\dot{Z}_2 = 1600 + j1200 + (37.5 + j\,50) = 1637.5 + j\,1250$

$\dot{E}_1 = a\dot{E}_2 = 10 \times (1637.5 + j\,1250) = 16375 + j\,12500$

$\dot{I}_0 = -\dot{E}_1 \dot{Y}_0 = -(16375 + j\,12500)(2 - j\,6) \times 10^{-6} \fallingdotseq -0.11 + j\,0.07$

$\dot{I}_1{}' = -\dot{I}_2/a = -62.5/10 = -6.25$

$\dot{I}_1 = \dot{I}_1{}' + \dot{I}_0 = -6.25 + (-0.11 + j\,0.07) = -6.36 + j\,0.07$

$\dot{I}_1 \dot{Z}_1 = (-6.36 + j\,0.07) \times (50 + j\,80) \fallingdotseq -324 + j\,505$

$\dot{V}_1 = -\dot{E}_1 + \dot{I}_1 \dot{Z}_1 = -(16375 + j\,12500) + (-324 - j\,505)$

$= -16699 - j\,13005$

$I_1 = \sqrt{(-6.36)^2 + (0.07)^2} \fallingdotseq 6.36[\text{A}]$

$V_1 = \sqrt{(-16699)^2 + (-13005)^2} \fallingdotseq 21165[\text{V}]$

예제 4-5

2000/400[V], 10[kVA], $r_1 = 5[\Omega]$, $r_2 = 0.2[\Omega]$, $x_1 = 10[\Omega]$, $x_2 = 0.4[\Omega]$인 변압기에 역률 80[%](lag)인 전 부하를 연결하고 1차에 정격 전압을 공급하면 2차 단자 전압은 얼마인가?

풀이

$I_1 = \dfrac{10000}{2000} = 5[\text{A}],\ a = \dfrac{2000}{400} = 5$

$r_1 + r_2{}' = 5 + 5^2 \times 0.2 = 10$

$x_1 + x_2{}' = 10 + 5^2 \times 0.4 = 20$

$\dot{Z}_1 + \dot{Z}_2{}' = 10 + j\,20[\Omega]$

I_1을 기준 벡터로 한다.

$\dot{I}_1 = 5 + j\,0$

$\dot{V}_2{}' = V_2{}'(\cos\theta_2 + j\sin\theta_2) = V_2{}'(0.8 + j0.6)$

$\dot{I}_1(\dot{Z}_1 + \dot{Z}_2{}') = 5 \times (10 + j20) = 50 + j\,100$

$\dot{V}_1 = \dot{V}_2{}' + \dot{I}_1(\dot{Z}_1 + Z_2{}') = (0.8 + j0.6)\,V_2{}' + (50 + j\,100)$

위의 1차 전압식에서 1차 전압은 2000[V]이므로

$V_1{}^2 = 2000^2 = (0.8\,V_2{}' + 50)^2 + (0.6\,V_2{}' + 100)^2$

의 방정식을 얻을 수 있고 이 방정식을 풀면 $V_2{}' \fallingdotseq 1899[\text{V}]$이므로 2차 단자 전압은 다음과 같이 된다.

$V_2 = V_2{}'/a = 1899/5 \fallingdotseq 379.8[\text{V}]$

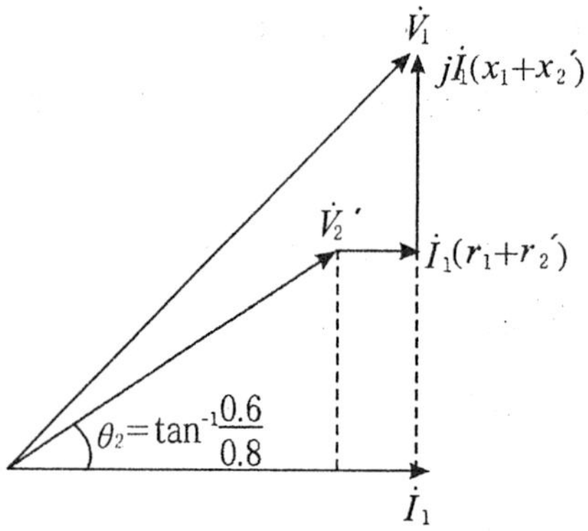

그림 4-16 예제 4-5의 벡터도

4.3 변압기의 구조

4.3.1 변압기의 분류

변압기는 자기 회로를 이루는 철심과 전기 회로를 이루는 권선이 중요 부분이지만 냉각 방식에 따라 외함의 형태가 다르며 고압용은 외함을 통하여 도체를 인출하는 부분에 부싱이라는 절연체가 사용되며 여러 가지 보호 장치들이 있다.

변압기를 철심과 권선의 상대적인 위치와 철심의 형태에 따라 분류한다.

그림 4-17 (a)는 내철형(core type)으로 권선이 철심을 둘러싸는 형태로 하나의 자기 회로를 이루며 그림 4-17 (b)는 외철형(shell type)으로 철심이 권선을 둘러싸는 형태로 두 개의 자기 회로를 이루고 그림 4-17의 (c)는 분포 외철형으로 소형 배전용 변압기에 사용되는 것으로 계철을 여러 개로 분할한 것이다.

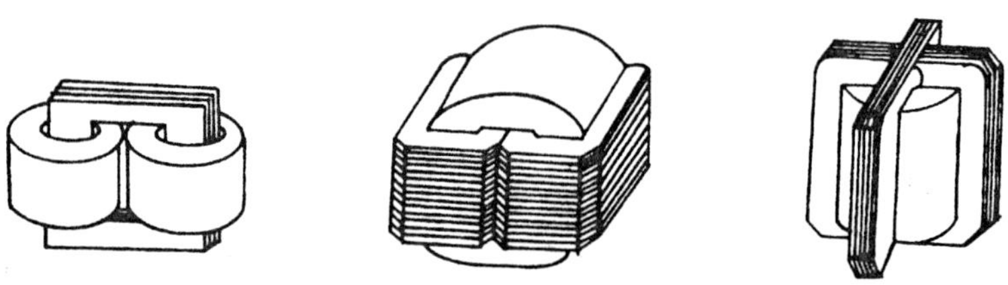

(a) 내철형　　(b) 외철형　　(c) 분포 외철형

그림 4-17 변압기의 분류

변압기의 철심은 단책형으로 절단한 얇은 규소 강판을 겹친 것이 일반적이나 냉간 압연한 방향성 규소 강대를 나선형으로 감은 권철심은 주상 변압기에 주로 사용되고 있다.

4.3.2 변압기의 철심

철심에는 비투자율과 저항율이 크고 히스테리시스손이 적은 규소 강판이나 강대를 성층하여 사용한다. 규소 강판의 규소 함유량은 약 4[%] 정도로 두께는 0.35~0.7[mm]으로 열간 압연 규소 강판은 760×1830[mm], 915×1830[mm], 760×3050[mm]의 것이 있다. 냉간 압연 규소 강대와 방향성 규소 강대는 와류손을 적게 하기 위하여 강대의 철판 표면에 절연 바니시, 물유리, 혼합물 등을 구어서 부착시키거나, 한쪽 면에 얇은 종리로 바르고 또는 특수한 처리법으로 표면에 절연성 무기질 피막이 되어 있다.

철심의 단면은 원형 권선을 사용하는 경우에는 권선의 내측 공간을 유효하게 이용하고, 권선을 소형화하기 위하여 철심의 외측을 계단 모양으로 하여 원통 비슷하게 한다. 철심이 커지면 철심 내부의 열 발산을 좋게 하기 위하여 폭 10[mm] 정도의 기름 통로를 설치해서 냉각용 기름의 통로로 한다.

변압기의 철심은 보통 완성된 권선을 삽입하거나 완성된 권선에 철심을 삽입시키므로 당연히 접합 부분이 생긴다.

① 겹치기 접합법 : 그림 4-18 (a)와 같이 철판을 한 장마다 폭만큼 어긋나게 해서 조립하는 것으로 자기 저항이 작아 여자 전류가 적게 흘러 널리 사용되나 접합부에 간극이 남아 있으면 그림과 같이 자속밀도가 높은 부분이 생겨서 철손이 증가하는 일이 있다.

(a) 겹치기 이음법

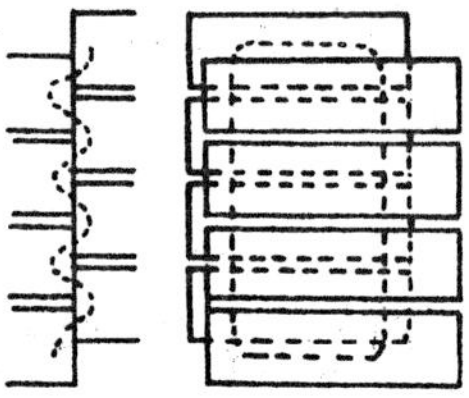

(b) 맞대기 이음법

그림 4-18 성층 철심의 접합부

② 맞대기 접합법 : 그림 4-18 (b)와 같이 각각 별도로 조립한 철심과 계철을 맞대서 접합하는 것이며, 제작은 간단하나 성층이 맞지 않으면 그림과 같이 와류의 통로가 생겨서 와류손이 증가하고 소음이 생기는 경우가 있다.

③ 연귀 접합법 : 그림 4-19 (a)와 같이 접합부를 45°로 접합하는 것으로, 최근 대형 전력용 변압기와 고성능이 요구되는 변압기의 철심으로 냉간 방향성 규소 강판을 많이 사용하나 냉간 방향성 규소 강판은 압연 방향으로는 자기 저항이 적고 직각 방향으로는 자기 저항이 크므로 가능한 한 자속을 압연 방향으로 흘려야 하지만 맞대기 접합이나 겹치기 접합은 압연 방향과 직각으로 자속이 지나가는 부분이 생기므로 접합부의 자기 저항을 줄이기 위하여 접합부를 45°로 접합하거나 그림 (b)와 같이 계철부에 무방향성의 열간 규소 강판을 사용한다.

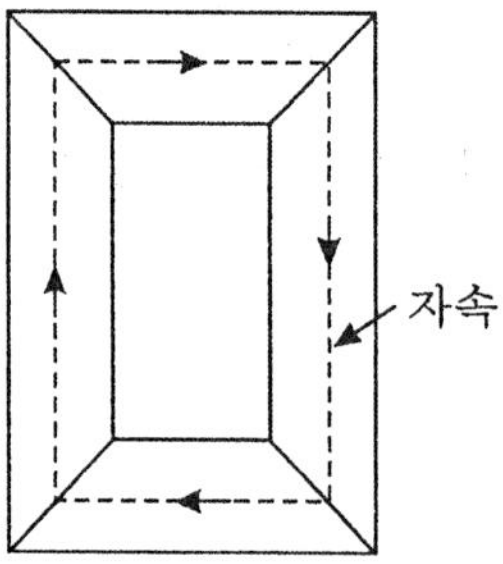

(a) 연귀 이음법

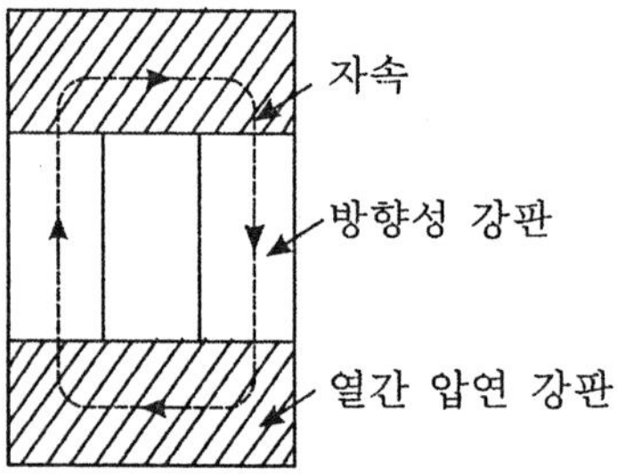

(b) 방향성과 무방향성 강판의 접합

그림 4-19 방향성 규소 강판의 접합

4.3.3 변압기의 권선

(1) 권 선

10~20[A] 이하 정도인 소전류의 변압기는 둥근 동선으로 권선을 하고 그 이상의 전류일 때는 평각 동선으로 권선을 한다.

소용량의 변압기는 철심을 절연하고 그 위에 직접 저압 권선을 감은 후 다시 절연한 다음 고압 권선을 감는 방법을 사용한다.

중·대용량의 변압기는 권선 틀 또는 절연통에 권선을 감고 절연 처리를 한 후에 조립하는 형권 방법을 사용한다. 형권으로 하면 철심과 권선 작업을 동시에 할 수 있어 공정이 단축되고 고장이 났을 때 분해 수리가 용이하다.

그림 4-20은 형권 권선의 각종 형태이다.

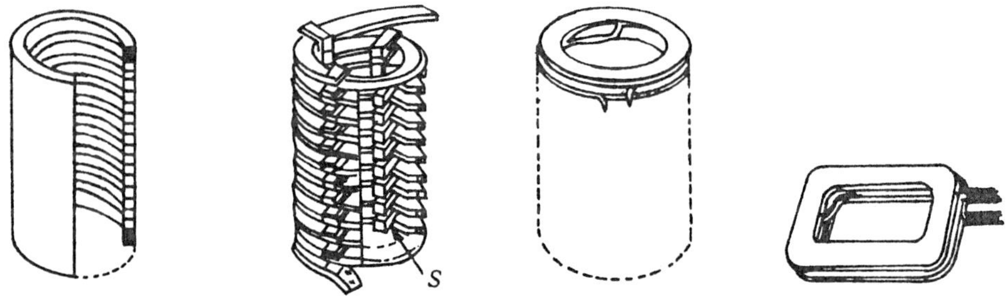

(a) 원통 권선 (b) 원통 권선 (c) 원판 권선 (d) 직사각형 원판 권선

그림 4-20 형권 권선

(2) 권선의 절연

변압기의 절연은 철심과 권선 사이의 절연, 권선 상호간의 절연, 권선 층간의 절연으로 나눈다. 보통 절연유 안에서 사용되므로 절연물은 모두 내유성(耐油性)이 큰 것을 사용한다.

절연 재료는 절연 종류에 따라 결정되며, 권선이 완성되면 충분히 건조시킨 다음 바니시에 담그어서 다시 건조한다. 이런 조작을 2~3회 반복하면 바니시층이 생겨서 방습성이 증가하고 기계적인 강도가 증가한다.

고전압, 대용량의 변압기는 단락할 때에 큰 기계력이 생기므로 절연 내력이 크고 기계적 강도가 큰 적층 절연물을 사용한다.

적층 절연물이란 튼튼한 종이를 여러 장으로 겹치고 천연 또는 합성수지를 함침시켜서 고온도와 압력을 가하여 성형한 절연물을 말한다.

(3) 권선 설계의 요건

① 절연을 적당히 하기 위하여, 코일을 충분히 건조하고 절연 처리를 할 것.

② 단락이 되면, 큰 기계력이 작용하므로 이것에 견디도록 권선의 지지를 튼튼히 할 것.

③ 변압기 내부의 손실에 의한 열이 발생하므로, 권선의 온도를 안전한 한도로 유지하기 위해서 냉각작용이 충분히 이루어지도록 할 것.

4.3.4 외함과 부싱

변압기 본체와 절연유를 넣은 외함은 주철제나 강판을 용접해서 만들며 용량이 커지면 냉각 면적을 넓히기 위하여 주름 모양의 철판을 사용하거나 방열관 또는 방열기를 부착한다.

변압기의 구출선은 외함을 관통하여 외부로 나오며, 외함은 철심과 함께 대지와 같이 전위가 0이기 때문에 구출선과 외함은 변압기의 사용 전압에 견디도록 충분히 절연되어야 한다. 이와 같이 절연에 사용하는 것을 부싱(bushing)이라고 한다. 또, 부싱은 구출선과 외함 사이에 누설전류가 생기지 않도록 충분한 연면 거리를 가지며 이상 전압이나 낙뢰에 대하여 안전하도록 적당한 섬락 전압값을 갖는 모양으로 한다.

① 단일형 부싱 : 간단한 모양의 가기제로 된 애자관을 부싱으로 사용하고, 연면 거리를 증가하기 위하여 표면을 주름모양으로 한다. 30[kV] 이하에 사용.

② 콤파운드 부싱 : 자기제 애자관과 중심도체 사이에 절연 콤파운드를 채워서 공기가 남지 않도록 하여 절연 내력을 증가시킨 부싱이며 70[kV]급까지 사용.

③ 유입 부싱 : 전압이 70[kV] 이상이 되면 보통 유입 부싱 및 콘덴서형 부싱을 사용한다. 유입 부싱은 자기제 애자관과 중심도체 사이에 절연유를 충만시키고, 융입 부싱은 자기제 애자관과 중심도체 사이에 절연유를 충만시키고, 그 속에 상당수의 성층절연물의 원통을 동일한 축에 배치하여, 유전변형을 균일

하게 한 것이다.

④ 콘덴서 부싱 : 콘덴서형 부싱의 본체는 중심도체의 주위에 절연종이와 금속박을 교대로 동일한 축에 감아서 가장 윗층에 있는 금속박을 접지하고, 각 층을 각각 같은 정전용량으로 된 여러개의 원통형 콘덴서로 형성시켜서, 절연종이에 걸리는 전압을 각 층마다 균일화하여 절연물의 이용률을 향상시키는 구조이다.

4.3.5 냉각 방식

변압기에는 회전부분이 없으므로 효율은 좋으나 냉각 작용이 불충분하고 대용량의 변압기일수록 열의 발산이 곤란하여 온도 상승이 크기 때문에 용량에 따라 여러 가지 냉각방식이 사용되고 있다.

냉각 방식은 권선과 철심을 직접 냉각하는 매체와 그것을 다시 냉각하는 주위의 냉각 매체(공기 또는 물)의 종류와 순환 방식에 따라서 분류된다.

권선과 철심같은 변압기의 몸체를 절연유에 담그지 않는 것을 건식 변압기라 하고 절연유 안에 담그는 것을 유입 변압기라 한다.

건식 변압기로 공기의 대류 작용에만 의존하는 자냉식은 유입 변압기에 비하여 냉각 효과가 떨어지므로 소용량의 변압기에 사용되지만 권선 아래 부분에 풍도를 마련하여 송풍기로 강제 송풍을 하여 방열 효과를 향상시키는 풍냉식은 절연 종류에 따라 수 천 [kVA]의 변압기까지 제작되고 있다.

최근에는 에폭시(epoxy)수지를 고진공상태에서 권선에 주행하므로 기포가 완전히 제거되어 코로나 특성 및 절연 신뢰도가 우수한 난연선의 건식 변압기로 1차 권선과 2차 권선을 이격시켜 공기의 순환을 용이하게 함으로써 냉각 효과를 높인 몰드변압기(mold transformer)가 생산되고 있다.

건식 변압기는 기름 때문에 화재 범위가 확대되어서는 곤란한 빌딩의 변전용 변압기, 지하철이나 갱도 안의 전원용 변압기에 널리 사용된다.

유입 변압기는 권선과 철심에서 발생하는 열이 기름에 전달되고 이 기름의 대류 작용으로 열을 외부에 발산시키는 유입식과 펌프로 외함 내부와 방열기 사이를 강제 순환시켜서 방열시키는 송유식으로 구별하며 온도가 높아진 기름을 어떻게 냉각하느냐에 따라서 자냉식, 풍냉식, 수냉식으로 분류한다.

유입 자냉식은 보수하기가 간단하기 때문에 널리 쓰인다. 기름에 전달된 발생열은 외함의 벽에 전달되고 외함의 표면에서 공기의 대류 작용으로 냉각된다. 주상 변압기도 20[kVA] 이상이면 외함의 표면만으로는 방열 면적이 부족하기 때문에 표면에 주름을 잡아서 방열 면적을 넓힌다. 100[kVA] 이상이면 방열관이나 방열기를 외함 주위에 부착한다.

유입 풍냉식은 유입 자냉식의 방열기에 송풍기로 바람을 불어넣어서 냉각 효과를 높이는 것으로 방열기 표면의 열 전달률이 자냉식의 경우보다 2~3배 정도 높아지기 때문에 그 출력을 20~30[%] 정도 크게 할 수 있다.

유입 수냉식은 외함 안의 상부에 냉각관을 부착하여 이것이 기름 속에 잠기도록 하고 펌프로 물을 순환시키는 방식으로, 냉각효과는 좋지만 수질이 나쁘면 물찌꺼기가 끼고 관이 부식하여 누수될 염려가 있으므로 양질의 물을 풍부히 얻을 수 있는 경우 이외는 별로 쓰이지 않는다.

송유 자냉식은 소음을 방지하기 위하여 변압기는 옥내에 설치하고 방열기는 옥외에 설치할 수 있는 경우에 사용한다.

송유 풍냉식은 대용량의 변압기에서 기름의 대류 작용만으로는 충분치 못하므로 외함과 냉각기를 연결하는 관로에 펌프를 설치하여 외함의 윗부분에서 더워진 기름을 외부로 뽑아내어 냉각시킨 후 외함의 아래 부분으로 보내는 강제 순환 방식으로 방열기는 송풍기로 냉각시킨다.

송유 수냉식은 변압기 외함과는 별도로 기름 냉각기를 설치하여 강제 순환되는 기름이 냉각기 안에 있는 수냉관을 통과하는 사이에 냉각되도록 하는 방식이다. 풍냉식에 비하여 소음이 적고 지하에서 옥상까지의 통풍구가 필요치 않으므로 빌딩의 지하 변전소용 변압기 등에 사용한다.

4.3.6 변압기유와 열화 방지

유입 변압기에 사용하는 절연유로 갖출 조건은 다음과 같다.

① 절연 내력이 클 것.
② 절연 재료 및 금속과 접촉해도 화학 작용이 일어나지 않을 것.
③ 인화점이 높고 응고점이 낮을 것.
④ 점도가 낮고 비열이 커서 냉각 효과가 클 것.

⑤ 고온에서 석출물이 생기거나 산화하지 않을 것.

광유는 공기에 비하여 수 배의 절연 내력이 있고 비열이 공기보다 크므로 변압기유로 사용하고 있다.

외부 공기의 온도 변화나 부하의 변동에 따라 절연유의 온도가 변하여 기름의 부피가 변하므로 외함 안의 기압과 대기압에 차이가 생겨서 변압기에 공기가 출입하는 것을 변압기의 **호흡 작용**이라고 한다.

변압기의 호흡 작용으로 외함에 습기가 들어와서 절연유의 절연 내력이 저하하며 온도가 상승한 절연유가 공기 중의 산소와 반응하여 불용해성 침전물이 생기고 냉각 작용이 저하하는 것을 절연유의 **열화**라 한다.

이러한 열화 작용을 방지하는 콘서베이터(conservator)는 변압기 외함 위에 설치한 원통형의 탱크로 외함과 콘서베이터를 관으로 연결하고 외함에는 기름을 가득 채워서 변압기의 온도가 변하여도 콘서베이터의 유면이 변할 뿐 외함 안의 기름이 직접 외부 공기와 접촉하지 못하도록 한 것이다.

콘서베이터 안의 침전물이나 수분은 배수 밸브로 배출하고 실리카겔이나 활성 알루미나와 같은 흡수제를 넣은 흡습 호흡기를 부착하여 콘서베이터에 들어온 공기 중의 수분을 제거한다.

기름과 공기의 접촉을 완전히 차단하기 위하여 콘서베이터 안의 유면 위에 불활성의 질소를 채우는 질소 봉입 방식과 기름과 공기의 접촉을 내유성의 격막으로 차단하는 방식이 있다.

4.4 백분율 전압 강하 및 전압 변동률

4.4.1 무부하 시험

그림 4-15의 간이 등가 회로에서 2차를 무부하로 하면 1차에 공급한 전압은 여자 어드미턴스 $\dot{Y}_0$에만 걸리고 누설 임피던스 $\dot{Z}_1 + \dot{Z}_2'$에는 전류가 흐르지 않으므로 1차 전류는 여자 전류 $\dot{I}_0$와 같고 입력에서 1차 동손을 뺀 것이 철손이지만, 일반적으로 무부하시 1차 동손은 상당히 적으므로 이를 무시하면 입력은 철손 P_i가

되어 그림 4-21 (a)와 같이 된다.

그림 4-21 (b)와 같이 회로를 구성한 다음, 유도 전압 조정기 IR로 1차측에 정격 주파수의 정격 전압 V_{1n}을 가할 때, 전류 I_0와 입력 $P_0 \fallingdotseq P_i$을 측정하는 것을 변압기의 무부하 시험이라 하며 이 시험에서 여자 어드미턴스 $\dot{Y}_0$[℧]와 위상각 θ_0를 구할 수 있다.

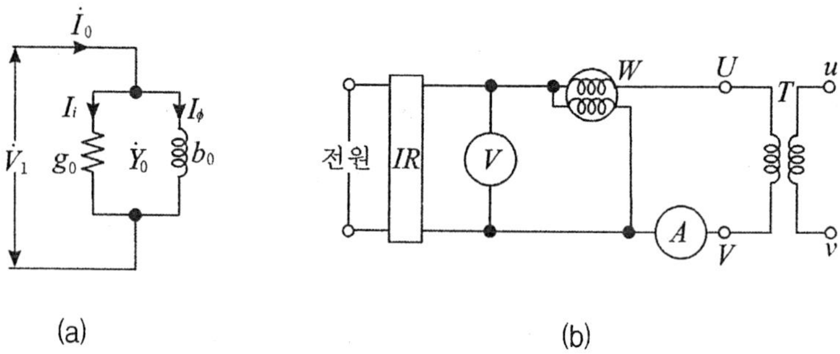

그림 4-21 무부하 시험

$$\left.\begin{aligned}
Y_0 &= \frac{I_0}{V_{1n}}[℧] \\
g_0 &= \frac{P_i}{V_{1n}^2}[℧] \\
b_0 &= \sqrt{\left(\frac{I_0}{V_{1n}}\right)^2 - \left(\frac{P_i}{V_{1n}^2}\right)^2}\,[℧] \\
\cos\theta_0 &= \frac{P_i}{V_{1n} I_0} \\
\dot{Y}_0 &= g_0 - j b_0 [℧]
\end{aligned}\right\} \tag{4-46}$$

4.4.2 단락 시험과 누설 임피던스

간이 등가 회로인 그림 4-15에서 부하 임피던스 $\dot{Z}=0$인 경우, 즉 2차 단자를 단락하고 1차에 정격 전압보다 상당히 낮은 전압을 가하면 여자 전류는 매우 적으므로 무시할 수 있어 등가 회로는 그림 4-22 (a)와 같이 된다. 이 때 1차와 2차에 흐르는 전류, 즉 1차 단락 전류 I_{1s}와 2차 단락 전류 I_{2s}는 식 (4-44)와 (4-45)

인 다음 식으로 나타낼 수 있다.

$$\dot{I}_{1s} = \frac{\dot{V}_1}{\dot{z}_1 + \dot{z}_2'}, \quad \dot{I}_{2s} = -a\dot{I}_{1s} \tag{4-47}$$

누설 임피던스 $\dot{Z}_1$, $\dot{Z}_2'$는 매우 작으므로 단락 전류는 정격 전류의 수십 배에 이르므로 단락 시험을 할 때는 1차 전압을 아주 낮은 전압부터 상승시킨다.

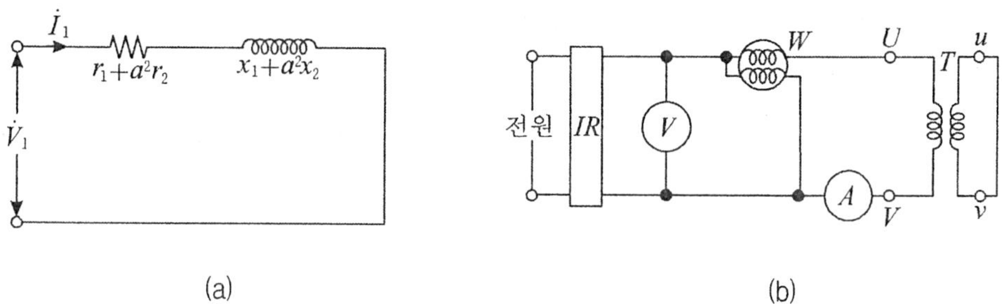

그림 4-22 단락 시험

그림 4-22 (b)와 같이 2차 단자를 단락하고, 유도 전압 조정기 IR로 1차측에 정격 주파수의 저전압에서부터 서서히 상승하면서 1차 전압, 1차 전류 및 입력을 측정하는 것을 변압기의 단락 시험이라 한다.

1차 단락 전류가 정격 전류 I_{1n} [A]와 같도록 1차 전압을 가하였을 때, 가해준 1차 전압을 임피던스 전압 V_s, 입력을 임피던스 와트 P_s [W]라 하며 임피던스 전압이 정격 전압에 비하여 매우 낮으므로 철손을 무시하면 임피던스 와트는 전부하 동손과 거의 같다. 이 시험에서 권선의 저항, 누설 리액턴스를 구할 수 있다.

1차 전압이 $\dot{V}_1 = \dot{V}_{1s}$ 일 때 그림 4-22 (a)에서

$$\dot{Z}_1 + \dot{Z}_2' = (r_1 + a^2 r_2) + j(x_1 + a^2 x_2) = \frac{\dot{V}_1}{\dot{I}_{1s}} = \frac{\dot{V}_{1s}}{\dot{I}_{1s}} \tag{4-48}$$

으로 되어 2차를 단락하고 1차에 임피던스 전압 V_{1s}를 가했을 때의 1차 단락 전류 I_{1s}를 측정하면 누설 임피던스를 구할 수 있다.

권선의 전부하 동손 P_c는

$$P_c = I_{1s}^2(r_1 + a^2 r_2) + j(x_1 + a^2 x_2) = \frac{\dot{V}_1}{\dot{I}_{1s}} = \frac{\dot{V}_{1s}}{\dot{I}_{1s}} [\text{W}] \tag{4-49}$$

으로 식 (4-48)과 (4-49)에서 누설 리액턴스

$$x_1 + a^2 x_2 = \sqrt{(V_{1s}/I_{1s})^2 - (P_s/I_{1s}^{\ 2})^2}\ [\Omega] \tag{4-50}$$

을 구할 수 있다.

변압기의 무부하 시험과 단락 시험에서 여자 어드미턴스와 누설 임피던스를 구하면 간이 등가 회로를 그릴 수 있다.

정밀 등가회로를 그리기 위해서는 권선의 저항을 측정하고 다음과 같은 가정을 한다.

$$x_1 \fallingdotseq a^2 x_2 = \frac{x_1 + a^2 x_2}{2} \tag{4-51}$$

4.4.3 백분률 전압 강하

정격 전류 I_n에 의한 저항 강하, 리액턴스 강하 및 임피던스 강하를 정격 전압 V_n에 대한 백분률로 표시한 것을 각각 백분률 저항 강하, 백분률 리액턴스 강하 및 백분률 임피던스 강하라 하며 다음과 같이 나타낼 수 있다.

$$\begin{aligned} \text{백분률 저항 강하 } p &= \frac{I_{1n}(r_1 + a^2 r_2)}{V_{1n}} \times 100 = \frac{I_{2n}\left(\frac{r_1}{a^2} + r_2\right)}{V_{2n}} \times 100 \\ &= \frac{I_{1n}^{\ 2}(r_1 + a^2 r_2)}{V_{1n} I_{1n}} \times 100 \\ &= \frac{P_c}{V_{1n} I_{1n}} \times 100 \fallingdotseq \frac{P_s}{V_{1n} I_{1n}} \times 100\ [\%] \end{aligned} \tag{4-52}$$

$$\text{백분률 리액턴스 강하 } q = \frac{I_{1n}(x_1 + a^2 x_2)}{V_{1n}} \times 100\ [\%] \tag{4-53}$$

$$\text{백분률 임피던스 강하 } z = \frac{I_{1n}\sqrt{(r_1 + a^2 r_2)^2 + (x_1 + a^2 x_2)^2}}{V_{1n}} \times 100$$

$$= \sqrt{p^2 + q^2} = \frac{V_{1s}}{V_{1n}} \times 100[\%] \qquad (4\text{-}54)$$

식 (4-52)에서 백분률 저항 강하는 임피던스 와트의 변압기 용량에 대한 백분률과 같고, 식 (4-54)에서 백분률 임피던스 강하는 임피던스 전압의 정격 전압에 대한 백분률과 같다.

2차를 단락하고, 1차 단자에 정격 전압을 가했을 경우의 단락 전류와 정격 전류의 비는 다음과 같이 된다.

$$\frac{I_{1s}}{I_{1n}} = \frac{V_{1n}}{I_{1n}\sqrt{(r_1 + a^2 r_2)^2 + (x_1 + a^2 x_2)^2}} = \frac{V_{1n}}{V_{1s}} = \frac{100}{z} \qquad (4\text{-}55)$$

$$\frac{I_{2s}}{I_{2n}} = \frac{V_{2n}}{V_{2s}} = \frac{100}{z} \qquad (4\text{-}56)$$

예제 4-6

3300/200[V], 20[kVA]인 주상 변압기의 % 임피던스 강하가 2.5[%]이다. 이 변압기의 2차를 단락하고 1차에 정격 전압을 가하였을 때 1차, 2차의 단락 전류를 계산하라.

풀이

$$I_{2n} = \frac{20 \times 10^3}{200} = 100[\text{A}]$$

$$\frac{I_{2s}}{I_{2n}} = \frac{100}{z} \text{ 에서 } \quad I_{2s} = \frac{100}{z} \times I_{2n} = \frac{100}{2.5} \times 100 = 4000[\text{A}]$$

$$I_{1s} = I_{2s} \times \frac{1}{a} = 4000 \times \frac{200}{3300} \fallingdotseq 242.4[\text{A}]$$

4.4.4 전압 변동률

정격 역률의 정격 부하에서 2차에 정격 전류 I_{2n}이 흐를 때, 2차 단자 전압이 정격 전압 V_{2n}이 되도록 1차 전압을 조정한 다음, 1차 전압을 그대로 유지하면서 무부하로 하였을 경우의 2차 단자 전압을 V_{20}이라고 하면 변압기의 전압 변동률은 다음 식으로 정의된다.

$$\varepsilon = \frac{V_{20} - V_{2n}}{V_{2n}} \times 100[\%] \tag{4-57}$$

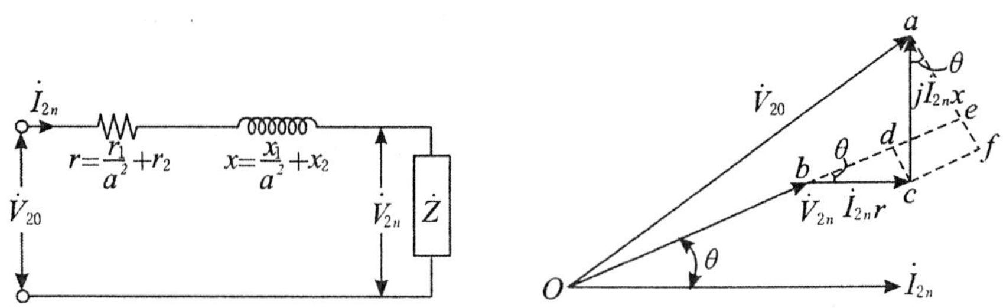

(a) (b)

그림 4-23 전압 변동률의 계산

그림 4-23 (a)와 같이 1차측을 2차측으로 환산하고, 여자 어드미턴스를 생략한 간이 등가 회로를 사용해서 2차 전압 V_{2n}, 2차 전류 I_{2n}, 지역률각 θ인 전부하일 때의 벡터도를 그리면 그림 4-23 (b)와 같이 된다.

그림 4-23 (b)에서 선분 $\overline{Ob}$를 연장하여 a에서 내린 수선과 만난 점을 e, c에서 $\overline{Oe}$, $\overline{ae}$의 연장선에 수선을 그어 만나는 점을 각각 d, f라 하면 $\overline{Oa}^2 = \overline{Oe}^2 + \overline{ae}^2$에서 선분 $\overline{ae}$가 선분 $\overline{Oe}$에 비하여 상당히 적어 무시할 수 있으면 $\overline{Oa} \fallingdotseq \overline{Oe}$이므로

$$V_{20} \fallingdotseq V_{2n} + I_{2n}(r_1' + r_2)\cos\theta + I_{2n}(x_1' + x_2)\sin\theta \tag{4-58}$$

이 되며 이 식에 식 (4-52)와 (4-53)을 대입하여 정리하면 다음과 같이 된다.

$$V_{20} = V_{2n}\left(1 + \frac{p}{100}\cos\theta + \frac{q}{100}\sin\theta\right) \tag{4-59}$$

식 (4-59)를 식 (4-57)에 대입하면 전압 변동률은 다음과 같이 된다.

$$\varepsilon = \frac{V_{20} - V_{2n}}{V_{2n}} \times 100 = \left(\frac{V_{20}}{V_{2n}} - 1\right) \times 100 = p\cos\theta + q\sin\theta \tag{4-60}$$

식 (4-60)은 선분 $\overline{ae}$ 을 무시한 경우이고 선분 $\overline{ae}$ 을 고려하면 식 (4-61)이 되지만 일반적으로 식 (4-60)을 사용하며 전압 변동률의 식에서 부하가 진역률인 경우는 $\sin\theta$ 의 값에 (−)를 붙인다.

$$\varepsilon = p\cos\theta + q\sin\theta + \frac{1}{200}(q\cos\theta - p\sin\theta)^2 [\%] \quad (4\text{-}61)$$

전압 변동률 $\varepsilon = p\cos\theta + q\sin\theta$ 을 θ 에 대하여 미분하여 미분 값이 0이 될 때 전압 변동률은 최대가 된다. 즉,

$$\frac{d\varepsilon}{d\theta} = \frac{d}{d\theta}(p\cos\theta + q\sin\theta) = -p\sin\theta + q\cos\theta = 0$$

이 되고 이 식을 만족하는 θ 를 θ_m 으로 놓으면

$$\tan\theta_m = \frac{q}{p}$$

으로 최대 전압 변동률이 되는 역률각 $\theta_m = \tan^{-1}\left(\frac{q}{p}\right)$ 이고 이 때 역률은 다음과 같다.

$$p \cdot f = \cos\theta_m = \frac{p}{z} = \frac{p}{\sqrt{p^2 + q^2}} \quad (4\text{-}62)$$

변압기에서 전압 변동률의 최소값은 0이므로 $\varepsilon = p\cos\theta - q\sin\theta = 0$ 에서 최소가 되는 역률각을 θ_{min} 으로 놓으면 $\theta_{min} = \tan^{-1}\left(\frac{p}{q}\right)$ 이다.

예제 4-7

전부하일 때 변압기의 백분률 저항 강하가 3[%], 백분률 리액턴스 강하가 2[%]이다. 부하의 역률이 100[%], 60[%](lead), 80[%](lag)이면 전부하일 때의 전압 변동률을 구하라.

풀이

역률 100[%]일 때

$\varepsilon = p = 3[\%]$

역률 60[%](lead)일 때 $\sin\phi$는 (−)이므로

$\varepsilon = 3 \times 0.6 - 2 \times 0.8 = 0.2[\%]$

역률 80[%](lag)일 때

$\varepsilon = 3 \times 0.8 + 2 \times 0.6 = 3.6[\%]$

예제 4-8

5[kVA], 60[Hz], 3000/200[V] 단상 변압기에서 2차로 환산한 저항이 0.1[Ω], 누설 리액턴스가 0.24[Ω]이다. 부하 역률 80[%](뒤짐)인 전부하일 때의 전압 변동률을 구하라.

풀이

$$I_{2n} = \frac{5000}{200} = 25[\text{A}]$$

$$p = \frac{I_{2n}(r_1' + r_2)}{V_{2n}} \times 100 = \frac{25 \times 0.1}{200} \times 100 = 1.25[\%]$$

$$q = \frac{I_{2n}(r_1' + r_2)}{V_{2n}} \times 100 = \frac{25 \times 0.24}{200} \times 100 = 3[\%]$$

$$\varepsilon = p\cos\theta + q\sin\theta = 1.25 \times 0.8 + 3 \times 0.6 = 2.8[\%]$$

4.5 변압기의 3상 결선

3상 교류 전압을 변압하는 데는 3상 변압기를 사용하거나 단상 변압기 3대, 또는 2대를 결선해서 사용한다. 부하의 종류에 따라서는 상수(相數)를 바꿀 필요가 있으며 부하의 증가에 대응해서 여러 개의 변압기를 병렬로 결선하여 사용한다. 이러한 경우에는 극성, 즉 전압의 위상 관계나 접속 등을 잘 알고 접속하여야 한다.

4.5.1 변압기의 극성

변압기의 극성이란 어떤 순간에 1차 단자와 2차 단자의 유기 기전력의 상대적 방향을 표시하는 것으로 변압기를 단독으로 사용하는 경우는 문제가 되지 않지만

3상 결선을 하거나 병렬 운전을 하는 경우는 극성을 꼭 알아야 한다. 극성은 감극성과 가극성이 있으며 극성 판별은 다음과 같은 방법으로 한다.

그림 4-24 (a)와 같은 회로에서 개폐기 S를 닫는 순간 직류 전압계 V의 바늘이 정방향으로 움직이면 감극성이다. 그림 4-24 (b)와 같은 회로에서 1차 권선에 전압을 인가하였을 때, 전압계의 지침을 측정하여 $V_3 = V_1 \sim V_2$의 관계를 가지면 감극성이고 $V_3 = V_1 + V_2$이면 가극성이다.

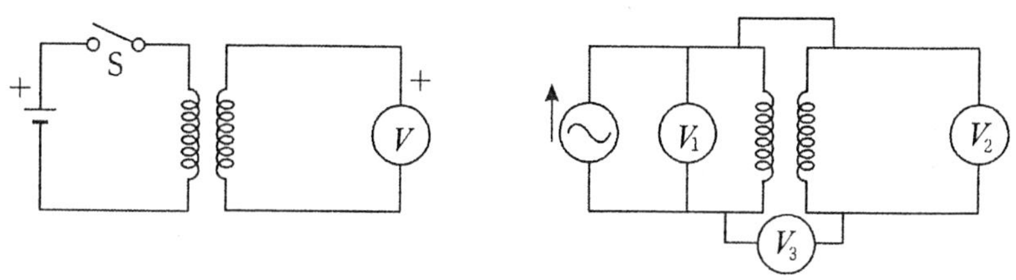

(a) 직류전압계법　　　　(b) 교류전압계법

그림 4-24 극성 시험

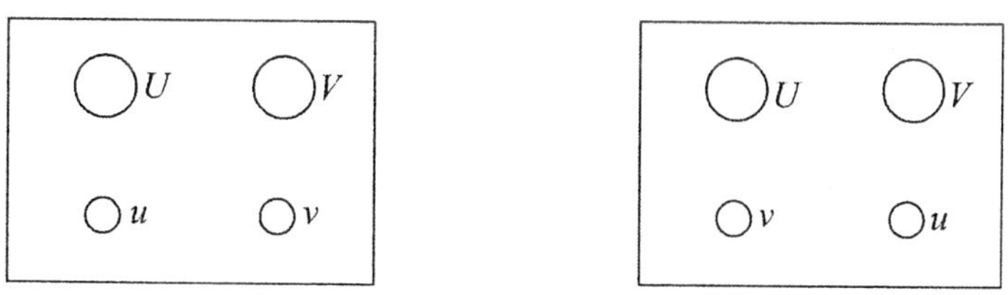

(a) 감극성　　　　(b) 가극성

그림 4-25 극성 표시

우리나라는 감극성을 표준으로 하며 1차 권선을 U, V, 2차 권선을 u, v로 하고 그림 4-25 (a)와 같이 U단자를 1차 단자측에서 보아 오른쪽으로 하여 U와 u가 같은 쪽에 표시한 것이 감극성이며 그림 (b)와 같이 U와 u가 대각선상에 있는 것이 가극성이다.

4.5.2 3상 결선

단상 변압기를 3상 결선할 때는 동일한 변압기 2대나 3대를 사용한다.

3상 결선 방법과 평형 3상 부하 때의 전압과 전류의 관계 및 벡터도에 대하여 알아보기로 한다. 3상 변압기나 3상 결선의 단자는 1차를 U, V, W로, 2차를 u, v, w로 표시하며 일반적으로 송배전 선로는 R, S, T로 표시한다.

(1) $\Delta-\Delta$ 결선

그림 4-26은 3개의 단상 변압기를 1차와 2차 모두 Δ결선으로 한 것이며 1차 권선에 선간 전압 $\dot{V}_{UV}, \dot{V}_{VW}, \dot{V}_{WU}$가 가해지고 각 상에 여자 전류가 흘러서 1차에 기전력 $\dot{E}_U, \dot{E}_V, \dot{E}_W$이 발생되며 2차 권선에도 각각 크기가 1차 기전력의 $1/a$인 2차 기전력 $\dot{E}_u, \dot{E}_v, \dot{E}_w$이 발생된다.

2차 단자에 평형 3상 부하를 접속하면 2차 권선에는 2차 기전력 $\dot{E}_u, \dot{E}_v, \dot{E}_w$ 보다 각각 역률각 θ만큼 뒤진 2차 상 전류 $\dot{I}_u', \dot{I}_v', \dot{I}_w'$가 흐르고 이들 2차 상전류에 의한 기자력을 상쇄하기 위하여 1차 권선에 1차 상 전류 $\dot{I}_U, \dot{I}_V, \dot{I}_W$가 흐른다.

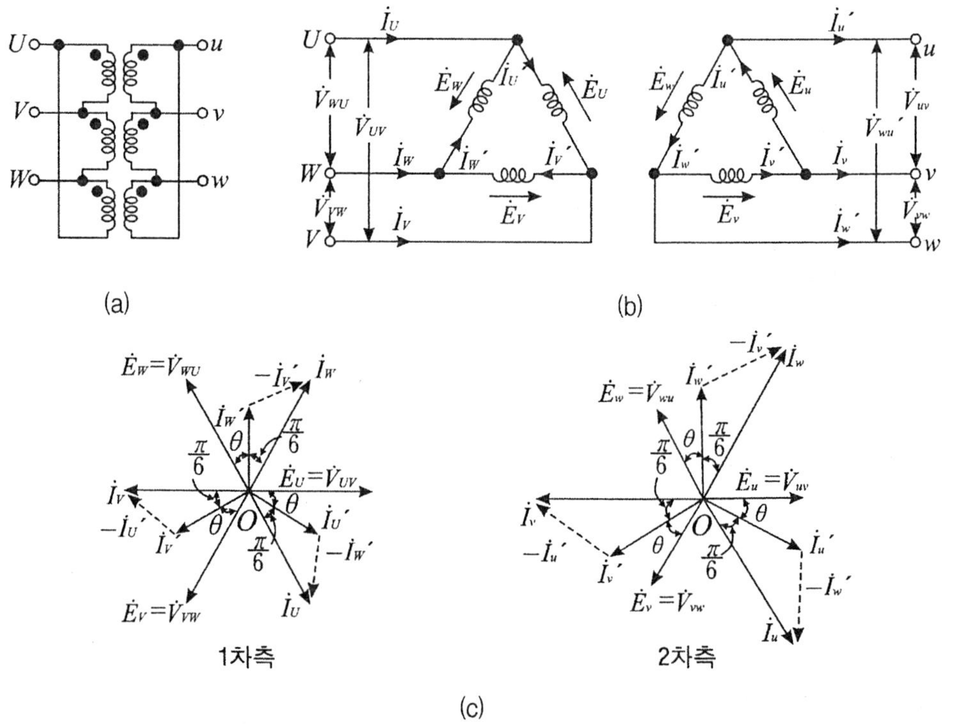

그림 4-26 $\Delta-\Delta$ 결선

그림 4-26 (a)와 같이 전압과 전류의 방향을 정하고 여자 전류와 누설 임피던

스를 무시하면 1차와 2차의 상전압, 선간 전압, 상전류, 선전류의 벡터도는 그림 4-26의 (b)와 같이 나타낼 수 있다. 선전류와 상전류의 위상차는 $\pi/6$[rad]이며 선전류, 상전류, 선간 전압, 상전압, 뱅크 용량을 각각 I_l, I_p, V_l, V_p, P_{bank}이라고 하면 이들은 다음과 같은 관계를 갖는다.

$$\left.\begin{aligned} I_l &= \sqrt{3}\, I_p \\ V_l &= V_p \\ P_{\text{bank}} &= 3V_p I_p = \sqrt{3}\, V_l I_l \end{aligned}\right\} \qquad (4\text{-}63)$$

(2) Y-Y 결선

그림 4-27은 1차와 2차를 모두 Y 결선한 결선도와 1차와 2차의 상전압, 선간 전압, 상전류, 선전류의 벡터도로 선간 전압과 상전압의 위상차는 $\pi/6$[rad]이며 다음과 같은 관계가 있다.

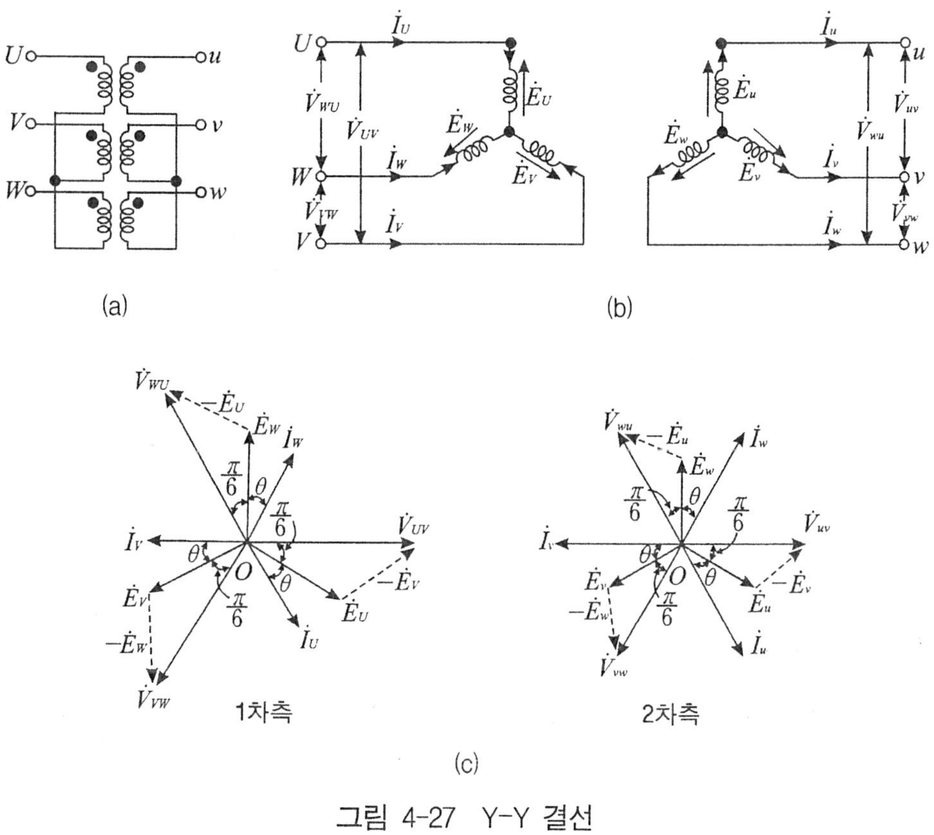

그림 4-27 Y-Y 결선

$$\left.\begin{aligned} I_l &= I_p \\ V_l &= \sqrt{3}\ V_p \\ P_{\text{bank}} &= 3V_pI_p = \sqrt{3}\ V_lI_l \end{aligned}\right\} \qquad (4\text{-}64)$$

(3) Δ-Y 결선

그림 4-28은 1차를 Δ, 2차를 Y로 결선한 결선도와 벡터도이며 2차 선간 전압 $\dot{V}_{uv}$는 1차 선간 전압 $\dot{E}_u(\dot{V}_{uv})$보다 $\pi/6$ 앞선다.

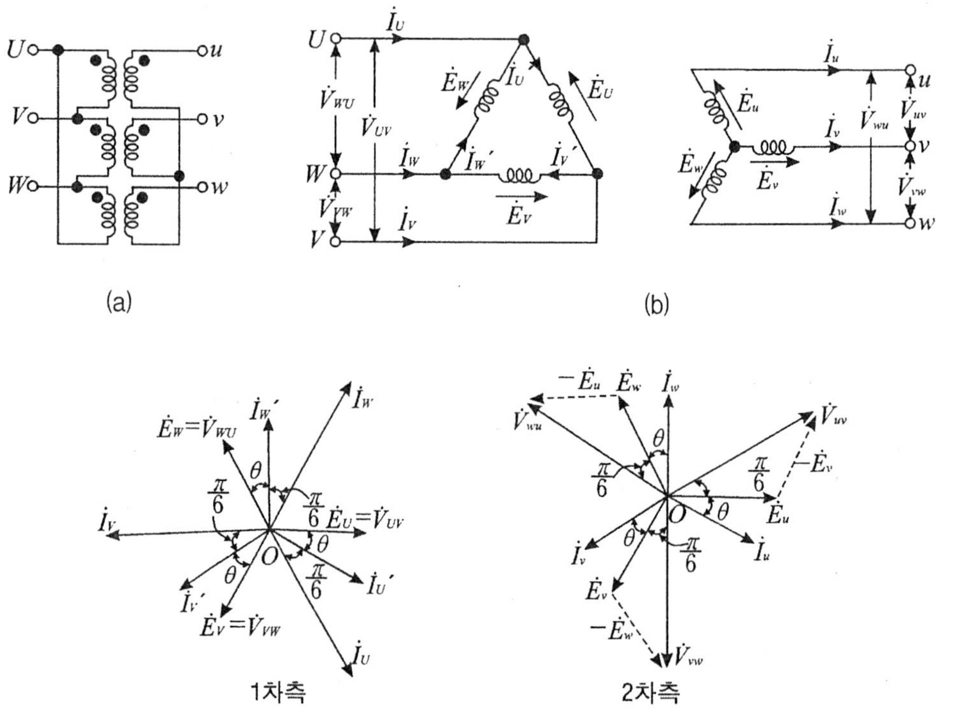

그림 4-28 Δ-Y 결선

(4) Y-Δ 결선

그림 4-29는 1차를 Y, 2차를 Δ로 결선한 결선도와 벡터도이며 2차 선간 전압 $\dot{E}_u(\dot{V}_{uv})$는 1차 선간 전압 $\dot{V}_{uv}$보다 $\pi/6$ 늦는다.

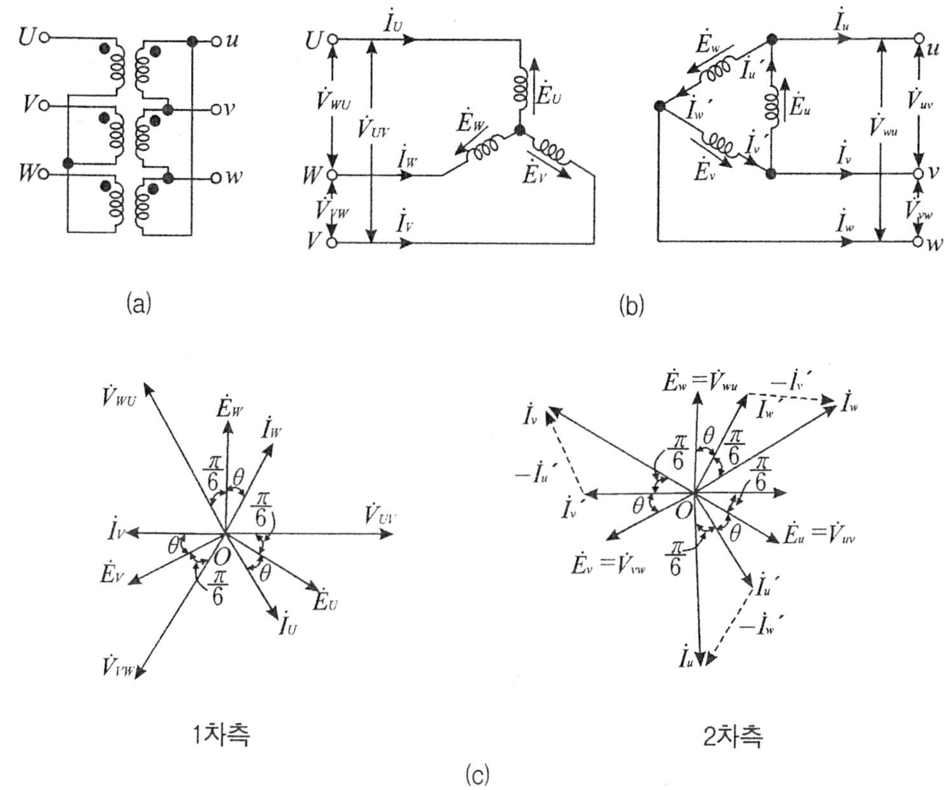

그림 4-29 Y-Δ 결선

(5) V 결선

V 결선은 Δ−Δ 결선으로 한 단상 변압기 3개 중 한 개를 제거한 결선법이다. 즉, 3개의 단상 변압기에서 1차와 2차가 모두 Δ−Δ 결선을 구성한 경우 그 중 한 개를 제거해도 나머지 2개의 변압기로 3상 전압을 3상으로 변환할 수 있으나 부하를 감소시키지 않으면 과부하가 될 염려가 있다.

그림 4-30에서 2차측의 단자 전압 $\dot{V}_{uv}$, $\dot{V}_{vw}$, $\dot{V}_{wu}$는

$$\dot{V}_{uv} = \dot{E}_{uv},\ \ \dot{V}_{vw} = \dot{E}_{vw},\ \ \dot{V}_{wu} = -\dot{E}_{uv} - \dot{E}_{vw}$$

의 관계를 가지므로 대칭 3상 전압으로 되며 뱅크 용량 $P_{\text{bank}} = \sqrt{3}\,V_p I_p$이다.

Δ−Δ 결선으로 사용하다 고장으로 V-V 결선하여 사용할 때, 두 결선의 용량비

는 $\dfrac{\sqrt{3}\,V_p I_p}{3\,V_p I_p} = 0.577$으로 감소하므로 부하를 줄이지 않으면 과부하가 될 우려가 있고 2대의 변압기 용량은 $2\,V_p I_p$이지만 뱅크 용량은 $\sqrt{3}\,V_p I_p$이므로 변압기의 이용률은 $\dfrac{\sqrt{3}\,V_p I_p}{2\,V_p I_p} = 0.866$이다.

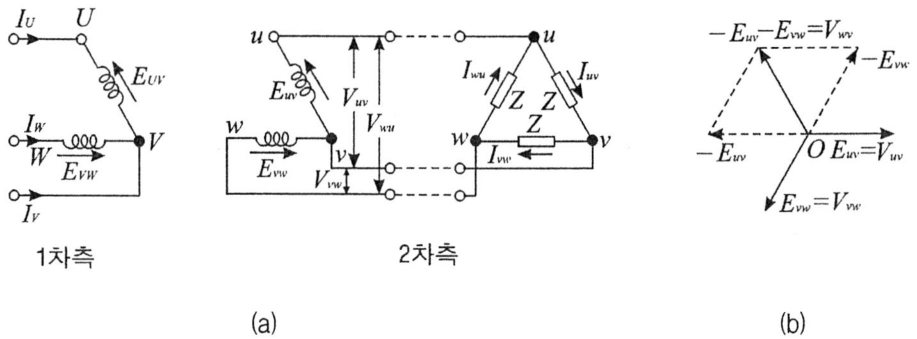

그림 4-30 V-V 결선

4.5.3 각종 3상 결선의 비교

송배전 선로에서 변압기의 결선 방식을 결정할 때는 각 결선의 장단점을 검토하여 송배전 선로에 맞는 결선 방식을 결정한다.

(1) Δ-Δ 결선

① 단상 변압기 3대 중 한 대가 고장일 때에는 이것을 제거하고 나머지 2대를 V결선으로 하여 사용할 수 있다.

② 제3 고조파 전류는 각 상이 동상이므로 권선에는 순환 전류가 흐르지만 송전 선로에는 흐르지 않으므로 고조파 전류에 대한 통신 장해가 적다.

③ 중성점을 접지할 수 없다.

④ 동일한 선간 전압에 대하여 Y결선보다 상 전압이 높으므로 권수가 많아지고 대부분의 경우에는 절연 때문에 권선의 점적률이 낮아진다.

(2) Y-Y 결선

① 중성점을 접지시킬 수 있다.
② 상 전압이 선간 전압의 $1/\sqrt{3}$이 되므로 절연이 쉽다.
③ 전력에 고조파를 포함하고, 중성점이 접지되어 있을 때는 선로에 제3고조파를 주로 하는 충전 전류가 흘러 통신 장해를 준다.

따라서 이 결선은 거의 사용하지 않으나, 3차 권선을 설치하여 Y−Y−Δ의 3권선 변압기로 한 것은 송전용에 널리 사용된다.

(3) Y-Δ 결선, Δ-Y 결선

Δ−Y 결선은 발전소용 변압기와 같이 낮은 전압을 높은 전압으로 올리는 경우에 주로 사용되고, Y-Δ 결선은 수전단 변전소용 변압기와 같이 높은 전압을 낮은 전압으로 내리는 경우에 주로 사용된다.

① 1, 2차 결선 중 한 쪽은 Δ 결선으로 여자 전류의 제3 고조파 통로가 있기 때문에 제3 고조파에 의한 통신 장해가 적다.
② Y결선이 있어 중성점을 접지할 수 있다.
③ 1차 선간 전압과 2차 선간 전압 사이에 $\pi/6$의 위상차가 생긴다.

(4) V 결선

① 주상 변압기에서는 설치 방법이 간단하며 소용량에서는 가격도 싸기 때문에 3상 부하에 널리 사용된다.
② 부하가 증가하는 경우 Δ−Δ 결선으로 할 것을 예정하여 처음에 2개로 V결선해서 사용하는 일이 있다.
③ 변압기 용량의 이용률은 $\sqrt{3}/2=0.866$으로 나쁘고 부하의 상태에 따라서는 2차 단자 전압이 불평형으로 된다.

예제 4-9

정격이 같고 권수비 10인 3대의 단상 변압기를 $Y-\Delta$로 접속하여 2차에 단자 전압 200[V], 75[kVA]의 3상 평형 부하를 걸었을 때 각 변압기의 1차 및 2차 권선의 전류와 1차 선간 전압을 구하라.

풀이

각 변압기에는 75/3=25[kVA]의 부하가 걸리므로 2차 권선의 전류 I_{2p}는

$$I_{2p} = \frac{25 \times 10^3}{200} = 125[A]$$

1차 권선의 전류는 권수비가 10이므로

$I_{1p} = I_{2p}/a = 125/10 = 12.5[A]$

1차 상전압 $V_{1p} = aV_{2p} = 10 \times 200 = 2000[V]$

1차 선간 전압 $V_{1l} = \sqrt{3}\,V_{1p} = \sqrt{3} \times 2000 \fallingdotseq 3464\,[V]$

예제 4-10

2[kVA]의 단상 변압기 3대를 써서 Δ결선으로 하여 급전하고 있는 경우 1대가 소손하였기에 이것을 제거했다. 이 경우 부하가 5.16[kVA]였다면 나머지 2대의 변압기는 몇 [%] 과부하가 되는가?

풀이

V 결선의 뱅크 용량은 $P = \sqrt{3} \times 2 = 3.46\,[kVA]$이므로

$5.16/3.46 = 1.49$으로 49[%]의 과부하가 된다.

4.6 상수 변환

전력은 보통 단상이나 3상 교류로 공급되므로 부하의 종류에 따라서는 2상, 6상, 12상 등이 필요한 경우가 있다. 예를 들면 단상 교류 전기 철도에서 부하의 불평형을 경감하기 위하여 1뱅크(bank)의 변압기로부터 공급받아 2상으로 변환하여 2회로를 단선 구간의 상행선과 하행선에 공급한다. 정류 회로에서는 효율을 좋게 하고 직류의 파형을 개선하기 위하여 3상을 6상, 12상 등으로 변환시킨 다음 정류한다.

4.6.1 3상-2상간의 상수 변환

단상 변압기 2대를 사용하여 3상에서 2상으로 변환하는 대표적인 방법은 스코트 결선(scott connection)으로 T결선(T connection)이라고도 하며 이 결선 외에

메이어 결선(Meyer connction)과 우드브리지 결선(Woodbridge connection)이 있으나 여기서는 생략한다.

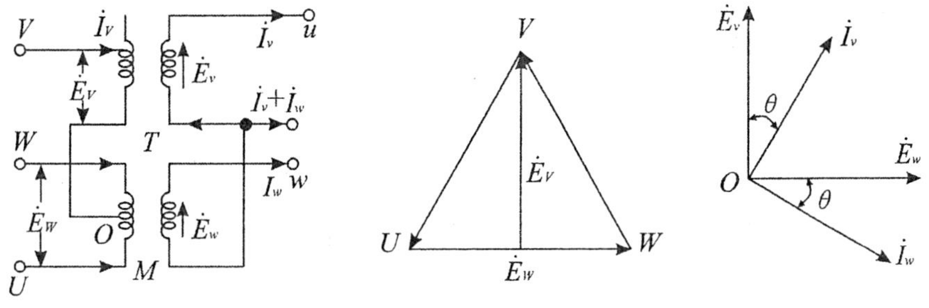

(a) (b) (c)

그림 4-31 스코트 결선

그림 4-31 (a)와 같이 동일한 변압기 2대를 사용하여 변압기 M의 1차 권선의 중점 O와 변압기 T의 1차 권선을 연결하고, 변압기 T의 1차 권수의 $\sqrt{3}/2 = 0.866$인 점에 인출선을 접속한다. 인출선과 변압기 M의 1차 권선에 3상 전원을 접속하면 2차측에서 두 변압기의 극성이 같은 단자를 공통선으로 하고 나머지 두 단자에서 2상 3선식의 전원을 얻을 수 있다. 변압기 M을 주좌 변압기(main transformer), 변압기 T를 T좌 변압기(teaser transformer)라고 한다.

평형 3상 전압을 그림 4-31 (b)와 같이 삼각 벡터도를 그리면 변압기 T의 1차측에 가한 전압을 $\dot{E}_{VW}$라 하면

$$\dot{E}_{VW} = \dot{E}_V + \frac{1}{2}E_W,\ \dot{E}_{UV} = \frac{1}{2}\dot{E}_W - \dot{E}_V \tag{4-65}$$

으로 벡터도에서 $\dot{E}_V$와 $\dfrac{\dot{E}_W}{2}$는 $\pi/2$의 위상차가 있으므로 M과 T의 2차 전압도 그림 (c)와 같이 $\pi/2$의 위상차가 있으므로 2상 전압을 얻을 수가 있다.

1차측이 평형 3상 전압이면 그림 (b)에서 $\dot{E}_V$는 $\dot{E}_W$의 $\sqrt{3}/2$이므로 같은 권수비의 변압기를 사용하면 T의 2차 전압은 M의 2차 전압의 $\sqrt{3}/2$배가 되므로 그림 (a)와 같이 T의 1차 권수가 M의 1차 권수의 $\sqrt{3}/2$이 되는 점에 인출선을 접속하면 두 변압기의 2차 전압이 같게 되어 평형 2상 전압이 된다.

T의 2차에 정격 전류가 흐르면 1차 권선에는 정격 전류의 $2/\sqrt{3}$배의 전류가 되므로 1차 권선에 정격 전류가 흐르려면 2차 전류는 정격 전류의 $\sqrt{3}/2$배의 전류를 흘려야 하므로 스코트 결선의 출력 P_s 는 다음과 같이 된다.

$$P_s = 2V_{2n}\left(\frac{\sqrt{3}}{2}I_{2n}\right) = \sqrt{3}\,V_n I_n\,[\text{VA}] \tag{4-66}$$

변압기의 정격 전압을 V_n, 정격 전류를 I_n이라 하면 두 변압기의 정격 용량의 합은 $2V_n I_n$으로 변압기의 이용률은 다음과 같이 된다.

$$\text{이용률} = \frac{\sqrt{3}\,V_n I_n}{2V_n I_n} = \frac{\sqrt{3}}{2} = 0.866 \tag{4-67}$$

4.6.2 3상-6상간의 상수 변환

평형 3상 전압 $\dot{E}_u$, $\dot{E}_v$, $\dot{E}_w$가 있을 때, 이들을 각각 π만큼씩 이동한 E_u', E_v', E_w'를 만들면 평형 6상 전압을 얻을 수 있으므로 3대의 변압기를 사용하여 1차측 결선은 Δ 결선 또는 Y 결선으로 하고 2차측은 6상 전압을 얻을 수 있도록 결선을 한다. 이와 같은 결선 방법에는 2중 Y 결선, 2중 Δ 결선, 환상 결선, 대각 결선, 포크 결선(fork connection)이 있다.

(1) 2중 성형 결선

2차측에 권수가 같은 2개의 권선을 갖고 있는 3대의 변압기를 1차측은 성형으로 결선하고 2차측은 그림 4-32와 같이 결선하면 평형 6상 전압을 얻을 수 있으며 2차에 중간 탭을 가진 변압기를 사용할 수도 있다.

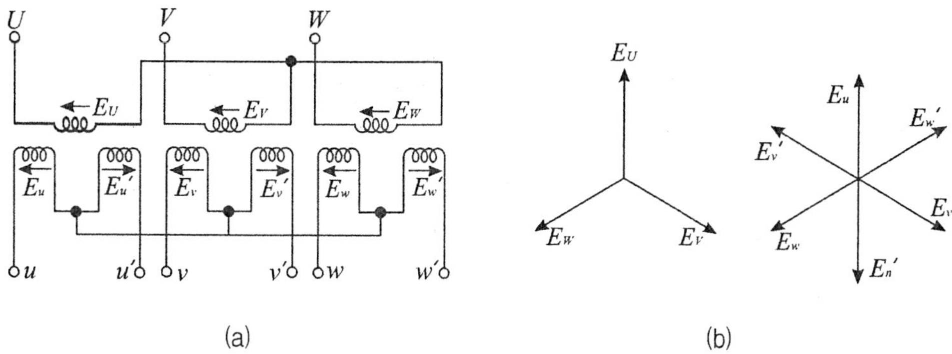

그림 4-32 2중 성형 결선

(2) 2중 Δ 결선

2차측에 권수가 같은 2개의 권선을 갖고 있는 변압기 3대를 1차는 Δ 결선으로 하고 2차측은 그림 4-33과 같이 2차측의 6개의 권선을 2개의 Δ 결선으로 하는데 하나는 반대로 결선하여 평형 6상 전압을 얻는다.

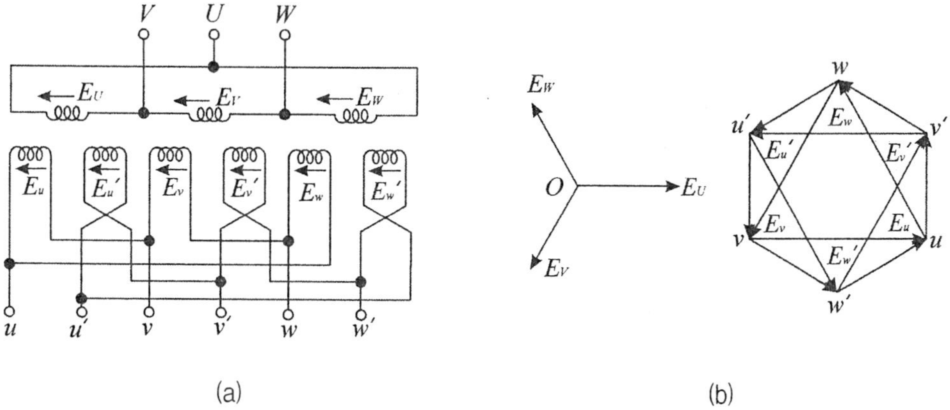

그림 4-33 2중 Δ 결선

(3) 환상 결선

2차측에 권수가 같은 2개의 권선을 갖고 있는 변압기 3대를 1차는 Δ 결선 또는 Y 결선으로 하고 2차 권선의 단자를 그림 4-34 (a)과 같이 표시하고 같은 숫자를 접속하면 그림 (b)에서 알 수 있는 바와 같이 6상의 전압을 얻을 수 있다.

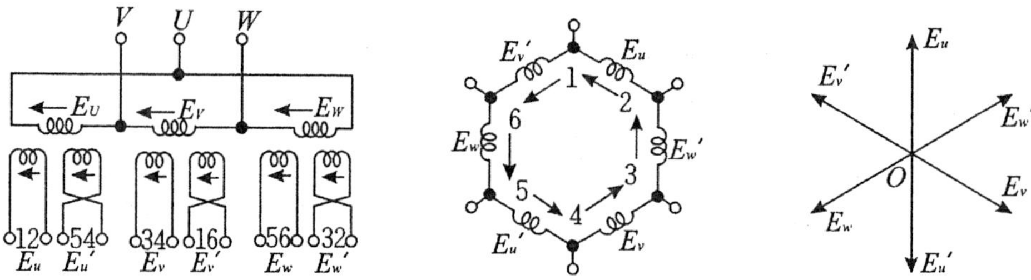

(a) (b) (c)

그림 4-34 환상 결선

(4) 대각 결선(Diametrical Connection)

일반적으로 사용되는 결선이며 2차 권선을 두 개로 나누지 않고 그림 4-35와 같이 2차 권선을 평형 6상 부하의 서로 대응하는 단자 사이를 접속하여 평형 6상 전압을 얻는다.

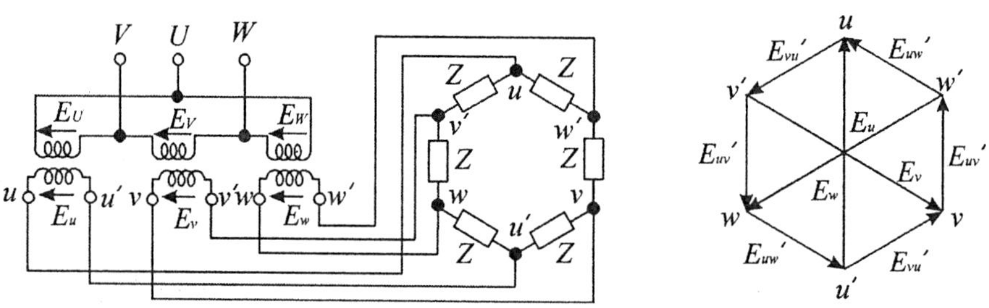

(a) (b)

그림 4-35 대각 결선

(5) 포크 결선(Fork Connection)

2차측에 권수가 같은 3개의 권선을 갖고 있는 변압기 3대를 1차는 Y결선으로 하고 2차는 그림 4-36 (a)와 같이 결선하며 그림 (b)는 2차측 벡터도이다.

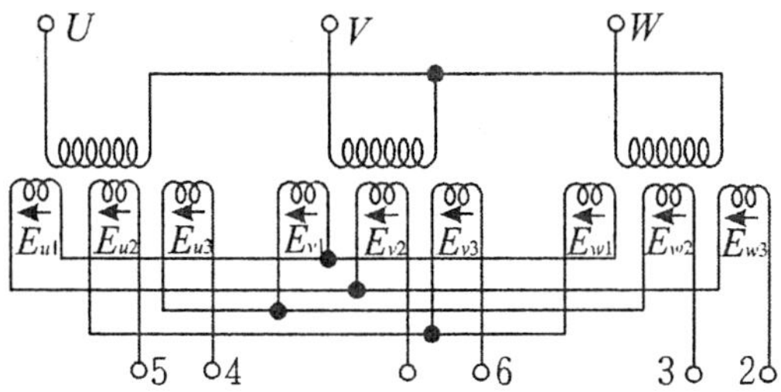
(a) 결선도

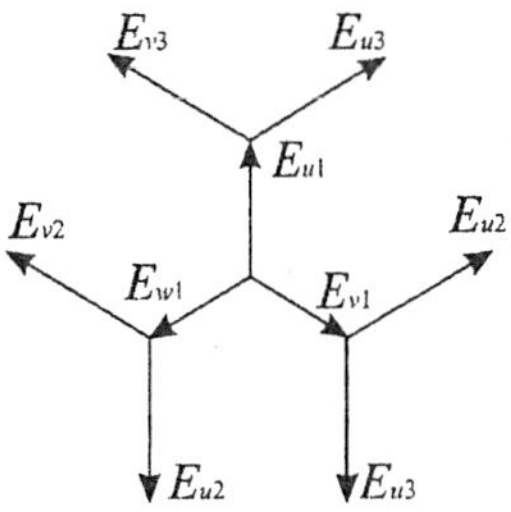
(b) 벡터도

그림 4-36 포크 결선

4.7 변압기의 병렬 운전

4.7.1 병렬 운전의 조건

부하의 증가 또는 경제적인 운전이라는 점에서 2대 이상의 변압기를 병렬로 운전할 경우가 있다. 병렬 운전하려는 변압기는 다음과 같은 조건이 필요하지만 실용상 지장이 없는 정도이면 꼭 만족할 필요는 없다.

① 1차와 2차의 정격 전압이 같고 권수비가 같을 것.
② 극성이 같을 것.
③ 백분율 임피던스 강하가 같고, 백분율 저항 강하와 리액턴스 강하의 비가 같을 것.
④ 3상에서는 변압기나 뱅크의 상회전 방향 및 위상 변위가 같을 것.

위의 조건을 만족하지 않는 경우는 다음과 같은 결과가 온다.

① 권선비가 같지 않으면 2차 기전력의 크기가 서로 다르게 되므로 그 차에 의해서 각 변압기의 2차 권선으로 형성된 폐회로에 순환 전류가 흘러서 권선을 과열하게 된다.
② 극성이 반대인 변압기를 연결하면 2차 권선의 폐회로에 2차 기전력의 합이 가해지므로 커다란 순환 전류가 흘러 2차 권선을 소손할 염려가 있다.
③ 임피던스 강하가 같지 않으면 각 변압기의 부하 분담이 용량에 비례하지 않

으며, 저항 강하와 리액턴스 강하의 비가 같지 않으면 각 변압기의 전류간에 위상차가 생겨 동손이 증가하여 허용 출력이 감소한다.

④ 3상에서 상회전이나 위상 변위가 같지 않을 때는 변압기나 뱅크 사이에 순환 전류가 흘러 권선을 과열하게 된다.

4.7.2 단상 변압기의 병렬 운전

그림 4-37 (a)와 같이 병렬로 연결된 변압기의 등가회로는 그림 (b)와 같이 된다.

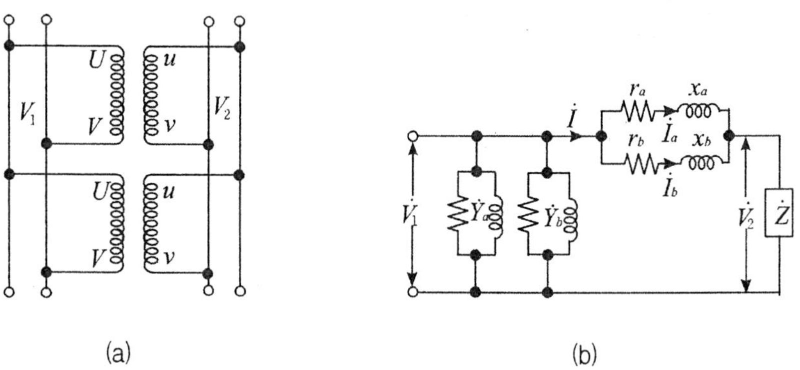

그림 4-37 단상 변압기의 병렬 운전

각 변압기는 각각 동일 모선과 동일 부하에 연결되어 있으므로 그 단자 전압을 각각 $\dot{V}_1, \dot{V}_2$라 하고 각 변압기의 부하 전류를 각각 $\dot{I}_a$, $\dot{I}_b$라고 하면

$$\left.\begin{aligned} \dot{V}_1 &= \dot{Z}_a\dot{I}_a + \dot{V}_2 \\ \dot{V}_1 &= \dot{Z}_b\dot{I}_b + \dot{V}_2 \end{aligned}\right\} \tag{4-68}$$

이고 여자 전류를 무시하면 부하 전류 $\dot{I}$는

$$\dot{I} = \dot{I}_a + \dot{I}_b \tag{4-69}$$

이며, 등가 회로에서 다음의 관계가 성립되며 이 관계는 3대 이상의 병렬 운전에도 성립된다.

$$\dot{I}_a \dot{Z}_a = \dot{I}_a \dot{Z}_b = \dot{I} \dot{Z} \quad \text{여기서} \quad \dot{Z} = \frac{\dot{Z}_a \dot{Z}_b}{\dot{Z}_a + \dot{Z}_b} \tag{4-70}$$

$$\therefore \frac{\dot{I}_a}{\dot{I}_b} = \frac{\dot{Z}_b}{\dot{Z}_a} \tag{4-71}$$

$$\dot{I}_a = \dot{I} \times \frac{\dot{Z}_b}{\dot{Z}_a + \dot{Z}_b}, \quad \dot{I}_b = \dot{I} \times \frac{\dot{Z}_a}{\dot{Z}_a + \dot{Z}_b} \tag{4-72}$$

두 변압기의 1차 정격 전류와 전압을 각각 I_{an}[A], I_{bn}[A], V_n[V]라 하면 백분률 임피던스 강하 z_a, z_b에서 누설 임피던스를 구하면 다음과 같다.

$$\left. \begin{aligned} z_a &= \frac{Z_a I_{an}}{V_n} \times 100 \qquad \therefore Z_a = \frac{z_a V_n}{I_{an} \times 100} \\ z_b &= \frac{Z_b I_{an}}{V_n} \times 100 \qquad \therefore Z_b = \frac{z_b V_n}{I_{bn} \times 100} \end{aligned} \right\} \tag{4-73}$$

식 (4-73)을 식 (4-71)에 대입하고 각 변압기의 정격 용량을 P_{an}[VA] 및 P_{bn}[VA]라 하면 다음과 같이 된다.

$$\frac{I_a}{I_b} = \frac{z_b V_n I_{an}}{z_a V_n I_{bn}} = \frac{z_b}{z_a} \times \frac{V_n I_{an}}{V_n I_{bn}} = \frac{z_b}{z_a} \times \frac{P_{an}}{P_{bn}} \tag{4-74}$$

각 변압기의 부하 분담을 P_a, P_b라 하면

$$\frac{P_a}{P_b} = \frac{I_a V_n}{I_b V_n} = \frac{I_a}{I_b} = \frac{z_b}{z_a} \times \frac{P_{an}}{P_{bn}} \tag{4-75}$$

이 되고 부하 P는 $P = P_a + P_b$이다.

각 변압기가 분담하는 전류가 정격 용량에 비례하기 위해서는 식 (4-74)에서 두 변압기 백분률 임피던스 강하 z_a와 z_b가 같아야 한다는 것을 알 수 있다.

그림 4-38 (a)는 $\frac{r_a}{x_a} = \frac{r_b}{x_b}$일 때의 벡터도로 각 변압기의 임피던스 각 β는 같으므로 부하 전류는 $I = I_a + I_b$와 같이 되고, 그림 (b)는 $\frac{r_a}{x_a} \neq \frac{r_b}{x_b}$로 $\beta_a \neq \beta_b$가

되어 부하 전류는 $\dot{I}=\dot{I}_a+\dot{I}_b$와 같이 벡터합이 된다.

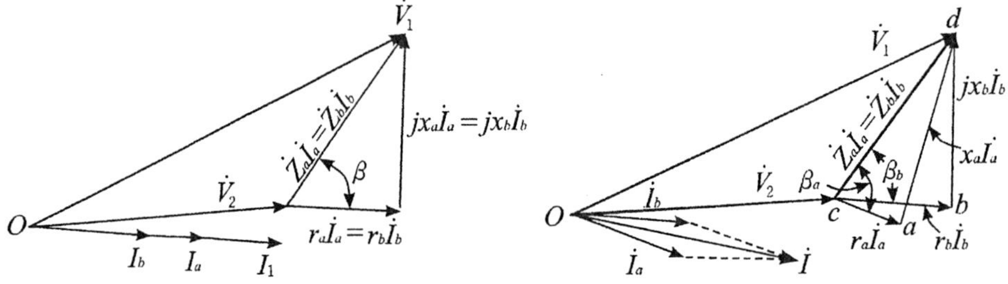

(a) (b)

그림 4-38 병렬 운전의 벡터도

일정한 부하 전류 I에서 $\dot{I}_a$와 $\dot{I}_b$가 동 위상이면 각 변압기의 전류 I_a, I_b는 최소가 되어 동손이 최소로 된다.

저항과 리액턴스의 비가 같지 않을 때에 식 (4-75)는 맞지 않으나 실제로 이 비의 차이는 작기 때문에 실용상 이 식을 사용해도 관계없다. 일반적으로 두 변압기에 정격 용량의 비가 3 : 1 이하로 백분율 임피던스의 차이가 그 평균값의 10[%] 이하일 때는 병렬 운전을 해도 별 지장이 없다.

예제 4-11

정격 전압이 같고 용량과 % 임피던스 강하가 각각 100[kVA], 3[%], 200[kVA], 2[%]인 두 변압기를 병렬로 접속하여 2차측에 240[kVA]의 부하를 걸었을 때 각 변압기의 분담은 얼마인가?

풀이

$$\frac{P_a}{P_b}=\frac{z_b}{z_a}\times\frac{P_{an}}{P_{bn}}=\frac{2}{3}\times\frac{100}{200}=\frac{1}{3}$$

$$P_a=\frac{1}{3}P_b$$

$$P=P_a+P_b=\frac{1}{3}P_b+P_b=240$$

$$P_b=180[\text{kVA}],\ P_a=60[\text{kVA}]$$

예제 4-12

두 변압기의 특성이 아래와 같은 변압기를 병렬로 하여 22[kVA], 역률 1인 부하에 전력을 공급할 때 각 변압기의 부하 분담[kVA]은 얼마인가?

A : 3000/100[V], 8[kVA], 0.025+ j0.026[Ω]

B : 3000/100[V], 15[kVA], 0.01+ j0.019[Ω]

풀이

부하 전류 $I=\dfrac{22000}{100}=220[A]$

$$\dot{I}_a=\dot{I}\frac{\dot{Z}_b}{\dot{Z}_a+\dot{Z}_b}=220\times\frac{0.01+j0.019}{0.035+j\,0.045}=81.57+j\,14.55$$

$I_a=82.86[A]$

$$\dot{I}_b=\dot{I}\frac{\dot{Z}_a}{\dot{Z}_a+\dot{Z}_b}=220\times\frac{0.025+j\,0.026}{0.035+j\,0.045}=138.43-j\,14.55$$

$I_b=139.2\,[A]$

A 변압기의 분담 $P_a=100\times 82.86=8286\,[VA]$

B변압기의 분담 $P_b=100\times 139.2=13920\,[VA]$

$P_a+P_b=8286+13920=22206\,[VA]$로 부하보다 큰 것은 저항과 리액턴스비가 같지 않기 때문이다.

4.7.3 3상 뱅크의 병렬 운전

3상 변압기나 단상 변압기 3대로 3상 결선된 것(뱅크)을 병렬 운전하는 경우는 단상 변압기의 병렬 운전 조건 이외에 상 회전의 방향 및 1차, 2차의 선간 전압의 위상 변위가 같지 않으면 안된다. 두 뱅크의 정격 1차, 2차 전압이 같으면 같은 위상 변위일 때 동일한 기호의 단자를 접속하여 병렬 운전을 할 수 있다.

같은 Y-Y 결선에서 1차측의 결선이 같더라도 그림 4-39 (a), (b)와 같이 2차측의 극성을 반대로 결선하면 2차측의 전압 벡터는 그림 (c), (d)와 같이 다르게 된다. 그림 (d)에서 전압 $\dot{V}_{UV}$와 $\dot{V}_{uv}$ 사이의 위상차를 위상 변위라 하며 시계 방향으로 측정한 각도를 (+)로 한다. 따라서 그림 (d)의 위상 변위는 π이다.

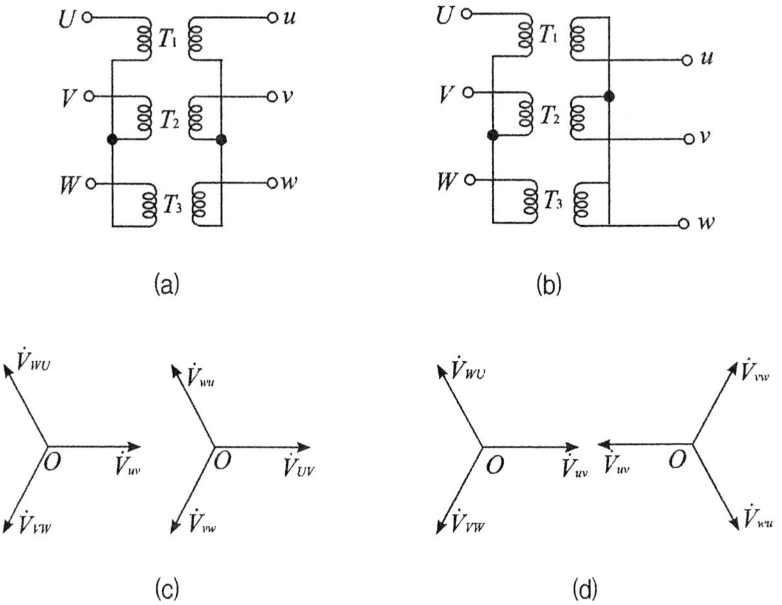

그림 4-39 3상 결선과 벡터도

그림 4-40은 각종 결선의 위상 변위를 나타낸 것이다.

위상 변위	벡터도		결선도	
	1차	2차	1차	2차
0°	(a) (b) 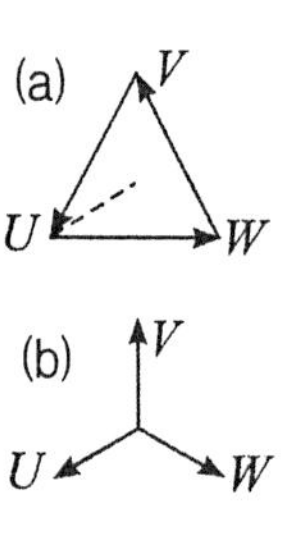	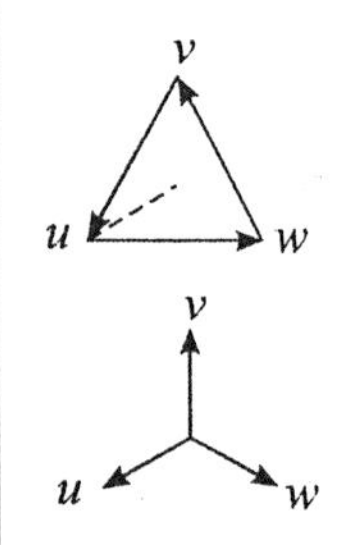	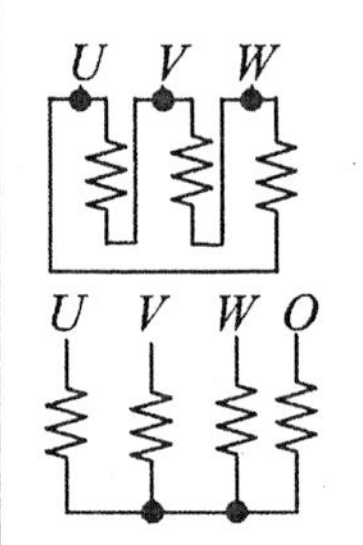	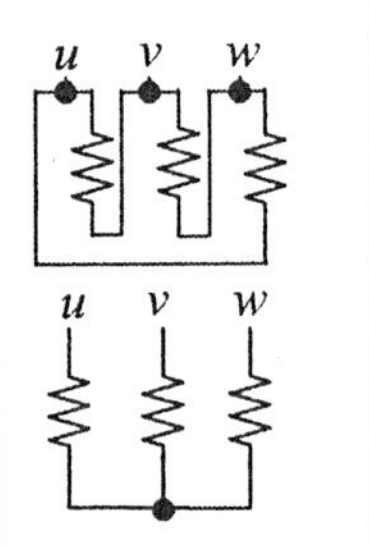
330° (−30°)	(c) 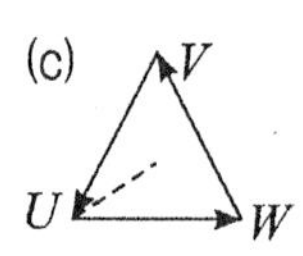	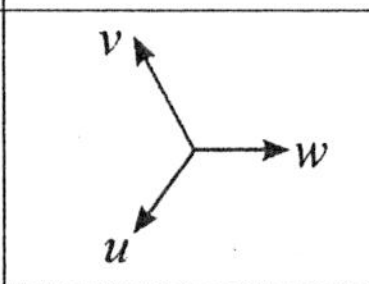	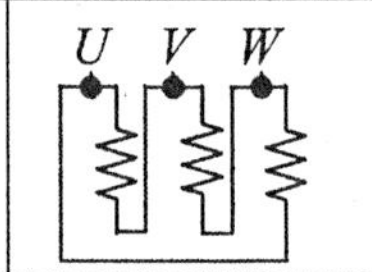	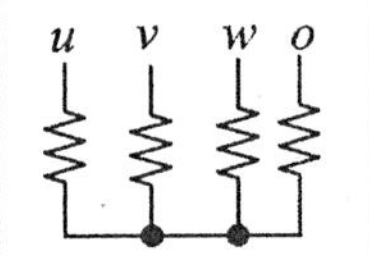
30°	(d) 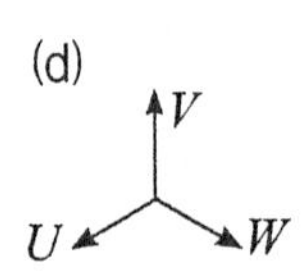	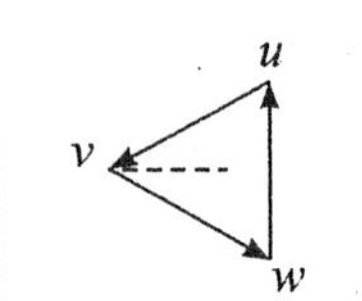	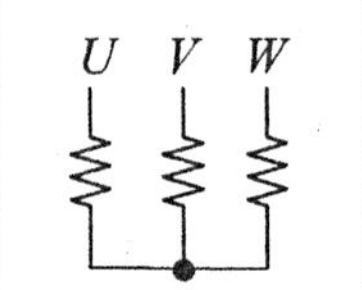	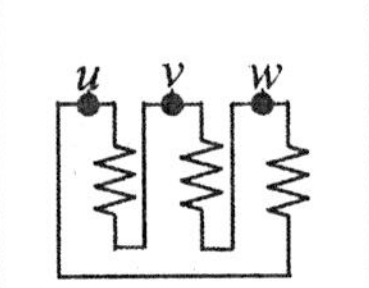

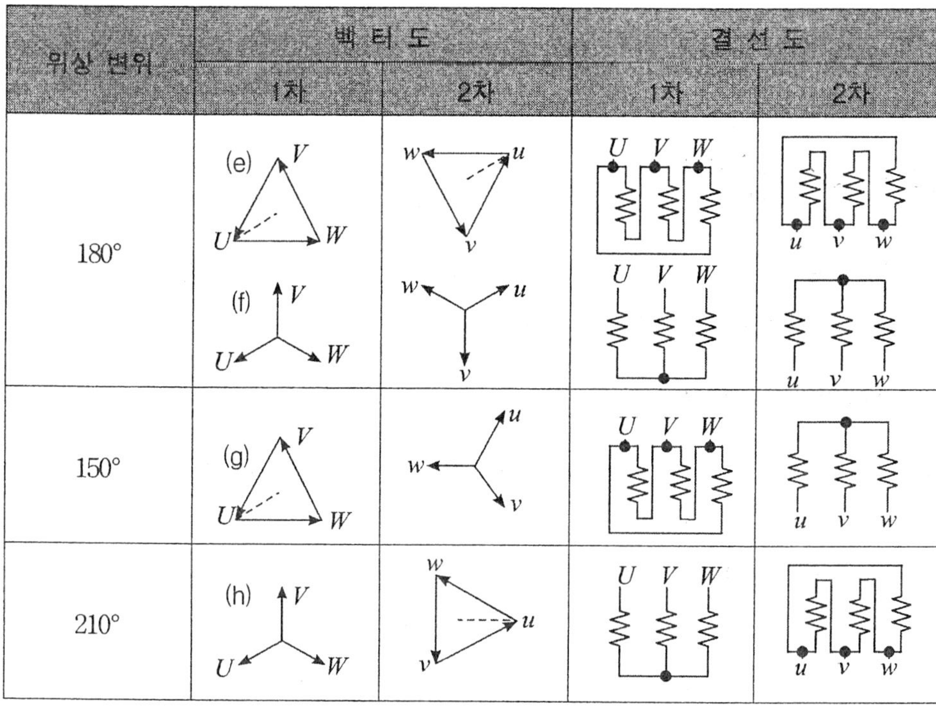

그림 4-40 3상 결선의 위상 변위

병렬 운전이 가능한 결선과 불가능한 조합을 나타내면 표 4-1과 같다.

V-V는 Δ-Δ와 같이 취급해도 좋으므로 병렬 운전의 가능, 불가능은 Δ-Δ에 준한다.

표 4-1 3상 변압기의 병렬 운전 결선 조합

가 능	불가능
Δ-Δ와 Δ-Δ	Δ-Δ와 Δ-Y
Y-Y와 Y-Y	Δ-Y와 Y-Y
Y-Δ와 Y-Δ	
Δ-Y와 Δ-Y	
Δ-Δ와 Y-Y	
Δ-Y와 Y-Δ	

4.8 각종 변압기

4.8.1 3상 변압기

3상 변압기도 단상 변압기와 같이 외철형과 내철형으로 분류되고 결선은 단상 변압기의 3상 결선과 같은 방법으로 한다.

(1) 내철형 3상 변압기

그림 4-41 (a)는 분포 내철형으로 철심의 3부분 A, B, C에 각 상의 1차 권선과 2차 권선을 감은 다음 3상 결선을 하고 1차에 3상 전압을 가하면 각 상의 자속은 크기가 같고 위상차가 $2\pi/3$이므로 공통 부분의 철심을 지나는 합성 자속은 0이 되어 공통 부분을 그림 (b)와 같이 제거할 수 있어 재료가 절약되나, 제3 고조파 자속 및 영상 자속에 대한 자로(磁路)가 없어 자기 저항이 커지는 단점이 있다.

그림 (c)는 내철형으로 각 상의 권선은 각 상 모두 동일한 방법으로 권선하며 철심과 계철의 단면적을 같게 한다.

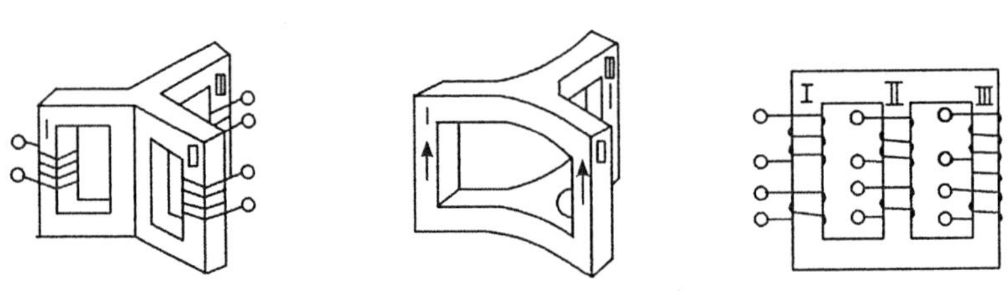

(a) (b) (c)

그림 4-41 내철형 3상 변압기

(2) 외철형 3상 변압기

그림 4-42는 외철형 3상 변압기로 중앙 부분의 권선을 다른 부분의 권선과 반대로 접속하면 각 상의 자속 $\dot{\Phi}_A$, $\dot{\Phi}_B$, $\dot{\Phi}_C$는 평형 3상 자속으로, 그림 (b)에서, a 부분의 자속은 $\frac{1}{2}\dot{\Phi}_A+\frac{1}{2}\dot{\Phi}_B$, c부분의 자속은 $\frac{1}{2}\dot{\Phi}_B+\frac{1}{2}\dot{\Phi}_C$이며 크기는 주 자속의 1/2이므로 계철 a와 c의 단면적을 b부분의 1/2로 하여도 되므로 철심이 절약된다.

중앙 권선을 다른 상과 같게 권선하면 a와 c 부분의 자속은 각각

$$\frac{1}{2}\dot{\Phi}_A-\frac{1}{2}\dot{\Phi}_B,\ \frac{1}{2}\dot{\Phi}_B-\frac{1}{2}\dot{\Phi}_C$$

으로 주 자속의 $\sqrt{3}/2$배가 된다. 따라서 외철형은 중앙 부분의 권선을 다른 부분의 권선과 반대로 감는다.

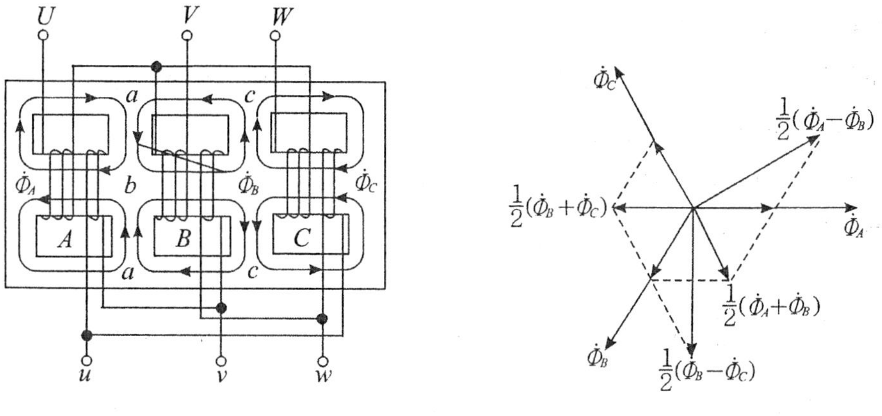

그림 4-42 외철형 3상 변압기

3상 변압에서 단상 변압기 3대를 결선한 1뱅크에 대하여 한 대의 예비 변압기가 필요하다고 보아 단상 변압기를 사용하였으나 근래에는 3상 변압기를 많이 사용하고 있다.

3상 변압기는 단상 변압기보다 철심, 부싱 및 유량이 적게 사용되어 경제적이지만 1대의 중량이 무겁고 고장시 수리가 쉽지 않고 비용이 많이 들었으나 최근에는 제작, 보수의 기술이 발전되어 변압기에 대한 신뢰성이 향상되었고 냉각 방식, 재료, 구조 등의 개량으로 3상 변압기가 비교적 소형이 되어 조립한 상태로 수송하는 것이 편하게 되었다.

단상 변압기는 $\Delta-\Delta$ 결선으로 급전하고 있을 때, 1대가 고장이 나도 나머지 2대를 V결선으로 하여 그대로 운전을 계속할 수 있고 예비기로서 1뱅크가 필요한 경우는 3상 변압기가 유리하지만 단상 변압기 1대로도 괜찮은 경우는 단상 변압기가 유리하다.

4.8.2 3권선 변압기

다권선 변압기는 3개 이상의 권선이 있는 변압기로 다음의 경우에 사용되며 그림 4-43과 같은 3권선 변압기가 대부분이다.

① Y－Y－Δ로 하여 Y－Y 결선에서 나타나는 자속의 일그러짐을 방지하는 경우나 발·변전소에서 3차 권선에서 발·변전소의 소내용 전력 또는 근처에 있는 수용가에 전력을 공급하는 경우

② 3권선 중 2개의 권선을 1차로 하고 나머지 한 권선을 2차로 하여 각각 다른 계통에서 전력을 공급받는 경우

③ 정류 회로에 공급하기 위하여 상 변환을 하는 경우

④ 통신용 전원 변압기로 사용하는 경우

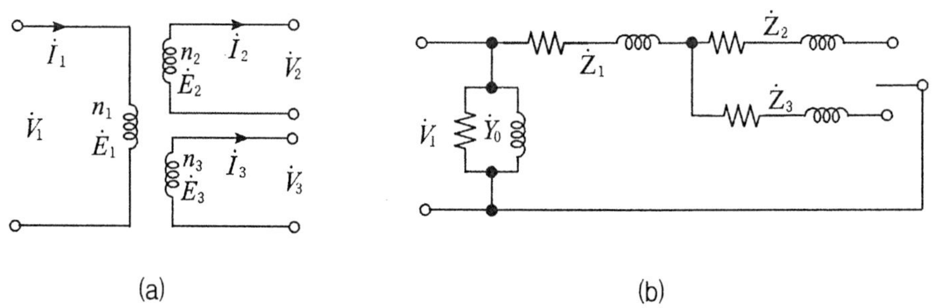

그림 4-43 3권선 변압기

1차, 2차 및 3차 기전력을 각각 E_1, E_2, E_3, 권수를 각각 n_1, n_2, n_3이라 하면 이들의 관계는 다음과 같다.

$$E_2 = \frac{n_2}{n_1}E_1, \ E_3 = \frac{n_3}{n_1}E_1 \tag{4-76}$$

2차 권선과 3차 권선에 부하를 건 경우의 전류를 $\dot{I}_2$, $\dot{I}_3$라고 하면, 1차 전류는 $\dot{I}_2$, $\dot{I}_3$에 대응하여 1차 권선에 흐르는 1차 부하 전류와 여자 전류 $\dot{I}_0$의 벡터합이다.

$$\dot{I}_1 = \dot{I}_0 - \frac{n_2}{n_1}\dot{I}_2 - \frac{n_3}{n_1}\dot{I}_3 \tag{4-77}$$

따라서 2차 권선의 부하가 유도성 부하인 경우는 3차 권선에 용량성 부하를 접속하면 1차 전류의 역률을 개선할 수 있다.

예제 4-13

3권선 변압기에서 전압이 1차 100[kV], 2차 20[kV], 3차 10[kV]이다. 2차에 역률 80[%]의 유도성 부하 4000[kVA], 3차에 역률 60[%]의 용량성 부하 3000[kVA]를 걸었을 때 1차 전류 및 역률을 구하라.

풀이

2차의 피상 전력

$\dot{P_2} = P_2(\cos\theta_2 + j\sin\theta_2) = 4000(0.8 + j\,0.6) = 3200 + j2400$

3차의 피상 전력

$\dot{P_3} = P_3(\cos\theta_3 + \sin\theta_3) = 3000(0.6 - j\,0.8) = 1800 - j2400$

1차의 피상 전력 $\dot{P_1} = \dot{P_2} + \dot{P_3} = 5000[\text{kVA}]$

1차 전류 $I_1 = \dfrac{P_1}{V_1} = 5000 \div 100 = 50[\text{A}]$

역률 $\cos\theta = 1$

4.8.3 단권 변압기

(1) 단권 변압기의 원리

그림 4-44와 같이 1차 권선과 2차 권선이 절연되어 있지 않고 권선의 일부를 공통 권선으로 하는 변압기를 단권 변압기라 한다.

단권 변압기는 권수비가 1에 가까울수록 더욱 경제적이고 특성도 좋아서 전압비가 적은 전력 계통이나 가정의 전압 조정용에서 연구실의 스라이닥(slidic)에 이르기까지 다양하게 사용된다.

그림 4-44에서 $ac = ab + bc$ 사이의 권수를 n_1, bc 사이의 권수를 n_2라 하면 보통 변압기와 같이 1차에 전압 $\dot{V_1}$을 공급하였을 때 ab, bc에 발생되는 기전력을 각각 $\dot{E_1}$, $\dot{E_2}$, 2차 단자 전압을 $\dot{V_2}$라 하고 권선의 저항, 누설 리액턴스 및 여자 전류를 무시하면 다음과 같이 된다.

$$\frac{V_1}{V_2}=\frac{E_1+E_2}{E_2}=\frac{n_1}{n_2}=a \tag{4-78}$$

그림 4-44에서 부하 전류를 $\dot{I}_2$라 하면 ab 부분의 전류 $\dot{I}_1$에 의한 기자력과 bc 부분의 전류 $\dot{I}_3=\dot{I}_1-\dot{I}_2$에 의한 기자력의 벡터 합은 0이므로

$$(n_1-n_2)\dot{I}_1+n_2(\dot{I}_1-\dot{I}_2)=0 \tag{4-79}$$

$$\therefore \dot{I}_1=\frac{n_2}{n_1}\dot{I}_2=\frac{1}{a}\dot{I}_2 \tag{4-80}$$

이 된다.

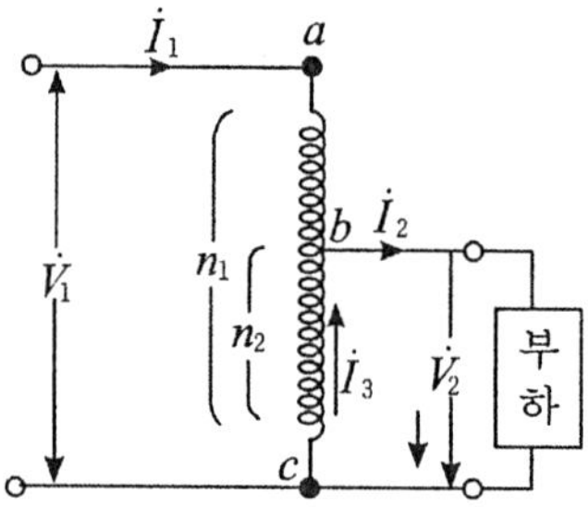

그림 4-44 단권 변압기

(2) 자기 용량과 부하 용량

2차 피상 전력, 즉 부하 용량 P_2는

$$P_2=V_2I_2=V_2(I_2-I_1)+V_2I_1 \tag{4-81}$$

으로, 두 부분으로 나눌 수 있는데, 하나는 bc를 통하여 부하에 전달되는 $V_2(I_2-I_1)$로 변압기 작용인 유도 전달로 단권 변압기의 자기 용량이고 다른 하나는 ab를 통하여 부하에 전달되는 V_2I_1로 변압기 작용이 아닌 전도 전달로 이것 때문에 자기 용량보다 더 많은 부하를 사용할 수 있다.

$$\frac{\text{자기용량}}{\text{부하용량}}=\frac{V_2(I_2-I_1)}{V_2I_2}=\frac{I_2-I_1}{I_2}=1-\frac{1}{a}=1-\frac{V_2}{V_1} \tag{4-82}$$

그림 4-44는 강압용 단권 변압기를 표시한 것으로 $a>1$이지만 1차와 2차를 바꾸면 $a<1$되는 변압기로 승압용 단권 변압기라 할 수 있고 부하 용량 P_2는

$$P_2 = V_2 I_2 = (V_2 - V_1) I_2 + V_1 I_2$$

이 되어

$$\frac{\text{자기용량}}{\text{부하용량}} = \frac{I_2(V_2 - V_1)}{I_2 V_2} = 1 - \frac{V_1}{V_2} \tag{4-83}$$

이 된다. 따라서 강압용, 승압용을 막론하고 다음과 같이 된다.

$$\frac{\text{자기용량}}{\text{부하용량}} = 1 - \frac{V_L}{V_H} \tag{4-84}$$

여기서 V_H는 고압, V_L은 저압을 나타낸다.

(3) 단권 변압기의 용도

단권 변압기는 다음과 같은 경우에 사용한다.

① 배전 선로의 승압기

② 동기 전동기나 유도 전동기를 기동할 때 공급 전압을 낮추어 기동 전류를 제한하기 위한 기동 보상기

③ 형광등용 승압 변압기

(4) 단권 변압기의 3상 결선

단권 변압기는 3상 변압을 할 때도 사용한다. 결선에는 그림 4-45와 같은 결선 방법이 있으며 각 결선의 부하 용량에 대한 자기 용량의 비는 다음과 같다.

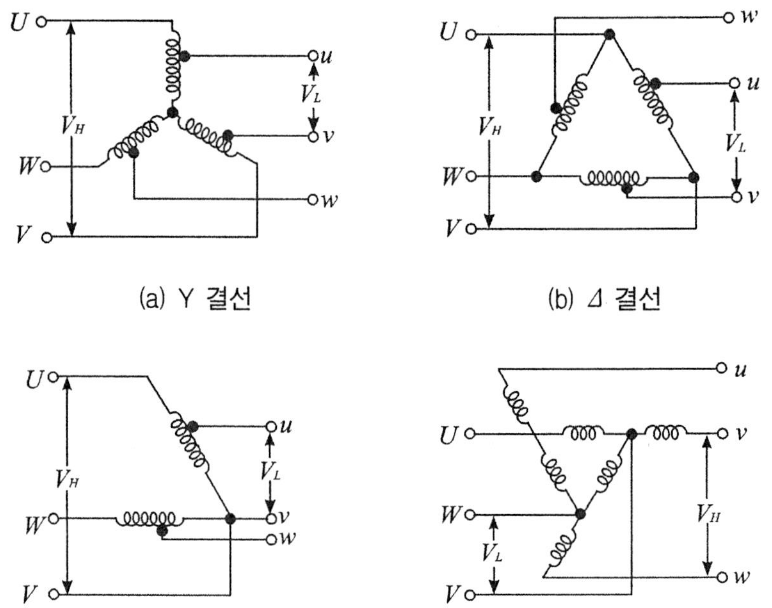

(a) Y 결선 (b) Δ 결선

(c) V 결선 (d) 변 연장 Δ 결선

그림 4-45 단권 변압기의 3상 결선

① Y 결선 : $$\frac{\text{자기용량}}{\text{부하용량}} = \frac{V_H - V_L}{V_H} \tag{4-85}$$

② Δ 결선 : $$\frac{\text{자기용량}}{\text{부하용량}} = \frac{V_H^2 - V_L^2}{\sqrt{3}\, V_H V_L} \tag{4-86}$$

③ V 결선 : $$\frac{\text{자기용량}}{\text{부하용량}} = \frac{2}{\sqrt{3}} \frac{V_H - V_L}{V_H} \tag{4-87}$$

④ 변 연장 Δ 결선 : $$\frac{\text{자기용량}}{\text{부하용량}} = \frac{\sqrt{3}}{V_H}\left(-\frac{V_L}{2} + \sqrt{\frac{V_H^2}{3} - \frac{V_L^2}{12}}\right) \tag{4-88}$$

4.8.4 탭 변압기

전원의 전압이 변동하거나 부하가 변화하면 선로의 전압이 변동한다. 전등이나 전력 등의 부하는 일반적으로 정전압 방식이므로 전압을 일정하게 유지하기 위해서는 권수비를 바꾸는 탭 전환 변압기를 무부하 상태에서 전환하거나 유도 전압 조정기를 사용한다.

중 · 소용량의 변압기에서 탭의 전환은 본체에 설치된 탭판(tap board)으로 하고 대용량의 변압기나 가스를 봉입한 것은 탭 전환기를 설치하고 외함의 외부에서 조작하여 전환을 한다.

변압기의 탭 전환은 무전압이나 무전류로 하는 것이 보통이나 무정전 송전을 하기 위해서는 부하 상태에서 탭을 전환하여 전압을 조정할 필요가 있다. 이 때 사용하는 변압기를 부하시 탭 전환 변압기라고 한다.

그림 4-46은 병렬 회로 방식의 부하시 탭 전환 변압기를 나타낸 것이다.

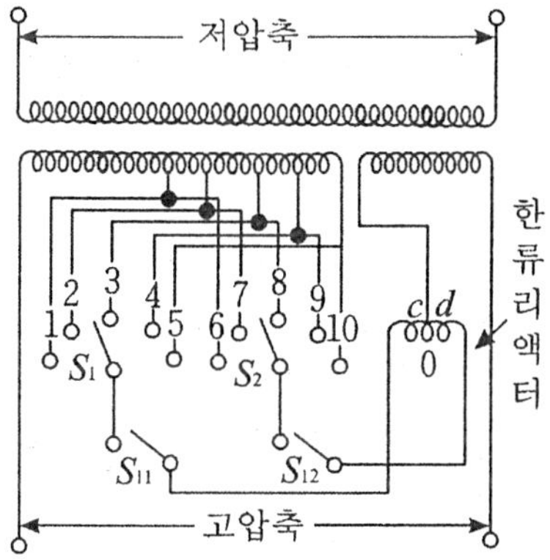

그림 4-46 부하시 탭 전환 변압기

S_1, S_2가 탭 1과 6으로 닫혀 탭 1로 운전되고 있을 때 탭 2로 전환하는 데는 우선 S_{11}을 열고 S_1을 탭 2로 이동한 다음 S_{11}을 닫은 후 S_{12}을 열고 S_2를 탭 7로 이동한 다음 S_{12}를 닫으면 탭의 절환이 끝난다. 탭을 전환하는 과정에서 탭이 2, 6에 있는 상태에서 S_{11}과 S_{12}가 닫힐 때는 탭 1, 2 사이의 권선에는 국부적으로 순환 전류가 흐르나 한류 리액터에 의하여 억제된다.

4.8.5 정전류 변압기

방전등이나 아크 용접기를 기동할 때는 고압이, 운전할 때는 저압이 필요하며 부저항 특성을 갖고 있는 부하를 정전압의 전원에서 안정하게 운전하기 위해서는 1차에 일정한 전압을 인가하고 2차의 부하를 변화해도 2차 전류가 일정해야 한다.

이러한 목적에 사용하는 변압기를 **정전류 변압기** 또는 **누설 변압기**라 한다.

부하 임피던스가 $R+jX$인 변압기의 전류는 다음과 같이 된다.

$$\dot{I}_1 \fallingdotseq \dot{I}_1' = \frac{V_1}{(r_1+a^2r_2+a^2R)+j(x_1+a^2x_2+a^2X)} \tag{4-89}$$

위의 식에서 전압이 일정할 때 전류가 일정하게 하려면 권선의 저항은 일정하므로 부하 임피던스에 비하여 변압기의 누설 리액턴스를 대단히 크게 하면 된다. 누설 자속의 통로 L을 설치한 그림 4-47 (a)와 같은 누설 변압기는 2차 전류가 증가하면 누설 자속이 증가해서 주 자속을 감소시키므로 2차 유기 기전력이 감소하는 동시에 2차 전압 강하도 증가하여 전류의 변화를 방해하므로 일정한 전류값의 범위에서는 일정한 전류를 유지한다.

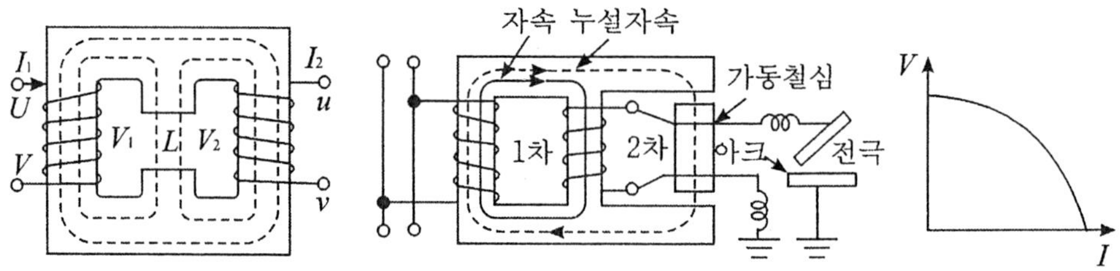

(a) (b) (c)

그림 4-47 정전류 변압기

그림 4-47 (b)는 용접용 변압기를 나타내며 누설 자기 회로에 가동 철심을 움직여 전류를 조정하는 것이다. 이와 같은 변압기의 2차 전압과 전류 특성은 그림 (c)와 같이 된다.

정전류 변압기는 리액턴스가 커서 전압 변동률이 대단히 크고 역률도 낮다.

4.8.6 계기용 변성기

고압 회로의 전압, 전류 또는 저압 회로의 큰 전류를 측정할 때와 계전기 등을 사용할 때는 취급에 대한 안전을 위하여 계기용 변성기를 사용하며 계기용 변성기에는 계기용 변압기(Potential Transformer)와 변류기(Current Transformer)가 있으며 변성기의 부하는 측정 계기나 계전기로, 선로의 부하와 구별하기 위해 부담(負擔, burden)이라고 한다.

계기용 변성기의 특성을 좋게 하고 측정 오차를 줄이기 위해서는 비투자율이 크고 철손이 적은 철심을 단면적을 크게 하여 사용한다. 단면적을 크게 하면 자속 밀도가 낮아 여자 전류를 적게 흘려도 된다. 또한 권선의 저항 및 누설 리액턴스를 적게 하는 것이 필요하다.

계기용 변압기는 1차 전압이 정격 전압인 경우에 2차 전압이 110[V]가 되도록 설계하고, 변류기는 1차에 정격 전류가 흐를 때 2차 전류가 5[A]가 되도록 하는 것이 표준이다.

(1) 계기용 변압기(P.T)

계기용 변압기는 보통의 전력용 변압기의 원리 및 구조와 비교해서 큰 차이는 없고 1차를 측정하고자 하는 회로에, 2차를 전압계 또는 전력계의 전압 권선에 접속한다. 전압비를 권수비에 접근시키려면 철손이 적은 양질의 철심을 사용하여 여자 전류를 줄이고 1차 권선과 2차 권선의 임피던스 강하를 적게 한다.

여자 전류와 누설 임피던스의 전압 강하를 무시하고 계기용 변압기의 1차와 2차의 전압 및 권수를 각각 $V_1, V_2,\ n_1, n_2$라 하면

$$V_1 \fallingdotseq \frac{n_1}{n_2} V_2 = a V_2, \quad \text{변압비} = \frac{V_1}{V_2} \fallingdotseq \frac{n_1}{n_2} = a \tag{4-90}$$

이 되지만 식 (4-90)은 여러 가지 사항을 무시한 것이므로 변압비는 a에 보정 계수를 곱한 값이다.

그림 4-48은 계기용 변압기의 결선 방식이고 사용 중에는 절대로 2차측을 단락해서는 안 된다. 이것은 전력용 변압기와 마찬가지로 커다란 단락 전류가 흘러서 권선을 소손하기 때문이다.

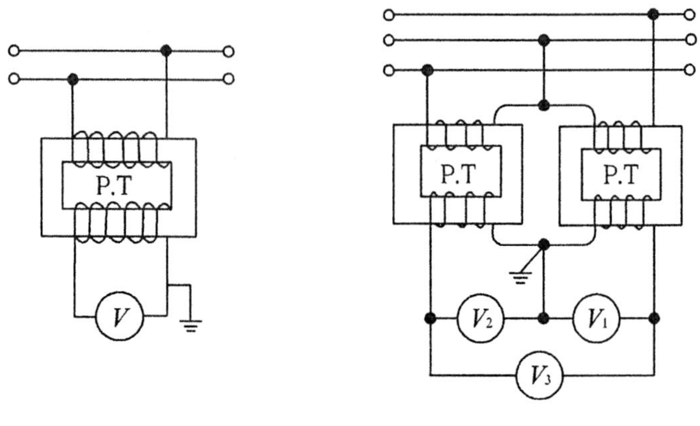

그림 4-48 계기용 변압기의 접속도

계기용 변압기는 비교적 저전압에서는 컴파운드(compound) 함침의 건식 또는 합성 수지로 싼 몰드형을 사용하고 고전압에서는 유입 자냉식을 사용한다.

(2) 변류기(C.T)

변류기는 1차 권선을 측정하려는 회로에 직렬로 접속하고, 2차 권선에는 전류계, 계전기 또는 전력계의 전류 권선을 접속한다.

여자 전류와 누설 임피던스의 전압 강하를 무시하고 변류기의 1차와 2차의 전류 및 권수를 각각 I_1, I_2, n_1, n_2라 하면

$$I_1 \fallingdotseq \frac{n_2}{n_1} I_2 = \frac{1}{a} I_2 \text{, 변류비} = \frac{I_1}{I_2} \fallingdotseq \frac{n_2}{n_1} = \frac{1}{a} \tag{4-91}$$

이 되지만 식 (4-91)은 여러 가지 사항을 무시한 것이므로 변류비는 $\frac{1}{a}$에 보정 계수를 곱한 것이다.

변류기는 1차 권선의 구조에 따라 권선형과 봉형으로 나누며 권선형은 대개 1000[A] 이하에 사용된다. 봉형은 1차 권선이 1개의 도체로 되어 있으며 대전류일 때 사용한다.

저압용은 건식 또는 몰드형, 고압용은 유입식으로 옥내외 공용이며 강판 유조를 사용하는 것과 애자 유조를 사용하는 것이 있다.

변류기를 사용하고 있을 때 계전기나 전류계가 고장이 나서 변류기의 2차 회로

를 열 필요가 있을 경우는 우선 2차 회로를 단락해 놓은 다음에 회로를 열어야 한다. 즉, 사용 중인 변류기의 2차를 절대로 무부하로 만들면 안되는 이유는 다음과 같다.

변류기의 2차 회로를 열면 I_2는 흐르지 못하여 1차 부하 전류는 $I_1' = \frac{I_2}{a} = 0$으로 1차 전류는 $\dot{I}_1 = \dot{I}_0 + \dot{I}_1' = \dot{I}_0$으로 I_1은 계속 흐르고 있는 상태이므로 1차 전류가 전부 여자 전류로 되어 철손은 급격히 증가함은 물론 2차 권선에는 매우 높은 전압이 발생되어 절연이 파괴되고 소손될 염려가 있다.

그림 4-49는 변류기의 접속도로 (a)는 단상 회로의 변류기 접속도, (b)는 3상 회로에서 변류기 3대를 Y로 결선한 접속도, (c)는 비접지식 3상 회로에서 변류기 2대를 V로 결선한 접속도를 나타낸다.

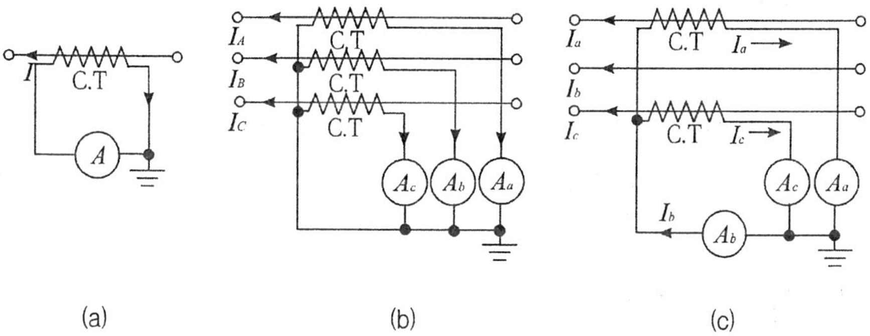

그림 4-49 변류기의 접속도

예제 4-14

평형 3상 전류를 측정하려고 전류비 60/5[A]의 변류기를 그림 (a)와 같이 접속했더니 전류계에 5[A]가 흘렀다. 1차 전류는 몇 [A]인가?

풀이

전류계의 전류를 $\dot{I}$라 하면 $\dot{I} = (\dot{I}_a - \dot{I}_c)$으로 I는 I_a의 $\sqrt{3}$ 배 이므로

$I_a = \frac{I}{\sqrt{3}}$ 이고, $I_A = \frac{I}{\sqrt{3}} \cdot \frac{1}{a} = \frac{5}{\sqrt{3}} \times \frac{60}{5} = 34.6$ [A]이다.

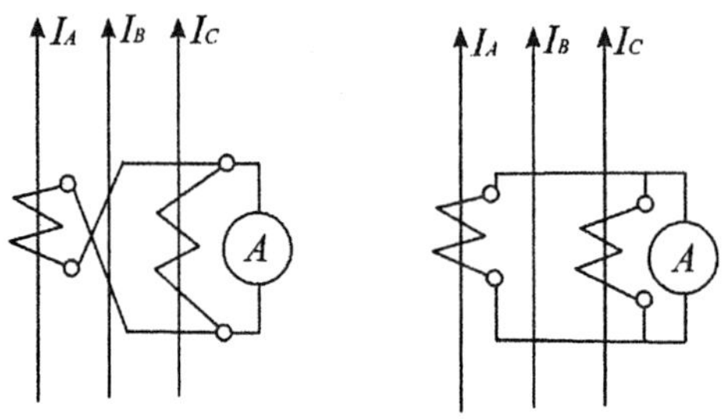

(a) (b)

그림 4-50 예제 4-14, 4-15

예제 4-15

평형 3상 전류를 측정하려고 전류비 200/5[A]의 변류기를 그림 (b)와 같이 접속했더니 전류계의 지시가 1.5[A]이었다. 1차 전류는 몇 [A]인가?

풀이

전류계의 전류를 $\dot{I}$라 하면 $\dot{I}=(\dot{I}_a+\dot{I}_c)$으로 I는 I_a와 같으므로

$I_a=I$이고 $I_A=I\cdot\dfrac{1}{a}=1.5\times\dfrac{200}{5}=60$[A]이다.

4.8.7 시험용 변압기

시험용 변압기(testing transformer)는 주로 전기 기계 기구의 절연 내력 시험 및 고압 현상의 실험에 필요한 고압을 발생하기 위하여 사용하는 변압기이다. 이 변압기는 일반적인 전력 변압기에 비하여 권수비가 대단히 크기 때문에, 권선의 절연 및 전위의 기울기 등의 점에서 설계상 특별한 주의를 해야 한다.

시험용 변압기는 전압은 높으나 전류 용량은 적어도 되기 때문에, 전압비에 비하여 용량이 적고 건식으로 된 것도 있으나 보통 유입식이 많다.

유입식 변압기는 1대가 대지 전압 1000[kV]로 된 것도 있으나, 보통 500[kV] 이상이 되면 2대 이상으로 나누어서 권선을 직렬로 접속하여 종속 시험용 변압기(cascade testing transformer)로 하는 것이 일반적이다.

4.9 손실, 효율

4.9.1 손 실

변압기는 회전 부분이 없으므로 기계손은 없고 무부하손은 여자 전류에 의한 저항손과 절연물의 유전체손(dielectric loss)도 다소 포함되어 있으나 주로 철손이고 부하손은 주로 부하 전류에 의한 동손이지만, 누설 자속에 관계되는 권선 내의 손실, 외함, 볼트 등에 생기는 손실로 계산으로도 구하기 어려운 표유 부하손이 있다.

변압기는 기계손이 없어 효율은 일반 회전기에 비하여 매우 양호하며 5[kVA] 정도의 소형인 것은 96[%] 정도이고 10000[kVA] 이상인 대형인 것은 99[%] 이상인 것도 있다.

예제 4-16

변압기의 철손은 공급 전압이 일정할 때 주파수와 어떤 관계가 있는가?

풀이

$V_1 \fallingdotseq E_1 = 4.44 f n_1 \Phi_m$에 $\Phi_m = AB_m$을 대입하고 $k = \dfrac{V_1}{4.44 f n_1 A}$로 놓으면

$B_m = \dfrac{k}{f}$이 되고 이것을 식 (1-4)와 (1-5)에 대입하여 정리하면

$$P_i = P_h + P_e = \eta_h f \left(\frac{k}{f}\right)^{(1.6\sim2.5)} + \eta_e \left(t f k_f \frac{k}{f}\right)^2$$

$$P_i = \eta_h k^{(0.6\sim1.5)} \left(\frac{1}{f}\right)^{(0.6\sim1.5)} + \eta_e t k_f k^2$$

으로 히스테리시스손은 주파수에 거의 반비례하고 와류손은 주파수에 무관하므로 철손은 공급 전압이 일정하면 주파수에 거의 반비례한다.

4.9.2 변압기의 효율

(1) 효 율

변압기의 규약 효율인 식 (1-8)에 변압기의 출력 $V_{2n}I_2\cos\theta_2$, 철손 P_i, 전부하 동손 $P_c = I_2^2(r_1/a^2+r_2)$를 대입하면 다음과 같다.

$$
\begin{aligned}
\text{효율 } \eta &= \frac{\text{출력}}{\text{출력}+\text{손실}} \times 100 \\
&= \frac{\text{출력}}{\text{출력}+\text{철손}+\text{부하손}} \times 100 \\
&= \frac{V_{2n}I_2\cos\theta_2}{V_{2n}I_2\cos\theta_2 + P_i + I_2^2\left(\dfrac{r_1}{a^2}+r_2\right)} \times 100[\%]
\end{aligned} \tag{4-92}
$$

위의 식에 부하율 $\dfrac{1}{m} = \dfrac{V_{2n}\ I_2}{V_{2n}\ I_{2n}} = \dfrac{I_2}{I_{2n}}$과 전부하 동손 $P_c = I_{2n}^2\left(\dfrac{r_1}{a^2}+r_2\right)$를 대입하여 정리하면 다음과 같이 된다.

$$
\eta = \frac{\dfrac{1}{m}V_{2n}I_{2n}\cos\theta_2}{\dfrac{1}{m}V_{2n}I_{2n}\cos\theta_2 + P_i + \left(\dfrac{1}{m}\right)^2 P_c} \times 100 \tag{4-93}
$$

(2) 최대 효율

식 (4-93)의 분모, 분자에 부하율 $\dfrac{1}{m}$을 곱하면

$$
\eta = \frac{V_{2n}I_{2n}\cos\theta_2}{V_{2n}I_{2n}\cos\theta_2 + mP_i + \dfrac{1}{m}P_c} \tag{4-94}
$$

이 되므로 공급 전압과 주파수가 일정하면, $P_l = mP_i + \dfrac{P_c}{m}$가 최소일 때 효율은 최대가 된다. 효율이 최대가 되는 부하율 $\dfrac{1}{m}$은

$$\frac{dP_l}{dm} = P_i - \left(\frac{1}{m}\right)^2 P_c = 0$$

$$P_i = \left(\frac{1}{m}\right)^2 P_c \tag{4-95}$$

$$\frac{1}{m} = \sqrt{\frac{P_i}{P_c}} \tag{4-96}$$

으로 철손과 동손이 같으면 최대 효율이 된다. 전력용 변압기는 전부하의 75[%] 정도, 배전용 변압기는 전부하의 60[%] 정도에서, 즉 어느 정도 경부하에서 $P_i = P_c$가 되어 최대 효율이 되도록 만든다.

(3) 전일 효율

배전용 변압기의 부하는 항상 변하므로 어느 출력에서의 효율보다는 어느 일정한 주기를 갖는 기간 동안의 효율을 생각하지 않으면 안 된다. 이러한 것을 위해서 하루 중의 출력 전력량과 입력 전력량의 비를 전일 효율이라 하며 다음 식과 같이 계산한다.

$$\eta_d = \frac{\sum_t V_{2n} I_{2n} \frac{1}{m_t} \cos\theta_{2t} \times h_t}{\sum_t V_{2n} I_{2n} \frac{1}{m_t} \cos\theta_{2t} \times h_t + 24P_i + \sum_t P_c \left(\frac{1}{m_t}\right)^2 h_t} \times 100[\%] \tag{4-97}$$

여기서 $1/m_t$은 부하율, $\cos\theta_{2t}$는 부하 역률, h_t는 부하 시간이다.

전일 효율이 최대가 되는 조건은

$$24P_i - \sum_t h_t \left(\frac{1}{m_t}\right)^2 P_c \tag{4-98}$$

으로 하루 중의 무부하손의 전력량과 부하손의 전력량의 합이 같게 되는 경우로,

$$P_i = \sum_t h_t \left(\frac{1}{m_t}\right)^2 P_c \cdot \frac{1}{24} \tag{4-99}$$

이 되어 부하 시간이 짧을수록 철손을 적게 하지 않으면 안된다.

예제 4-17

용량이 200[kVA]인 단상변압기의 철손이 1.6[kW], 전부하손이 2.4[kW]라고 한다. 역률 0.8일 때 전부하 효율 및 최대 효율을 구하여라.

풀이

효율 $\eta = \dfrac{200 \times 0.8}{200 \times 0.8 + 1.6 + 2.4} \times 100 ≒ 97.56[\%]$

최대 효율이 되는 부하율 $\dfrac{1}{m}$은

$$\frac{1}{m} = \sqrt{\frac{P_i}{P_c}} = \sqrt{\frac{1.6}{2.4}} ≒ 0.816$$

최대 효율 $\eta_m = \dfrac{0.816 \times 200 \times 0.8}{0.816 \times 200 \times 0.8 + 1.6 \times 2} \times 100 ≒ 97.6[\%]$

예제 4-18

용량 5[kVA]인 변압기가 부하율 1/2인 전등 부하가 6시간, 부하율 3/4, 역률 0.8인 부하가 12시간, 6시간은 무부하로 운전되고 있을 때 전일 효율은 몇 [%]나 되는가? 단, 전부하 동손은 250[W], 철손은 100[W]이다.

풀이

1일 중의 출력 전력량

$$\sum V_{2n} I_{2n} \frac{1}{m_t} h_t \cos\theta_{2t} = 5\left(\frac{1}{2} \times 6 \times 1 + \frac{3}{4} \times 12 \times 0.8\right) = 51[\text{kWH}]$$

1일 중의 철손 전력량

$24P_i = 0.1 \times 24 = 2.4[\text{kWH}]$

1일 중의 동손 전력량

$$\sum P_c \left(\frac{1}{m_t}\right)^2 h_t = 0.25\left[\left(\frac{1}{2}\right)^2 \times 6 + \left(\frac{3}{4}\right)^2 \times 12\right] ≒ 2.06[\text{kWH}]$$

전일 효율 $\eta_d = \dfrac{51}{51 + 2.4 + 2.06} \times 100 ≒ 91.96[\%]$

연습문제 1

1. 전압비와 권수비에 대하여 설명하시오.

2. 변압기의 철심과 권선의 구조에 따라 분류하고 설명하시오.

3. 변압기 절연유의 성능 및 절연유의 열화방지에 대해 설명하시오.

4. 변압기의 Δ결선 및 Y결선시 선간전압과 상전압, 선전류와 상전류의 관계를 설명하시오.

5. Δ-Δ결선과 Y-Y결선에 대해 장·단점을 비교 설명하시오.

6. 변압기의 냉각방식에 대해 설명하시오.

7. V결선에 대해 설명하시오.

8. 단권 변압기의 장·단점을 설명하시오.

9. 단상 변압기의 병렬운전조건과 3상 변압기의 병렬운전조건을 설명하시오.

10. C.T의 2차 회로는 사용중에 개방하지 않는 이유를 설명하시오.

연습문제 2

1. 주상 변압기의 고압측에는 몇 개의 탭을 내놓았다. 그 이유는?
   ㉮ 예비 단자용
   ㉯ 수전점의 전압을 조정하기 위하여
   ㉰ 변압기의 여자 전류를 조정하기 위하여
   ㉱ 부하 전류를 조정하기 위하여

2. 변압기의 유열화 방지 방법 중 옳지 않은 것은?
   ㉮ 개방형 콘서베이터　　㉯ 수소 봉입 방식
   ㉰ 밀봉 방식　　㉱ 흡착제 방식

3. 변압기유로 쓰이는 절연유에 요구되는 특성이 아닌 것은?
   ㉮ 응고점이 낮을 것　　㉯ 절연 내력이 클 것
   ㉰ 인화점이 높을 것　　㉱ 점도가 클 것

4. 변압기의 임피던스 전압이란?
   ㉮ 정격 전류가 흐를 때의 변압기 내의 전압 강하
   ㉯ 여자 전류가 흐를 때의 2차측 단자 전압
   ㉰ 정격 전류가 흐를 때의 2차측 단자 전압
   ㉱ 2차 단락 전류가 흐를 때의 변압기 내의 전압 강하

5. 변압기의 내부 고장 보호에 가장 적당한 계전기는?
   ㉮ 부흐홀쯔 계전기　　㉯ 온도 계전기
   ㉰ 와전류 계전기　　㉱ 비율 차동 계전기

6. 50[kVA], 3300/210[V], 60[Hz]의 단상 변압기가 있다. 1차 권수 660, 철심 단면적 161[cm^2]이다. 최대 자속밀도는 몇 [Wb/m^2]인가?

㉮ 1.4 ㉯ 1.16 ㉰ 1.02 ㉱ 0.98

7. 60[Hz]의 변압기에 50[Hz]의 동일 전압을 가했을 때의 자속밀도는 60[Hz] 때의 몇 배인가?

㉮ $\frac{6}{5}$ ㉯ $\frac{5}{6}$ ㉰ $\left(\frac{5}{6}\right)^{1.6}$ ㉱ $\left(\frac{6}{5}\right)^{2}$

8. 1차 전압 3300[V], 권수비 30인 단상 변압기가 전등 부하에 20[A]를 공급할 때의 입력[kW]은?

㉮ 6.6 ㉯ 5.6 ㉰ 3.4 ㉱ 2.2

9. 그림과 같은 변압기 회로에서 부하 R_2에 공급되는 전력이 최대로 되는 변압기의 권수비 a는?

㉮ 5

㉯ $\sqrt{5}$

㉰ 10

㉱ $\sqrt{10}$

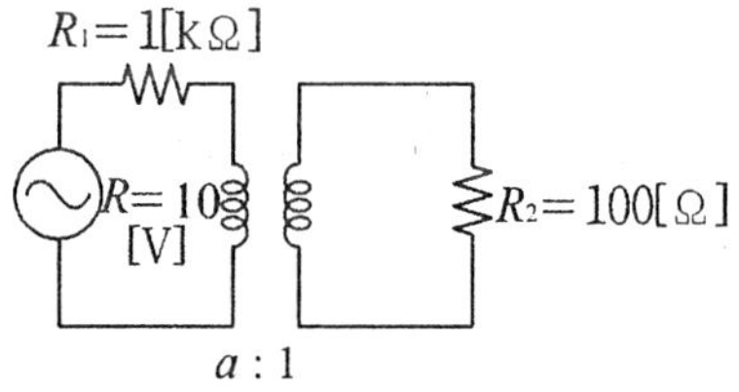

10. 단상 주상 변압기의 2차측(105[V] 단자)에 1[Ω]의 저항을 접속하고 1차측에 1[A]의 전류가 흘렀을 때 1차 단자 전압이 900[V]였다. 1차측 탭 전압[V]과 2차 전류[A]는 얼마인가? 단, 변압기는 2상 변압기, V_T는 1차 탭 전압, I_2는 2차 전류이다.

㉮ $V_T = 3150,\ I_2 = 30$ ㉯ $V_T = 900,\ I_2 = 30$

㉰ $V_T = 900,\ I_2 = 1$ ㉱ $V_T = 3150,\ I_2 = 1$

11. 5000[kVA], 77000/20000[V]인 3상 변압기에서 저압측에 전원을 공급하여 단락 시험을 한 결과 임피던스 와트는 60[kW]이었다. 저압측에서 본 1상의 저항값[Ω]은?

㉮ 0.96 ㉯ 0.67 ㉰ 0.32 ㉱ 0.16

12. 어떤 변압기의 1차 환산 임피던스 $Z_{12}=225[\Omega]$이고 이것을 2차로 환산하면 $Z_{21}=1[\Omega]$이다. 2차 전압이 400[V]이면 1차 전압[V]은?

㉮ 6000 ㉯ 4500 ㉰ 3000 ㉱ 1500

13. 임피던스 강하가 5[%]인 변압기가 운전중 단락되었을 때 그 단락 전류는 정격 전류의 몇 배인가?

㉮ 15배 ㉯ 20배 ㉰ 25배 ㉱ 30배

14. 3300/200[V], 10[kVA]인 단상 변압기의 2차를 단락하여 1차측에 300[V]를 가하니 2차에 120[A]가 흘렀다. 이 변압기의 임피던스 전압[V]과 백분율 임피던스 강하[%]는?

㉮ 125, 3.8 ㉯ 200, 4 ㉰ 125, 3.5 ㉱ 200, 4.2

15. 어느 변압기의 전압비가 무부하시에는 14.5 : 1이고 정격 부하의 어느 역률에서는 15 : 1이다. 이 변압기의 동일 역률에서의 전압 변동률을 구하면?

㉮ 3.5 ㉯ 3.7 ㉰ 4.0 ㉱ 4.3

16. 3300/210[V], 10[kVA]의 단상 변압기가 있다. % 저항=3[%], % 리액턴스=4[%]이다. 이 변압기가 무부하인 경우의 2차 단자 전압은 얼마인가? 단, 변압기가 지역률 80[%]일 때 정격 출력을 낸다.

㉮ 168[V] ㉯ 216[V] ㉰ 220[V] ㉱ 228[V]

17. 어떤 변압기의 단락 시험에서 % 저항 강하 1.5[%]와 % 리액턴스 강하 3[%]를 얻었다. 부하 역률이 80[%] 앞선 경우의 전압 변동률[%]은?

㉮ −0.6 ㉯ 0.6 ㉰ −3.0 ㉱ 3.0

18. 5[kVA], 2000/200[V]의 단상 변압기가 있다. 2차에 환산한 등가 저항과 등가 리액턴스는 각각 0.14[Ω], 0.16[Ω]이다. 이 변압기에 역률 0.8(뒤짐)의 정격 부하를 걸었을 때 전압 변동률[%]은?

㉮ 약 0.026 ㉯ 약 0.26 ㉰ 약 2.60 ㉱ 약 26.0

19. 3300/200[V], 50[kVA]인 변압기의 임피던스 전압이 132[V]이다. 이 변압기의 부하 역률 0.8(뒤짐)일 때의 전압 변동률은? 단, 이 변압기의 최대 변동률을 발생하는 부하 역률은 0.45이다.

㉮ 2.6 ㉯ 3.6 ㉰ 4.6 ㉱ 5.6

20. 정격이 같고, 변압비가 10 : 1인 3대의 단상 변압기를 Y−Δ로 접속하여 3상 변압을 하고자 한다. 2차에 단자 전압 200[V]의 평형 부하 75[kVA]를 걸었을 때, 각 변압기의 1차 선간 전압을 구하여라. 단, 여자 전류와 임피던스는 무시한다.

㉮ 2000 ㉯ 3464 ㉰ 346 ㉱ 1155

21. 6600/210[V]의 단상 변압기 3대를 Δ−Y로 결선하여 1상 18[kW] 전열기의 전원으로 사용하다가 이것을 Δ−Δ로 결선했을 때 이 전열기의 소비 전력[kW]은 얼마인가?

㉮ 31.2 ㉯ 10.4 ㉰ 2.0 ㉱ 6.0

22. 정격이 같은 50[kVA]의 주상 변압기 3대를 Δ−Δ로 결선하여 역률 100[%], 전압 200[V]의 평형 3상 부하에 114[kW]의 전력을 공급하고 있다. 지금 이 중에 변압기의 중성점과 한 단자 사이에 변압기의 정격 전류의 범위 내에서 100[V]의 전등 부하를 걸려고 한다. 전등 부하는 몇 [kW]까지 걸 수 있겠는가?

㉮ 6 ㉯ 7.2 ㉰ 7.8 ㉱ 8.8

23. Δ 결선 변압기의 한 대가 고장으로 제거되어 V 결선으로 공급할 때 공급할 수 있는 전력은 고장 전 전력에 대하여 몇 [%]인가?

㉮ 86.6 ㉯ 75.0 ㉰ 66.7 ㉱ 57.7

24. 같은 정격 30[kVA], 3300/200[V]의 변압기 2대를 그림과 같이 V 결선으로 하고 여기에 전부하 전류를 통하는 저항 R을 Y 결선으로 해서 연결했을 때, 이 저항 $R[\Omega]$의 값은?

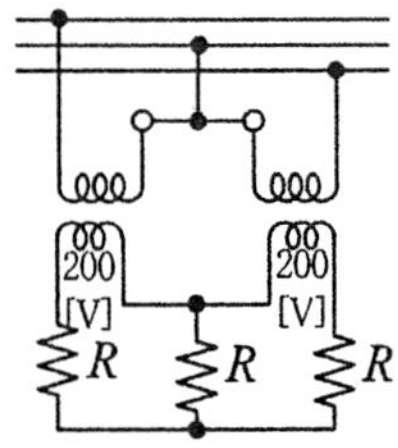

㉮ 1.15

㉯ 1.07

㉰ 0.85

㉱ 0.77

25. 3상 배전선에 접속된 V 결선의 변압기에서 전부하시의 출력을 P[kVA]라 하면 같은 변압기 한 대를 증설하여 Δ 결선하였을 때의 정격 출력[kVA]은?

㉮ $\frac{1}{2}P$ ㉯ $\frac{2}{\sqrt{3}}P$ ㉰ $\sqrt{3}P$ ㉱ $2P$

26. 동일 용량의 변압기 2대를 사용하여 3300[V]의 3상식 간선에서 220[V]의 2상 전력을 얻으려면 T좌 변압기의 권수비는 얼마로 해야 되겠는가?

㉮ 17.31 ㉯ 16.52 ㉰ 15.34 ㉱ 12.99

27. 2차로 환산한 임피던스가 각각 $0.03+j\,0.02[\Omega]$, $0.02+j\,0.03[\Omega]$인 단상 변압기 2대를 병렬로 운전시킬 때 분담 전류는?

㉮ 크기는 같으나 위상이 다르다. ㉯ 크기와 위상이 같다.

㉰ 크기는 다르나 위상이 같다. ㉱ 크기와 위상이 다르다.

28. 1732/2000[V]인 단상 변압기에서 고압측의 여자 전류는 $i_0 = 3\sin\omega t + 0.8\sin(3\omega t+\alpha)$[A]로 표시된다. 이 변압기 3대를 Y−$\Delta$ 결선하여 저압측을 무부하로 하고 고압 1차측에 $\sqrt{3}\times 1732 = 3000$[V]를 가할 때 저압 2차측 Δ 회로 내의 순환 전류[A]는?

㉮ 2.85 ㉯ 3.44 ㉰ 4.89 ㉱ 6.93

29. 정격이 같은 2대의 변압기 단상 1000[kVA]의 임피던스 전압은 각각 8[%]와 7[%]이다. 이것을 병렬로 하면 몇 [kVA]의 부하를 걸 수가 있는가?

㉮ 1865 ㉯ 1870 ㉰ 1875 ㉱ 1880

30. 두 대의 변압기 A, B가 있으며 그 특성은 아래와 같다.

A : 3000/100[V], 7.5[kVA] $Z_A = 25 + j26[\Omega]$

B : 3000/100[V], 15[kVA] $Z_B = 10 + j19[\Omega]$

이들을 병렬로 하여 22[kVA], 역률 1.0의 부하를 걸었을 때 각 변압기의 부담 P_A, P_B[kVA]는 얼마인가?

㉮ $P_A = 8.27$, $P_B = 13.92$ ㉯ $P_A = 13.92$, $P_B = 8.29$

㉰ $P_A = 7.33$, $P_B = 14.67$ ㉱ $P_A = 14.67$, $P_B = 7.33$

31. 단상 3권선 변압기가 있다. 1차 전압은 100[kV], 2차 전압은 20[kV], 3차 전압은 10[kV]이다. 2차에 10000[kVA] 유도 역률 80[%]의 부하에, 3차에 6000[kVA]의 진상 무효 전력이 걸렸을 때의 1차 전류[A]를 구하면? 단, 변압기 손실 및 여자 전류는 무시한다.

㉮ 60 ㉯ 80 ㉰ 100 ㉱ 120

32. 3000[V]의 단상 배전선 전압을 3300[V]로 승압하는 단권 변압기의 자기 용량[kVA]을 구하면? 단, 부하 용량은 100[kVA]이다.

㉮ 9.09 ㉯ 90.9 ㉰ 110 ㉱ 1100

33. 용량 1[kVA], 3000/200[V]의 단상 변압기를 단권 변압기로 결선하여 3000/3200[V]의 승압기로 사용할 때 그 부하 용량[kVA]은?

㉮ 16 ㉯ 15 ㉰ 1 ㉱ $\frac{1}{16}$

34. 30[kW]의 3상 유도 전동기에 전력을 공급할 때 2대의 단상 변압기를 사용하는 경우의 변압기의 표준 용량은? 단, 전동기의 역률과 효율은 각각 84[%]와 86[%]라 한다.

㉮ 21[kVA] ㉯ 24[kVA] ㉰ 25[kVA] ㉱ 30[kVA]

35. 와류손이 3[kW]인 3300/110[V], 60[Hz]용 단상 변압기를 50[Hz], 3000[V]의 전원에 사용하면, 이 변압기의 와류손은 약 몇 [kW]로 되는가?

㉮ 1.7 ㉯ 2.1 ㉰ 2.3 ㉱ 2.5

36. 주파수가 정격보다 3[%] 상승하고 동시에 전압이 정격보다 3[%] 저하한 전원에서 운전되는 변압기가 있다. 철손이 $fB_m^{\ 2}$(f : 주파수, B_m : 최대 자속밀도)에 비례한다면 이 변압기 철손은 정격 상태에 비하여 어떻게 달라지는가?

㉮ 3.1[%] 증가 ㉯ 3.1[%] 감소

㉰ 8.7[%] 증가 ㉱ 8.7[%] 감소

37. 정격 150[kVA], 철손 1[kW], 전부하 동손이 4[kW]인 단상 변압기의 최대 효율[%]과 최대 효율시의 부하[kVA]를 구하면? 단, 부하역률은 1이다.

㉮ 96.8, 125 ㉯ 97.4, 75 ㉰ 97, 50 ㉱ 97.2, 100

38. 용량 10[kVA], 철손 120[W], 전부하 동손 200[W]인 단상 변압기 2대를 V 결선하여 부하를 걸었을 때, 전부하 효율은 몇 [%]인가? 단, 부하의 역률은 $\sqrt{3}/2$이라 한다.

㉮ 98.3 ㉯ 97.9 ㉰ 99.2 ㉱ 96.0

39. 용량 20[kVA]인 어떤 변압기의 무부하, 전부하에 있어서의 철손이 0.5[%], 동손은 1.0[%]라 한다. 지금 이 변압기를 전부하, 역률 1에서 5시간, 무부하로 19시간 사용하면 전일 효율은 얼마인가?

㉮ 91 ㉯ 93 ㉰ 96.5 ㉱ 97

40. 20[kVA], 2200/220[V]·60[Hz] 단상 변압기의 저압측을 단락하여 고압측에 86[V]를 가할 때 전력계 360[W], 전류계 10.5[A]를 나타낼 때 고압측에 환산한 등가 리액턴스를 구하면?

㉮ 1.31[Ω] ㉯ 3.31[Ω] ㉰ 5.51[Ω] ㉱ 7.51[Ω]

해답

1. ㉯	2. ㉯	3. ㉱	4. ㉮	5. ㉮	6. ㉯	7. ㉮	8. ㉱	9. ㉱	10. ㉮
11. ㉮	12. ㉮	13. ㉯	14. ㉮	15. ㉮	16. ㉰	17. ㉮	18. ㉰	19. ㉯	20. ㉯
21. ㉱	22. ㉯	23. ㉱	24. ㉱	25. ㉰	26. ㉱	27. ㉮	28. ㉰	29. ㉰	30. ㉮
31. ㉯	32. ㉮	33. ㉮	34. ㉯	35. ㉱	36. ㉱	37. ㉯	38. ㉱	39. ㉰	40. ㉱

제 5 장

유도기

5.1 유도 전동기의 원리 및 구조

5.1.1 아라고 원판의 원리

유도 전동기의 원리는 프랑스 과학자인 아라고(Dominique Francois Jean Arago : 1786-1853)가 실험한 아라고의 원판(arago's Disc)에서 출발하고 있다. 이는 그림 5-1과 같이 동이나 알루미늄 도체로 구성된 회전형 원판에 영구자석을 원판 주변으로 회전시킬 경우, 원판은 영구자석의 회전 방향과 일치된 방향으로 회전한다는 원리이다.

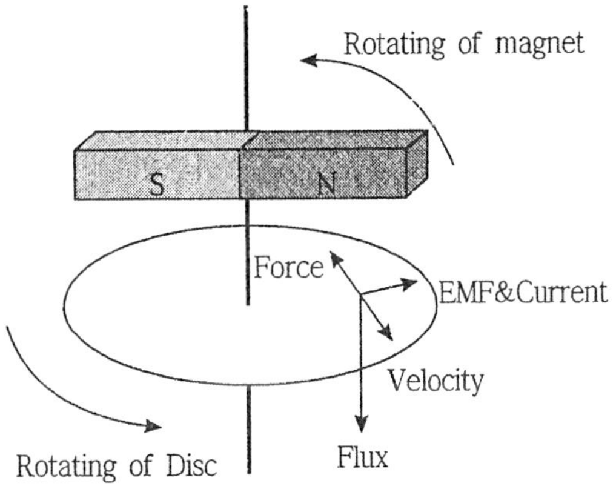

그림 5-1 아라고 원판의 원리

이의 원리는 플레밍의 오른손 법칙에 따라, 영구자석의 자속(Flux)과 원판 도체의 상대운동(Velocity)에 의해 원판에 유기기전력(EMF)을 만들고, 또한, 플레밍의 왼손법칙에 따라, 이 유기기전력에 의해 맴돌이 전류(와전류 : Eddy Current)가 유기기전력과 동일한 방향으로 흐르게 되어 이 전류(Current)와 자속(Flux)에 의해 힘(Force)이 발생하는데, 이 힘이 원판의 구동력으로 작용한다는 것이다. 이러한 구동력이 발생하기 위해서는 우선적으로 원판에 유기기전력이 발생하기 위한 조건이 성립하여야 하는데, 이는 원판이 영구자석의 회전 속도보다는 어느 정도 늦게 회전함이 요구됨을 의미한다.

5.1.2 유도 전동기의 구조 및 원리

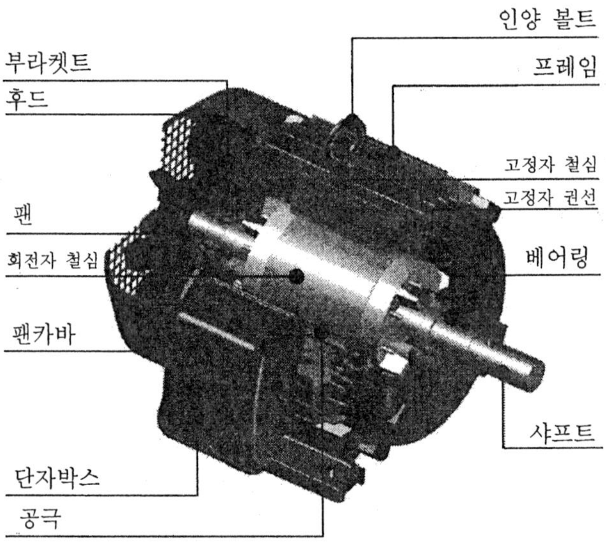

그림 5-2 유도 전동기의 구조1)

유도 전동기는 회전기의 기본 구조인 그림 5-2와 같이 고정자 및 회전자의 구조를 바탕으로 아라고 원판의 원리가 구현된 것이라 할 수 있다. 이중 고정자를 구성함에 있어 아라고 원판의 영구자석의 물리적 회전 대신에 회전자계(Rotating magnetic field)의 원리가 적용되어 회전자를 회전시키는 형태로 고려될 수 있다.

1) 참고자료『효성 3상 저압 전동기 카달로그, 2010』

(1) 유도 전동기의 회전 자계의 원리

회전 자계는 그의 기본적 원리로 동일 크기를 가지면서 120도의 위상차를 가지고 있는 3상의 전류가 전기적으로 120도 간격으로 배치된 3상 권선에 인가될 때, 일정한 크기를 가지며 회전하는 공간 자계 또는 자극이 형성된다는 것에 바탕을 두고 있다. 즉, 회전 자계의 구성 요소는 고정자에 3상 권선의 동일 간격 배치(120도)와 더불어 각 권선에 3상 전류 인가라는 두 가지 조건이며, 이에 대한 상세 설명은 그림 5-3과 같다.

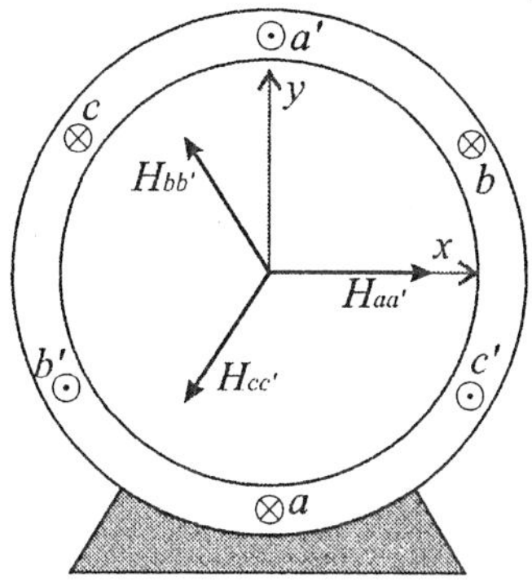

그림 5-3 고정자 권선 및 전류에 의한 자계의 세기 벡터

회전 자계를 이해하기 위해서는 고정자에 그림 5-3과 같이 3상 전류를 각 상 권선에 인가할 때 임의 시점에서 어떤 현상이 나타나는 가를 살펴보는 것으로 가능하다. 고정자의 각 권선에 흐르는 전류가 다음과 같이 인가되는 경우를 가정할 때,

$$i_{aa'}(t) = I_M \sin(wt)[\mathrm{A}] \tag{5-1a}$$

$$i_{bb'}(t) = I_M \sin(wt - 120°)[\mathrm{A}] \tag{5-1b}$$

$$i_{cc'}(t) = I_M \sin(wt - 240°)[\mathrm{A}] \tag{5-1c}$$

각 상의 권선으로부터 일정 방향의 자계의 세기(Magnetic field intensity) H가 식 (5-2)와 같이 나타내며, 일정 축 상에 위치하며 시간에 따라 정현적인 변화를 가지게 된다.

$$H_{aa'}(t) = H_M \sin(wt) \angle 0° [\mathrm{A \cdot turns/m}] \tag{5-2a}$$

$$H_{bb'}(t) = H_M \sin(wt - 120°) \angle 120° [\text{A} \cdot \text{turns/m}] \quad (5\text{-}2b)$$

$$H_{cc'}(t) = H_M \sin(wt - 240°) \angle 240° [\text{A} \cdot \text{turns/m}] \quad (5\text{-}2c)$$

이러한 자계의 세기에 의한 자속의 흐름을 나타내는 자속밀도 B는 $B = \mu H$로부터 식 (5-3)으로 결정될 수 있다.

$$B_{aa'}(t) = B_M \sin(wt) \angle 0° \text{ [T]} \quad (5\text{-}3a)$$

$$B_{bb'}(t) = B_M \sin(wt - 120°) \angle 120° \text{ [T]} \quad (5\text{-}3b)$$

$$B_{cc'}(t) = B_M \sin(wt - 240°) \angle 240° \text{ [T]} \quad (5\text{-}3c)$$

여기서, $B_M = \mu H_M$이다. 결론적으로 전류에 의한 대응 자속밀도는 고정자에 의한 특정시점에서의 합성 자속밀도 벡터 B_{total}로 나타날 수 있음을 의미하며, 이에 대한 각 예는 다음과 같다.

예 1 $wt = 0°$ 일 때,

$$B_{aa'} = 0$$

$$B_{bb'} = B_M \sin(-120°) \angle 120°$$

$$B_{cc'} = B_M \sin(-240°) \angle 240°$$

$$\begin{aligned} B_{total} &= B_{aa'}(t) + B_{bb'}(t) + B_{cc'}(t) \\ &= 0 + \left(-\frac{\sqrt{3}}{2} B_M\right) \angle 120° + \left(\frac{\sqrt{3}}{2} B_M\right) \angle 240° \\ &= 1.5 B_M \angle -90° \end{aligned}$$

예 2 $wt = 90°$ 일 때,

$$B_{aa'} = B_M \angle 0°$$

$$B_{bb'} = -0.5 B_M \angle 120°$$

$$B_{cc'} = -0.5 B_M \angle 240°$$

$$\begin{aligned} B_{total} &= B_{aa'}(t) + B_{bb'}(t) + B_{cc'}(t) \\ &= B_M \angle 0° + (-0.5 B_M) \angle 120° + (-0.5 B_M) \angle 240° \\ &= 1.5 B_M \angle 0° \end{aligned}$$

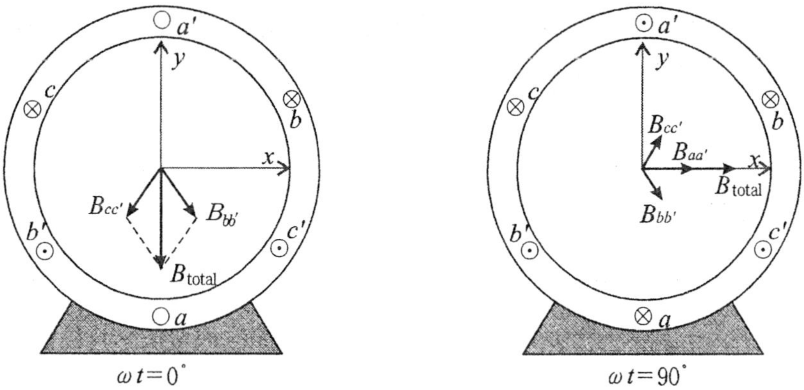

(a) (b)

그림 5-4 시간 함수에 따른 합성 자속밀도 벡터

결과적으로 그림 5-4와 같이 고정자 내부에 나타나는 자계의 방향은 시간 함수항의 전류 주파수에 따라 변화가 동기화되고, 그의 크기는 일정함을 유지하며 반시계방향으로 회전함을 알 수 있다. 이는 고정자 내부 공간에 2극(N-S)의 영구자석이 회전함과 동일함을 의미한다.

(2) 전기각과 회전 자계의 속도와의 관계

그림 5-5에 나타난 바와 같이 고정자 내부 공간에 발생하는 회전 자계는 고정자의 권선에 따라 2극(N-S) 또는 다극(4, 6, 8 …)으로 구성할 수 있다. 이중 그림 5-5(a)와 같이 2극 구조의 경우, 회전 자계 자극의 기계적 1회전은 인가된 전류의 매 전기적 주파수마다 발생하게 된다. 따라서, 회전 자계의 기계적 속도(초당 회전수 : revolutions per second)는 다음 식과 같이 전기 주파수(Hertz)와 등치의 관계에 있다. 여기서, f_m[rev/sec]과 ω_m[rad/sec]은 기계적 속도를 나타내며, f_e[Hertz]과 ω_e[rad/sec]은 전기적 속도를 나타낸다.

$$f_e = f_m [\text{two poles}] \tag{5-4a}$$

$$\omega_e = \omega_m [\text{two poles}] \tag{5-4b}$$

한편, 그림 5-5 (b)의 고정자 권선 배치에 각 상의 권선에 동일 상전류가 인가된 경우, 공간상에는 두 개의 N극 및 두 개의 S극이 분포하게 되고, 이에 따라, 360도에 해당하는 한 주기의 전기적 변화는 기계적으로 180도에 해당하는 움직임을 보임을 알 수 있다. 그러므로, 4극 권선의 경우 다음 식과 같이 전류의 전기주파수는 기계적 회전의 두 배가 된다.

$$\theta_e = 2\theta_m \text{[four poles]} \tag{5-5a}$$

$$f_e = 2f_m \text{[four poles]} \tag{5-5b}$$

$$\omega_e = 2\omega_m \text{[four poles]} \tag{5-5c}$$

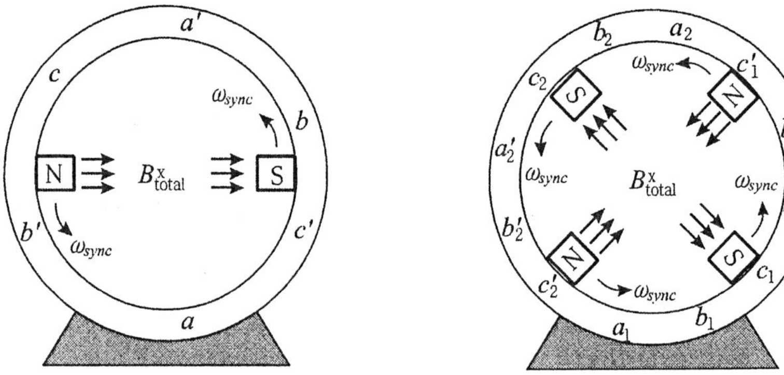

(a) 2극　　(b) 4극

그림 5-5 전기각과 회전 자계의 속도

일반적으로 교류 회전기의 총 극수를 P라고 할 때, 전기적 주파수 및 기계적 속도와의 관계는 식 (5-6)과 같이 정리될 수 있다.

$$\theta_e = \frac{P}{2}\theta_m \tag{5-6a}$$

$$f_e = \frac{P}{2}f_m \tag{5-6b}$$

$$\omega_e = \frac{P}{2}\omega_m \tag{5-6c}$$

또한, 초당 기계적 속도 f_m[rev/sec]은 분당 속도 n_m[rev/min]과 $f_m = \frac{n_m}{60}$의 관계에 따라, 식 (5-6b)는 다음 식과 같이 정리될 수 있다.

$$f_e = \frac{n_m P}{120} \tag{5-7}$$

(3) 유도 전동기 고정자 및 회전자 구조

유도 전동기의 고정자는 그림 5-6과 같이 기본적으로 동기 전동기의 구조와 동일한 형태, 즉, 3상 권선이 전기각 120도 배치로 되어 있는 반면 회전자의 구조가 다른 형태로 구성되어 있다. 이러한 유도 전동기의 회전자는 농형 회전자(Cage rotor)와 권선형 회전자(Wound rotor)라는 두 가지의 분류로 구분되고 있으며, 각 회전자의 구조 및 적용 목적에 상이점이 존재한다.

농형 회전자의 기본 구조는 그림 5-7 (a)에 나와 있듯이 회전자 몸체에 도체봉(Conductor bar)을 회전자 외곽 둘레 인근에 기둥모양으로 삽입하고, 이를 양 끝단에서 단락환(Shorting ring)으로 단락시킨 비교적 단순한 구조로 이루어져 있다. 이러한 모양이 다람쥐나 햄스터의 회전운동틀과 유사하다고 고려되어 농형(Cage type)이라고 명칭 되었다.

일반적으로 권선형에 비하여 간단한 구조이며, 제작단가가 낮은 반면 과다한 기동전류 및 낮은 기동토크에 의하여 소형 유도 전동기에 주로 사용되었으나, 회전자 도체의 2중 농형 및 심구형의 적용에 의하여 기동토크의 증대가 가능함에 따라 대형에도 폭 넓게 적용되고 있다.

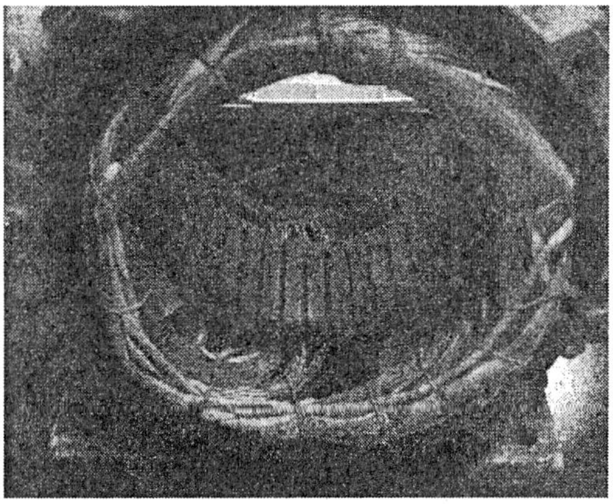

그림 5-6 유도 전동기 고정자 권선

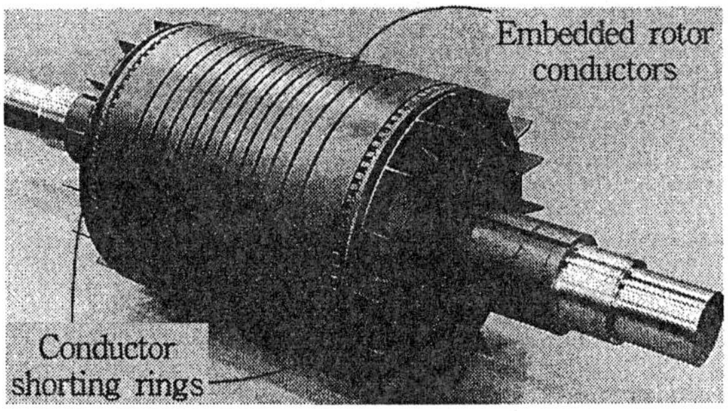

(a) 농형 회전자 구조

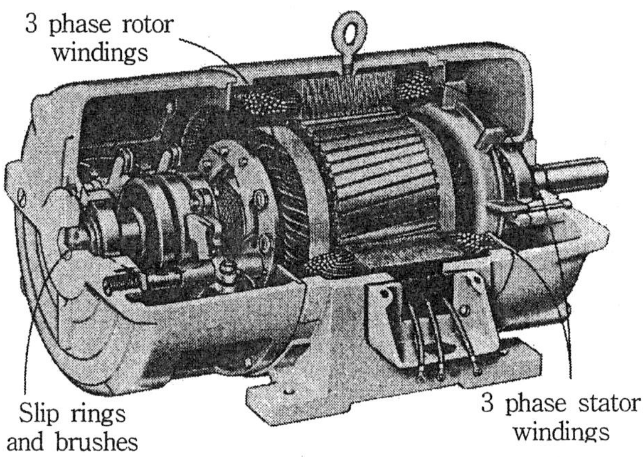

(b) 권선형 회전자 구조

그림 5-7 유도 전동기 회전자 구조

그림 5-7 (b)의 권선형 유도 전동기의 회전자의 구조는 고정자의 3상 권선 형태가 회전자에 구현된 경우로 고려될 수 있으며, 그림 5-8과 같이 보편적으로 회전자의 3상 권선의 한단은 Y 결선으로 구성하고 나머지 한단은 회전자 축에 취부된 슬립링(Slip rings)과 연결되어 있다. 또한, 이러한 슬립링에 브러쉬(Brush) 접촉시켜 결국 회전자 권선의 회로를 외부로 인출하는 형태로 구성하여 회전자 회로에 추가적인 저항(기동저항)을 인가할 수 있는 구조로 이루어져 있다. 이러한 권선형 회전자를 갖는 유도 전동기는 상대적으로 농형 회전자 유도전동기에 비하여 제작단가가 높고, 브러쉬 및 슬립링 구조에 따른 유지보수에 대한 추가적 비용이 요구되고 있다.

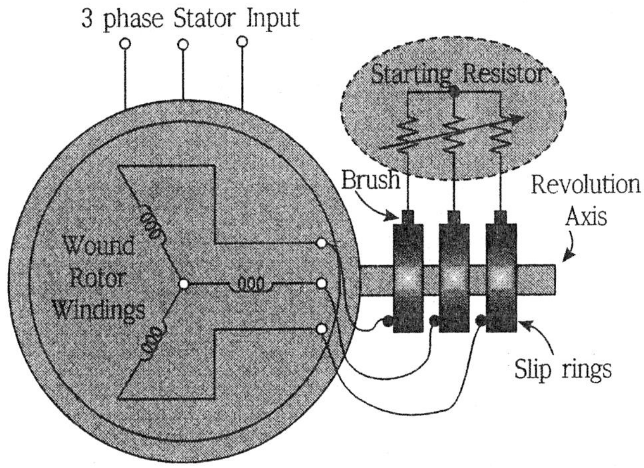

그림 5-8 권선형 유도 전동기의 회전자 외부 회로

5.2 3상 유도 전동기 이론

유도 전동기는 동기 전동기 구조와 비교할 때, 고정자 구조는 동일한 형태이나 회전자 구조에서 자극을 제외한 순수 제동권선(Amortisseur windings) 만으로 이루어진 모델로 고려될 수 있다. 이러한 유도 전동기의 구조는 앞 절에서 아라고의 원판의 동작 원리와 동일하게 고정자와 회전자간의 속도 차이에 의한 유기기전력의 발생이 기본 전제 조건으로 언급될 수 있다.

5.2.1 회전자 슬립

고정자에서 발생하는 회전 자계는 식 (5-7)로부터 3상 전원에 의한 전류의 주파수와 동기화되어 회전함에 따라 식 (5-8)과 같이 나타낼 수 있다.

$$n_{sync} = \frac{120 f_e}{P} \qquad (5\text{-}8)$$

이러한 회전 자계 자극의 회전속도, 즉, 동기속도는 유도 전동기의 회전자와 상대적인 속도에 의하여 회전자 권선에 유기기전력을 만들게 된다. 이에 따라, 유도 전동기는 회전자 전압 및 전류에 의하여 토크를 발생시켜 회전하게 되는데, 이러한 과정에서 다음과 같은 슬립속도(Slip speed) n_{slip}이 회전자계 속도(동기속도) n_{sync}와 회전자 속도 n_m의 상대속도로 정의 될 수 있다.

$$n_{slip} = n_{sync} - n_m \tag{5-9}$$

결국, 슬립(Slip) s는 고정자 회전 자계와 회전자의 상대속도를 동기속도 기준으로 나타내는 물리량으로 인식될 수 있으며, 경우에 따라 백분율로 표시되어 퍼센트 슬립(Percent Slip)이라고도 한다.

$$s = \frac{n_{slip}}{n_{sync}}(\times 100) = \frac{n_{sync} - n_m}{n_{sync}}(\times 100) \tag{5-10a}$$

$$sn_{sync} = n_{sync} - n_m = n_{slip} \tag{5-10b}$$

슬립과 동기속도로부터 회전자 축의 기계적 속도를 표현하는 경우, 식 (5-10b)는 다음과 같이 정리될 수 있다.

$$n_m = (1 - s)n_{sync} \tag{5-11}$$

만약, 유도 전동기 회전자가 동기속도로 회전하고 있다면 슬립은 0이 되며, 회전자 권선과 회전 자계의 상대속도는 0이 되어 회전자 권선에 유기기전력이 발생되지 않는다. 만약, 전동기가 무부하 상태에서 회전하는 경우, 마찰손, 풍손 등의 기계손에 대응되는 토크만이 발생되므로 회전자 속도가 거의 동기속도에 필적하는 운동을 하게 되는데 이 때의 전동기 속도를 **무부하 속도**라고 한다. 즉, 무부하 속도에서 유도 전동기의 슬립은 0이라 할 수 있다. 또한, 전동기가 정지하고 있는 경우 슬립은 1이 되는데, 이러한 정지 상태의 속도는 회전자가 구속된 상태와 동일함에 따라, 구속된 상태에서의 슬립은 1이라 할 수 있다. 일반적으로 유도전동기의 정격부하 슬립은 매우 적어 전부하(Full-load)에서 소용량은 5~10[%], 중용량 및 대용량의 경우 2.5~5[%] 범위로 알려져 있다.

5.2.2 회전자 유기기전력의 전기 주파수

유도 전동기는 회전자에 유기되는 전압 및 그에 의한 회전자 전류에 의하여 기계적 회전운동을 함에 따라, 전동기 내부에서의 전기적 동작이 변압기의 원리가 적용된 경우라 할 수 있다. 일반적인 변압기는 1차측 및 2차측의 권선 구조에 2차측 회전 속도가 0이 되는 구조를 가진 반면 유도 전동기는 변압기 1차측에 해당하는 고정자와 변압기 2차측에 해당하는 회전자로 구성되어 있고, 특히, 2차측이 회전운동을 함에 따라 때때로 "회전형 변압기"라고 부르기도 한다.

회전자가 구속(정지)된 경우($s=1$)에는 회전자에 유기되는 전압은 고정자 전압에 권수비 a가 상수로 적용됨에 따라 고정자 전압과 동일한 주파수를 가지게 되며, 회전자가 동기속도인 경우($s=0$)에는 회전자 유기기전력이 0이 됨에 따라 전기 주파수도 0이 됨을 생각할 수 있다.

따라서, 특정 슬립 s로 회전운동하고 있는 회전자 전기 주파수 f_r은 식 (5-10b)의 상대속도 관계에 따라 다음과 같이 정리될 수 있다.

$$f_r = sf_e \tag{5-12a}$$

$$f_r = \frac{n_{sync} - n_m}{n_{sync}} f_e \tag{5-12b}$$

$$f_r = \frac{n_{sync} - n_m}{n_{sync}} f_e = \frac{n_{sync} - n_m}{\frac{120 f_e}{P}} f_e = \frac{P}{120}(n_{sync} - n_m) \tag{5-12c}$$

예제 5-1

380[V], 30마력, 4극, 60[Hz], Y 결선 유도 전동기의 전부하 슬립이 5[%]일 때, 다음 각 항을 구하시오.

(a) 이 전동기의 동기속도는 얼마인가?

(b) 정격부하에서의 전동기 속도는 얼마인가?

(c) 정격부하에서의 회전자 주파수는 얼마인가?

(d) 정격부하에서의 축의 토크는 얼마인가?

풀이

(a) 전동기의 동기속도는

$$n_{sync} = \frac{120f_e}{P} = \frac{120 \cdot 60}{4} = 1800[\text{rpm}]$$

(b) 전동기 회전속도는

$$n_m = (1-s)n_{sync} = (1-0.05) \cdot 1800 = 1710[\text{rpm}]$$

(c) 전동기의 회전자 주파수는

$$f_r = sf_e = 0.05 \cdot 60 = 3[\text{Hz}]$$

(d) 축의 토크를 구하기 위하여 $P_{out} = \omega_m \tau_{load}$ 관계식이 적용된다.

$$\tau_{load} = \frac{P_{out}}{\omega_m}$$
$$= \frac{30[\text{hp}] \cdot 746[\text{W/hp}]}{1710[\text{rpm}] \cdot 2\pi[\text{rad/rev}] \cdot 1[\text{min}]/60[\text{sec}]} = 124.98[\text{N} \cdot \text{m}]$$

5.2.3 유도 전동기 등가회로

(1) 변압기 모델을 이용한 유도 전동기 등가회로

유도 전동기 등가회로는 고정자로부터 회전자로 전압과 전류를 유도하는 과정이 변압기의 1차 및 2차간의 유도 작용과 동일하며, 회전자 회로의 단락을 반영하여 변압기 등가회로에서 2차측이 단락된 회로로 그림 5-9와 같이 구성되어 있다.

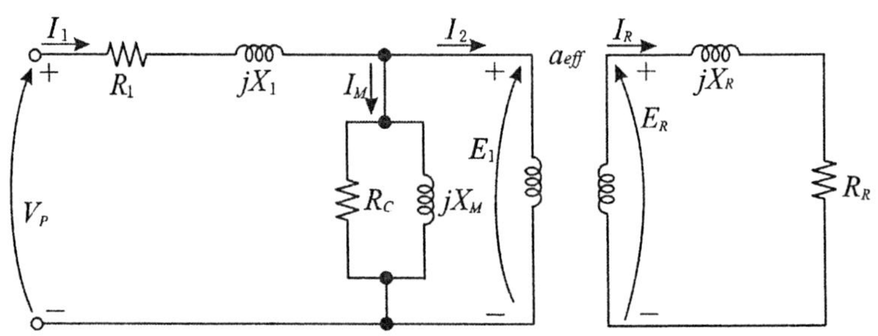

그림 5-9 변압기 모델을 이용한 유도 전동기 등가회로

그림 5-9는 변압기와 동일하게 상당(Per-phase) 등가회로로서 고정자 권선의 저항 R_1 및 누설리액턴스 jX_1, 회전자 권선의 저항 R_R 및 누설리액턴스 jX_R이 각각 표기되어 있고, 고정자 전압 V_P에 따라 나타나는 고정자 - 회전자 공통자속

변화로 유기되는 고정자 유기기전력 E_1 및 회전자 유기기전력 E_R이 나타나 있으며, 이러한 공통자속을 발생하는 등가적 표현으로 자화 리액턴스 jX_M과 더불어 철손(히스테리시스 손실과 와전류 손실의 합) 성분을 등가저항으로 나타내는 R_C가 나타나 있다.

고정자 유기기전력 E_1과 회전자 유기기전력 E_R은 기존 변압기 1차 및 2차 권선과 동일하게 실효 권수비 $a_{eff}=E_1/E_R$의 관계에 있다. 이러한 실효 권수비는 권선형 유도 전동기의 경우, 분포계수(Distribution factor) 및 단절계수(Pitch factor)가 고려된 권선계수(Winding factor)로 교정된 고정자 상당 도체수 대 회전자 상당 도체수의 비로 비교적 쉽게 얻을 수 있다. 상대적으로 농형 유도 전동기는 명확한 권수를 산정하기 어려운 회전자 구조에 의하여 실효 권수비 산정에 어려움이 존재한다.

(2) 유도 전동기 회전자 모델

유도 전동기의 회전자에 유기되는 유기기전력의 크기 및 주파수는 유도 전동기 슬립에 직접적으로 비례한다. 이는 가장 큰 상대속도 운전을 하는 회전자 구속조건($s=1$)에서 회전자 전압 및 주파수가 가장 크게 나타남을 의미한다.

이러한 구속조건에서의 유기기전력을 E_{R0}라고 할 때, 임의의 슬립으로 운전할 경우 회전자의 유기기전력의 크기 E_R은 다음 식으로 정의될 수 있다.

$$E_R = sE_{R0} \tag{5-13}$$

또한, 회전자 누설 리액턴스의 크기 X_R은 주파수에 종속된 성분으로 식 (5-12a)의 관계에 따라 다음과 같이 정리될 수 있다.

$$X_R = \omega_r L_R = 2\pi f_r L_R = 2\pi(sf_e)L_R = s(2\pi f_e L_R) = sX_{R0} \tag{5-14}$$

여기서, X_{R0}는 구속조건하에서의 회전자 리액턴스의 크기를 의미한다.

이러한 회전자 구속조건에서의 물리량으로 유도 전동기의 회전자 등가회로를 재구성하면 그림 5-10 (a)와 같다.

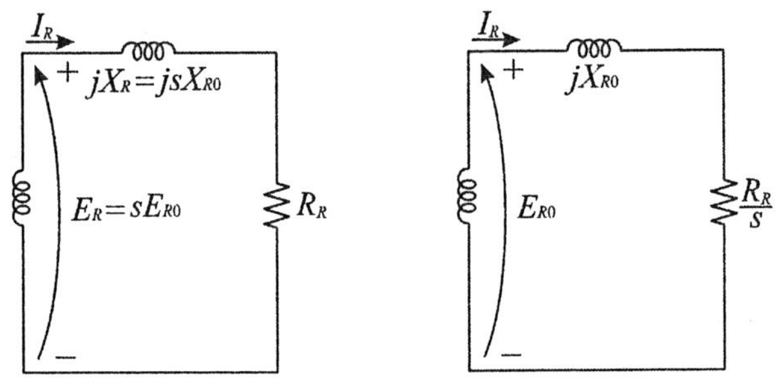

(a) (b)

그림 5-10 재구성된 회전자 등가회로

그림 5-10 (a)로부터 회전자에 흐르는 전류 I_R은 다음과 같이 정리되어, 그림 5-10 (b)와 같이 슬립 변화가 회전자 저항 성분에만 반영된 등가회로를 얻을 수 있다.

$$I_R = \frac{E_R}{R_R + jX_R} = \frac{sE_{R0}}{R_R + jsX_{R0}} = \frac{E_{R0}}{R_R/s + jX_{R0}} \qquad (5\text{-}15)$$

예제 5-2

60[Hz], 4극인 권선형 유도 전동기의 정지시 회전자 유기기전력이 1200[V]라고 한다. 이 전동기가 3[%]의 슬립으로 정상상태 운전을 하는 경우 회전자 유기기전력은 얼마인가?

풀이

식 (5-13)에 따라 $E_{R0} = 1200[\text{V}]$이고 $s = 0.03$이므로

$E_R = sE_{R0} = 0.03 \times 1200 = 48[\text{V}]$이 된다.

(3) 유도 전동기 상당 등가회로

기본적인 변압기 등가회로에서 2차 권선의 전압 V_S, 전류 I_S 및 임피던스 Z_S는 다음 관계식에 따라 1차측으로 환산한 전압 V_S', 전류 I_S' 및 임피던스 Z_S'로 변환될 수 있다.

$$V_P = V_S' = aV_S \qquad (5\text{-}16a)$$

$$I_P = I_S' = \frac{I_S}{a} \tag{5-16b}$$

$$Z_S' = a^2 Z_S \tag{5-16c}$$

이러한 관계를 그림 5-10 (b)에 적용하여 나타내면 다음과 같고, 이에 따라 고정자로 환산되어 나타낸 유도전동기 상당 등가회로는 그림 5-11과 같다.

$$E_1 = E_R' = a_{eff} E_{R0} \tag{5-17a}$$

$$I_2 = \frac{I_R}{a_{eff}} \tag{5-17b}$$

$$Z_2 = a_{eff}^2 (\frac{R_R}{s} + jX_{R0}) = \frac{a_{eff}^2 R_R}{s} + ja_{eff}^2 X_{R0} = \frac{R_2}{s} + jX_2 \tag{5-17c}$$

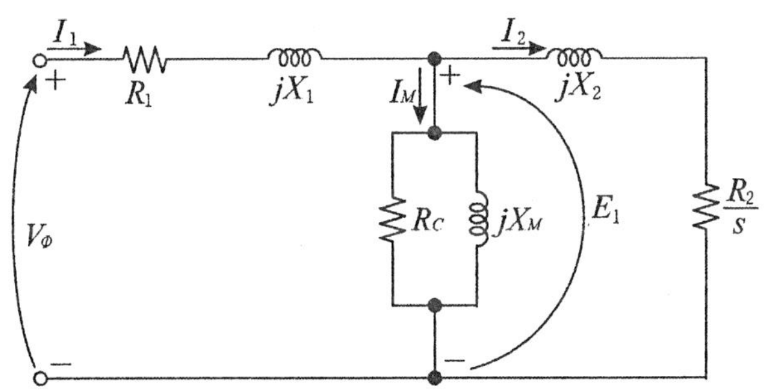

그림 5-11 유도 전동기 상당 등가회로

(4) 유도 전동기 전력 흐름 체계 및 발생 토크

유도 전동기의 전력 흐름 체계를 알기 위해서는 그림 5-11의 등가회로 개별 인자 중 전력 손실 성분에 대한 고찰이 선행되어야 한다. 등가회로로부터 손실분으로 고려될 수 있는 성분은 크게 세 가지 손실, 즉, 고정자 저항에 의한 손실(P_{SCL}), 철손(P_{core}) 및 회전자 저항 손실(P_{RCL})로 언급될 수 있다. 이러한 손실 성분이 고려된 유도 전동기 전력 흐름 체계도는 그림 5-12와 같이 나타낼 수 있다.

유도 전동기에 대한 입력 전력 P_{input}은 3상 전압 및 전류로 구성되어 있다. 이러한 입력에너지는 고정자 저항에 의한 손실($P_{SCL} = I_1^2 R_1$)과 히스테리시스 및 와류손의 합으로 구성된 철손(P_{core})만큼 저감된다. 이렇게 저감된 에너지는 고정자와 회전자 사이의 공극을 통하여 회전자로 전달되기 위한 에너지로 고려하여 공극전력(Airgap power : P_{AG}) 또는 동기와트라 한다. 회전자로 전달된 공극전력은 회전자 저항에 의한 손실(P_{RCL})에 의해 저감되어 전기에너지에서 기계에너지로 변환될 변환에너지(P_{conv}) 또는 기계에너지로 고려된다. 이러한 변환에너지는 전동기 발생토크(τ_{ind})와 전동기 회전속도(ω_m)의 곱이며, 이 변환에너지에서 마찰 및 풍손($P_{f\&w}$)에 의한 저감, 축의 비틀림 또는 커플링의 백래쉬 등과 같이 산정하기 어려운 분포손실(P_{stray})를 제외한 모든 에너지가 부하에 전달되는 부하토크(τ_{load})와 전동기 회전속도(ω_m)의 곱인 기계적인 출력(P_{output})으로 판단할 수 있다.

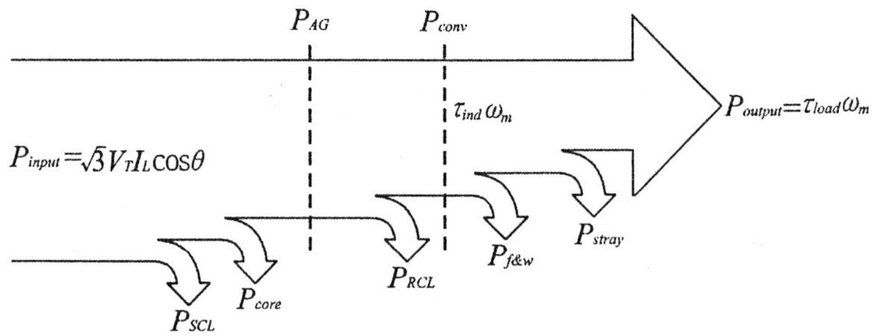

그림 5-12 유도 전동기 전력 흐름 체계도

이상과 같은 전력 흐름에 대한 수식적 정리는 그림 5-11 유도전동기 상당 등가회로로부터 다음과 같이 정리될 수 있다. 우선적으로 전동기의 한 상에 흐르는 입력 전류는 다음과 같이 입력전압에 대한 등가임피던스로 얻을 수 있다.

$$I_1 = \frac{V_\Phi}{Z_{eq}} \tag{5-18}$$

여기서, $Z_{eq} = R_1 + jX_1 + \dfrac{1}{\dfrac{1}{R_C} + \dfrac{1}{jX_M} + \dfrac{1}{R_2/s + jX_2}}$ 이다.

따라서, 고정자 저항손 P_{SCL}, 철손 P_{core}은 다음과 같이 산정된다.

$$P_{SCL} = 3I_1^2 R_1 \tag{5-19}$$

$$P_{core} = 3E_1^2 / R_C \tag{5-20}$$

전력 흐름에 따라, 공극전력 또는 동기와트 P_{AG}는 다음과 같이 계산된다.

$$P_{AG} = P_{input} - P_{SCL} - P_{core} \tag{5-21}$$

P_{AG}은 결국 회전자의 저항성분 전체에서 소비되는 모든 에너지로 고려하여 식 (5-22)와 같이 전개될 수 있고, 전체 회전자의 저항성분 중 회전자 저항손실 P_{RCL}만을 고려한 경우는 식 (5-23)과 같이 나타낼 수 있다.

$$P_{AG} = 3I_2^2 \frac{R_2}{s} \tag{5-22}$$

$$P_{RCL} = 3I_2^2 R_2 = sP_{AG} \tag{5-23}$$

전동기의 입력 전력에서 고정자 저항손실, 철손 및 회전자 저항 손실을 제한 나머지 전력이 전기적 에너지에서 기계적 에너지로 변환되는 물리량인 변환전력 또는 기계출력 P_{conv}로 고려되어 다음 식으로 나타낼 수 있다.

$$\begin{aligned} P_{conv} &= (P_{input} - P_{SCL} - P_{core}) - P_{RCL} = P_{AG} - P_{RCL} = (1-s)P_{AG} \\ &= 3I_2^2 \frac{R_2}{s} - 3I_2^2 R_2 = 3I_2^2 R_2 (\frac{1}{s} - 1) \\ &= 3I_2^2 R_2 (\frac{1-s}{s}) \end{aligned} \tag{5-24}$$

이러한 변환전력 항이 고려된 유도 전동기 상당 등가회로는 그림 5-13과 같이 나타낼 수 있다. 여기서 슬립 s이 포함된 회전자 저항은 순수 저항손실을 나타내는 회전자 저항과 변환전력 저항으로 구분할 수 있다.

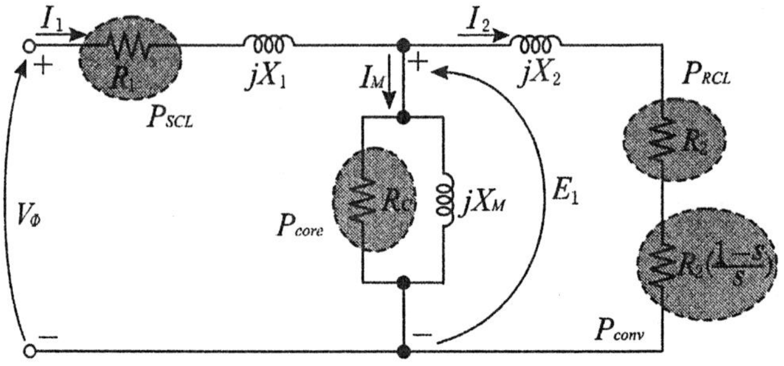

그림 5-13 회전자 저항이 구분된 유도 전동기 상당 등가회로

마지막으로, 마찰손실 및 풍손 $P_{f\&w}$과 분포손실 P_{stray}을 뺀 나머지를 출력 전력으로 계산될 수 있으며, 이러한 출력 전력으로부터 유도전동기 발생토크 τ_{ind}를 산정할 수 있다. 여기서, ω_m[rad/sec]은 유도 전동기 각속도이며, ω_{sync}[rad/sec]는 유도 전동기 동기 각속도이다.

$$P_{output} = P_{conv} - P_{f\&w} - P_{stray} \tag{5-25}$$

$$\tau_{ind} = \frac{P_{conv}}{\omega_m} = \frac{(1-s)P_{AG}}{(1-s)\omega_{sync}} = \frac{P_{AG}}{\omega_{sync}} \tag{5-26}$$

5.2.4 유도 전동기 등가회로 정수 산정

그림 5-11의 유도 전동기 상당 등가회로에서 전동기 특성을 나타내는 정수는 R_1, X_1, R_2, X_2, R_C 및 X_M로 총 여섯 가지의 매개변수이다. 이러한 정수는 전동기의 특성 계산을 위하여 다음과 같은 세 가지의 시험을 통하여 산정 된다.

(1) 직류 시험(DC Test)

직류회로 시험을 통하여 얻을 수 있는 유도 전동기 정수는 R_1이다. 이는 그림 5-14와 같이 임의의 두 고정자 단자에 가변 직류 전압을 투입하여 고정자에 흐르는 전류량이 정격에 이르렀을 때, 이때의 전압 V_{dc} 및 전류 I_{dc}를 측정하여 R_1을 다음과 같이 구할 수 있다.

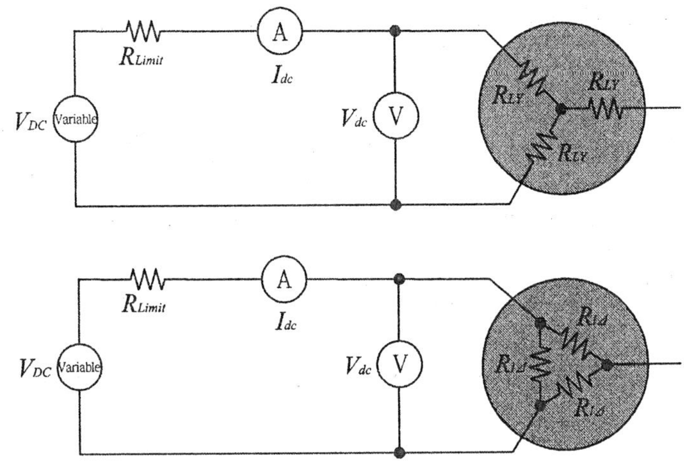

그림 5-14 유도 전동기 직류시험 회로(Y 및 Δ 결선)

$$R_{dc} = \frac{V_{dc}}{I_{dc}} \tag{5-27}$$

시험에 의해 구해진 R_{dc}는 고정자 회로의 Y 및 Δ 결선 방식에 따라 R_1을 구할 수 있다.

$$\left.\begin{aligned} \mathrm{Y}-connection: \ R_1 &= \frac{R_{1,Y}}{2} \\ \Delta-connection: \ R_1 &= 1.5R_{1,\Delta} \end{aligned}\right\} \tag{5-28}$$

(2) 구속 회전자 시험(Locked-Rotor Test)

구속 시험은 유도 전동기의 정수 중 X_1과 X_2를 구하는데 적용되는 시험이다. 이러한 과정에서 직류회로 시험으로부터의 결과를 적용하여 R_2를 구할 수 있다.

이 시험은 회전자를 구속한 상태에서 선간전압, 선전류 및 고정자 입력 전력을 그림 5-15와 같이 측정한다. 시험 과정에서는 가변 교류전원를 조정하여 구속회전자 전류의 크기가 정격전류가 되도록 한다.

회전자가 구속된 상태에서는 $s=1$의 관계에 따라, 고정자 전류의 대부분이 회전자 전류로 고려될 수 있다. 이에 따라, 유도 전동기 등가회로는 그림과 같이 R_C

및 X_M이 생략된 회로로 간단화 되어 다음과 같이 정수 산정에 적용될 수 있다.

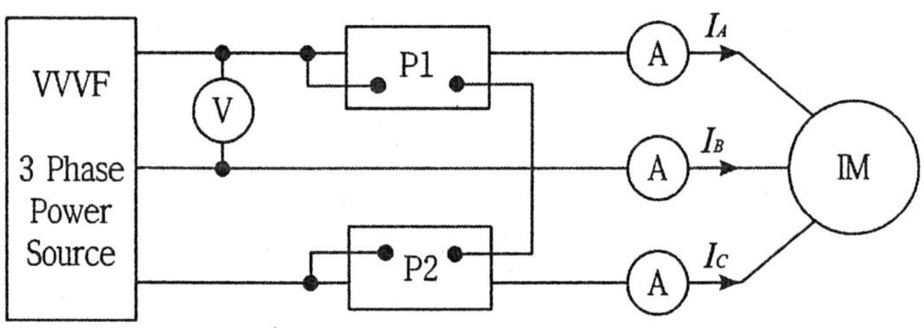

그림 5-15 유도 전동기 구속 회전자 및 무부하 시험 회로

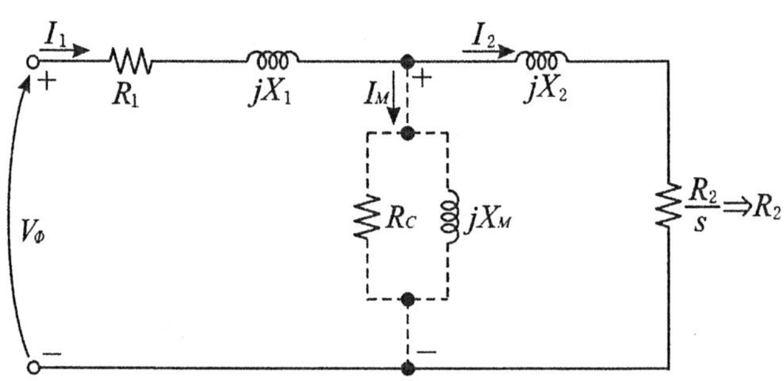

그림 5-16 구속 회전자 시험에 의한 상당 등가회로

우선적으로 다음의 입력전력 관계로부터 식 (5-30)과 같이 측정된 전력 P_{in}, 선간전압 V_T 및 선간전류 I_L을 이용하여 역률을 계산할 수 있다.

$$P = \sqrt{3}\, V_T I_L \cos\theta \tag{5-29}$$

$$PF = \cos\theta = \frac{P_{in}}{\sqrt{3}\, V_T I_L} \tag{5-30}$$

$$\theta = \cos^{-1}\left(\frac{P_{in}}{\sqrt{3}\, V_T I_L}\right) \tag{5-31}$$

또한, 전체 임피던스의 크기, 고정자와 회전자의 합성 저항 및 합성 인덕턴스의 크기는 다음과 같이 산정이 가능하다.

$$|Z_{LR}| = \frac{V_\Phi}{I_1} = \frac{V_T}{\sqrt{3}\, I_L} \tag{5-32}$$

$$Z_{LR} = R_{LR} + jX'_{LR} = |Z_{LR}|\cos\theta + j|Z_{LR}|\cos\theta \quad (5\text{-}33)$$

$$R_{LR} = R_1 + R_2 = |Z_{LR}|\cos\theta \quad (5\text{-}34)$$

$$X'_{LR} = X'_1 + X'_2 = |Z_{LR}|\sin\theta \quad (5\text{-}35)$$

식 (5-34)로부터 이미 직류회로 시험을 수행하여 얻은 R_1을 이용하여 다음과 같이 회전자 저항의 크기를 구할 수 있다.

$$R_2 = R_{LR} - R_1 = |Z_{LR}|\cos\theta - R_1 \quad (5\text{-}36)$$

추가적으로 정격전압과 정격주파수로 시험을 수행할 때는 자기포화 및 저항 표피효과가 나타나게 됨에 따라 *IEEE* 시험 규정에서 정격주파수 f_{rated}[Hz]의 25[%]에 해당하는 시험주파수 f_{test}[Hz]로 낮춘 시험 입력전압을 통하여 전동기 정격전류를 흐르게 하는 조건을 준수할 것을 권유하고 있다. 한 예로, 정격주파수가 60[Hz]인 전동기는 15[Hz]의 시험주파수 입력전압에 의하여 시험이 수행되므로, 시험에서 산정된 리액턴스 성분의 크기는 반드시 60[Hz]로 환산되어야 한다. 식 (5-35)의 X'_{LR}, X'_1 및 X'_2는 15[Hz]의 시험 전원 조건하의 값으로 고려할 때, 다음과 같이 60[Hz]의 리액턴스 물리량으로 환산되어야 한다.

$$X_{LR} = X_1 + X_2 = \frac{f_{rated}}{f_{test}} X'_{LR} = \frac{60}{15} X'_{LR} \quad (5\text{-}37)$$

식 (5-37)에서 고정자 리액턴스 X_1과 회전자 리액턴스 X_2를 별도로 산정하는 간단한 방법은 제안되고 있지 않다. 보통 *NEMA* 설계유형에 따라 표 5-1과 같이 각 성분의 크기가 배분되고 있다.

표 5-1 *NEMA* 설계유형에 따른 리액턴스의 성분 분리

	A, D	B	C	Wound rotor
X_1	$0.5X_{LR}$	$0.4X_{LR}$	$0.3X_{LR}$	$0.5X_{LR}$
X_2	$0.5X_{LR}$	$0.6X_{LR}$	$0.7X_{LR}$	$0.5X_{LR}$

(3) 무부하 시험(No-Load Test)

유도 전동기에 대한 무부하 시험은 자화 리액턴스 X_M 및 전동기의 기계손, 즉, 마찰손 및 풍손의 합을 결정하기 위한 방법이다. 무부하 시험 회로는 구속 회전자 시험에 적용된 그림 5-14와 같으나, 회전자를 구속하지 않고 정격 전압 및 정격 주파수에서 무부하 상태로 회전하게 한다.

전동기가 무부하 운전을 함에 따라 회전속도는 거의 동기속도와 일치하여 $s \approx 0$의 상태에 있다. 이에 따라, 그림 5-11 유도 전동기 상당 등가회로의 회전자 저항 성분은 무한대에 가깝게 됨에 따라 회전자 전류가 매우 작게 된다. 또한, 고정자와 회전자간의 공극이 존재함에 따라 큰 자기저항이 형성되는데, 이 공간에 자계 형성을 위한 기자력의 고정자 전류는 충분히 커야 될 필요가 있다. 이에 따라, $R_C \gg X_M$인 경우를 고려하여 그림 5-11은 다음과 같이 간략화 된다.

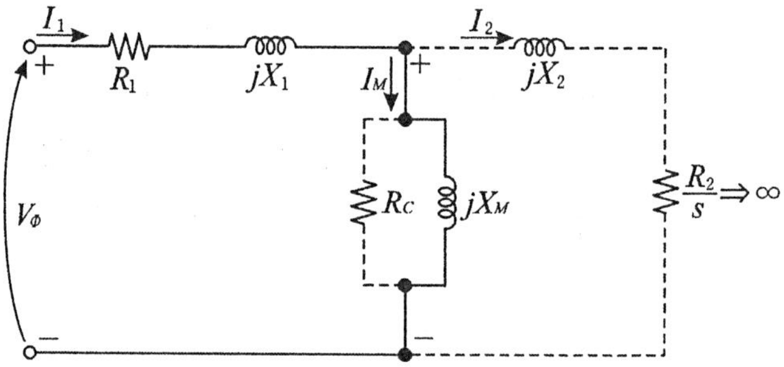

그림 5-17 무부하 시험에 의한 상당 등가회로

그림 5-17로부터 상당 피상전력 입력은 측정전압 V_{NL} 및 측정전류 I_{NL}로부터 다음과 같이 구할 수 있다.

$$S_{NL} = V_{NL} I_{NL} \tag{5-38}$$

또한, 식 (5-38)의 피상전력은 다음과 같이 전력계로 측정된 유효전력 P_{NL} 및 계산할 무료전력 Q_{NL}과 관련되므로 식 (5-40)과 같이 무효전력의 산정이 가능하다.

$$S_{NL} = \sqrt{P_{NL}^2 + Q_{NL}^2} \tag{5-39}$$

$$Q_{NL} = \sqrt{S_{NL}^2 - P_{NL}^2} \tag{5-40}$$

산정된 무효전력 Q_{NL}은 그림 5-16의 리액턴스 X_1 및 X_M에 나타나는 전력이므로 이를 정리하면 다음과 같다.

$$Q_{NL} = I_{NL}^2 X_{NL} \tag{5-41}$$

$$X_{NL} = X_1 + X_M = \frac{Q_{NL}}{I_{NL}^2} \tag{5-42}$$

따라서, 구속 회전자 시험에 의하여 산정된 X_1을 이용하여 자화 리액턴스 X_M의 산정이 가능하다.

무부하 시험에서의 상당 입력전력 P_{NL}에는 철손, 고정자 저항손, 기계손(풍손과 마찰손의 합) 및 분포손이 포함되어 있다.

$$P_{NL} = 3I_{NL}^2 R_1 + P_{core} + (P_{f\&w} + P_{stray}) = 3I_{NL}^2 R_1 + P_{core} + P_{rot} \tag{5-43}$$

보통 철손 P_{core} 및 무부하 입력전류 I_{NL}은 전동기의 공급전압 V_{NL}에 따라 변화가 되지만, 기계손이 대부분인 회전손실 P_{rot}은 회전속도의 함수로서 공급전압 V_{NL}에 의하여 변화되지 않는다. 이에 따라, 다음 그림 5-18과 같이 무부하 시험 시 전동기의 단자전압을 정격값 부근에서 동기속도를 유지하는 최저값까지 변화시켜 V_{NL}과 P_{NL}의 곡선을 그리고, 이 곡선을 $V_{NL}=0$ 구간까지 확장하면 회전손실, 즉 기계손 $P_{f\&w}$을 산정할 수 있다.

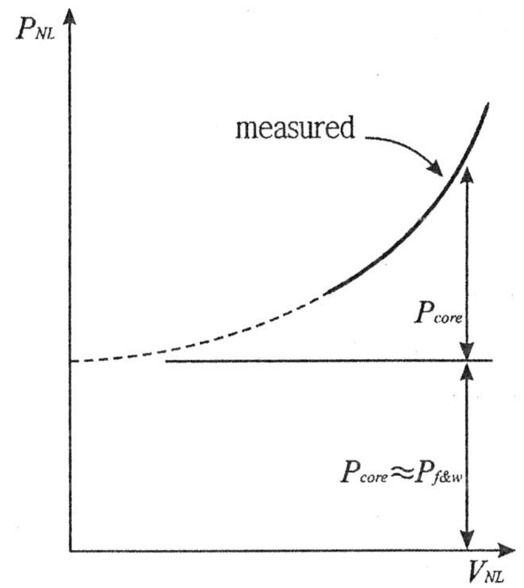

그림 5-18 기계손의 추정 산정

5.3 유도 전동기 특성

5.3.1 유도 전동기 속도-토크 특성 곡선

유도 전동기의 출력 특성을 나타내는 속도-토크 특성 곡선은 그림 5-19 (a)의 철손이 무시된 유도전동기 상당 등가회로로부터 전개될 수 있다.

그림 5-19 (a)의 음영된 고정자 회로 영역을 데브낭의 등가회로로 나타내면 그림 5-19 (b)와 같이 정리될 수 있다.

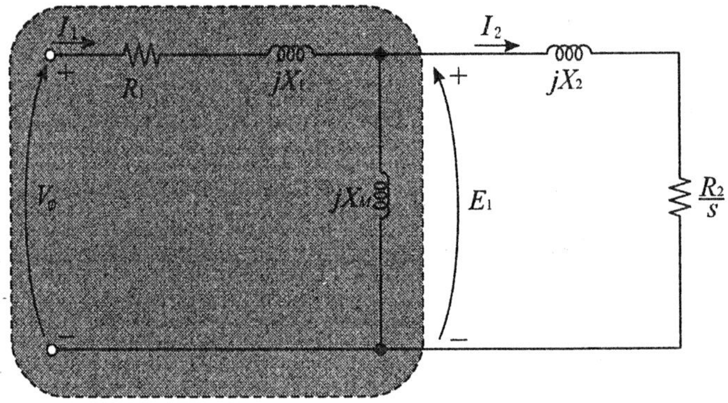

(a)

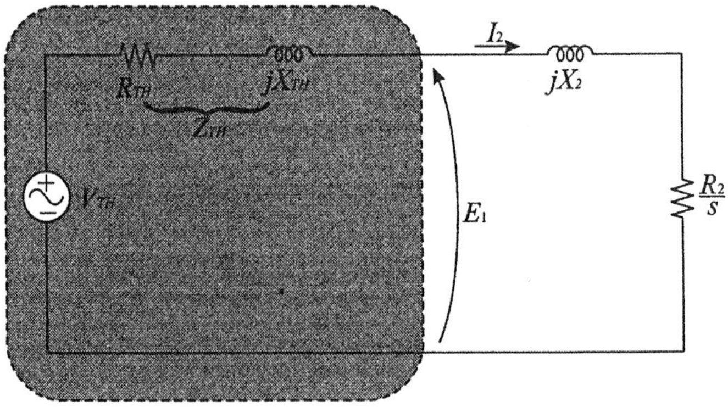

(b)

그림 5-19 데브낭의 등가회로를 이용한 유도 전동기 등가회로

그림 5-19 (b)의 데브낭 등가전압 V_{TH}와 등가 임피던스 Z_{TH}는 다음과 같다.

$$V_{TH} = V_{\Phi} \frac{jX_M}{R_1 + jX_1 + jX_M} \quad \text{(5-44a)}$$

$$Z_{TH} = R_{TH} + jX_{TH} = \frac{jX_M(R_1 + jX_1)}{R_1 + j(X_1 + X_M)}$$

$$= \frac{-R_1X_1X_M + R_1X_M(X_1 + X_M)}{R_1^2 + (X_1 + X_M)^2} + j\frac{R_1^2X_M + X_1X_M(X_1 + X_M)}{R_1^2 + (X_1 + X_M)^2} \quad \text{(5-44b)}$$

상기의 전압 및 등가 임피던스는 일반적 유도 전동기 등가회로 성분을 고려할 때, $X_M \gg X_1$, $X_M \gg R_1$ 및 $X_M + X_1 \gg R_1$인 관계에 따라 다음과 같이 간략화 될 수 있다.

$$V_{TH} \approx V_{\Phi} \frac{X_M}{X_1 + X_M} \quad \text{(5-45a)}$$

$$Z_{TH} = R_{TH} + jX_{TH} \approx R_1\left(\frac{X_M}{X_1 + X_M}\right)^2 + jX_1 \quad \text{(5-45b)}$$

그림 5-19 (b)로부터 회전자에 공급되는 전류 I_2는 다음과 같이 계산된다.

$$I_2 = \frac{V_{TH}}{R_{TH} + \frac{R_2}{s} + j(X_{TH} + X_2)} \quad \text{(5-46a)}$$

$$|I_2| = \frac{V_{TH}}{\sqrt{(R_{TH} + R_2/s)^2 + (X_{TH} + X_2)^2}} \quad \text{(5-46a)}$$

회전자 전류 I_2를 식 (5-22)의 공극전력 P_{AG}에 대입하여 정리하면 다음과 같다.

$$P_{AG} = 3I_2^2\frac{R_2}{s} = \frac{3V_{TH}^2 R_2/s}{(R_{TH} + R_2/s)^2 + (X_{TH} + X_2)^2} \quad \text{(5-47)}$$

이로부터 회전자에 유기되는 발생토크를 다음과 같이 계산할 수 있다.

$$\tau_{ind} = \frac{P_{AG}}{\omega_{sync}} = \frac{3V_{TH}^2 R_2/s}{\omega_{sync}[(R_{TH} + R_2/s)^2 + (X_{TH} + X_2)^2]} \quad \text{(5-48)}$$

식 (5-48)에서 슬립 s를 제외한 인자들은 유도 전동기 관련 상수로 고려됨에 따라 유도 전동기의 발생토크는 속도 또는 슬립의 함수라고 할 수 있다. 이러한 속도-토크 곡선은 그림 5-20에 유도 전동기의 한 설계유형을 보여주고 있고, 이로부터 다음과 같은 다양한 정보를 얻을 수 있다.

① 전동기의 발생토크는 동기속도에서 0이다.

② 속도-토크 곡선은 무부하 속도($n_{noload} = n_{sync}$)와 전부하 속도($n_{fullload}$) 사이에서 거의 선형적이다.

③ 최대 토크 값을 상회 할 수는 없다. 이러한 최대 토크를 이탈토크(Pullout torque)라고도 한다.

④ 기동토크는 보통 정격부하토크(Full-load torque)보다 어느 정도 크며, 이에 따라 일반적으로 유도 전동기는 정격부하 이하의 어떠한 부하도 기동이 가능하다.

⑤ 특정 슬립에 대한 유도 전동기 발생토크는 인가 전압의 자승에 비례하며, 이에 따라, 유도 전동기의 속도를 전압에 의하여 조정할 수 있다.

⑥ 유도 전동기의 회전자 속도가 동기속도보다 빠르게 되면 발생토크의 방향이 반대되며, 유도 전동기는 발전기로 동작될 수 있다.

⑦ 유도 전동기의 두 고정자 상을 바꾸어 결선하면, 회전자계의 방향이 반대가 되어 역방향 운전이 가능하다. 경우에 따라, 정방향 운전 중 두 상의 결선을 바꾸어 제동을 하는 역상 제동이 적용되기도 한다.

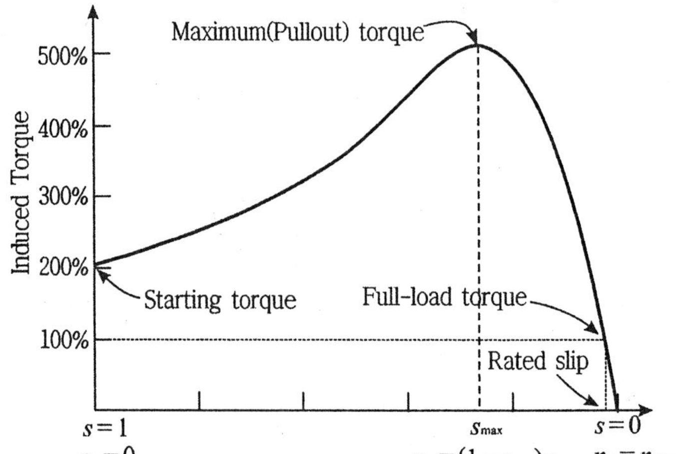

그림 5-20 유도 전동기 속도-토크 특성 곡선

또한, 유도 전동기의 발생토크는 공극전력 P_{AG}가 최대가 될 때 최대가 된다. 이 공극전력 P_{AG}는 R_s/s에서 소비되는 전력이므로, 최대 토크는 회전자 저항성분 R_s/s의 소비전력이 최대일 때를 의미한다. 이는 5-19 (b)의 등가회로로부터 R_s/s의 값이 회로 내 나머지 물리량의 합 Z_S와 같을 때 최대 전력 전달 조건이 충족하므로 다음 관계가 성립한다.

$$Z_S = R_{TH} + jX_{TH} + jX_2 = \frac{R_2}{s} \qquad (5\text{-}49a)$$

$$\left|\frac{R_2}{s}\right| = \sqrt{R_{TH}^2 + (X_{TH} + X_2)^2} \qquad (5\text{-}49b)$$

따라서, 최대의 발생토크가 형성되는 슬립 $s_{\max}$는 다음과 같이 나타낼 수 있다.

$$s_{\max} = \frac{R_2}{\sqrt{R_{TH}^2 + (X_{TH} + X_2)^2}} \qquad (5\text{-}50)$$

식 (5-50)을 식 (5-48)의 발생토크 식에 대입 정리하면 다음과 같은 최대 토크를 구하는 식을 얻을 수 있다.

$$\begin{aligned}
\tau_{\max} &= \frac{3V_{TH}^2 R_2/s_{\max}}{\omega_{sync}[(R_{TH} + R_2/s_{\max})^2 + (X_{TH} + X_2)^2]} \\
&= \frac{3V_{TH}^2 \sqrt{R_{TH}^2 + (X_{TH} + X_2)^2}}{\omega_{sync}[(R_{TH} + \sqrt{R_{TH}^2 + (X_{TH} + X_2)^2})^2 + (X_{TH} + X_2)^2]} \\
&= \frac{3V_{TH}^2}{\omega_{sync}\dfrac{[2R_{TH}\sqrt{R_{TH}^2 + (X_{TH} + X_2)^2} + 2R_{TH}^2 + 2(X_{TH} + X_2)^2]}{\sqrt{R_{TH}^2 + (X_{TH} + X_2)^2}}} \\
&= \frac{3V_{TH}^2}{2\omega_{sync}[R_{TH} + \sqrt{R_{TH}^2 + (X_{TH} + X_2)^2}]} \qquad (5\text{-}51)
\end{aligned}$$

식 (5-50)으로부터 최대 토크가 발생하는 슬립 $s_{\max}$는 등가 회전자 저항 R_2에 비례하고 있음을 알 수 있고, 이러한 관계는 그림 5-21 비례추이곡선과 같이 권선형 유도 전동기의 회전자 회로에 외부 저항(기동 저항)을 추가하여 최대 토크를 발생하는 s_{max}의 위치를 기동 할 때로 이동할 수 있음을 보여주고 있다.

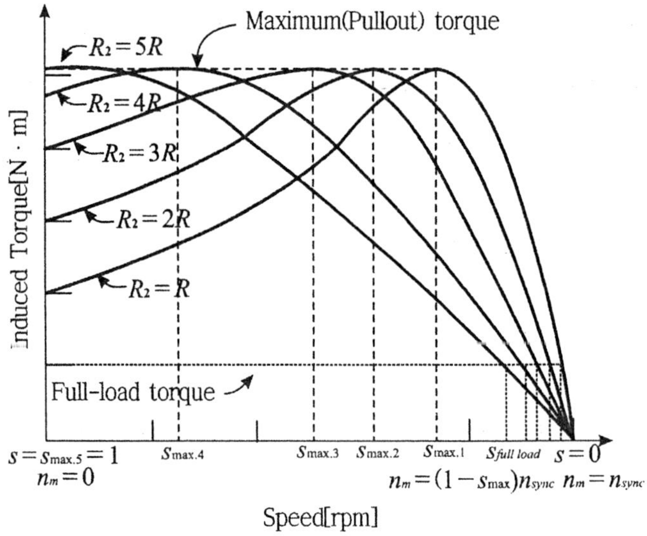

그림 5-21 권선형 유도 전동기 비례추이곡선

예제 5-3

380[V], 30마력, 4극, 60[Hz], Y결선 권선형 유도 전동기의 상당 등가회로의 매개변수는 다음과 같다.

$R_1 = 0.641\,[\Omega]$ $\qquad R_2 = 0.332[\Omega]$

$X_1 = 1.106[\Omega]$ $\qquad X_2 = 0.464[\Omega]$ $\qquad X_M = 26.3[\Omega]$

(a) 이 전동기의 최대 토크는 얼마인가? 이러한 최대 토크가 발생하는 속도 및 슬립은 얼마인가?

(b) 전동기의 기동토크는 얼마인가?

(c) 회전자 저항을 2배로 인가하였을 때, 최대 토크 및 이때의 속도는 얼마인가?

(d) 원래 저항 대비 변화된 저항에 대한 속도-토크 비례추이곡선을 그리시오.

풀이

데브낭 전압 V_{TH}, 등가저항 R_{TH} 및 등가 리액턴스 X_{TH}는 다음과 같다.

$$V_{TH} = V_{\Phi}\frac{X_M}{\sqrt{R_1^2+(X_1+X_M)^2}}$$

$$= \frac{380}{\sqrt{3}} \frac{26.3}{\sqrt{(0.641)^2 + (1.106 + 26.3)^2}} = 210.48[\text{V}]$$

$$R_{TH} \approx R_1 (\frac{X_M}{X_1 + X_M})^2 = 0.641 (\frac{26.3}{1.106 + 26.3})^2 = 0.590[\Omega]$$

$$X_{TH} \approx X_1 = 1.106[\Omega]$$

(a) 최대 토크가 발생하는 $s_{\max}$의 전동기 속도 및 최대 토크는 다음과 같다.

$$s_{\max} = \frac{R_2}{\sqrt{R_{TH}^2 + (X_{TH} + X_2)^2}} = \frac{0.332}{\sqrt{0.590^2 + (1.106 + 0.464)^2}}$$

$$= 0.198$$

$$n_m = (1 - s_{\max}) n_{sync} = (1 - 0.198) \cdot 1800 = 1444[\text{rpm}]$$

$$\tau_{\max} = \frac{3 V_{TH}^2}{2\omega_{sync}[R_{TH} + \sqrt{R_{TH}^2 + (X_{TH} + X_2)^2}]}$$

$$= \frac{3(210.48)^2}{2 \cdot 188.5[0.590^2 + \sqrt{0.590^2 + (1.106 + 0.464)^2}]}$$

$$= 174.06[\text{N} \cdot \text{m}]$$

(b) 전동기 기동시 $s = 1$인 조건을 식 (5-31)에 대입하면

$$\tau_{starting} = \frac{3 V_{TH}^2 R_2}{\omega_{sync}[(R_{TH} + R_2)^2 + (X_{TH} + X_2)^2]}$$

$$= \frac{3 \cdot (210.48)^2 \cdot 0.332}{188.5[(0.590 + 0.332)^2 + (1.106 + 0.464)^2]} = 70.61[\text{N} \cdot \text{m}]$$

(c) 회전자 저항 변화에 최대 토크는 변화가 없고, $s_{\max}$의 변화만 고려한다.

$$s_{\max} = \frac{2R_2}{\sqrt{R_{TH}^2 + (X_{TH} + X_2)^2}} = \frac{2 \cdot 0.332}{\sqrt{0.590^2 + (1.106 + 0.464)^2}}$$

$$= 2 \cdot 0.198 = 0.396$$

$$n_m = (1 - s_{\max}) n_{sync} = (1 - 0.396) \cdot 1800 = 1087[\text{rpm}]$$

(d) 속도-토크 비례추이곡선을 그리기 위하여 MATLAB을 이용한다.

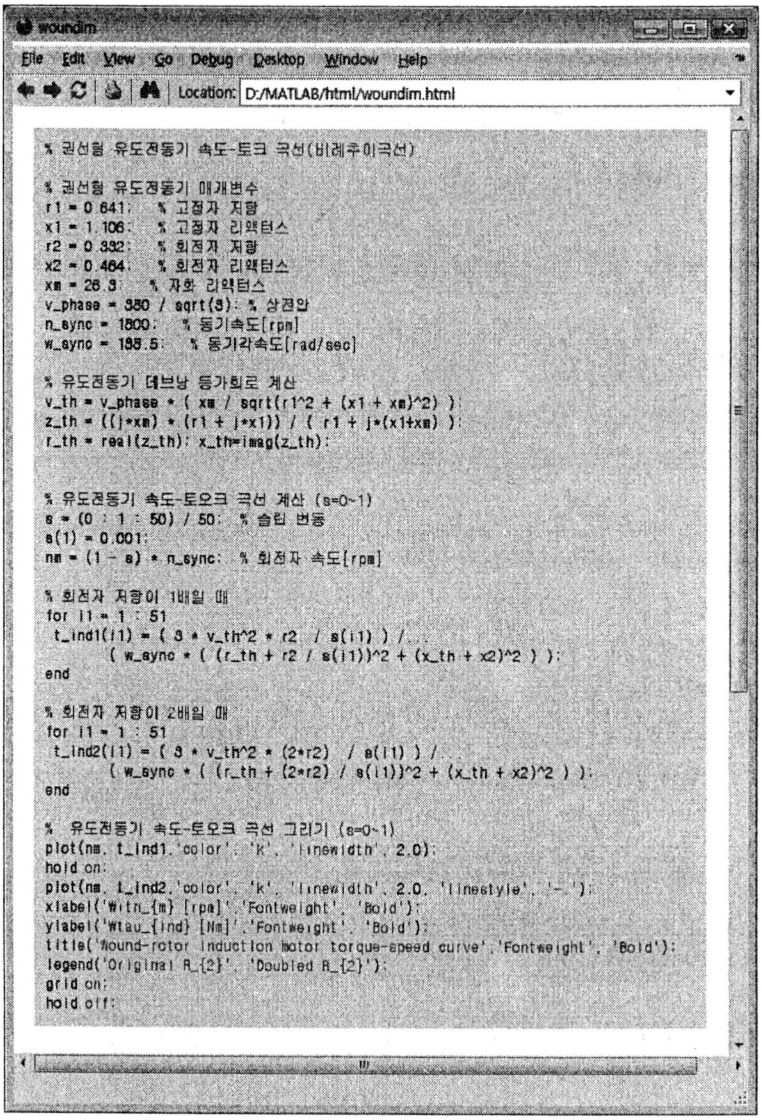

File Edit View Go Debug Desktop Window Help

Location: D:/MATLAB/html/woundim.html

```
% 권선형 유도전동기 속도-토크 곡선(비례추이곡선)

% 권선형 유도전동기 매개변수
r1 = 0.641;   % 고정자 저항
x1 = 1.106;   % 고정자 리액턴스
r2 = 0.332;   % 회전자 저항
x2 = 0.464;   % 회전자 리액턴스
xm = 26.3;   % 자화 리액턴스
v_phase = 380 / sqrt(3); % 상전압
n_sync = 1800;   % 동기속도[rpm]
w_sync = 188.5;   % 동기각속도[rad/sec]

% 유도전동기 데브낭 등가회로 계산
v_th = v_phase * ( xm / sqrt(r1^2 + (x1 + xm)^2) );
z_th = ((j*xm) * (r1 + j*x1)) / ( r1 + j*(x1+xm) );
r_th = real(z_th); x_th=imag(z_th);


% 유도전동기 속도-토오크 곡선 계산 (s=0~1)
s = (0 : 1 : 50) / 50;  % 슬립 변동
s(1) = 0.001;
nm = (1 - s) * n_sync;  % 회전자 속도[rpm]

% 회전자 저항이 1배일 때
for i1 = 1 : 51
 t_ind1(i1) = ( 3 * v_th^2 * r2  / s(i1) ) /...
       ( w_sync * ( (r_th + r2 / s(i1))^2 + (x_th + x2)^2 ) );
end

% 회전자 저항이 2배일 때
for i1 = 1 : 51
 t_ind2(i1) = ( 3 * v_th^2 * (2*r2)  / s(i1) ) /...
       ( w_sync * ( (r_th + (2*r2) / s(i1))^2 + (x_th + x2)^2 ) );
end

%  유도전동기 속도-토오크 곡선 그리기 (s=0~1)
plot(nm, t_ind1,'color', 'k', 'linewidth', 2.0);
hold on;
plot(nm, t_ind2,'color', 'k', 'linewidth', 2.0, 'linestyle', '-.');
xlabel('₩itn_{m} [rpm]','Fontweight', 'Bold');
ylabel('₩tau_{ind} [Nm]','Fontweight', 'Bold');
title('Wound-rotor induction motor torque-speed curve','Fontweight', 'Bold');
legend('Original R_{2}', 'Doubled R_{2}');
grid on;
hold off;
```

(a) 시뮬레이션

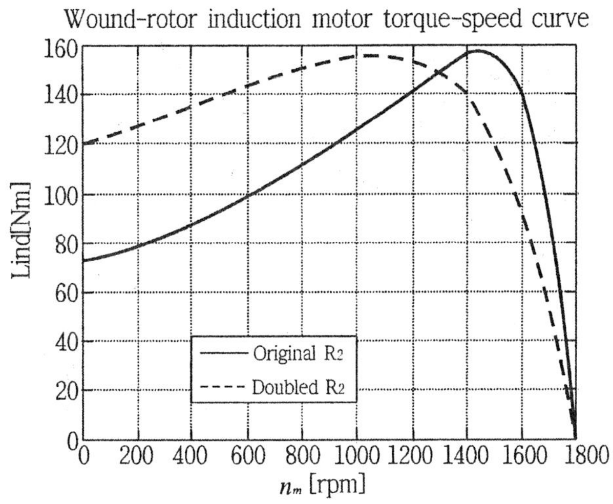

(b) 비례추이 곡선

그림 5-22 권선형 유도 전동기 비례추이 곡선 예제

5.3.2 유도 전동기 회전자 구조에 따른 설계 유형

권선형 유도 전동기에 외부 기동 저항을 삽입하여 기동시 최대 토크를 발생시킬 수 있다는 비례추이곡선은 농형 회전자의 유도 전동기 설계에도 적용이 가능하다. 이는 농형 유도 전동기의 회전자 설계에 그림 5-23과 같은 특성이 부가 되도록 회전자를 설계한 것으로 큰 슬립 영역에서는 상대적으로 큰 회전자 저항이 작용하도록 하고, 낮은 슬립에서는 저 저항의 회전자 구조를 취함에 따라 이룩될 수 있다.

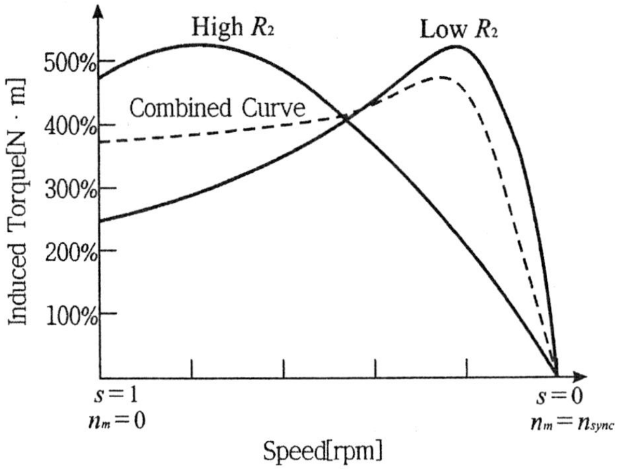

그림 5-23 농형 유도 전동기의 회전자 저항에 따른 합성 속도-토크 곡선

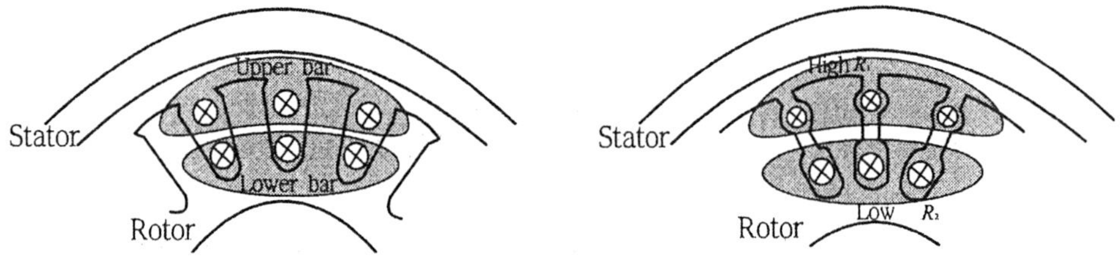

(a) 심구바 농형 (b) 이중 농형

그림 5-24 심구바(Deep-bar) 및 이중 농형 구조의 회전자

이는 농형 유도 전동기의 회전자 설계 과정에서 그림 5-24 (a)와 같은 심구바(Deep bar) 또는 그림 5-24 (b)의 이중 농형(Double cage) 구조를 취하여 구현되고 있다. 이러한 구조의 회전자에서는 고정자와 멀리 위치한 회전자 권선(하층 봉-Lower bar)의 누설 리액턴스가 고정자와 가까이 위치한 회전자 권선(상층 봉-Upper bar)의 누설 리액턴스보다 상대적으로 큰 값을 가지게 된다. 이에 따라, 슬립이 작은 운전 영역에서 회전자의 주파수가 매우 작음에 따라 회전자의 리액턴스는 큰 역할을 못하는 반면, 상층 및 하층 권선의 저항이 병렬 구조를 가짐에 따라 상대적으로 작은 회전자 저항으로 등가화 될 수 있다. 슬립인 큰 운전 영역, 즉 회전자 주파수가 고정자 주파수와 동등한 기동할 때의 경우, 상층 권선의 리액턴스보다 큰 하층 권선의 리액턴스는 더욱 큰 값을 가지게 된다. 이에 따라, 대부분의 회전자 전류는 상층 권선으로만 흐르게 됨에 따라 저 슬립 영역의 운전에

비하여 매우 큰 회전자 저항이 구현되는 경우로 고려될 수 있다.

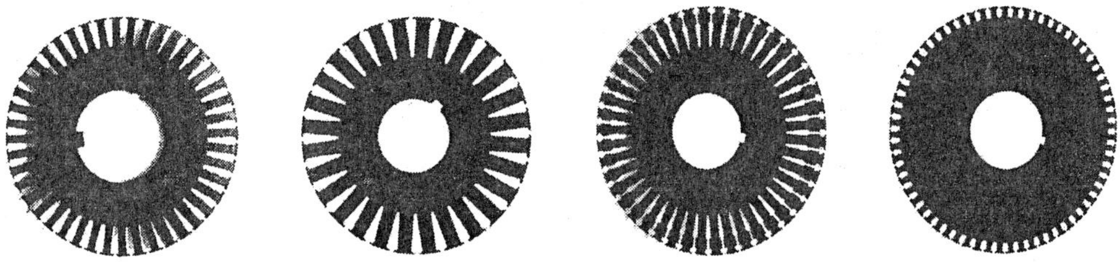

(a) Class A (b) Class B (c) Class C (d) Class D

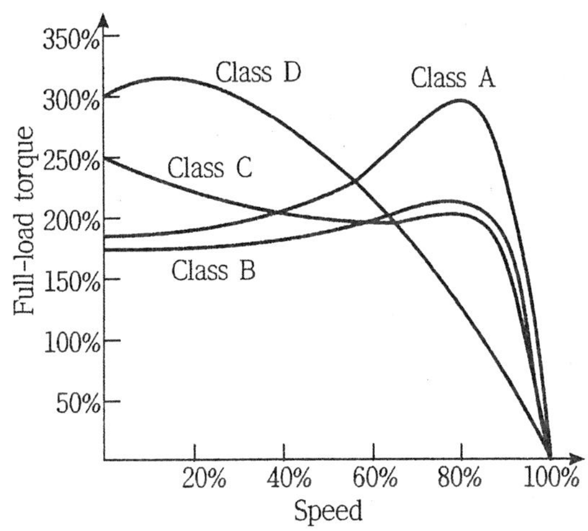

(e) 설계 유형에 따른 속도-토크 곡선

그림 5-25 다양한 농형 회전자 단면 및 유도 전동기 설계유형 특성

이러한 회전자 저항의 심구바 또는 이중 농형화 구조는 다양한 회전자 구조 설계에 반영되고 있는데, 이는 NEMA(National Electrical Manufacturers Association)의 설계유형에 따라 크게 네 가지(Class A, B, C, D)로 구분되고 있다.

보통 설계유형 A는 농형 유도 전동기의 기준이 되는 형태로 범용의 기동토크/기동전류 특성 및 낮은 전부하 슬립을 가지고 있다. 동급 용량의 설계유형 B전동기에 비하여, 낮은 전부하 슬립을 가지며 보통 5[%] 미만의 정상상태 슬립으로 운전한다. 또한, 최대 토크는 정격 토크 대비 200~300[%] 범위이며, 이 토크는 슬립이 20[%] 이내의 범위에서 형성된다. 설계유형 A전동기는 기동시 돌입전류가 정격전류 대비 5배에서 8배가 요구 된다.

설계유형 B는 범용 기동토크, 낮은 기동 전류 및 낮은 정격 슬립이 특징이다. 이 설계유형의 전동기는 동급의 설계유형 A에 비하여 약 25[%] 낮은 기동 전류로 동일 기동토크를 얻을 수 있다. 최대 토크는 정격부하토크에 200[%] 미만이나 설계유형 A에 비하여 낮다. 이 설계유형의 전동기는 설계유형 A의 과도한 기동 전류가 문제되는 경우 대체될 수 있다.

설계유형 C는 높은 기동토크, 낮은 기동 전류 및 5[%] 미만의 낮은 정격 슬립 특성을 가진다. 최대 토크는 설계유형 A보다 약간 낮으나, 기동토크는 정격토크의 250[%]를 상회한다. 이 설계유형의 전동기는 이중 농형 구조를 가짐에 따라, 설계유형 A, B에 비하여 가격이 고가이다.

설계유형 D는 정격토크의 275[%] 이상의 매우 큰 기동토크와 낮은 기동 전류 특성을 가지고 있다. 반면에 정격 부하에서의 슬립이 큰 값을 가진다. 이 설계유형의 전동기는 회전자 기본 구조가 설계유형 A와 유사하나 회전자 봉 또는 바(Bar)의 표면적을 작게 만들거나 높은 저항의 매질로 제작하여 저속도 영역에서 높은 회전자 저항에 의한 최대 토크가 형성되도록 하였다. 이 설계유형의 전동기는 정격 부하 슬립이 7~11[%]로 크며 플라이휠 등의 높은 관성 부하구동을 위하여 응용되고 있다.

추가적으로, 설계유형 E 및 F가 있는데, 이 설계유형의 전동기는 매우 낮은 기동전류와 낮은 기동토크 특성을 가짐에 따라 소프트스타트(Soft-start) 유도전동기라 한다.

5.4 3상 유도 전동기의 기동

유도 전동기의 속도-기전력 곡선으로부터 기동토크가 부하토크보다 크면 두 토크의 차로 전동기는 기동하고, 회전수가 최대 토크를 발생하는 슬립 s_{max}가 될 때까지 전동기의 토크는 계속적으로 증가하여 전동기의 속도 상승을 지속하게 한다.

유도 전동기는 기동할 때 정격 전압을 가하면 매우 큰 기동 전류가 흘러 권선에 소손을 가져오고 경우에 따라 전동기가 접속된 배전 계통에 나쁜 영향을 주므로 적당한 기동 방법을 사용하여 기동 특성을 개선할 필요가 있다.

5.4.1 농형 유도 전동기의 기동

(1) 전전압 기동

소용량의 농형 유도 전동기에 정격 전압을 가하면 정격 전류의 4~6배에 이르는 기동 전류가 흐르게 된다. 소용량의 경우, 자체 용량이 적으므로 전류가 적어 이에 견디도록 설계되어 있어 배전 계통에 미치는 영향도 적다. 이와 같이 전동기에 직접 정격 전압을 공급하여 기동하는 방법을 **전전압 기동** 또는 **직입 기동**이라 한다. 5[kW] 이하의 소용량 또는 기동 전류가 특히 적게 설계된 특수 농형 유도 전동기는 중용량까지 전전압 기동을 한다.

(2) Y-Δ 기동

중용량 이상의 유도 전동기의 경우 기동 전류가 커서 전전압 기동이 곤란하므로 기동할 때는 1차 권선을 Y 결선으로 하여 정격 속도 가까이 가속되었을 때 Δ 결선으로 변환하는 Y-Δ 기동을 폭 넓게 적용하고 있다. 그림 5-26과 같이 기동할 때에는 스위치 S를 닫아서 1차 권선을 Y 결선으로 하고 정격 속도 가까이 됐을 때 전환시켜 Δ 결선으로 한다.

기동할 때는 회전자 권선에 정격 전압의 $1/\sqrt{3}$의 전압이 가해지므로 권선의 기동 전류는 Δ 결선에서 전전압 기동한 경우의 $1/\sqrt{3}$로 되어 권선을 보호할 수 있지만 토크는 전압의 제곱에 비례하므로 기동토크는 1/3로 되어 기동 시간은 길어진다.

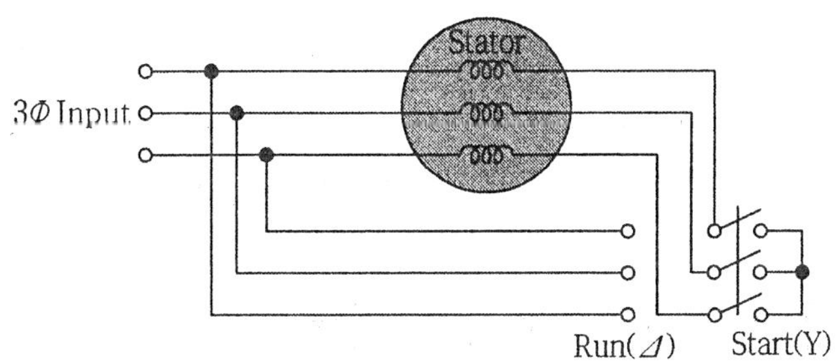

그림 5-26 Y-Δ 기동

(3) 기동 보상기법

대략 15[kW] 이상의 전동기에 3상 단권 변압기를 기동 보상기로 사용하여 기동 전압을 낮추는 방법으로 그림 5-27과 같이 개폐기를 기동 쪽으로 닫으면 기동 보상기의 1차 권선이 전원에, 2차 권선이 전동기에 접속되어 기동 전압이 전동기에 공급되어 기동한다. 정격 속도 가까이 됐을 때 개폐기를 운전 쪽으로 닫으면 정격 전압이 공급되고 기동 보상기는 회로에서 분리된다. 기동 보상기로 사용하는 단권 변압기는 전전압의 50, 65, 80[%]의 탭을 갖고 있다.

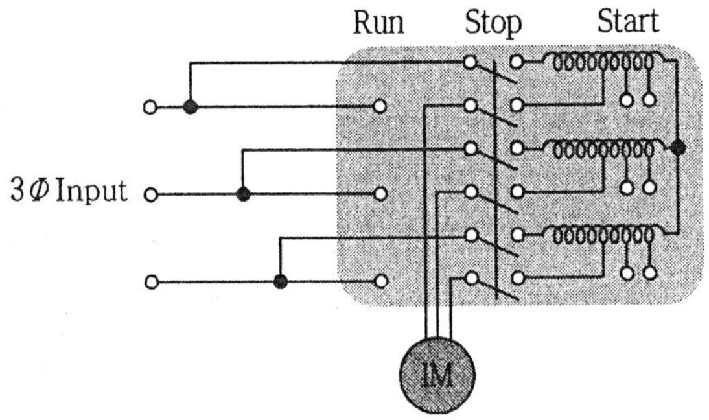

그림 5-27 기동 보상기

(4) 리액터 기동

리액터 기동은 Y-Δ 기동과 마찬가지로 기동 전류를 제한하려고 할 때 고정자 권선에 직렬로 철심이 든 리액터를 접속하는 방법이다.

전동기가 가속됨에 따라 전류가 감소하면 전동기의 단자 전압이 높아지고 토크가 증가하므로 펌프나 송풍기와 같이 부하토크가 기동할 때는 작고 가속하는데 따라 증가하는 부하에 적합하다. 기동이 끝난 다음에는 리액터를 단락하는 것으로 구조가 간단하므로 자동 운전 또는 원격 제어에 적당하다.

5.4.2 권선형 유도 전동기의 기동

기본적인 농형 유도 전동기의 기동 방법은 공급 전압을 낮추어 기동토크가 감소되는 특성이 나타나지만 권선형 유도 전동기는 공급 전압을 낮추지 않고 비례추이곡선을 이용하여 기동할 때 큰 토크를 얻을 수 있을 뿐만 아니라 기동 전류도 감소하게 된다.

이를 위하여, 권선형 유도 전동기의 슬립 링을 통하여 외부에서 회전자 권선과 직렬로 기동 저항기를 접속한다. 기동할 때는 기동 저항기의 저항이 인가되어 고유 회전자 저항에 더해짐에 따라, 최대 토크 또는 큰 토크를 갖게 할 수 있다. 기동된 전동기의 속도가 상승함에 따라 기동 저항기의 저항은 계속적으로 감소되며, 기동이 완료되면 기동 저항기의 저항을 0으로 한다. 이와 같은 기동법을 2차 저항법이라 하며 그림 5-28은 기동 저항을 6단으로 변화시킨 경우의 토크의 변화를 나타내고 있다.

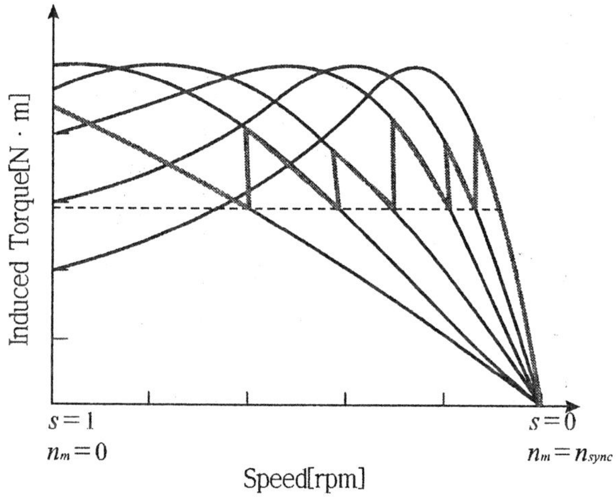

그림 5-28 권선형 유도 전동기의 기동 과정

5.4.3 유도 전동기의 기계방정식 및 안정 운전 영역

유도 전동기의 기동 후 전동기의 회전수는 속도-토크 곡선을 추종하게 된다. 이러한 추종 과정에서 다음과 같은 기계방정식이 적용된다. 기계방정식의 의미는 전동기의 속도 변동이 전동기 발생토크와 부하토크 간의 차이 $\Delta\tau$에 의하여 발생되는데, 만약 $\Delta\tau$가 양의 값을 가지면 속도 상승, 음의 값을 가지면 속도 하강되며, 발생토크와 부하토크가 같은 $\Delta\tau=0$의 경우에는 속도 변동이 없다는 것이다.

$$J_M \frac{d\omega_m}{dt} = \tau_{ind} - \tau_{load} \tag{5-52}$$

$$\varDelta\tau = \tau_{ind} - \tau_{load} > 0 \quad \Rightarrow \quad \frac{d\omega_m}{dt} > 0 \quad \Rightarrow \quad n_m \ rising$$

$$\varDelta\tau = \tau_{ind} - \tau_{load} < 0 \quad \Rightarrow \quad \frac{d\omega_m}{dt} < 0 \quad \Rightarrow \quad n_m \ dropping$$

$$\varDelta\tau = \tau_{ind} - \tau_{load} = 0 \quad \Rightarrow \quad \frac{d\omega_m}{dt} = 0 \quad \Rightarrow \quad n_m \ constant$$

여기서, J_M은 전동기 관성모멘트, τ_{ind} 및 τ_{load}는 각각 전동기 발생토크 및 부하토크를 의미하며, ω_m 및 n_m은 전동기 각속도[rad/sec] 및 속도[rpm]을 나타낸다.

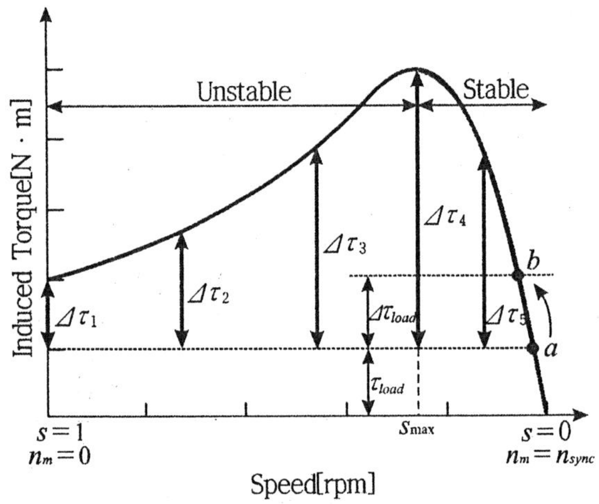

그림 5-29 유도 전동기 안정 운전 영역

식 (5-52)에 따라, 일정 부하가 인가된 상태에서 기동 할 때, 즉, $s=1$에서는 그림 5-29와 같이 $\varDelta\tau_1$이라는 양의 값이 발생되어 전동기의 속도가 상승하게 되는데 이러한 차이는 최대 토크가 발생하는 위치, 즉, $s=s_{\max}$에서 최대의 차이를 보인다. 이러한 속도의 상승은 $\varDelta\tau$가 양의 값을 가지는 경우 계속되어 최종적으로 a점에서 $\varDelta\tau=0$가 됨에 따라 속도 변동 없이 안정화 된다.

또한, a점의 동작 조건에서 추가적인 부하 $\varDelta\tau_{load}$가 인가된 경우, 과도적으로 $\varDelta\tau$는 음의 값을 가지게 되며, 이에 따라 전동기 속도의 저하가 발생한다. 이러한 속도의 하강은 속도-토크 곡선 상에서 토크의 상승으로의 천이가 일어나게 됨에 따라, 새로운 안정점, 즉, 기존 부하 및 추가된 부하토크의 합이 일치하는 b점에서 다시 안정화 된다.

이러한 부하 변동에 따른 유도 전동기의 특성은 속도-토크 곡선 상에서 $s=s_{max}$점의 우측 영역에서 부하의 증감 변동에도 안정화가 가능한 영역이며, $s=s_{max}$ 좌측 영역에서는 부하의 증감 변동에 불안정한 특성을 가지고 있다. 정리하면, 속도-토크 곡선의 음의 기울기 영역에서는 안정점이 형성된다.

5.4.4 이상 기동 현상

3상 유도 전동기는 고정자 회전 자계의 자속과 회전자 전류에 의한 발생토크에 의하여 기동이 이루어지게 되는데, 경우에 따라 고정자의 회전 자계의 고조파 성분과 회전자 전류의 고조파 성분의 상호 작용에 의하여 이상토크를 발생하여 속도-토크 곡선의 왜곡을 야기함에 따라 안정한 동작점으로의 속도 상승이 이루어지지 않는 경우가 발생할 수 있다.

(1) 크로우링 현상

보통 유도 전동기의 토크는 회전 자계의 기본파만을 고려하였으나, 투입된 3상 전압원의 고조파 함유에 따라 고정자 회전 자계 중에는 고조파 성분이 존재하게 되어 이들에 의한 고조파 토크를 고려하여야 한다. 기본파와 고조파의 합성 토크에 의하여 그림 5-30과 같이 속도-토크 곡선에 굴곡된 경우가 발생하였을 때, 송풍팬 등과 같은 팬 부하의 속도-토크 특성에 따라 a, b, c 와 같은 3개의 교점이 생기게 된다.

이러한 동작점 가운데 a와 c는 안정점이고, b는 불안정점이므로 전동기가 기동 과정에서 a점에서 안정화되어 속도 상승이 이루어지지 못하게 된다. 이러한 경우처럼 정격 속도에 이르기 전의 낮은 속도에서 안정화되는 것을 **크로우링**(crawlin-g) **현상**이라 하며 **차동기 운전**이라고도 한다.

이 현상은 소용량의 농형 전동기에 많이 발생하며 주된 원인은 고정자 홈수와 회전자 홈수가 상대적으로 부적당할 때 생기는 것으로 경사 홈(skewed slot)을 만들면 어느 정도 회피할 수 있다.

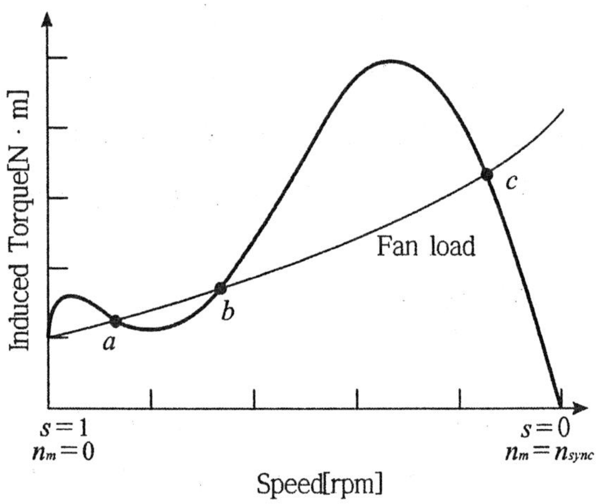

그림 5-30 유도 전동기 크로우링 현상에 의한 불안정 동작

(2) 게르게스 현상(Görges Phenomenon)

1896년 Görges가 발견한 현상으로 3상 권선형 유도 전동기가 기동 중 브러시의 접촉 불량이나 권선의 단선 등으로 회전자 권선의 한 상이 개방된 경우, 이상토크가 발생하여 속도-토크 특성 곡선이 $s=0.5$ 인근에 굴곡이 생겨 전동기가 더 이상 가속되지 않는 현상을 게르게스 현상이라 한다.

만약 1상이 단선되면 회전자 회로는 단상 회전자가 되고, 회전자 전류는 교번자계를 만들게 되는데, 이는 진폭이 반이고 서로 반대방향으로 회전하는 정상 및 역상의 두 회전자계로 분해될 수 있다. 정상 자계는 기존의 회전 자계와 회전이 동일하나 역상 자계는 회전자에 대하여는 $-sn_s+(1-s)n_s=(1-2s)n_s$[rpm]으로 회전한다. 이는 회전자를 변압기 1차로 보고, 전원회로를 통하여 단락된 고정자를 변압기 2차로 본 유도 전동기의 토크 특성을 고려하면, 이 역상 토크는 $s=0.5$에서 0, $s>0.5$에서는 전동기 토크, $s<0.5$에서는 발전기 토크를 발생하게 된다. 이러한 특성을 나타낸 그림 5-31로부터 정상 및 역상의 합성 토크는 $s=0.5$ 인근에 급격한 음의 기울기가 나타나는 안정점이 형성되어 회전자의 속도는 이 구간에서 머물게 된다.

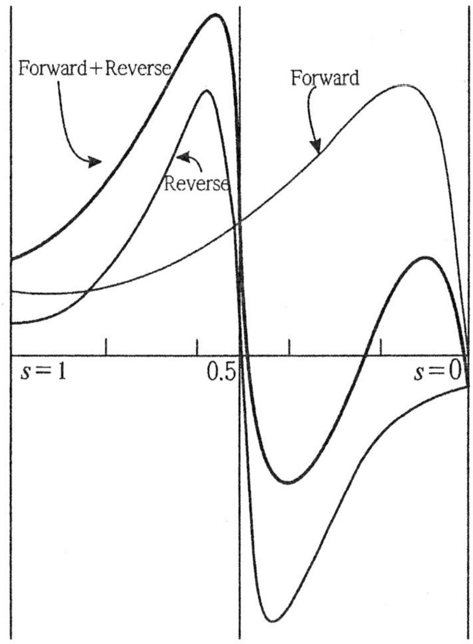

그림 5-31 게르게스 현상에서의 합성 토크

5.5 유도 전동기 속도 제어

유도 전동기는 정격부하 슬립이 적고, 무부하와 전부하 간의 회전속도가 거의 변하지 않는 일정속도 운전이 가능한 전동기이다. 이러한 특성을 이용하여 여러 종류의 부하에 따라 회전속도를 가변 할 경우 다양한 유도전동기의 속도제어방법이 제시되고 있다.

5.5.1 전압제어

그림 5-19 (b)의 데브낭의 등가회로를 이용하여 구해진 식 (5-53)의 유도전동기 발생토크는 전압의 자승에 비례하며, 전압제어는 이 특성을 이용하여 전동기의 정상상태 슬립을 바꾸는 방법이다. 이에 대한 속도-토크 곡선은 그림 5-32에 나타나 있다. 입력 전압이 V_1에서 슬립 s_a으로 운전한다고 할 때 전압을 V_2로 낮출 경우 발생토크는 전압의 자승으로 낮아지어 슬립 s_b로 운전되어서 슬립은 커지고

속도는 감소한다. 이를 요약하면, 정격부하 슬립은 입력 전압의 2승에 근사적으로 반비례하며 이를 정리하면 식 (5-54)와 같다.

$$\tau_{ind} = \frac{P_{AG}}{\omega_{sync}} = \frac{3V_{TH}^2 R_2/s}{\omega_{sync}[(R_{TH}+R_2/s)^2+(X_{TH}+X_2)^2]} \tag{5-53}$$

$$\frac{s_b}{s_a} \simeq \frac{{V_1}^2}{{V_2}^2} \tag{5-54}$$

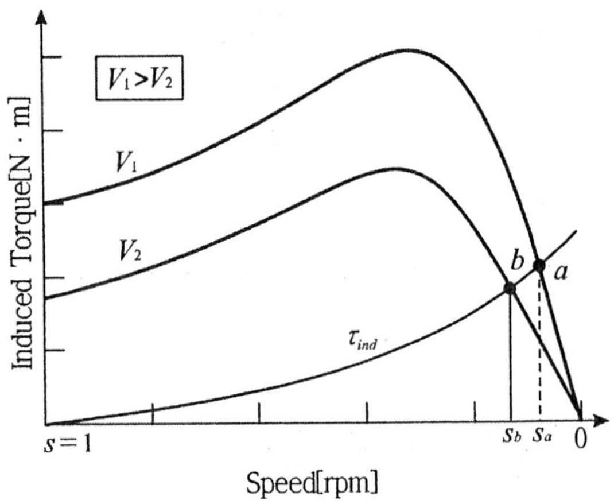

그림 5-32 입력 전압제어에 의한 속도-토크 곡선

이러한 입력전압 제어를 위하여 유도전동기 입력단에 싸이리스터 또는 SCR과 같은 위상제어용 전력용 반도체를 각 상 마다 역병렬 연결하거나 Triac을 적용 매 주기 전압제어를 수행하여 전압의 크기를 조절하는 방법과 전동기 고정자 입력단에 리액터 또는 저항을 연결하여 이들 크기를 변화시켜 전압을 조정하는 방법이 고전적으로 적용되고 있다.

5.5.2 주파수제어

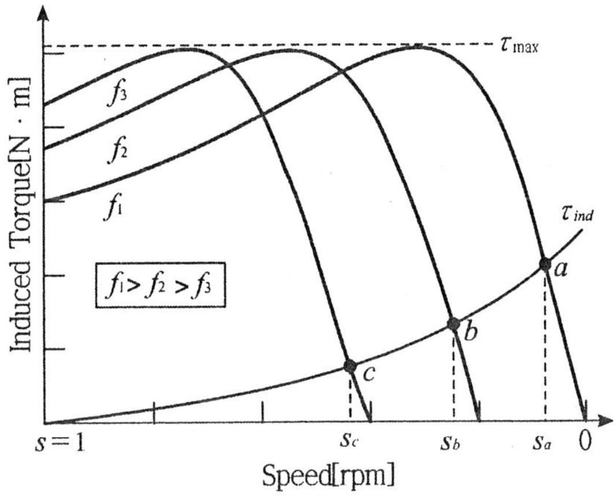

그림 5-33 주파수제어에 의한 속도-토크 곡선

전동기의 회전속도는 회전자 전압주파수에 비례하는 것을 이용하여 속도제어를 행할 수가 있다. 회전형 변압기 이론으로 등가회로 해석이 이루어지는 유도 전동기에서 회전 자계의 자속 혹은 N[turns]의 권선수 코일로부터 형성된 자기회로 내의 자속 Φ는 다음과 같이 패러데이 법칙으로부터 정리가 가능하다.

$$v(t) = -N\frac{d\Phi}{dt} = V_m \sin(\omega_e t) \tag{5-55}$$

$$\Phi(t) = -\frac{1}{N}\int v(t)dt = -\frac{1}{N}\int V_m \sin(\omega_e t)dt = \frac{V_m}{\omega_e}\frac{1}{N}\cos(\omega_e t)$$

$$= \frac{V_m}{f_e}\frac{1}{2\pi N}\cos(\omega_e t) \tag{5-56}$$

이러한 회전 자계의 자속 Φ는 식 (5-56)으로부터 입력 전압에 비례하고 주파수에 반비례 관계에 있음을 알 수 있다. 만약 전압을 일정하게 유지하고 주파수만을 저감시키면 자속 Φ는 증가함과 아울러 증가된 자속 Φ를 만들기 위해 여자전류가 현저히 증가하게 된다는 것을 의미한다. 이는 유도 전동기 고정자로부터 형성된 회전 자계의 자속이 고정자-회전자 간의 자기회로를 포화시킴에 따라 자기회로의 철손을 증대시키게 된다. 따라서 주파수를 변경하여 속도제어를 하는 경우, 자속을 일정한 크기로 유지하기 위해 주파수 변동과 입력 전압을 동일 비율로 변경하여 V_m/f_e가 일정하게 되도록 주파수제어에 의한 유도 전동기의 속도 제어를 수행하여야 한다. 주파수제어를 수행하는 경우 유도전동기의 최대 토크는 식 (5-57)로부터 구할 수 있다.

$$\tau_{max} = \frac{3V_{TH}^2}{2\omega_e[R_{TH} + \sqrt{R_{TH}^2 + (X_{TH} + X_2)^2}]} \tag{5-57}$$

$$\tau_{max} \approx \frac{3V_{TH}^2}{2\omega_e(X_{TH} + X_2)} = \frac{3V_{TH}^2}{2\omega_e \cdot \omega_e(L_{TH} + L_2)}$$

$$\approx \frac{3}{2(L_{TH} + L_2)}(\frac{V_{TH}}{\omega_e})^2 = \frac{3}{8\pi(L_{TH} + L_2)}(\frac{V_{TH}}{f_e})^2 \tag{5-58}$$

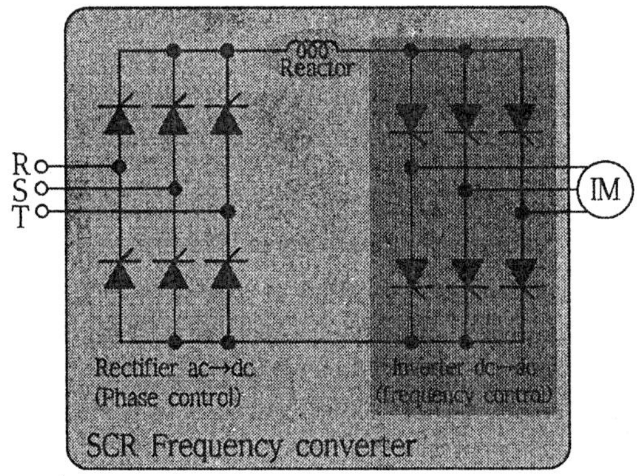

그림 5-34 싸이리스터 주파수 변환기

일반적으로 유도 전동기는 R_{TH}가 X_{TH} 및 X_2보다 매우 적기 때문에 생략될 수 있다. 이에 따라 식 (5-57)의 분모의 항은 리액턴스 성분만 존재하는데, 이의 크기는 주파수에 비례하므로 식 (5-58)로 정리될 수 있다. 이 식에 따라 V_m/f_e가 일정하게 되도록 주파수 변동에 따라 동일 비율의 입력 전압을 변화시키면 최대 토크 τ_{max}는 일정하다고 할 수 있다.

그림 5-34는 싸이리스터를 전력변환소자로 적용한 주파수 변환회로의 한 예이다. 현재 주파수 변환기는 전력용 반도체의 획기적인 발전에 따라 고용량/고속화가 이루어져 있으며, 상용전원 주파수의 교류전압을 정류하여 가변 또는 일정 직

류전압으로 변환하는 정류기 회로와 이 직류를 사용자 요구의 일정 또는 가변 주파수의 교류전압으로 출력하는 인버터 회로로 구성되어 있다.

5.5.3 회전자 저항제어(2차 저항제어)

그림 5-21의 권선형 유도 전동기 비례추이곡선에 의한 기동 방식과 동일하게 회전자 슬립링 단자에 속도제어용 저항을 삽입 및 조정하여 발생토크와 부하토크의 교점을 변화시켜서 속도를 제어하는 방법이다.

다음 그림 5-35는 기동과정에서 슬립 s_1에서 운전할 때, 회전자에 추가된 2차 저항을 저감 시키면, 저감된 저항에 대응된 토크 곡선으로 특성이 변경되어 바뀌고 새로운 대응 곡선과 부하토크의 교점 s_2에서 운전되게 된다. 이러한 2차 저항의 변화는 최종적으로 0이 된다고 가정할 때, 권선형 전동기의 정상상태 슬립은 s_6로 수렴하게 된다. 이러한 과정은 역으로도 가능함에 따라 2차 저항을 조정하는 것에 의해 속도제어라 할 수 있다.

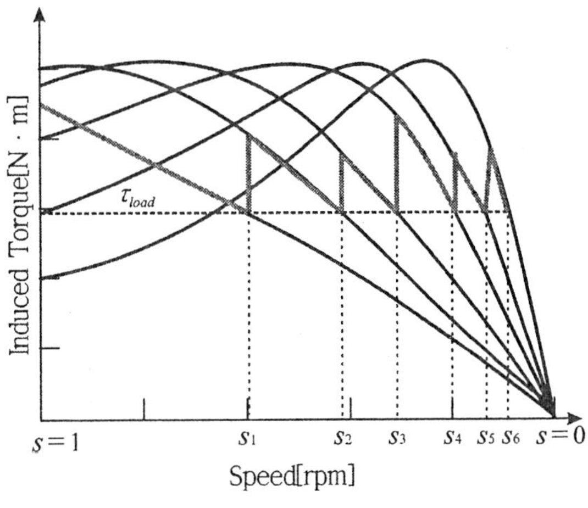

그림 5-35 회전자 저항제어에 의한 속도 제어

한편, 기동저항기는 30~60초 정도의 짧은 시간만 사용하도록 설계되어 연속 사용을 요구하는 속도제어용으로는 적합하지 않다. 이러한 별도의 목적에 사용하는 저항기를 **속도조정기**(Speed Regulator)라 하며 기동기의 역할도 수행한다.

이는 전류가 큰 회전자 회로에 저항의 가감을 통한 속도 제어를 수행하는 것으로 저항손이 매우 커지며 효율이 저하되는 단점이 있는 반면 조작이 간단하고 낮은 가격으로 구성이 가능하며 기동토크나 전류 특성이 좋아 동기속도 40[%] 이하 범위의 속도제어를 연속적이고 원활하게 수행하여 크레인이나 권상기 등에 널리 사용되고 있다.

5.5.4 극수 변환

유도 전동기를 포함한 교류전동기의 동기속도 n_s[rpm]은 극수에 반비례하기 때문에 회전자 권선 구성 변경으로 극수를 바꾸면 단계적 속도 변화을 이룩할 수 있다.

그림 5-36 (a)는 8극의 구성을 위한 경우로, 전류는 A단자에 들어가서 4개의 코일 모두에 반시계 방향의 전류가 직렬로 흘러 B로 나오기 때문에 자극은 N, S로 표시한 것과 같이 총 8개로 된다.

그림 5-36 (b)의 경우 단자 A와 B를 접속해서 단자 C로 하여 이로부터 전류가 입력되어 코일의 중간단자 D에서 나오면, 자극은 N, S로 표시한 것과 같이 총 4개가 되고, 전류회로로 두 회로가 형성된다.

이러한 극수 변환은 주로 농형 전동기에 이용되며, 공작기계나 엘리베이터, 펌프 등에 사용된다. 만약 권선형 전동기를 대상으로 극수 변환을 이용할 때에는 고정자 권선과 동일하게 회전자 권선도 변환할 필요가 있다.

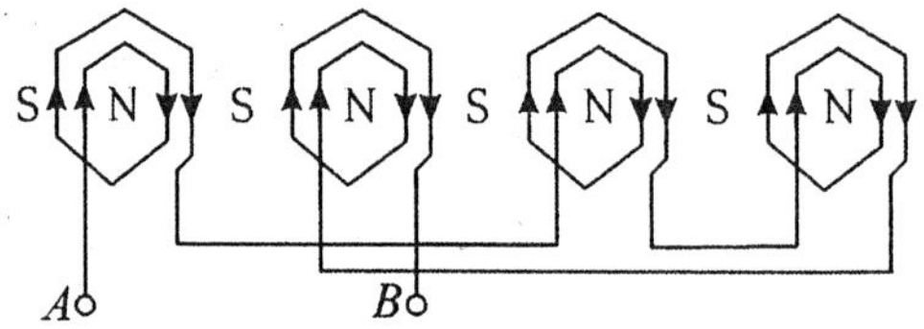

(a) 8극

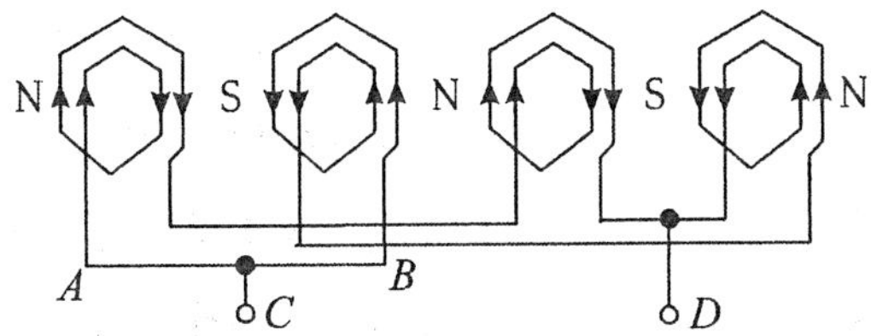

(b) 4극

그림 5-36 회전자 권선에 의한 극수 변환

5.6 3상 유도 전동기의 제동

회전중인 유도 전동기를 급히 정지시키거나, 크레인 등으로 중량물을 천천히 내리는 경우 또는 언덕길을 내려가는 전기기관차의 과속 방지를 위하여 적용되는 제동 방법은 크게 기계적인 제동과 전기적인 제동을 언급할 수 있다. 여기서는 전동기 자체를 이용하는 제동 방법에 대하여 상세히 살펴보기로 한다.

5.6.1 회생제동

회생제동은 유도 전동기를 동기속도 이상으로 회전시켜 유도발전기로서 운영하여 전동기 내부의 발생토크 벡터의 방향을 반전시켜 제동하는 방식으로 이로부터의 발생전력은 전원으로 반환하는 방법이다.

적용 예로 케이블카, 광산의 권양기 또는 기중기 등에서 감아 내리기의 경우와 같이 일정속도 이상이 되는 것을 방지하는 동시에 발전 전력을 회수하여 제동을 도모하나 이 방법으로는 정지 상태를 유지하거나 정지 상태로 진행할 수 없기에 정지 상태 유지 및 정지 과정을 위해서는 다른 제동 방법을 병행해야 한다.

5.6.2 발전제동

권선형 유도 전동기의 고정자 권선을 전원에서 분리하여 직류 여자전류를 인가하면 회전자 기계운동에너지가 전기에너지로 변환하게 되는 발전기로 동작시켜 제동하는 방법이다. 이러한 회전자 발생전력은 외부의 저항기로 결선하여 열로 소진되게 한다. 농형 유도 전동기의 경우, 회전자에서 발생한 전력은 외부로 통할 수 없이 주로 회전자 내에서 열로 변하므로 회전자가 과열 문제가 대두되는 장시간 제동에는 적용하기 어려운 단점이 있다. 권선형에서는 장시간 제동에 따른 문제점이 없으나 이 발전제동을 구현하기 위한 외부저항기 용량 확대 및 별도의 직류전원 요구와 더불어 발전제동의 이행 조작의 복잡성 등의 결점이 언급될 수 있다. 또한 제동 초기에는 고속 또는 높은 기계에너지에 의하여 큰 제동 회전력이 작용함에 효과가 크게 나타나나 낮은 속도에서는 제동 효과가 미미하여 큰 관성 모먼트의 전동기는 긴 제동 시간이 필요하게 된다.

5.6.3 역상제동

3상 유도 전동기를 운전 중 급히 정지시킬 경우 고정자 권선의 두 상을 바꾸어 접속하면 회전 자계의 방향이 반대가 되어 유도 전동기는 강력한 유도 제동기가 되는데 이와 같은 방법을 **역상제동**이라고 한다. 이러한 두 상의 접속 변환 순간에는 큰 전류가 흐르므로 회전체의 관성이 작을 경우는 무리가 없으나 부하의 관성이 큰 농형전동기는 회전자 내의 발열 급증에 따라 고정자로의 온도 전달이 심화되어 단기간 반복적으로 역상제동을 적용할 경우 전동기가 소손될 우려가 있으므로 주의가 필요하다. 권선형 전동기는 외부저항에 의해서 전류를 제한 가능하며 더불어 제동 회전력의 증대를 도모할 수 있으므로 유용한 방식이라 하겠다.

5.6.4 단상제동

3상 유도 전동기의 3상 중 두 상의 선을 합하고 나머지 한 상과 단상교류를 공급하면 유도 전동기는 단상 전동기가 되어 자계는 공간에 고정된 교번자계로 된다. 이 교번자계는 1/2의 세기를 가지고 반대방향의 동기속도로 회전하는 두 개의 회전자계로 그림 5-37과 같이 분리될 수 있다.

만약 회전자 회로의 저항이 작다고 가정할 때, 두 개의 회전 자계에 의한 토크 τ_a와 τ_b가 각각 그림에 표기되어 있다. 회전자가 부하의 회전을 위하여 a방향으로 회전하고 있다고 하면 τ_a는 전동기 토크를 발생하는 반면 τ_b는 제동토크를 발생한다. 그림으로부터 전동기 토크는 이에 반대되는 제동토크에 비하여 크기 때문에 결과적으로는 τ_{total}이 양의 값을 갖는 단상 전동기로 역할을 하게 된다.

추가적으로 회전자 저항을 적당한 크기로 증가시킨 τ_a'와 τ_b'의 경우에는 제동토크가 전동기 토크보다 커져서, 즉, $\tau_a' < \tau_b'$가 되어 전동기는 τ'_{total}이 음이 되는 제동기로 역할을 하게 된다. 이와 같은 성향을 이용하여 제동을 하는 것을 단상제동이라고 한다.

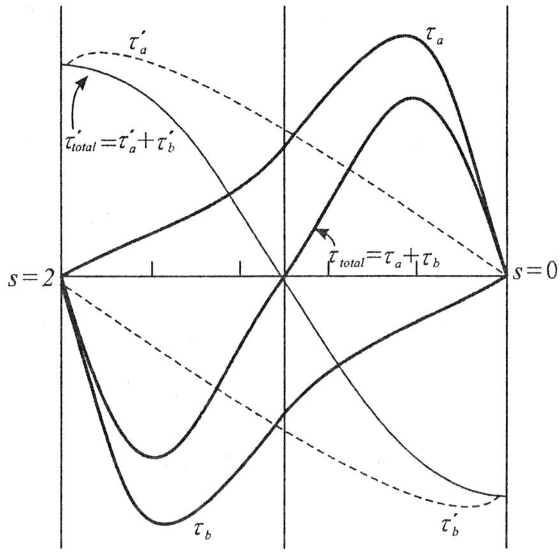

그림 5-37 단상제동의 속도-토크 특성 곡선

5.7 단상 유도 전동기

단상 유도 전동기는 시계, 냉장고, 팬, 송풍기, 펌프, 세척기, 공구 등에 사용되며 수분의 일마력에서 15마력에 걸쳐 산업용, 상업용 및 가정용으로 널리 적용되고 있다.

대용량의 단상 유도 전동기는 분상전동기로 두 개의 별도의 권선이 전기각으로 90도 배치되어 한 권선의 전류와 이로부터의 자속이 다른 쪽 권선에 비하여 뒤지거나 앞서도록 하는 상분할 회로에 의해 회전 자계가 형성된다. 소용량의 경우 상분할 회로의 구성에 쉐이딩코일을 적용한다.

상분할회로는 3상 유도전동기를 단상전원에 의하여 운전하기 위해 적용 가능하며, 3상 전원의 적용이 어려운 환경에서도 대용량의 전동기 운용을 가능하게 한다.

5.7.1 단상 유도 전동기의 직교자계이론

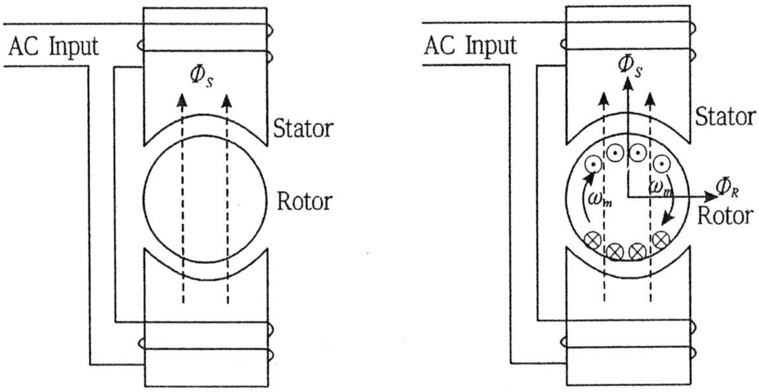

(a) 회전자가 정지($s = 1$)　　(b) 회전자가 회전($s \neq 1$)

그림 5-38 단상 유도 전동기의 구조

단상 유도 전동기의 기본 구조는 그림 5-38 (a)와 같이 고정자 권선이 단상으로 이루어져 있으며, 이에 따라 직축 상에서 크기만이 증감하는 교번자계가 발생한다.

그림 5-39 (b)에서 회전자가 회전하는 경우 회전자 도체가 직축에 위치한 고정자 자속 Φ_S을 끊고 지나가게 됨에 따라, 회전자 도체 내에 그림과 같은 방향의 유기기전력 및 동일 방향의 회전자 전류가 형성된다. 이 전류에 의하여 횡축에 회전자 자속 Φ_R이 고정자 자속 Φ_S와 90° 각도로 형성 된다. 이러한 두 가지의 자속 성분은 공간상 직축 및 횡축 각각에서 정현적으로 교번됨에 따라 두 자속의 합성 자속은 다음 절의 분리형 회전 자계와 유사하게 단상 유도 전동기 전압원의 주파수와 동기화되어 회전하게 된다.

5.7.2 단상 유도 전동기의 분리형 회전자계

그림 5-39 (b)의 교번자계에 의한 고정자 자속 Φ_S는 그림 5-39와 같이 서로 반대 방향으로 동기속도로 회전하는 2개의 동일 크기의 회전자계, 즉, 시계방향의 회전자계 자속 Φ_{cw} 및 반시계 방향 회전 자계 자속 Φ_{ccw}로 분리 가능하며, 회전

자계 자속의 크기는 일정하고 교번자계 자속의 최대치의 절반과 동일하다. 이러한 회전 자계 자속 및 교번자계 자속에 대한 수학적 표현은 다음과 같다.

$$\Phi_{cw}(t) = (\frac{1}{2}\Phi_{max}\cos\omega_e t)\hat{i} - (\frac{1}{2}\Phi_{max}\sin\omega_e t)\hat{j} \quad (5\text{-}59)$$

$$\Phi_{ccw}(t) = (\frac{1}{2}\Phi_{max}\cos\omega_e t)\hat{i} + (\frac{1}{2}\Phi_{max}\sin\omega_e t)\hat{j} \quad (5\text{-}60)$$

$$\Phi_S(t) = \Phi_{cw}(t) + \Phi_{ccw}(t) = (\Phi_{max}\cos\omega_e t)\hat{j} \quad (5\text{-}61)$$

이러한 시계방향 및 반시계방향의 분리형 회전 자계가 하나의 회전자에 동시에 작용하는 것은 동일 축에 물린 회전방향이 서로 반대되는 2개의 전동기가 운전하고 있는 것이라고 생각할 수 있다.

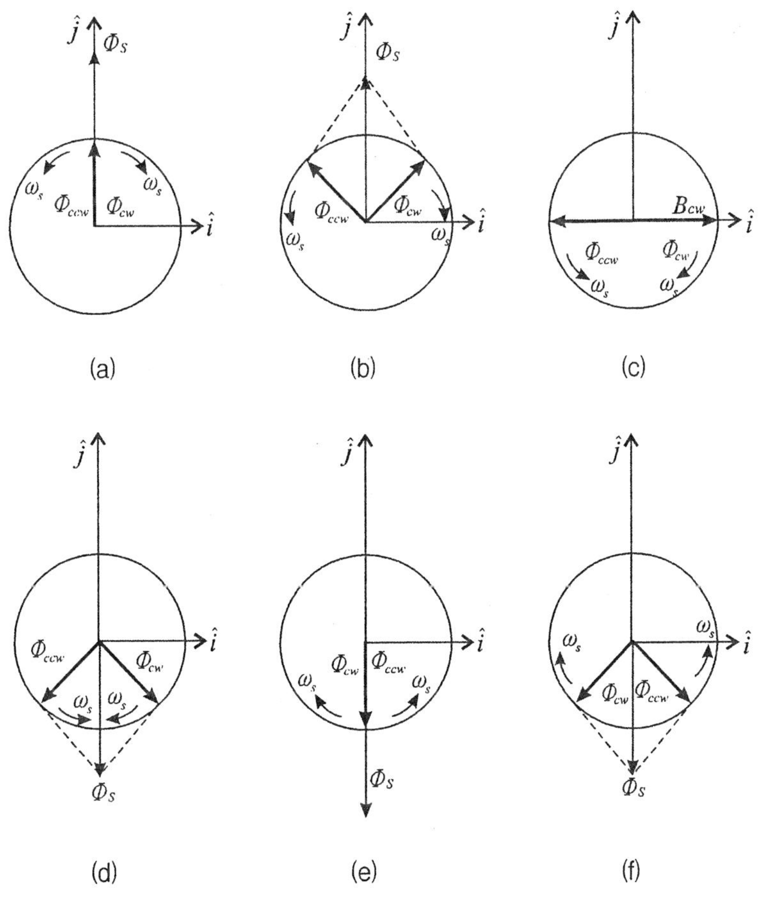

그림 5-39 단상 유도 전동기의 분리형 회전 자계

5.7.3 단상 유도 전동기의 속도-토크 곡선

그림 5-38 (b)와 같이 단상 유도 전동기의 회전자가 회전을 하게 되면 회전자는 분리형 회전 자계에 대한 슬립 s를 가지게 된다. 이는 동기속도로 돌고 있는 시계방향 회전 자계 Φ_{cw}에 대하여 회전자 상대 속도가 $N_s - N_m = sN_s$가 되지만 반시계방향의 회전 자계 Φ_{ccw}에 대한 상대 속도는 $N_s + N_m = N_s + (1-s)N_s = (2-s)N_s$가 된다. 따라서 회전자 권선에는 각각 sf와 $(2-s)f$ 주파수의 유기기전력이 유기된다.

이에 따라, Φ_{cw} 및 Φ_{ccw}와 회전자 유기기전력에 의한 발생토크는 기존의 3상 유도 전동기의 발생토크를 각각의 성분으로 고려하여 이용하여 다음과 같이 판단할 수 있다.

Φ_{cw}과 회전자와의 관계는 3상 유도 전동기의 경우와 똑같으므로 그 토크 곡선은 그림 5-40의 시계방향의 토크 τ_{cw}과 같이 되지만 Φ_{ccw}와 회전자 사이에 발생하는 토크는 반시계방향의 토크 τ_{ccw}와 같이 된다.

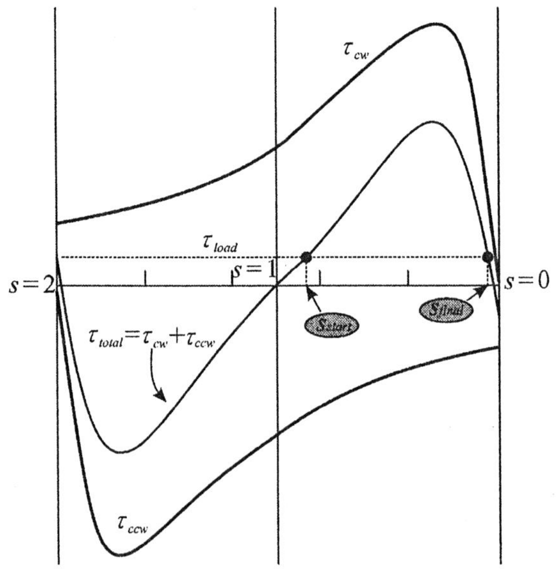

그림 5-40 단상 유도 전동기의 속도-토크 곡선

따라서, $s=1$에서의 토크는 크기가 같고 반대방향이므로 서로 상쇄된다. 이는 단상 유도 전동기의 기동토크, 즉, $s=1$에서의 발생토크는 없다는 의미이다. 만약 시계방향으로 외부 힘을 인가하여 s_{start}에 이르게 되어 서로 상쇄되는 이 지점을 벗어나게 되고, 시계방향 토크 τ_{cw}에서 반시계방향 토크 τ_{ccw}의 차이, 즉 합성토크 τ_{total}이 양이 되며, 이 값이 부하에서 요구되는 부하토크보다 큰 경우 기계방정식의 속도 가속을 충족함에 따라 계속적인 가속이 이루어지고 최종적인 안정영역에서의 동작점 s_{final}로 수렴하게 된다.

5.7.4 단상 유도 전동기의 기동

기계적인 수단을 동원하지 않고 단상전원으로부터 회전 자계를 만들기 위해서는 두 개의 고정자 권선 및 상분할 회로가 요구된다. 두 개의 고정자 권선은 각각 직축 자속을 만드는 주권선과 이와 90° 위상차를 갖는 횡축 자속을 만드는 보조권선으로 이루어지는데, 이러한 보조 권선을 보통 **기동 권선**(Starting winding)이라 한다. 상분할 회로는 보조권선과 직렬 연결되어 보조권선의 전류를 주권선 전류와 90° 의 위상차를 가지게 하는 역할을 담당한다. 이러한 구성은 앞 절에서 언급한 직교자계이론이 구현한 것으로 공간상에 회전자계가 형성되어 유도 전동기 구동이 이루어지게 된다.

상분할은 저항이나 커패시터가 보편적으로 적용된다. 저항을 적용한 경우에는 저항 기동형 분상 전동기(Resistor-start split-phase motor)라 하고, 커패시터가 이용된 경우에는 커패시터 기동형 분상 전동기(Capacitor-start split-phase motor)라고 한다.

이러한 기동 과정이후에는 분리형 회전 자계 이론 및 그림 5-40 단상 유도 전동기의 속도 토크 곡선에 따라 상분할 회로용 보조권선을 분리하여도 전동기 회전이 유지된다.

상기에 언급된 분상 기동형 이외에도 반발기동형, 반발 유도형, 쉐이디드폴 전동기 등 여러 기동 방식으로 제안되어 있다.

(1) 저항 기동형 분상 전동기

저항 기동형 분상 전동기(Resistor-start split-phase motor)는 그림 5-41과 고정자 주권선(Main winding) M과 전기적으로 90° 위치에 감은 보조권선 또는 기동권선(Starting winding) A로 이루어진다. 그림과 같이 보조권선 A는 M과 병렬로 전원에 접속되며 주권선보다 가는 선을 써서 적은 권수 및 큰 저항을 갖게 한다.

이에 따라, 양 권선에 단상전압 V_1을 가하면 리액턴스가 큰 주권선에는 단자전압 V_1보다 크게 위상이 뒤진 전류 I_M이 흐르고, 보조권선 회로가 적은 리액턴스 및 큰 저항에 의하여 전류 I_A의 V_1에 대한 위상차가 I_M보다 작게 된다. 이러한 두 전류간의 위상 차이는 공간상에 타원형의 회전 자계를 만들게 되고 이 자계에 의하여 기동토크가 발생하게 된다.

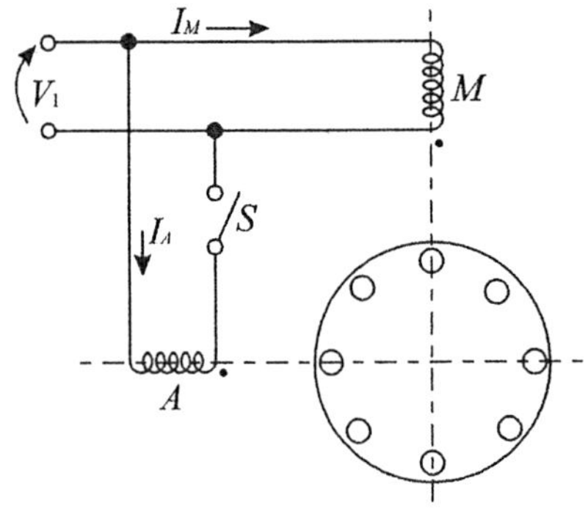

그림 5-41 저항 기동형 분상 전동기 구조

기동된 전동기는 동기속도 60~80[%] 정도에 이르러 원심개폐기(centrifugal switch) S가 동작하여 보조권선을 자동적으로 개방하여 손실을 저감시키게 된다. 이러한 저항 기동형 분상전동기는 회전방향을 반대로 하기 위해 주권선과 보조권선 중 어느 한 권선을 전원에 대하여 반대로 접속하면 된다.

이러한 저항 기동형은 대표적인 단상 유도 전동기이나 기동전류가 크고, 기동토크가 작으며, 기동권선을 개방하는 원심개폐기의 기계적 취약한 단점과 아울러 커패시터 기동형 분상 전동기의 발달에 따라 이용도가 감소되고 있다. 그러나 구조가 간단하고 비교적 값이 싸므로, 기동토크를 크게 필요하지 않는 소출력에 널리 사용된다.

(2) 커패시터 기동형 분상 전동기

커패시터 기동형 분상 전동기(Capacitor-start split-phase motor)는 리액턴스 분상의 한 종류로서 보조권선 A와 직렬로 커패시터를 접속하여 단상 전원으로 기동 또는 운전을 하는 유도 전동기를 말한다. 커패시터를 분상에 사용하면 보조권선의 전류는 단자전압보다 위상이 앞서고, 주권선의 전류은 단자전압보다 위상이 뒤지므로 두 전류 간에는 위상차가 생기게 된다. 이 위상차는 적절한 C의 선택에 따라 저항과 리액턴스에 의한 저항 기동형보다 크고 거의 직교에 가깝게 할 수 있다. 따라서 회전 자계는 더욱 원형에 가깝게 되고 기동특성이 개선을 도모할 수 있다. 이 분산 전동기는 커패시터의 구성에 따라 그림 5-42와 같이 세 종류로 나누어진다.

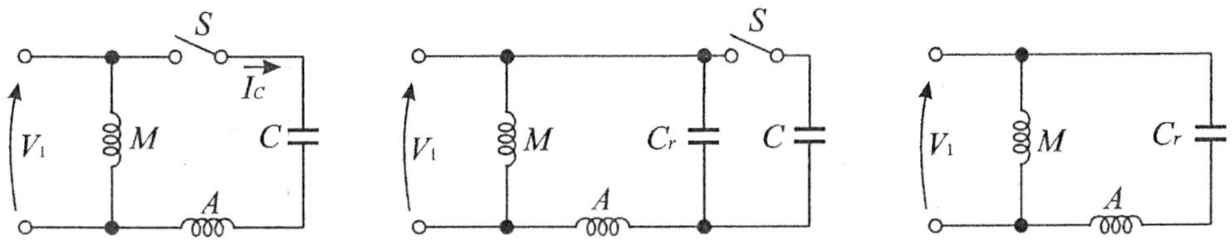

(a) 커패시터 기동형 (b) 이중 커패시터 (c) 영구 커패시터

그림 5-42 커패시터 기동형 분상 전동기

그림 5-42 (a)의 커패시터 기동형은 보조권선 A와 직렬로 커패시터를 접속하여 기동하며 기동이 이루어지고 나면 원심개폐기 S로 보조권선을 분리한다. 그림 5-42 (b)의 이중 커패시터 전동기는 기동용 커패시터 C외에 운전 중에도 사용하는 C_r를 병렬 접속한 것으로, 기동 이후 보조권선 A와 C_r은 전동기 역률개선에 도움을 준다. 기동시에 가장 적당한 커패시터 용량은 운전시에 가장 적당한 콘덴서 용량의 5~6배 정도이다. 그림 5-42 (c)의 영구 커패시터 전동기는 일정치의 커패시터를 항상 접속해 놓은 것으로 기동토크가 작은 반면 기계적으로 취약한 원심개폐기를 제거한 전동기이다. 이는 낮은 기동토크가 요구되는 선풍기 등에 널리 사용된다.

이상과 같은 다양한 커패시터 기동형 전동기는 역률이 매우 좋고, 효율도 다른 단상전동기보다 좋다. 일반적으로 단상 유도전동기는 순시토크의 맥동에 의하여 진동소음을 발생하나 커패시터 기동형 전동기는 주권선과 보조권선에 의해서 원형에 가까운 회전 자계가 발생하므로 토크 맥동이 적게 발생한다.

(3) 쉐이디드폴 전동기

쉐이디드폴 전동기(Shaded-pole motor)는 그림 5-43과 같이 기동토크를 얻기 위하여 자극 홈에 쉐이딩 코일(Shading coil)로 불리는 고저항의 단락 코일이나 구리로 만들어진 환형 고리를 장착한 전동기이다. 이러한 쉐이딩 코일은 주자극 일부에 감겨 있어 단락된 변압기의 2차측과 같이 동작한다. 이는 렌쯔의 법칙에 따라 쉐이딩 코일에 흐르는 전류가 그 전류를 유기하는 자계의 기자력을 방해하는 방향으로 기자력을 발생하게 된다. 이에 대한 상세 설명은 다음 그림 5-43 쉐이디드폴 전동기의 구조 및 벡터도에 나타나 있다.

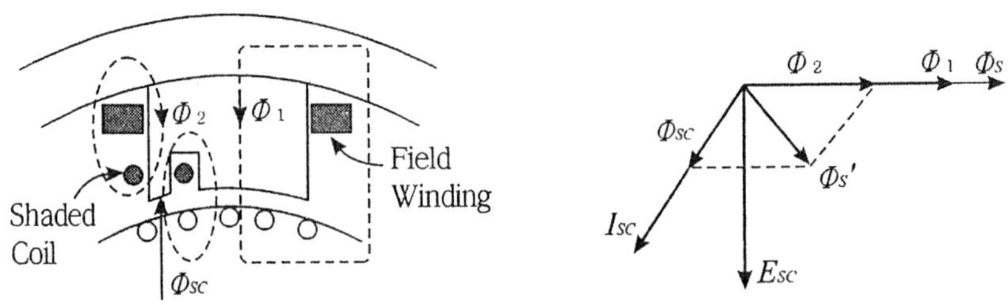

(a) 쉐이디드폴 구조　　　(b) 벡터도

그림 5-43 쉐이디드폴 전동기의 구조 및 벡터도

전동기 고정자 권선에 흐르는 전류에 의한 계자자속 Φ_S은 자기회로 경로에 따라 Φ_1와 Φ_2으로 나누어지는데 자속 Φ_1은 고정자와 회전자에 공통인 반면 자속 Φ_2은 쉐이딩 코일만 쇄교하므로, 이 쉐이딩 코일에 자속 Φ_1과 90° 위상차를 갖는 유기기전력 E_{SC}가 발생된다. 이에 따라, 유기기전력에 의하여 쉐이딩 코일 내에 단락전류 I_{SC}가 흐르고 이 전류에 의한 자속 Φ_{SC}가 발생되므로 쉐이딩 코일과 쇄교하는 총 자속은 Φ_1과 Φ_{SC}를 합성한 Φ_S'가 된다. 이 자속 Φ_S'는 기존 계자자속 Φ_S와 위상차가 존재하는 교번자계이므로 이들로부터 이동자계(shifting field)가 형성되어 자계의 이동방향으로 기동토크가 발생하게 된다.

이 전동기는 구조가 간단하나 기동회전력이 매우 작고 운전과정에서도 쉐이딩 코일에 전류가 흐르기 때문에 효율과 역률이 떨어지며 회전방향을 바꿀 수 없는 큰 결점이 있다.

5.7.5 단상 유도 전동기의 *NEMA* 표준정격[2)]

단상 유도 전동기의 주파수 및 전압정격의 범위는 *NEMA* 표준정격에 따라 다음과 같다.

60[Hz] − 115[V]/230[V]

50[Hz] − 110[V]/220[V]

다음의 표 5-2는 *NEMA* 표준에 의한 단상 유도 전동기의 정격용량에 대한 범위를 나타내고 있다.

표 5-2 단상 유도 전동기 표준 용량 범위

단상 유도 전동기	용량 범위
저항 기동형	1[mhp] ~ 10[hp]
커패시터 기동형	1[mhp] ~ 10[hp]
이중 커패시터	1[mhp] ~ 10[hp]
영구 커패시터	1[mhp] ~ 1.5[hp]
쉐이디드폴	1[mhp] ~ 1.5[hp]

5.7.6 단상 선로에서의 3상 유도 전동기 운전[3)]

여러 개발도상국이나 벽지, 고립된 농장 등에서는 10마력 미만의 단상 전원만이 유일하게 제공되고 있다. 이러한 동력용 전원 환경에서 대용량이 요구되는 경우, 그림 5-44와 같이 상변환 커패시터를 이용한 3상 전동기의 운용 방식이 제안되고 있다. 개폐기 S는 기동시 닫혔다가 회전자가 동기속도 약 80[%]에 이르렀을 때 개방된다.

그림 5-44에서 운전 커패시터 C_1과 기동 커패시터 C_2는 최선의 기동성능을 다음과 같은 조건에서 얻을 수 있음을 보여주고 있다.

---

2) National Electrical Manufacturers Association. Motors and Generators. Publication No. MG 1-1998, NEMA, Rosslyn, VA. 1999.

3) Grififith, M.S. “A penetrating gaze at one open phase: Analyzing the polyphase induction motor dilemma. IEEE Trans. Industry Applications, Vol. IA-13, No. 6, Nov./Dec. 1977.

$$C_1 \approx 26.5[\mu F/hp] \tag{5-62}$$

$$C_1 + C_2 \approx 230[\mu F/hp] \tag{5-63}$$

이러한 상변환 커패시터가 적용된 3상 유도전동기의 운용은 최대 토크가 감소 및 운전 온도의 상승에 의하여 전동기 정격의 약 2/3로 용량감소가 발생한다.

$$P_{rated\,1\Phi} = \frac{2}{3} P_{rated\,3\Phi} \tag{5-64}$$

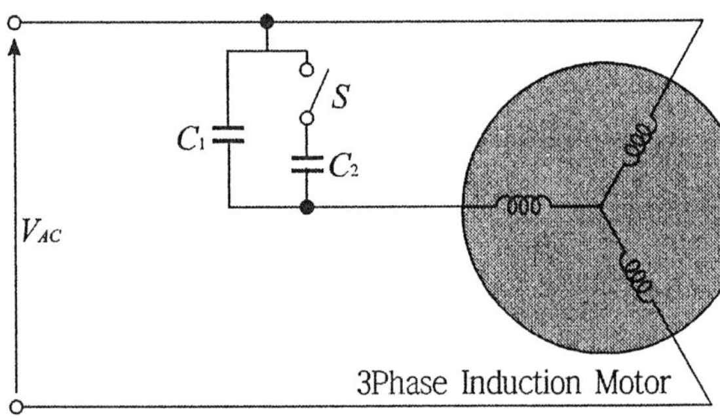

그림 5-44 상변환 커패시터를 이용한 단상용 3상 유도 전동기 회로

예제 5-4

산간 벽지 농장에서 대형 배기팬 구동용으로 20마력 1500[rpm]의 전동기가 요구되고 있다. 이 전동기를 구동하기 위하여 이용 가능한 전원은 220[V], 60[Hz]의 단상으로 한정되어 있다 이에 따라, 다음의 각 항을 구하시오.

(a) 단상을 이용할 때 커패시터 상변환으로 적용될 3상 유도 전동기의 용량

(b) 필요한 운전 커패시터 용량

(c) 기동을 위하여 추가되어야 할 커패시터 용량

풀이

(a) 식 (5-64)로부터

$$P_{rated\,1\Phi} = 20 \times \frac{3}{2} = 30[hp]$$

(b) 운전 커패시터 $C_1 \approx 26.5[\mu F/hp] \times 30[hp] = 795[\mu F]$

(c) 기동 커패시터 $C_1 + C_2 \approx 230[\mu\text{F/hp}] \times 30[\text{hp}] = 6900[\mu\text{F}]$

$$C_2 \approx 6900 - 795 = 6105[\mu\text{F}]$$

5.7.7 3상 유도 전동기의 결상운전

3상 전동기의 결상운전(Single phasing)은 일종의 고장상태이며 그림 5-45 및 그림 5-46에서 나타난 것과 같이 3상 전동기의 한 상이 운전 중 개방된 상태로 운전하는 것을 말한다. 전원이 초기 결상운전 상태에서는 3상 전동기의 기동이 불가능하지만, 운전 중 결상이 일어났을 때 축 부하가 정격의 80[%] 이하이고 단상 전압이 정상인 경우 회전자의 회전에 의하여 직교 자속이 발생되기 때문에 회전 상태가 유지될 수 있다. 이러한 결상운전은 상변환기를 통한 운전상태와 다르며 결상에 의한 과도 진동은 전동기와 부하 모두에 큰 손상을 야기 할 수 있다.

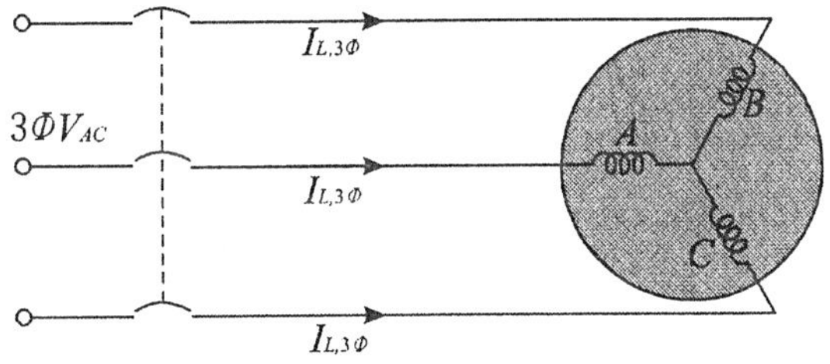

(a) 정상운전

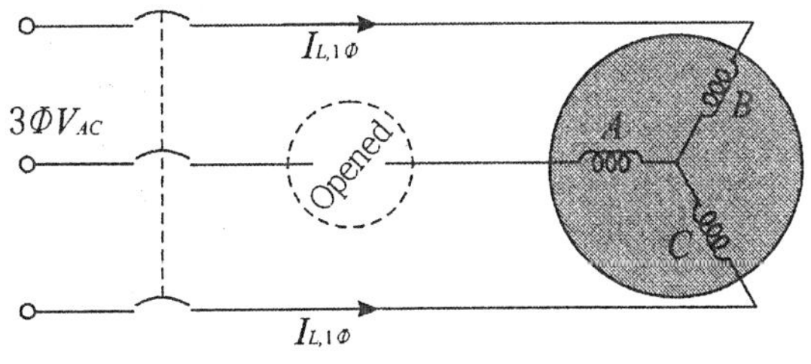

(b) 결상운전

그림 5-45 3상 전동기의 결상운전(Y 결선)

결상상태에서 부하가 3상 운전과 같은 크기로 유지됨을 가정할 때 다음의 관계가 성립한다.

$$\sqrt{3}\, V_L I_{L,3\Phi} \cos\theta_{3\Phi} = V_L I_{L,1\Phi} \cos\theta_{1\Phi} \tag{5-65}$$

$$I_{L,1\Phi} = \sqrt{3}\, I_{L,3\Phi} \frac{\cos\theta_{3\Phi}}{\cos\theta_{1\Phi}} \tag{5-66}$$

여기서, V_L은 선간전압, $I_{L,1\Phi}$는 결상운전에서의 고장 선전류, $I_{L,3\Phi}$는 3상 운전 시의 전류, $\cos\theta_{1\Phi}$ 및 $\cos\theta_{3\Phi}$는 각각 결상운전 및 3상 운전 상태에서의 역률이다.

식 (5-66)에 따라 Y 결선 및 Δ 결선된 고정자에서 결상이 발생되면 나머지 선로의 전류는 약 73[%] 증가한다. 이러한 결상에 의한 고장 선전류는 결선의 종류에 따라 다음과 같이 정리된다.

Y 결선의 경우, 그림 5-45 (b)에 의하여 상전류와 선전류는 같다. 또한, Δ 결선의 경우 그림 5-46 (b)와 같이 상전류는 병렬접속 임피던스 값에 반비례하여 배분된다.

$$\left.\begin{aligned} I_{YA} &= 0 \\ I_{YB} &= I_{YC} = I_{L,1\Phi} \end{aligned}\right\} \tag{5-67}$$

$$\left.\begin{aligned} I_{\Delta A} &= I_{\Delta C} = \frac{1}{3} I_{L,1\Phi} \\ I_{\Delta B} &= \frac{2}{3} I_{L,1\Phi} \end{aligned}\right\} \tag{5-68}$$

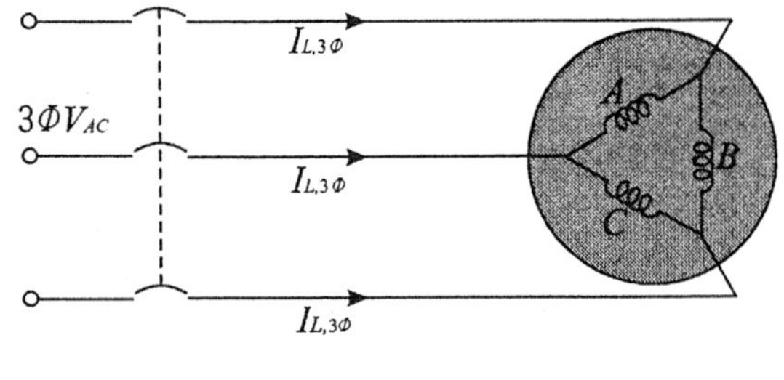

(a) 정상운전

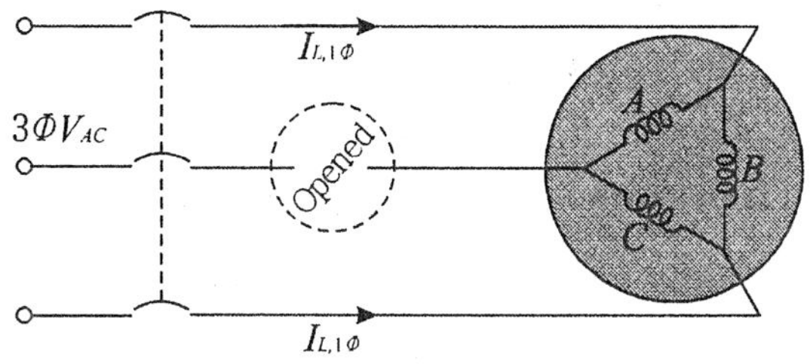

(b) 결상운전

그림 5-46 3상 전동기의 결상운전(Δ 결선)

5.8 단상 전동기

5.8.1 단상 직권 전동기

직류 직권 전동기는 단순히 정방향 직류전압을 역방향 극성으로 접속하여도 전기자 전류와 계자 자속이 동시에 반대로 되어 힘의 방향이 변하지 않아 전동기 회전방향에 변화가 일어나지 않는다.

이러한 현상은 단상 교류전원을 직류 직권 전동기에 인가하여도 유사한 결과가 나타나는데, 이는 매 반주기마다 단상 교류전원의 극성 변화가 발생토크 방향과는 무관함에 따라 동일 회전 방향을 유지한다는 것이다. 이러한 원리를 이용하여 구조는 직류 직권 전동기와 같고 입력전원으로 단상 교류를 사용하는 전동기를 **단상 직권 전동기**라 한다. 또한, 이 단상 직권 전동기는 직류전원을 이용할 수도 있으므로 **양용 또는 만능 전동기**(Universal Motor)라고도 한다.

단상 직권 전동기 또는 만능 전동기의 속도-토크 특성은 교류전원이나 직류전원 모두에서 본질적으로 동일하며 같은 정격의 유도 전동기에 비하여 높은 토크를 발생한다. 이에 따라 사용되는 교류전원은 단상 60[Hz]나 그 이하, 전압 실효치가 직류에 해당하며 $NEMA$표준정격으로 0.01~1.0[hp]로 소용량이며 정격속도가 5000[rpm] 또는 그 이상으로 규정된 소형 고속운전용 전동기이다. 단상 직권 전동기는 단권변압기 또는 반도체 제어회로를 이용한 교류 전압 조정으로 속도 제어가 가능하여 진공청소기, 이동식 전동공구, 주방용 가전기기 등에 폭 넓게 적용되고 있다.

5.8.2 단상 반발 전동기

반발 전동기의 한 종류인 톰슨형 반발 전동기의 구조는 단상 유도 전동기와 같은 분포권 고정자, 직류기와 같은 회전자가 있으며 정류자에 접촉된 브러시는 단락되어 있으며 브러시는 이동할 수 있게 되어 있다. 이 전동기는 단상 직권 전동기의 일종으로 생각하면 이해하기 쉽다.

그림 5-47과 같이 브러쉬를 고정자 축 yy'에서 반시계 방향으로 α만큼 이동시키면 브러쉬 축 xx'를 기준으로 2α 사이에 있는 권선은 계자권선 F_f로 작용하고 나머지 권선은 보조권선 F_c로 작용한다. 이는 총 고정자 권선에서 발생하는 자속 Φ는 계자권선 F_f에서 발생하는 자속 $\Phi_f = \Phi\sin\alpha$와 보조권선 F_c에서 발생하는 자속 $\Phi_c = \Phi\cos\alpha$로 나타낼 수 있는데 이들은 브러쉬의 이동각 α에 따라 변화된다.

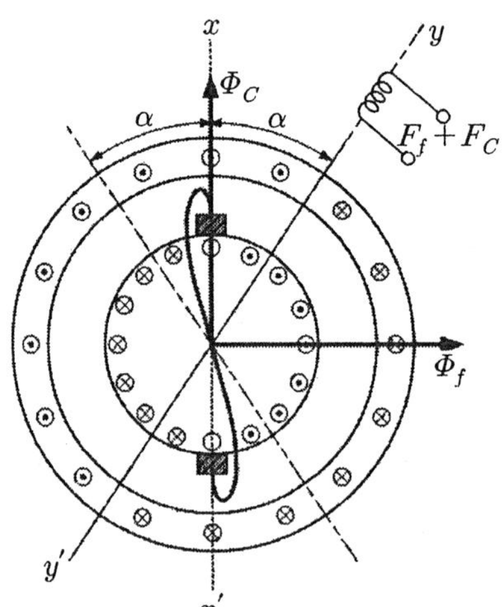

그림 5-47 톰슨형 단상 반발 전동기

보조권선의 자속 Φ_c가 전기자 권선을 지나가면 전기자 권선에 기전력이 발생하여 전기자 전류가 흐른다. 이 전기자 전류와 계자자속 Φ_f가 작용하여 반시계 방향의 토크 발생으로 전동기가 회전하게 된다. 브러쉬의 이동으로 원활한 기동과 속도제어를 할 수 있으며 또한 브러쉬의 시계 방향 이동에 의하여 전동기는 역방향 회전이 가능하다.

단상 반발 전동기의 기동토크는 $\alpha = 0$에서는 생성되지 않으며, 이동각 증가에 따라 기동토크도 증가한다. 이는 $\alpha = 10 \sim 20°$에서 정격토크의 400~500[%]의 최대 기동토크가 발생되며 계속적인 이동각 증가에 따라 기동토크의 감소가 나타나다가 $\alpha = 90°$일 때는 보조권선의 자속 Φ_c가 영이 됨에 따라 기동토크가 발생되지 않는다.

5.8.3 반발 기동형 단상 유도 전동기

반발 기동형 단상 유도 전동기는 단상 반발 전동기의 큰 기동토크로 기동하고 동기속도의 70~80[%] 정도의 속도에서 원심 개폐기로 정류자편을 단락시켜 회전자를 농형 유도 전동기와 같이 접속하여 단상 유도 전동기로 동작시키는 것이다.

그림 5-48에서 τ_R과 τ_I는 각각 단상 반발 전동기와 단상 유도 전동기의 회전력-속도 곡선으로 동기 속도의 약 3/4인 속도에서 곡선의 천이 과정을 나타내고 있다.

반발 기동형은 다른 모든 단상 전동기에 비하여 기동 회전력을 가장 크게 할 수 있으나 정류자의 불꽃 방전에 의한 전자파 간섭 장해와 더불어 단락장치의 고장에 따라 유지 보수 문제에 의하여 커패시터 기동형으로 대치되고 있다.

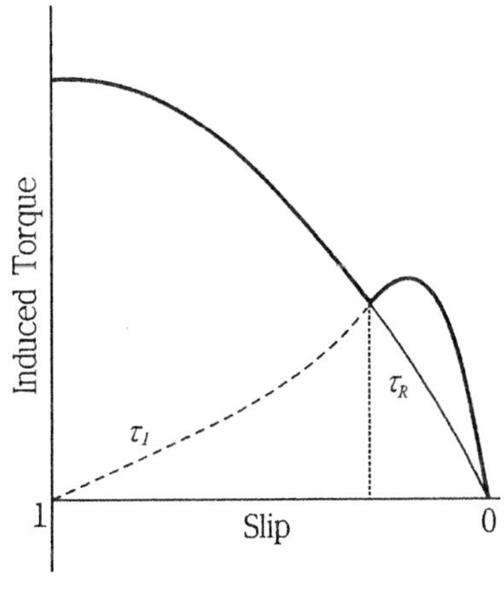

그림 5-48 반발 기동형 단상 유도 전동기의 속도-토크 곡선

5.8.4 반발 유도 전동기

반발 유도 전동기(Repulsion induction motor)는 그림 5-49 (a)와 같이 회전자 홈에 전기자 권선(Armature winding) 및 농형 도체(Cage conductor)가 상부 및 하부에 설치되어 있다. 이중 상부의 전기자 권선을 정류자에 접속된 반발 기동형 전동기의 회전자 권선으로 고려되어 두 개의 브러쉬를 외부에서 단락시키며, 하부의 농형 도체와 함께 두 권선은 2중 농형 전동기와 유사하게 동작한다. 즉, 기동할 때에는 상부의 정류자 권선이 큰 기동토크를 발생하는 반발기동형 전동기로서 동작한다.

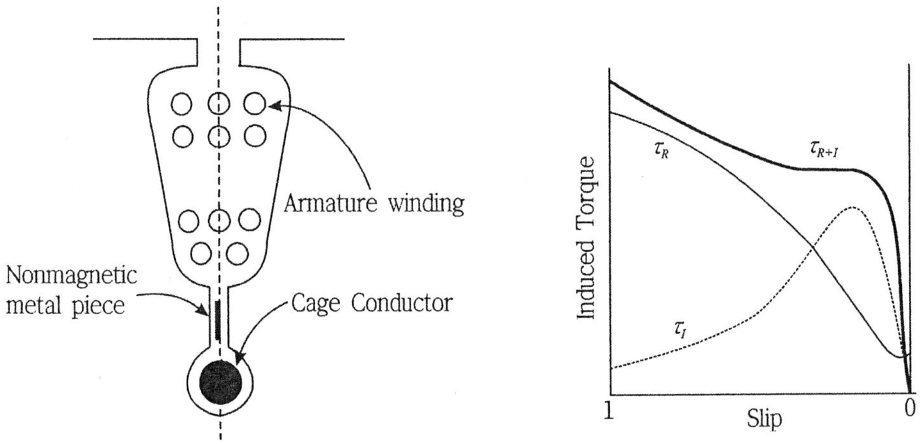

(a) 회전자 단면 (b) 속도-토크 곡선

그림 5-49 반발 유도 전동기의 회전자 단면 및 속도-토크 곡선

추가적으로 상하부의 권선 사이에는 비자성 금속편(Nonmagnetic metal piece)이 삽입되어 있다. 이것은 상부 전기자 권선에 대해서는 단락된 2차 권선의 작용을 하기 때문에 정류자로 단락되는 코일의 실효 자기 인덕턴스를 감소시켜 정류를 개선한다. 또한 각 코일에 대해서도 단락된 2차 회로로 동작하여 각 코일의 누설 리액턴스를 감소시키므로 기동 및 정상상태 특성을 양호하게 한다.

그림 5-49 (b)는 반발 유도 전동기의 속도-토크 곡선을 보여주고 있다. 이 그림에서 τ_R은 반발기동형 전동기의 토크, τ_I는 유도 전동기 토크, τ_{R+I}는 τ_R과 τ_I의 합성토크를 나타내고 있다.

반발 기동형 단상 전동기와 비교할 때 반발 유도 전동기의 기동토크는 낮지만 최대토크는 크고 부하에 의한 속도 변화가 반발기동형보다 크다. 정상상태 운전 중에도 두 권선이 동작하여 상대적으로 낮은 효율인 반면 높은 역률을 갖는다. 또한, 농형 도체가 제동작용을 하기 때문에 정상상태 전류가 크게 흐르고, 슬립이 적은 무부하 상태에도 전부하 전류에 가까운 전류가 흐른다.

5.9 특수 유도기

5.9.1 유도전압 조정기

(1) 단상 유도전압 조정기

단상 유도전압 조정기(Single phase induction voltage regulator)는 직렬권선 S에 대한 분로권선 P의 위치를 연속적 기계각 θ로 바꾸는 단상 단권변압기의 한 종류이다. 이의 구조는 그림 5-50 (a)와 같이 유도 전동기와 비슷하며 직렬권선이 위치한 고정자와 보통 2극의 분로권선의 회전자로 구성되어 있다. 이러한 두 권선은 단권변압기와 동일하며 분로권선은 가는 동선으로 꼬은 피그테일(pig tail)로 입력단의 양단을 직접 연결하고, 직렬권선의 한 단을 출력단에 연결한다.

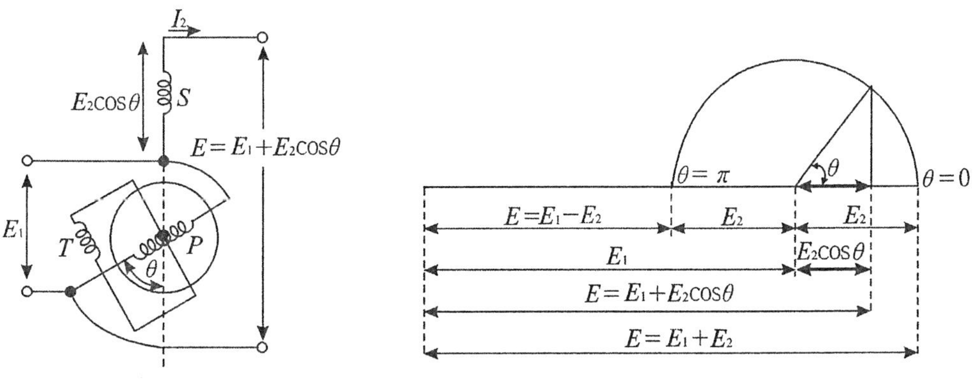

(a) 구조 (b) 전압조정 원리

그림 5-50 단상 유도전압 조정기 구조 및 원리

그림 5-50 (b)의 전압조정 원리를 살펴보면 다음과 같다. 만약 분로권선과 직렬

권선의 기계각이 $\theta=0$일 때는 분로 권선에서 발생하는 입력교번자속 Φ은 누설자속을 무시할 때 모두가 직렬권선을 지나가므로 직렬권선의 유기기전력은 가장 크며 이를 조정전압 E_2라고 한다. 추가적으로 그림 5-50 (a)와 같이 회전자를 θ만큼 회전시켰다고 하면, 교번자속 Φ와 직렬권선의 자속쇄교수는 $\Phi\cos\theta$가 되므로 직렬권선의 유기기전력은 $E_2\cos\theta$가 된다.

이러한 원리는 분로권선의 회전자 기계각 θ를 $0\sim\pi$까지 연속적으로 변화시킬 때 직렬권선의 유도기전력을 $+E_2\sim-E_2$로 변화시킬 수 있음을 의미한다. 이에 따라, 직렬권선에 기본적으로 인가되고 있는 입력전압 E_1을 바탕으로 하고 이 권선의 임피던스를 작은 양으로 고려할 때, 출력단 전압 E는 $E_1\pm E_2$의 범위에서 연속적인 조정이 가능하다고 할 수 있다.

유도전압 조정기의 기계각 θ를 조정하여 부하측 직렬권선에 부하전류 I_2가 흐른다면, 이 전류에 의하여 직렬권선 기자력이 발생하게 된다. 이러한 기자력을 직축방향 및 횡축방향으로 분리할 때, 직축방향의 기자력은 부하전류에 대응되는 유입전류의 분로권선 축방향 기자력에 의하여 서로 상쇄된다. 반면, 횡축방향의 기자력은 누설자속으로 남게 된다. 이에 따라, 분로권선과 직각으로 단락권선 T를 배치하면 직렬권선의 횡축 기자력과 쇄교하여 단락전류를 발생하게 됨에 따라 횡축 기자력을 상쇄시키는 역할을 수행할 수 있다. 이에 따라, 직렬권선의 횡축 기자력이 상쇄되면 직렬권선의 누설 리액턴스를 감소하는 효과가 나타나며 이에 따른 전압강하를 저감 시킬 수 있다.

단상 유도전압 조정기의 정격출력 P_A은 직렬권선의 정격전류 I_2[A], 조정전압 E_2[V]의 곱에 의한 피상전력으로 다음과 같이 표시된다.

$$P_A = E_2 I_2 \times 10^{-3}[\text{kVA}] \tag{5-69}$$

(2) 3상 유도전압 조정기

3상 유도전압 조정기는 권선형 3상 유도 전동기를 구속한 상태에서 권선형의 회전자에 해당하는 분로권선 P와 고정자에 해당하는 직렬권선 S를 3상 단권변압기의 Y 결선처럼 그림 5-51과 같이 결선하여 사용한다. 이러한 분로권선 및 직렬권선은 보통 2극 또는 4극으로 구성된다.

분로권선에 3상 전압을 가하면 여자전류가 흐르고 3상 유도 전동기와 같이 회전 자계가 발생한다. 이 회전 자계에 의하여 직렬권선의 1상에 유기되는 기전력 즉, 조정전압을 E_2[V]라 하면, E_2는 일정한 크기의 회전 자계로부터 발생한 것이므로 회전자와 고정자의 위치와 무관하며 항상 그 크기가 일정하다. 만약 회전자 기계적 위치가 변화되면 분로권선 전압 E_1에 대한 E_2의 위상에 변화가 나타남에 따라 기존의 단상 유도전압 조정기의 조정전압 E_2와 상이한 특성을 갖는다.

분로 및 직렬 권선 간의 기계각을 θ라 하면, 두 권선축이 직축 방향으로 일치하고 있는 경우에는 $\theta=0$이 되며, 이때의 E_2와 분로권선의 유도기전력 E_1은 동상이 되기 때문에 출력단 회로의 상전압 E는 E_1+E_2로 최대값을 가지게 된다.

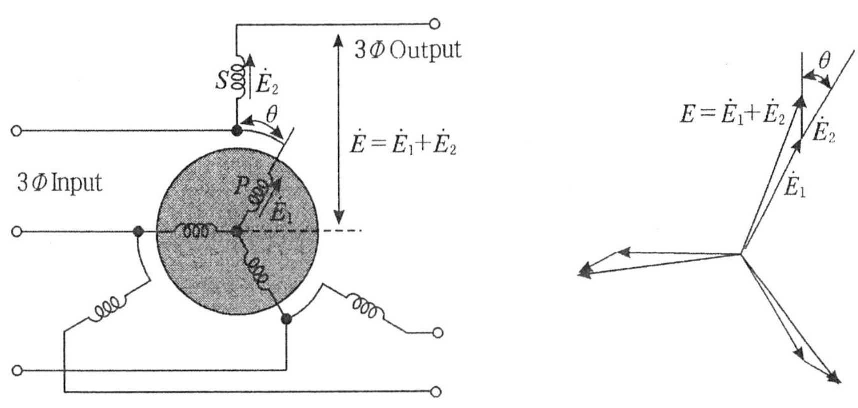

(a) 구조 (b) 벡터도

그림 5-51 3상 유도전압 조정기 구조 및 벡터도

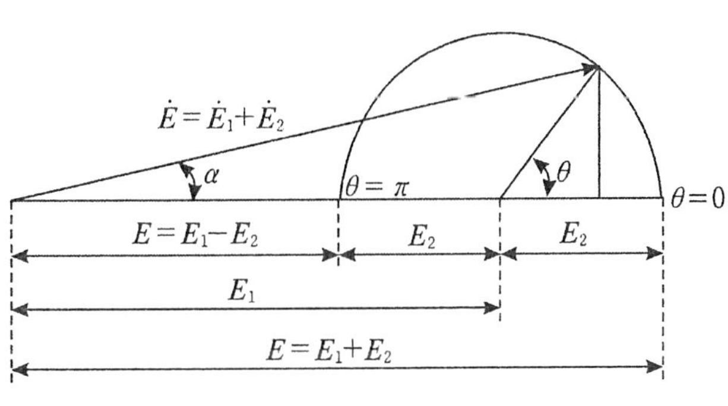

그림 5-52 3상 유도전압 조정기의 전압 조정(1상의 경우)

그림 5-51 (a)와 같이 회전자를 시계방향으로 θ만큼 회전하면, E_1과 E_2의 위상차가 θ로 발생되고 이때 출력단의 상전압 E는 그림 5-51 (b)와 같이 위상차에 따른 벡터 연산이 요구되며, 식 (5-71)로 크기를 구하게 된다.

$$\dot{E} = \dot{E}_1 + \dot{E}_2 \tag{5-70}$$

$$E = \sqrt{(E_1 + E_2\cos\theta)^2 + E_2^2\sin^2\theta} \tag{5-71}$$

상전압 E 크기는 θ가 커짐에 따라 점점 감소하고, $\theta = \pi$인 경우에는 $E = E_1 - E_2$가 되어서 최소의 값이 된다. 즉, 회전자를 0에서부터 π까지 회전시켜서 출력측 회로의 선간전압을 $\sqrt{3}(E_1 \pm E_2)$의 범위로 조정할 수 있다. 또, 3상 유도전압 조정기에서는 그림 5-52의 전압조정에 나타난 바와 같이 $\theta = 0$ 및 $\theta = \pi$인 두 경우를 제외하고는 분로권선의 입력단 전압 E_1과 직렬권선의 출력단의 전압 E_2 사이에 위상차 α가 생긴다. 이 위상차는 단일부하에서는 문제가 되지 않으나 선로의 병렬사용 등에는 곤란한 점이 있다.

3상 유도전압 조정기는 3상 유도 전동기와 같이 직렬 권선의 기자력은 회전자의 위치에 관계없이 항상 1차 부하 전류로 발생하는 분로 권선의 기자력으로 상쇄되므로 단상 유도전압 조정기에서 필요한 단락권선을 요구하지 않는다.

이상과 같은 3상 유도전압 조정기의 정격 출력 P_A은 직렬 권선의 정격 전류를 I_2[A]와 조정전압 E_2[V]와의 곱이 1상에 대한 경우로 고려하여 3배수를 취하여 다음과 같이 나타낸다.

$$P_A = 3E_2 I_2 \times 10^{-3}[\text{kVA}] \tag{5-72}$$

예제 5-5

선로 용량 6600[kVA]의 회로에 사용하는 3300±330[V]인 3상 유도전압 조정기의 정격 용량은 얼마인가?

풀이

$P = \sqrt{3}\, V_2 I_2$, $V_2 = 3300[\text{V}]$에서

$I_2 = \dfrac{6600 \times 10^3}{\sqrt{3} \times 3300} = \dfrac{2000}{\sqrt{3}}[\text{A}]$, $E_2 = \dfrac{330}{\sqrt{3}}[\text{V}]$이므로

$$P_A = 3E_2I_2 = 3 \times \frac{330}{\sqrt{3}} \times \frac{2000}{\sqrt{3}} \times 10^{-3} = 660[\text{kVA}]$$

5.9.2 유도 발전기

3상 유도 전동기의 고정자를 전원에 접속하고 다른 원동기로 회전자를 고정자가 발생하는 회전 자계의 회전방향과 같은 방향으로 동기속도 이상으로 회전시키면 회전자 권선은 전동기의 경우와 반대 방향으로 회전 자계를 지나가므로 회전자의 전류와 기자력의 방향도 반대가 된다. 따라서 회전자 전류는 전동기일 때의 부하 전류와 반대 방향으로 회전자 권선으로부터 전원으로 흐르게 된다. 이는 외부 원동기에서 회전자에 가한 기계 입력이 전기적 출력으로 변환되어 고정자로부터 전원으로 반환 되는 발전기로서의 역할을 수행한 것이다.

이와 같이 유도 전동기를 회전방향과 같은 방향으로 동기속도 이상의 속도로 회전시켜서 발전기로 적용한 것을 **유도 발전기** 또는 **비동기 발전기**(Asynchronou-s generator)라 한다. 유도 발전기는 풍차(Wind turbine), 수차(Hydralic turbine), 증기터빈 및 천연가스나 바이오가스로 구동되는 가스 엔진 등으로 운전하는데 적합하다. 현재 대체 에너지로서 풍력발전에 사용되고 있는 발전기의 대부분이 유도 발전기이며 발전 비용의 감소와 에너지 효율 증대를 위해 단일기로는 수 [kW]에서 10[MW]급 이상에 걸쳐 있으며, 두 가지 이상의 에너지를 순차적 에너지 발생을 위한 병합발전에 널리 적용되고 있다.

유도 발전기는 전동기로 동작할 때와 동일하게 회전 자계를 만들기 위한 여자 전류가 요구되므로 유도 발전기 단독으로는 적용될 수 없고, 동기 발전기 또는 전원이 있는 조건에서 운전이 가능하다.

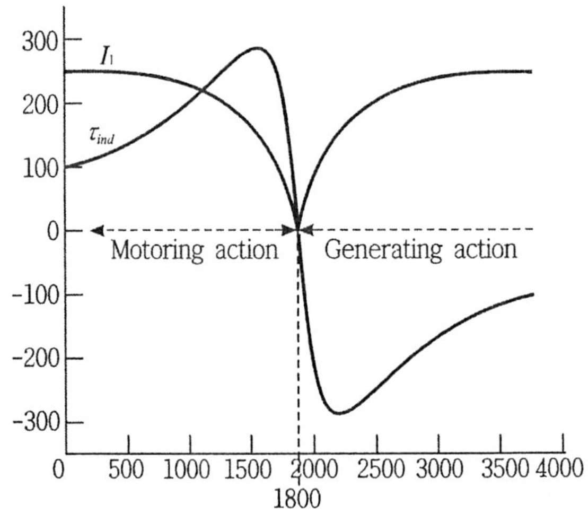

그림 5-53 유도 발전기 속도-토크 곡선 및 선전류

그림 5-53은 유도 전동기에서 유도 발전기 영역으로 천이하는 과정에서의 발생 토크 및 고정자 전류의 그림을 보여주고 있다. 만약 3상 계통에 접속된 유도 전동기의 축에 증기터빈과 기계적 결합이 되어 있다고 하자. 더불어 터빈 밸브가 차단되어 있고 유도 전동기에 전전압이 투여되어 기동되면 유도 전동기는 터빈을 동기속도보다 약간 낮은 정격 슬립에서 운전하게 될 것이다. 이후 터빈 밸브 개방에 의하여 유도 전동기에 추가 토크가 더해져 회전자 속도의 증가가 이루어져 동기속도에 도달하면 이 때의 슬립은 0, 회전자 저항 R_s/s는 무한대가 되어 회전자 전류가 0이 되어 발생토크 τ_{ind}는 그림과 같이 0이 된다. 이런 동작점에서도 유도 전동기에는 3상 전원으로부터 자화전류를 공급받고 있다. 이후 터빈에서 입력에너지를 증가시켜 회전자 속도를 동기속도 이상으로 증가시키면 슬립은 음의 값이 되고 발생토크도 음의 값이 된다. 이는 공극전력 P_{AG}가 음이 됨을 의미하며 전동기 대신 발전기로 동작하여 회전자로부터의 기계에너지가 공극전력으로 역변환되어 고정자에서 전기에너지로 변환되며 이 에너지가 배전계통으로 전달됨을 의미한다. 이러한 그림은 고정자 전류 I_1 대비 토크 곡선이 반전된 경우로도 판단할 수 있다.

5.9.3 유도 주파수 변환기

3상 유도 전동기의 회전자 주파수와 회전자 전압은 슬립 s와 비례하므로 권선형 유도 전동기를 주파수 f_1의 전원에 연결하여 동기 속도 n_s의 회전 자계를 발생시키고 회전자에 원동기 외력을 가해서 임의의 속도 n_m으로 회전시키면 슬립 링에 나타나는 회전자 주파수 f_2는 다음과 같이 된다.

$$f_2 = sf_1 = \frac{n_s - n_m}{n_s} f_1 \tag{5-73}$$

이에 따라, 회전 자계와 동일 방향으로 회전시킬 때는 슬립 s가 1보다 작으므로 슬립링에는 전원주파수보다 낮은 교류가 발생하게 된다. 만약, 회전 자계와 반대 방향으로 회전시키면 슬립 s가 1보다 크게 되어 전원주파수 f_1보다 빠른 교류가 회전자로부터 발생하게 된다. 이상과 같은 결과로부터 권선형 유도 전동기에 원동기가 결합된 유도주파수 변환기가 구성된 것이다. 이러한 구성에서 회전자 전압이 고정되어 있으면 회전자에 나타나는 전압이 회전자 주파수 f_2에 따라 변동이 되므로 이를 고려하여야 한다.

이러한 유도 주파수 변환기는 단독으로 회전자 주파수 f_2를 얻을 수도 있으나 일반적으로 회전자를 외부 원동기에 직결하여 외력을 가하여 운전한다. 이러한 원동기로 유도 전동기와 연결한 것을 유도 비동기 주파수 변환기, 동기 전동기와 연결한 것을 유도 동기 주파수 변환기라 한다.

5.9.4 셀신장치(Selsyn Device)

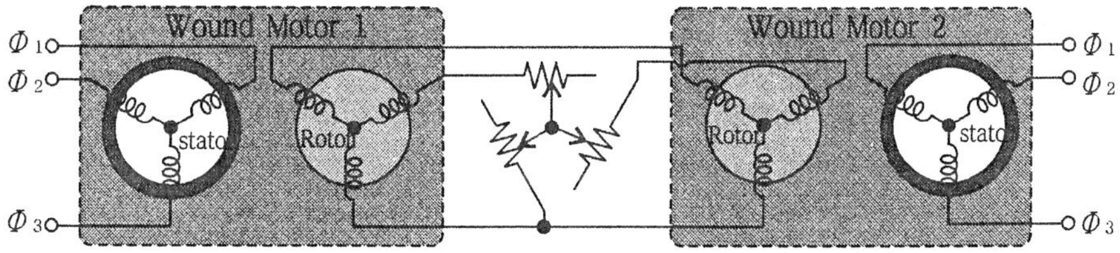

그림 5-54 전력 셀신(Power selsyn)의 동기화 결선

셀신장치에는 전력 셀신(power selsyn)과 싱크로(Synchro) 또는 지시 싱크로기가 있다.

전력 셀신은 그림 5-54와 같이 2대의 권선형 유도 전동기를 동시 기동하거나 두 전동기의 동기를 유지 또는 동일 운전 속도를 필요로 할 때 사용하는 것이다. 그림과 같이 기동할 때 회전자 권선에 시동저항을 결선하면 두 전동기는 동기화될 것이고 이후 기동저항이 제거되면 기동토크 대신 동기화 토크가 발생하게 된다. 이러한 구성을 **셀신**이라고 한다.

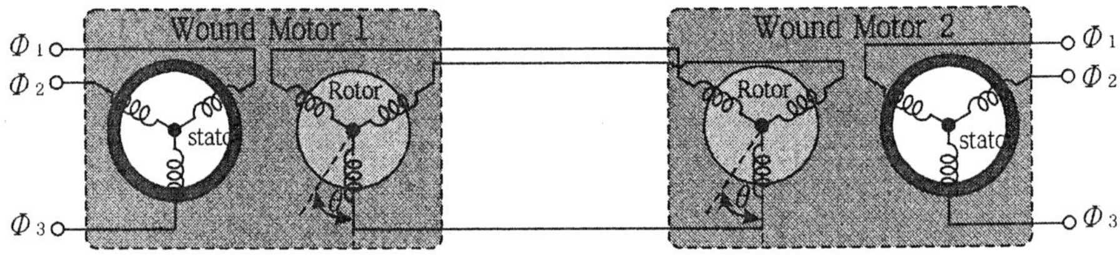

그림 5-55 지시 싱크로의 동기화 결선(위치 지시기)

상기의 그림 5-54에서 기동저항이 제거되어 그림 5-55와 같이 결선된 경우에는 자체 회전이 불가능하나 인위적인 회전자의 움직임이 θ만큼 한쪽 전동기에서 일어나면 다른 한쪽의 전동기 회전자가 동일 선상의 θ로 나열이 되기까지 회전자 전류는 불평형 상태를 유지하게 되어 다른 전동기의 회전자가 동일 위치로 나열되게 된다. 이러한 동작 조건으로 3상 전원이 고정자에 인가된 경우이다. 이러한 동작 특성이 구현되어 위치를 지시하거나 제어하는데 적용되는 장치를 **싱크로**(Synchro-s)라고 한다.

이러한 싱크로, 즉 위치 지시기는 그림 5-56과 같이 고정자는 3상 권선형 유도 전동기의 고정자 권선과 같은 3상 권선으로 Y결선으로 하고 회전자는 2극 철극형의 성층 철심에 단상 권선을 권선하여 교류 전원으로 여자하는 구조로 이루어져 있다. 고정자에 단상 권선을 감고 회전자에 3상 권선을 감은 것도 있으며 어떤 방식이라도 원리는 동일하다.

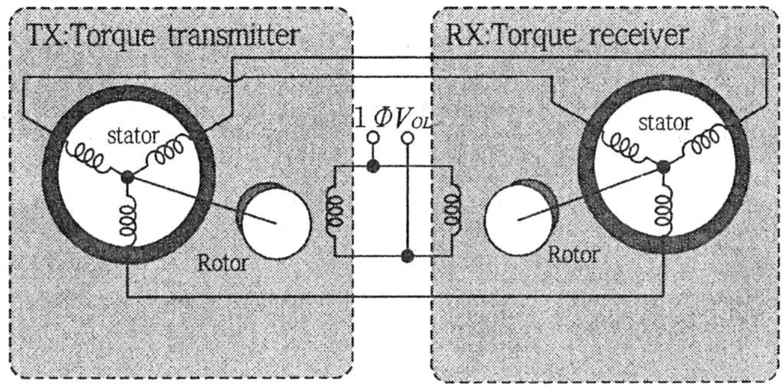

그림 5-56 단상 공급 회전자 구조의 싱크로

동일한 두 대의 셀신 전동기를 그림 5-56과 같이 두 전동기의 고정자 권선을 같은 상끼리 접속하고 회전자 권선에 동일한 전원으로부터 교류 전압을 공급하면 두 회전자 권선에서 교번 자계가 발생하고 이 자계로 고정자 권선의 각 상에 기전력이 발생하나 그림과 같이 두 회전자가 각각의 고정자에 대하여 동일한 위치에서 정지 상태일 때는 두 고정자의 기전력은 서로 평형을 유지하여 두 전동기 사이에는 전류가 흐르지 않는다.

이러한 평형 상태에서 TX 전동기의 회전자를 각 θ만큼 시계 방향으로 회전시키면 두 고정자에서 발생하는 기전력은 불평형이 되어 두 전동기 사이에 전류가 흐른다. 이 전류가 RX 전동기에 흐르면 RX 전동기에 회전력이 발생하게 된다. 이에 따라, RX 회전자는 시계 방향으로 각 θ만큼 회전하여 회전자와 고정자의 상대 위치가 두 전동기에서 같게 될 때 두 고정자 권선의 기전력은 평형을 이루게 되어 RX 전동기가 정지하게 된다. 이러한 싱크로에서 각각의 전동기를 송신기-수신기라고 한다.

5.9.5 릴럭턴스 전동기

릴럭턴스 전동기 또는 릴럭턴스 동기 전동기는 그림 5-57과 같이 농형 회전자 구조가 변형된 유도 전동기의 한 종류이다. 변형된 회전자 구조에는 노치(notch), 플랏(flat), 배리어 슬롯(barrier slot) 등의 구조에 의하여 높은 릴럭턴스 영역이 규칙적으로 배열되어 있다. 이러한 회전자 구조에 따라 회전자에는 릴럭턴스가 작은 돌극(salient pole)이 나타나는데 이는 고정자의 극수와 동이하게 설계되어 있다. 그림 5-57의 회전자 모두는 4극의 돌극을 가지고 있다.

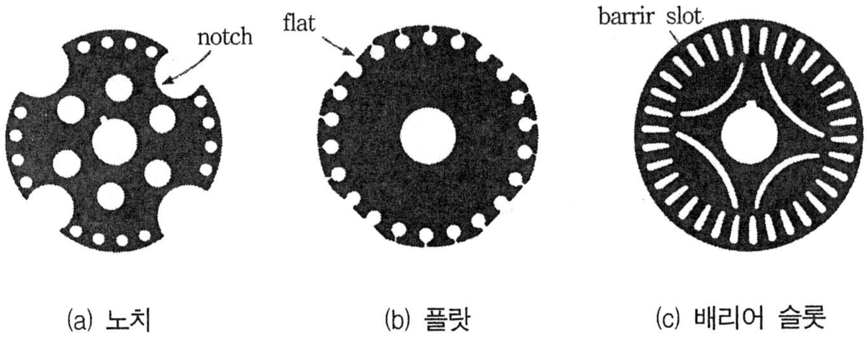

그림 5-57 릴럭턴스 동기 전동기의 회전자 구조

3상 또는 단상으로 구성된 고정자에 전류가 흐르면 회전자는 농형 유도 전동기와 같이 회전을 하며, 회전자가 동기속도에 가깝게 되면 회전자는 돌극에 의하여 회전 자계에 대하여 낮은 상대속도를 가지게 된다. 이는 임계속도에 이르러 돌극의 낮은 릴럭턴스 경로로 회전 자계가 집중됨에 의하여 동기속도로 천이하게 되는데 이 과정에서 릴럭턴스 토크가 작용한다. 이는 유도 전동기에서 릴럭턴스 동기 전동기로 변화되는 것이라 할 수 있다.

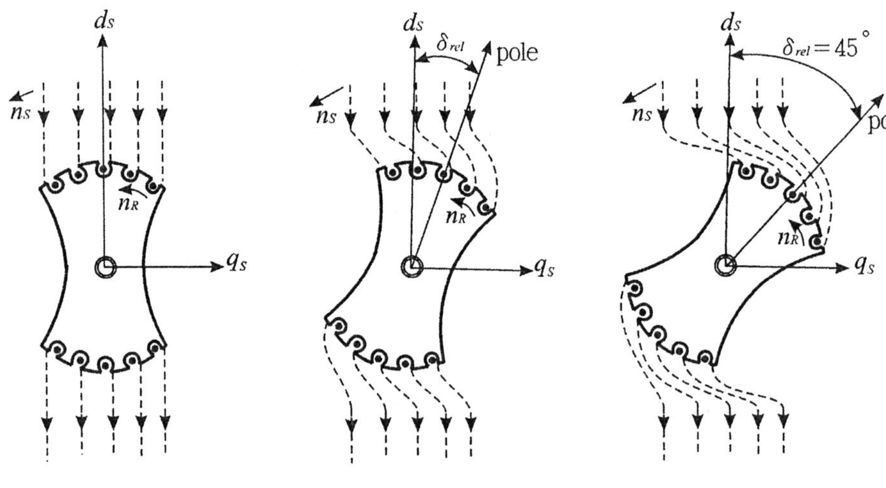

그림 5-58 릴럭턴스 동기 전동기 회전자 상대 위치

그림 5-58은 릴럭턴스 동기 전동기 회전자가 동기속도로 회전할 때 부하 조건에 따른 상대적 위치를 보여주고 있다. 그림에서 $d_s - q_s$축은 고정자 회전 자계를

기준으로 한다. 그림 5-58 (a)는 무부하 상태에서 회전에 의한 전체 손실 P_{total} $(= P_{core} + P_{f\&w} + P_{stray})$를 무시할 경우 회전 자계의 축과 회전자의 돌극이 일치하고 있음을 나타낸다. 그림 5-58 (b) 및 (c)와 같이 기계적 부하의 증가는 회전 자계 대비 토크각 δ_{rel}이 발생하게 되며 이러한 토크각의 증가는 릴럭턴스 토크를 증가시킨다. 이러한 증가는 토크각이 $\delta_{rel} = 45°$ 에서 최대가 되며 이를 넘는 기계 부하의 인가는 회전 자계 자속량의 감소에 따른 자기 인력의 저감 현상을 유발한다. 이에 따라, 회전자의 동기속도 이탈이 발생하여 유도 전동기로서 동작하게 된다.

주어진 인가전압 V, 전원주파수 f 및 토크각 δ_{rel}으로 표현되는 릴럭턴스 토크의 평균치는 다음과 같다.

$$\tau_{rel} = K(\frac{V}{f})^2 \sin(2\delta_{rel}) \qquad (5\text{-}74)$$

릴럭턴스 전동기는 일정속도 운전 특성, 단순한 구조에 의한 견고함과 아울러 낮은 제작 단가에 의하여 타이밍 장치나 테이프 레코더에서 많이 적용되고 있다. 또한 식품가공 및 포장산업과 같이 자동화 공정에 사용되고 있다.

5.9.6 히스테리시스 전동기

히스테리시스 전동기는 기계적 토크를 발행하기 위하여 히스테리시스 현상을 이용한 것이다. 이 전동기의 회전자는 강자성의 영구자석 합금을 이용하여 치(teeth), 돌출부(protrusion) 권선(winding)이 없이 매끈한 원통형 구조로 만든다. 고정자는 3상 유도 전동기와 동일하거나 단상 유도 전동기의 구조를 취할 경우 기동손실 저감을 위한 영구 커패시터 및 보조권선이 수반되고 있다.

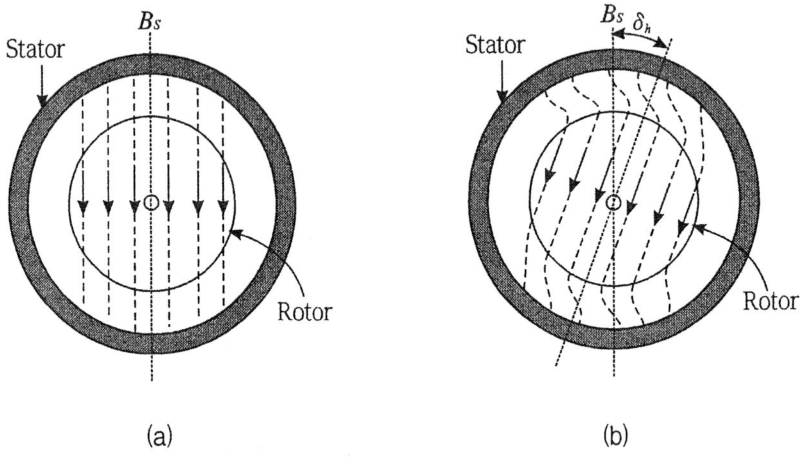

그림 5-59 히스테리시스 전동기 기본 운전

그림 5-59는 히스테리시스 전동기 기본 운전에 대한 내용이다. 그림 5-59 (a)와 같이 고정자에서 발생된 자계의 자속은 회전자 강자성체를 자화시켜 반대 방향의 자극을 유도한다. 이렇게 유도된 자극은 고정자 자계의 축과 일치된다. 이렇게 유도된 자극의 회전자가 구속되어 있는 상태에서 고정자 회전 자계가 발생하였다면 회전하는 회전 자계의 자속에 의하여 유도된 회전자 자극 사이에 끌어당기는 토크가 발생한다. 이렇게 고정자 회전 자계에 따라 회전자에 유도되는 자극은 새로운 위치에 다시 형성되면서 회전 자계의 방향으로 회전하게 된다. 이러한 과정에서 강자성체로 이루어진 회전자의 히스테리시스에 의하여 회전자의 자극은 고정자 회전 자계의 자극에 비교하여 항상 δ_h만큼 늦게 된다. 이러한 지연각도에 의하여 항상 일정한 크기의 끌어당기는 힘이 발생하여 가속 토크로 작용하게 된다. 이 상태에서 회전자의 구속을 풀게 되면 발생된 일정 토크에 의하여 무부하 상태의 회전자가 동기속도로 회전하게 된다.

고정자 회전 자계의 자속에 의한 회전자로의 전달에너지는 히스테리시스 손실 또는 에너지라고 고려되며 구속 상태에서의 회전자는 모두 열화 된다고 할 수 있다. 이러한 히스테리시스 손실은 회전자 주파수 f_r 및 최대 공극 자속밀도 $B_{\max}$에 의하여 다음과 같이 알려져 있다.

$$P_h = k_h f_r B_{\max}^n \tag{5-75}$$

여기서, k_h는 재료의 자기적 특성, 밀도 그리고 사용되는 단위에 따른 것이고,

n은 스타인메츠(steinmetz's constant)로 재료에 따라 다르지만 규소강판의 경우 1.6 정도이다.

회전자가 자유 회전 조건에서는 히스테리시스 에너지가 기계 에너지 또는 변환 에너지 P_{conv}로 변환되며 이를 슬립을 이용하여 표현하면 식 (5-76)이 되며, 또한 이를 이용하여 히스테리시스 토크 τ_h를 계산하면 식 (5-78)과 같다.

$$P_{conv} = P_h(\frac{1-s}{s}) = \omega_r \tau_h \tag{5-76}$$

$$\omega_r \tau_h = k_h f_r B_{\max}^n \frac{1-s}{s} \tag{5-77}$$

$$\begin{aligned} \tau_h &= k_h(sf_s)B_{\max}^n \frac{1-s}{s} \frac{1}{(1-s)\omega_s} \\ &= k_h f_s B_{\max}^n \frac{1}{\omega_s} = k_h f_s B_{\max}^n \frac{1}{2\pi f_s} \\ &= \frac{1}{2\pi} k_h B_{\max}^n \end{aligned} \tag{5-78}$$

식 (5-78)로부터 히스테리시스 토크는 주파수 및 속도와 무관하며 회전자의 히스테리시스 궤적의 면적에 의해 결정된다고 볼 수 있다.

히스테리시스 전동기는 그림 5-60과 같이 구속에서부터 동기속도만을 제외한 모든 속도범위에서 일정한 히스테리시스 토크 P_h를 발생한다. 동기속도에서 P_h는 0이며 이에 따라 τ_h 또한 0이 된다. 이러한 동기속도에서는 유도된 자석토크(magnetic torque)만 발생시키면서 운전한다. 이러한 자석토크는 동기속도로 운전할 경우에만 발생하며 토크각에 Sine 함수를 적용한 값에 비례하며, 이를 식 (5-79)에 나타내었다. 이 값은 토크각이 증가함에 따라 증가하며 $\delta_{mag} = 90°$ 일 때 최대가 된다.

$$\tau_{mag,\, s=0} \propto \sin(\delta_{mag}) \tag{5-79}$$

히스테리시스 전동기의 대표적인 속도-토크 곡선은 그림 5-60과 같다. 진한 수직선 부분이 동기속도로 운전하는 일반적 운전범위를 나타내며 이를 수식으로 표현하면 다음과 같다.

$$\tau_{mag,\, s=0} \leq \tau_h \tag{5-80}$$

$$\tau_{mag,\, \max,\, s=0} = \tau_h \tag{5-81}$$

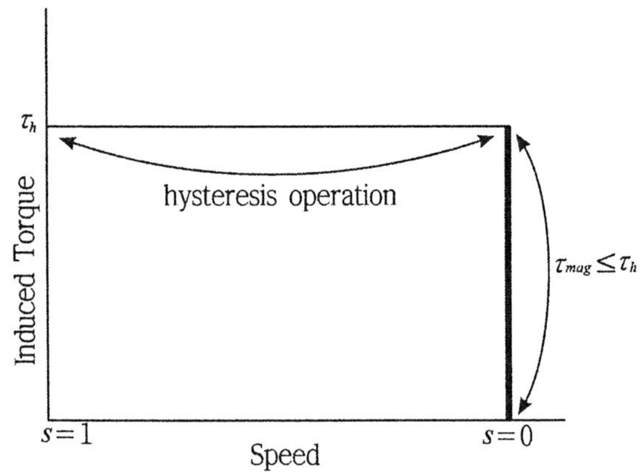

그림 5-60 히스테리시스 전동기의 속도-토크 곡선

이 전동기는 구속상태에서 동기속도 범위까지 τ_h를 유지하여 이것이 가속토크로 작용하는 어떠한 부하라도 동기속도로 회전 시킬 수 있으며, 회전자의 구조가 매끄러운 원통형임에 따라 자기적 맥동이 없다. 또한, 상대적으로 큰 회전자 저항 및 리액턴스 성분에 의하여 기동전류가 정격의 150[%] 정도로 작다. 정지 상태에서 동기속도까지의 속도 변동이 원만하게 이루어지는 특성에 따라 급격한 속도 변동을 피하기 위한 합성 섬유 생산 등의 분야에 적용하기가 적합하다.

5.9.7 2상 서보모터

서보기구는 위치 또는 각도의 수치제어를 이행하는 모든 장치의 통칭이며 이에 응용되는 전동기를 서보모터라고 한다. 기본적인 교류 서보모터로서 2상 농형 유도 전동기와 동일 동작원리인 2상 서보모터(two phase servo motor)가 적용되는데 이는 그림 5-61과 같다.

전기각으로 직교하고 있는 두 개의 고정자 권선의 구성은 그림과 같이 여자권선 및 제어권선이다. 여자권선 W_M은 커패시터 C를 통하여 단상전원에 접속되어 있으며 거의 일정한 전압 V_M이 가해지고 있다. 다른 하나의 제어권선 W_C에는 증폭기를 통하여 V_M과 90° 위상이 어긋난 전압 V_C가 가해진다. 이러한 V_C의 크기를 바꾸는 것에 의해서 속도를 제어하며 V_C의 극성을 바꾸면 자계의 회전방향이 바뀌므로 회전방향도 반대가 된다.

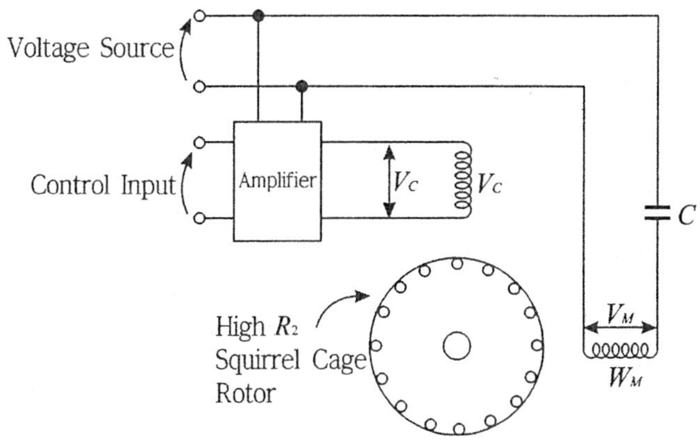

그림 5-61 2상 서보모터의 동작 원리

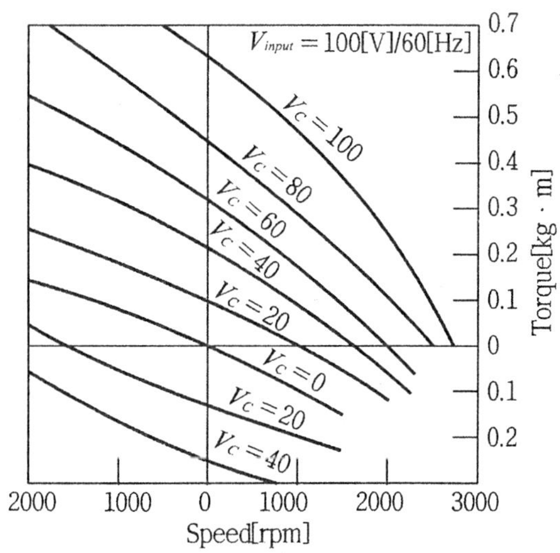

그림 5-62 범용 서보모터의 속도-토크 곡선

서보모터는 기동, 정지가 수없이 많이 반복되므로 기본적으로 기동토크가 커야 하며 회전 속도의 안정을 위하여 속도-토크 곡선의 수하특성을 필요로 한다. 또한 제어권선 전압 V_C가 0이 되었을 때에 구동토크를 발생하는 것 대신 제동토크로 작용하여 신속한 정지를 요구한다. 이에 따라, 보통 $s=1.5$에서 최대토크가 나타나도록 회전자 저항을 높게 설계하고 있으며 이것에 의해 속도-토크 곡선이 음의 기울기를 가지게 하고 속도가 0인 부근에서 안정되게 동작되도록 한다. 그림 5-62는 범용 서보모터의 속도-토크 곡선을 보여준다.

5.9.8 선형 유도 전동기

선형 유도 전동기(linear induction motor)는 그림 5-63 (a)에 있는 일반적인 3상 유도 전동기를 그림과 같이 절단 전개한 그림 5-63 (b)로 구현한 구조이며, 고정자 권선(1차 철심)에 의해서 생기는 회전 자계가 직선 이동 자계로 되고 회전자(2차 철심)는 이 직선 이동 자계에 따라서 직선운동을 수행하는 전동기이다.

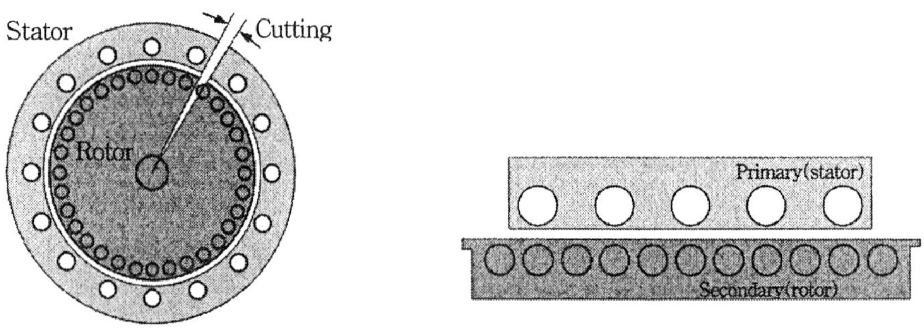

(a) 유도 전동기의 절단 전개 (b) 선형 유도 전동기 1차 및 2차 기본 구조

그림 5-63 선형 유도 전동기의 구현 원리

실제의 선형 유도 전동기의 1차측은 농형 유도 전동기와 같이 권선으로 되어 있다. 또한 2차측은 자기 흡인력을 피하기 위해 철심을 생략하며 동 또는 알루미늄 등의 비자성 도체를 사용하는 것이 많다. 또한 그림 5-64 선형 유도 전동기의 종류에 나타내는 바와 같이 2개의 1차 철심 사이에 2차 도체판을 삽입한 형의 양측식과, 1차 철심과 2차 도체 레일이 적당한 공극을 통하여 서로 마주한 형의 편측식이 있다.

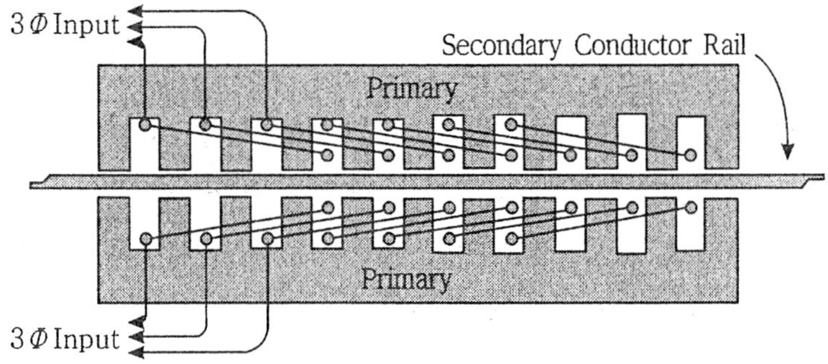

(a) 양측식 선형 유도 전동기

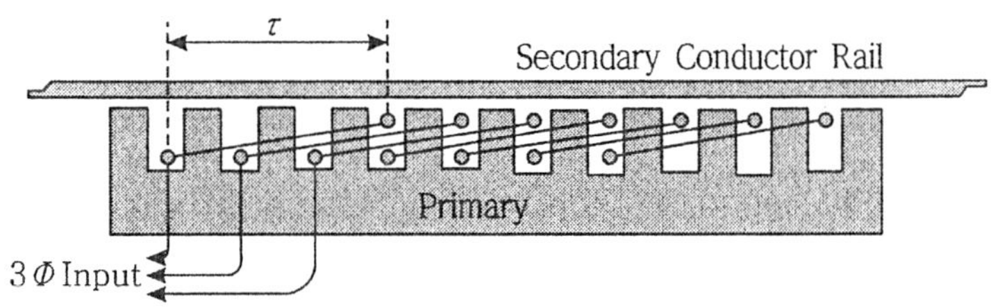

(b) 편측식 선형 유도 전동기

그림 5-64 선형 유도 전동기의 종류

그림 2-64 (b)에서 선형 유도 전동기의 1차측 자속의 속도인 동기속도는 v_s [m/s]는 인가전압의 주파수 f[Hz] 및 1차 코일 간격 또는 극간격 τ[m]에 대한 함수로 다음과 같다.

$$v_s = 2\tau f \text{ [m/sec]} \tag{5-82}$$

이는 인가전압의 한주기 동안 자속은 두 극 간격에 해당하는 직선운동을 한다는 의미이다. 회전형 유도 전동기와는 달리 선형 유도 전동기의 동기속도는 극수와 무관하지만 다수의 극이 있는 경우 발생하는 직선운동 힘의 총량은 증가한다. 보통 선형 유도 전동기의 큰 공극은 동일 용량의 유도 전동기에 비하여 큰 정상상태 슬립을 가지게 한다.

만약 그림 5-64 (b)의 1차측을 고정하면 2차 도체 레일의 속도 v는 동기속도와 정상상태 슬립 s으로 운동하는데 이를 다음과 같이 나타낼 수 있다.

$$s = \frac{v_s - v}{v_s} \tag{5-83}$$

$$v = (1 - s)v_s \tag{5-84}$$

대형 3상 선형 유도 전동기는 이동 크레인, 항공기 및 미사일 발사장치, 고속철도의 견인전동기 등 선형 운동이 요구되는 대전력 응용분야에서 사용되고 있으며, 분상형의 1차측을 가진 소형 선형 유도 전동기는 문잠금장치 등 저전력의 위치 이동이 요구되는 분야에서 적용되고 있다.

연습문제 1

1. 농형 유도 전동기와 권선형 유도 전동기를 비교하고 그 장단점을 비교하시오.

2. 유도 전동기와 변압기의 유사성과 차이점에 대하여 기술하시오.

3. 유도 전동기의 무부하시 역률이 낮고 부하가 증가함에 따라 역률이 높아지는 이유를 설명하시오.

4. 유도 전동기의 등가회로를 설명하고 이에 의해서 발생토크에 대한 식을 유도하시오.

5. 유도 전동기의 등가회로에서 회전자의 기계적 출력은 어떠한 물리량으로 표현되는지 상세히 설명하시오.

6. 3상 권선형 유도 전동기에서 비례추이 특성에 대하여 설명하시오.

7. 3상 유도 전동기의 최대 토크 발생 조건에 대하여 설명하시오.

8. 3상 유도 전동기의 슬립의 변화에 따른 전류와 토크의 변화를 나타내고 설명하시오.

9. 권선형 유도 전동기에 2차 저항을 변화시킬 때 속도와 전류의 변화에 대하여 설명하시오.

10. 농형 유도 전동기의 기동방식에 대하여 설명하시오.

11. 권선형 유도 전동기의 기동방식에 대하여 설명하시오.

12. 유도 전동기의 속도제어법 중 고정자 전압제어에 대하여 설명하여라.

13. Y-Δ 기동법에 대하여 간단히 설명하여라.

14. 단상 유도 전동기의 기동법과 그 장단점에 대하여 설명하시오

15. 단상 유도 전동기의 종류에는 무엇이 있으며, 각 전동기의 역회전 방법에 대하여 설명하시오.

16. 단상 유도 전동기에 단순히 전원을 투입할 경우 기동이 되지 않는 이유를 설명하고 기동방법을 들고 설명하시오.

17. 2중 농형과 심구형 농형 유도 전동기를 설명하고 그 장단점을 비교하시오.

18. 릴럭턴스 전동기의 동작 원리에 대하여 설명하시오.

19. 히스테리시스 전동기의 동작 원리 및 속도-토크 곡선에 대하여 설명하시오.

20. 선형 유도 전동기의 구조 및 동작 원리에 대하여 설명하시오.

연습문제 2

1. 유도 전동기의 원선도에서 원의 지름은? 단, E를 1차 전압, r은 1차로 환산한 저항, x를 1차로 환산한 누설 리액턴스라 한다.

㉮ rE에 비례　㉯ rxE에 비례　㉰ $\frac{E}{r}$에 비례　㉱ $\frac{E}{x}$에 비례

2. 동기 각속도 ω_0, 회전자 각속도 ω인 유도 전동기의 2차 효율은?

㉮ $\frac{\omega_0-\omega}{\omega}$　㉯ $\frac{\omega_0-\omega}{\omega_0}$　㉰ $\frac{\omega_0}{\omega}$　㉱ $\frac{\omega}{\omega_0}$

3. 3상 유도 전동기에서 2차측 저항을 2배로 하면 그 최대 회전력은 몇 배로 되는가?

㉮ 2배　㉯ $\sqrt{2}$배　㉰ 1/2배　㉱ 변하지 않는다.

4. 다음 술어 중 유도 전압 조정기와 관련이 없는 것은? 단, 유도 전압 조정기는 단상, 3상 모두를 말한다.

㉮ 위상의 연속 변화　㉯ 분로 권선
㉰ 회전 유도 기기　㉱ 직렬 권선

5. 유도 전동기를 60[Hz], 600[rpm]인 동기 전동기에 직결하여 동기 전동기를 기동하는 경우 유도 전동기의 적당한 극수는?

㉮ 4극　㉯ 8극　㉰ 10극　㉱ 12극

6. 60[Hz]의 전원에 접속된 4극 3상 유도 전동기에서 슬립이 0.05일 때의 회전 속도[rpm]는?

㉮ 1800　㉯ 1710　㉰ 1700　㉱ 1760

7. 200[V], 60[Hz]인 3상 유도 전동기의 1차 권선이 Δ 결선이다. 이것을 Y 결선으로 하여 같은 주파수, 전압으로 운전할 때 공극 자속은 대략 Δ 결선시의 몇 배나 되는가?

㉮ 0.577 ㉯ 1.732 ㉰ 0.866 ㉱ 1.414

8. 회전자가 슬립 s로 회전하고 있을 때 고정자, 회전자의 실효 권수비를 α라 하면, 고정자 기전력 E_1과 회전자 기전력 E_2와의 비는?

㉮ $\dfrac{\alpha}{s}$ ㉯ $s\alpha$ ㉰ $(1-s)\alpha$ ㉱ $\dfrac{\alpha}{1-s}$

9. 10극, 50[Hz] 3상 유도 전동기가 있다. 회전자도 3상이고 회전자가 정지할 때 2차 1상의 전압이 150[V]이다. 이것을 회전 자계와 같은 방향으로 400[rpm]으로 회전시킬 때 2차 전압[V]은?

㉮ 150 ㉯ 100 ㉰ 75 ㉱ 50

10. 정지시의 회전자 상기전력이 100[V], 50[Hz]인 6극 3상 권선형 유도 전동기가 있다. 회전자 기전력과 동일 주파수 및 동일 위상의 20[V]인 상전압을 회전자에 공급하면 무부하 속도[rpm]는?

㉮ 240 ㉯ 800 ㉰ 1200 ㉱ 1440

11. 200[V], 60[Hz], 6극, 10[kW]의 3상 유도 전동기가 있다. 전부하시의 회전수가 1152[rpm]이면 회전자 기전력의 주파수는 몇 [Hz]인가?

㉮ 2.2 ㉯ 2.4 ㉰ 2.6 ㉱ 2.8

12. 220[V], 3상 유도 전동기의 전부하 슬립이 4[%]이다. 공급 전압이 10[%] 저하된 경우의 전부하 슬립[%]은?

㉮ 4 ㉯ 5 ㉰ 6 ㉱ 7

13. 220[V], 6극, 60[Hz], 10[kW]인 3상 유도 전동기의 회전자 1상의 저항은 0.1[Ω], 리액턴스는 0.5[Ω]이다. 정격 전압을 가했을 때 슬립이 4[%]이었다. 회전자

전류[A]는 얼마인가? 단, 고정자와 회전자는 3각 결선으로서 권수는 각각 300회와 150회이며 각 권선 계수는 같다.

㉮ 27 ㉯ 36 ㉰ 43 ㉱ 52

14. 2차 저항 0.02[Ω], $s=1$에서 2차 리액턴스 0.05[Ω]인 3상 유도 전동기가 있다. 이 전동기의 슬립이 5[%]일 때, 1차 부하 전류가 12[A]라면, 그 기계적 출력[kW]은? 단, 권수비 $a=10$, 상수비 $m=1$이다.

㉮ 12.5 ㉯ 13.7 ㉰ 15.6 ㉱ 16.4

15. 3300[V], 60[Hz]인 Y 결선의 3상 유도 전동기가 있다. 철손을 1020[W]라 하면 1상의 여자 컨덕턴스 [℧]는?

㉮ 56.1×10^{-5} ㉯ 18.7×10^{-5} ㉰ 9.37×10^{-5} ㉱ 6.12×10^{-5}

16. 60[Hz], 200[V], 7.5[kW]인 3상 유도 전동기의 전부하시 회전자 동손이 0.485[kW], 기계손이 0.404[kW]일 때 슬립은 몇 [%]인가?

㉮ 6.2 ㉯ 5.8 ㉰ 5.5 ㉱ 4.9

17. 3000[V], 60[Hz], 8극, 100[kW]의 3상 유도 전동기가 있다. 전부하에서 2차 동손이 3.0[kW], 기계손이 2.0[kW]라고 한다. 전부하 회전수[rpm]를 구하면?

㉮ 674 ㉯ 774 ㉰ 874 ㉱ 974

18. 15[kW] 3상 유도 전동기의 기계손이 350[W], 전부하시의 슬립이 3[%]이다. 전부하시의 2차 동손[W]은?

㉮ 395 ㉯ 411 ㉰ 475 ㉱ 524

19. 60[Hz], 4극, 3상 유도 전동기의 2차 효율이 0.95일 때 회전 속도[rpm]는? 단, 기계손은 무시한다.

㉮ 1780 ㉯ 1710 ㉰ 1620 ㉱ 1500

20. 50[Hz], 12극의 3상 유도 전동기가 정격 전압으로 정격 출력 10[HP]를 발생하며 회전하고 있다. 이 때의 회전수는 몇 [rpm]인가? 단, 회전자 동손은 350[W], 회전자 입력은 출력과 회전자 동손의 합이다.

㉮ 468　　㉯ 478　　㉰ 485　　㉱ 500

21. 60[Hz], 8극 15[HP]인 3상 유도 전동기가 855[rpm]으로 회전하면 회전자 동손[W]과 회전자 효율[%]은 얼마인가? 단, 기계손은 무시한다.

㉮ 565, 94.5　　㉯ 589, 95　　㉰ 560, 95　　㉱ 558, 95.5

22. 6극 60[Hz]인 3상 유도 전동기가 95.5[N·m]의 회전력을 내고 운전하고 있다. 동기 와트[W]를 구하면?

㉮ 약 10×10^3　　㉯ 약 12×10^3　　㉰ 약 14×10^3　　㉱ 약 16×10^3

23. 4극, 60[Hz]의 유도 전동기가 슬립 5[%]로 전부하 운전하고 있을 때 2차 권선의 손실이 94.25[W]라고 하면 회전력[N·m]은?

㉮ 1.02　　㉯ 2.04　　㉰ 10.00　　㉱ 20.00

24. 전동기 축의 벨트 축 지름이 28[cm], 1140[rpm]에서 20[kW]를 전달하고 있다. 벨트에 작용하는 힘[kg]은?

㉮ 약 234　　㉯ 약 212　　㉰ 약 168　　㉱ 약 122

25. 4극 고정자 홈수 48인 3상 유도 전동기의 홈 간격을 전기각으로 표시하면?

㉮ 3.75°　　㉯ 7.5°　　㉰ 15°　　㉱ 30°

26. 권선형 3상 유도 전동기가 있다. 1차 및 2차 합성 리액턴스는 1.5[Ω]이고, 2차 회전자는 Y 결선이며, 매상의 저항은 0.3[Ω]이다. 기동시에 최대 회전력을 발생하기 위하여 삽입해야 하는 매상당 외부 저항[Ω]은 얼마인가? 단, 1차 저항은 무시한다.

㉮ 1.5　　㉯ 1.2　　㉰ 1　　㉱ 0.8

27. 6극 50[Hz], 3상 권선형 유도 전동기에서 전부하 회전수는 960[rpm]이다. 지금 동일 회전력의 750[rpm]으로 하려면, 2차 회로에 몇 [Ω]의 외부 저항을 삽입하면 되는가? 단 2차 회로는 Y 결선이고, 각 상의 저항은 r_2이다.

㉮ $2.25 r_2$　　㉯ $3.25 r_2$　　㉰ $5.25 r_2$　　㉱ $6.25 r_2$

28. 4극, 60[Hz]의 3상 유도 전동기에 어떤 부하를 걸었을 때의 슬립이 3[%]이었다. 같은 부하 회전력에서 1.2[Ω]의 저항 3개를 Y로 접속하여 2차에 삽입하니 1530[rpm]이 되었다. 2차 권선의 저항[Ω]은?

㉮ 0.3　　㉯ 0.7　　㉰ 0.9　　㉱ 1.2

29. 6극 60[Hz]인 3상 권선형 유도 전동기가 1140[rpm]의 정격 속도로 회전할 때 1차측 단자를 전환해서 상회전 방향을 반대로 바꾸어 역전 제동을 하는 경우 그 제동 회전력을 전부하 회전력과 같게 하기 위한 2차 삽입 저항은 몇 R[Ω]인가? 단, 회전자 1상의 저항은 0.005[Ω], Y 결선이다.

㉮ 0.19　　㉯ 0.27　　㉰ 0.38　　㉱ 0.5

30. 60[Hz], 100[kW], 6극 3상 권선형 유도 전동기의 슬립링간의 저항은 0.02[Ω]이고, 슬립링을 단락하고 전부하로 운전할 때의 속도는 1152[rpm]이라 한다. 이 전동기의 슬립링간에 0.05[Ω]의 저항 3개를 Y로 연결하여 운전하면 출력은 몇 [kW]가 되는가?

㉮ 79.2　　㉯ 84.64　　㉰ 95　　㉱ 104.2

31. 3상 유도 전동기에 직결된 직류 발전기가 있다. 이 발전기에 100[kW]의 부하를 걸었을 때 발전기 효율은 80[%], 전동기의 효율과 역률은 95[%]와 90[%]라고 하면, 전동기의 입력[kVA]은?

㉮ 146.2　　㉯ 138.5　　㉰ 120.5　　㉱ 118.2

32. 3상 유도 전동기에 직결된 펌프가 있다. 펌프 출력은 100[HP], 효율 74.6[%], 전동기의 효율과 역률은 94[%]와 90[%]라고 하면 전동기의 입력[kVA]은?

㉮ 95.74　　㉯ 104.4　　㉰ 111.1　　㉱ 118.2

33. 유도 전동기를 기동하기 위하여 Δ를 Y로 전환했을 때 회전력은 몇 배가 되는가?

㉮ $\frac{1}{3}$배　　㉯ $\frac{1}{\sqrt{3}}$배　　㉰ $\sqrt{3}$배　　㉱ 3배

34. 10[HP], 4극 60[Hz] 3상 유도 전동기의 전 전압 기동 회전력이 전부하 회전력의 1/3일 때, 탭 전압이 $1/\sqrt{3}$인 기동 보상기로 기동하면 그 기동 회전력은 전부하 회전력의 몇 배가 되겠는가?

㉮ $3/\sqrt{3}$배　　㉯ $1/3\sqrt{3}$배　　㉰ 1/9배　　㉱ $1/\sqrt{3}$배

35. 220[V], 7.5[kW], 6극 3상 유도 전동기가 있다. 정격 전압으로 기동할 때 기동 전류는 정격 전류의 6배, 기동 회전력은 전부하 회전력의 2.5배이다. 지금 기동 회전력을 전부하 회전력의 1.5배로 하기 위해서는 기동 전압을 얼마로 하면 되는가? 또, 이 때의 기동 전류[A]는 정격 전류의 몇 배인가?

㉮ 150, 2.63배　　㉯ 160, 3.63배

㉰ 170, 4.64배　　㉱ 180, 5.63배

36. 60[Hz]인 3상 8극 및 2극의 유도 전동기를 차동 종속으로 접속하여 운전할 때의 무부하 속도[rpm]는?

㉮ 3600　　㉯ 1200　　㉰ 900　　㉱ 720

37. 3상 권선형 유도 전동기에서 1차와 2차의 상수비, 권수비가 β, α이고 2차 전류가 I_2일 때 1차 부하 전류는?

㉮ $\frac{\alpha}{\beta}I_2$　　㉯ $\alpha\beta I_2$　　㉰ $\frac{\beta}{\alpha}I_2$　　㉱ $\frac{I_2}{\alpha\beta}$

38. 10[kVA], 조정 전압 200[V]인 3상 유도 전압 조정기의 2차 정격 전류[A]는 약 얼마인가?

㉮ 50　　㉯ 29　　㉰ 25　　㉱ 12

39. 단상 유도 전압 조정기의 1차 권선과 2차 권선의 축 사이 각도를 α라 하고, 양 권선의 축이 일치할 때 2차 권선의 유기 전압을 E_2, 전원 전압을 V_1, 부하측의 전압을 V_2라고 하면 임의의 각 α일 때 V_2를 나타내는 식은?

㉮ $V_2 = V_1 + E_2\cos\alpha$　　㉯ $V_2 = V_1 - E_2\cos\alpha$

㉰ $V_2 = E_2 + V_1\cos\alpha$　　㉱ $V_2 = E_2 - V_1\cos\alpha$

40. 200±200[V], 자기 용량 3[kVA]인 단상 유도 전압 조정기가 있다. 최대 출력[kVA]은?

㉮ 2　　㉯ 4　　㉰ 6　　㉱ 8

해답										
	1. ㉱	2. ㉱	3. ㉱	4. ㉯	5. ㉰	6. ㉯	7. ㉮	8. ㉮	9. ㉱	10. ㉯
	11. ㉯	12. ㉯	13. ㉰	14. ㉱	15. ㉰	16. ㉯	17. ㉰	18. ㉰	19. ㉯	20. ㉯
	21. ㉯	22. ㉯	23. ㉰	24. ㉱	25. ㉰	26. ㉯	27. ㉰	28. ㉮	29. ㉮	30. ㉮
	31. ㉮	32. ㉱	33. ㉮	34. ㉰	35. ㉰	36. ㉯	37. ㉱	38. ㉯	39. ㉮	40. ㉰

제 6 장

반도체 전력변환장치

6.1 전력용 반도체

6.1.1 전력용 다이오드

일반 저전력 다이오드와 동일한 심벌이 적용되는 전력용 다이오드는 애노드(A : anode)와 캐소드(K : cathode)라는 두 단자를 가진 P-N 접합 반도체 소자로 그림 6-1과 같이 표시한다. 애노드의 전위가 캐소드에 비하여 높을 때, 다이오드는 순방향 바이어스(forward bias) 되었다 하며 이 때 다이오드는 턴온되어 전류가 흐르며 애노드와 캐소드 사이에 약간의 순방향 전압 강하가 발생한다.

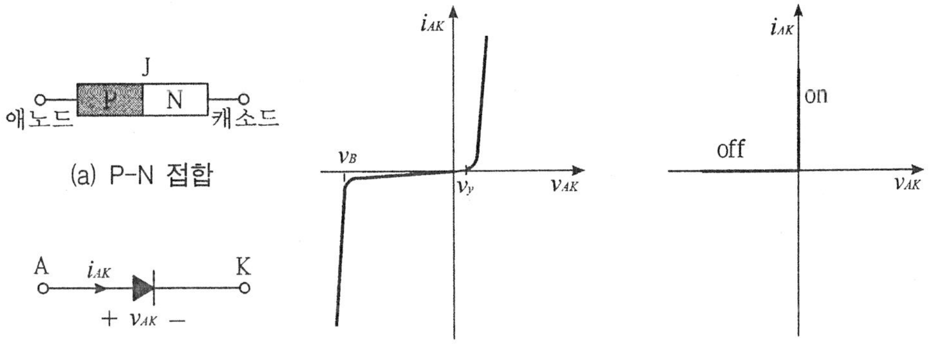

(b) 다이오드의 기호 (c) 다이오드의 전압전류특성 (d) 다이오드의 이상스위치 특성

그림 6-1 전력용 다이오드의 기호 및 특성

반대로 캐소드의 전위가 애노드에 비하여 높을 때, 다이오드는 역방향 바이어스(reverse bias)되었다 하며 다이오드에는 역방향 바이어스 전압이 항복전압 V_B에 도달할 때까지 아주 미소한 누설전류(수 μ~mA 정도)가 흐른다.

따라서 순방향으로 바이어스된 경우는 전류가 잘 흐르고 항복전압보다 낮은 전압에서 역방향으로 바이어스된 경우는 전류가 흐르지 못한다. 즉, 다이오드에 공급한 전압이 전위장벽 또는 문턱전압 v_r(실리콘 반도체인 경우 약 0.7[V], 게르마늄 반도체인 경우 약 0.3[V]) 보다 높은 전압이 애노드에 걸리면 순방향으로 바이어스 되어 전류가 흐르고 낮은 전압이 걸리면 전류가 흐르지 못한다. 그림 6-1 (c)는 이와 같은 다이오드의 전압-전류 특성을 나타낸 것이다. 이러한 특성은 전력용 다이오드를 바이어스의 조건에 따라 스위치로서 사용이 가능함을 의미한다. 이러한 스위치 동작(on-off)에 관련된 이상적 전압-전류 곡선은 그림 6-1 (d)에 나타나 있다.

6.1.2 전력용 트랜지스터

전력용 트랜지스터는 기본적으로 다이오드와 비슷한 구성을 가지고 있지만 동작 특성은 다르다. 이 반도체의 가장 대표적 기능은 전자회로나 부품 등에서 작은 신호의 확대가 요구되는 곳에서 증폭(amplifier) 기능을 수행하고, 회로를 on/off 시키고자 할 때 스위칭(switching) 기능이 적용된다. 이러한 신호 증폭용은 대체적으로 작은 용량이나 스위칭용은 용량에 따라 다양한 정격을 가지고 있다.

초창기 스위칭 전력변환장치에 다양하게 적용되었던 전력용 BJT(Bipolar Junction Transistor) 및 MOSFET(Metal Oxide Semiconductor Field Effect Transistor)를 기반으로 두 반도체의 특성이 결합된 IGBT(Insulated Gate Bipolar Transistor) 등의 개발로 전력용 트랜지스터는 현재 저전력에서 대전력의 일정부분까지 다양한 전력변환장치에 적용되고 있는데, 이는 스위칭 주파수의 고속화 및 전압전류 정격의 향상에 기인하여 이러한 추세는 계속적으로 확대되리라 판단한다.

(1) 쌍극 접합 트랜지스터(BJT)

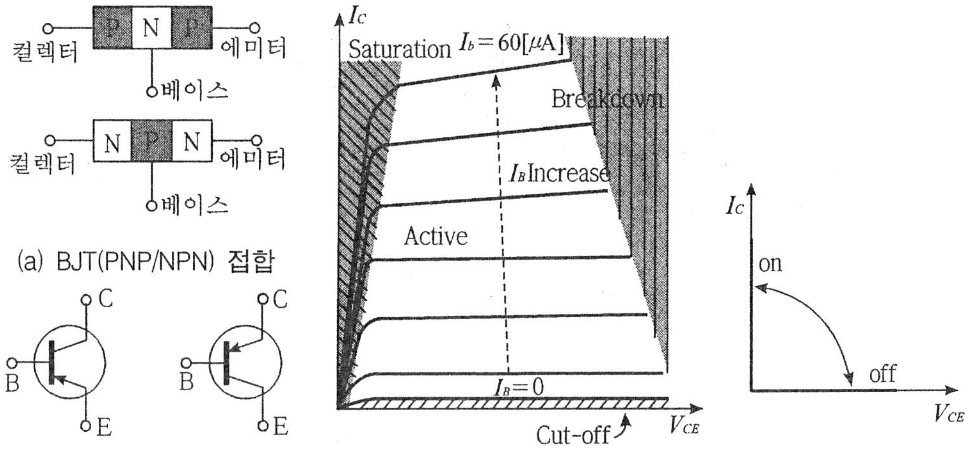

(b) PNP/NPN의 기호 (c) BJT의 전압전류특성 (d) BJT의 이상 on-off

그림 6-2 BJT의 기호 및 특성

그림 6-2는 쌍극 접합 트랜지스터(Bipolar Junction Transistor) 또는 BJT의 기호 및 동작특성을 나타내고 있다. 트랜지스터는 크게 4가지의 영역으로 구성되어 있다. 컬렉터 전류에 대한 컬렉터-에미터간 전압이 비선형성을 갖는 포화영역(saturation region), 트랜지스터에 최소 전류를 흐르게 하는 차단영역(cut-off reg-ion), 선형 전압조절이나 증폭 등의 용도로 적용되는 활성영역(active region), 트랜지스터의 정격보다 큰 영역으로 구동과는 무관한 항복영역(breakdown region)이다. 이러한 영역들 중 스위칭용으로 적용되는 영역은 포화영역과 차단영역으로 이는 각각 턴온(turn-on)과 턴오프(turn-off)의 기능이라고 할 수 있다.

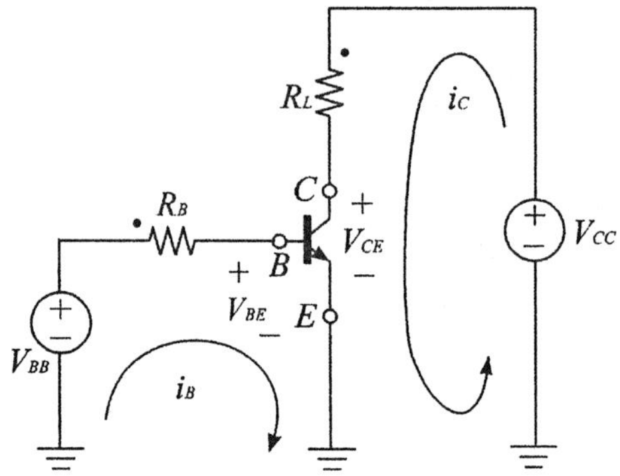

그림 6-3 에미터 접지 회로

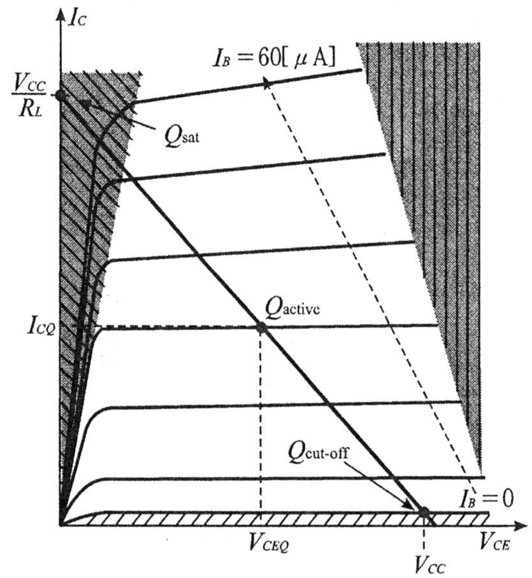

그림 6-4 BJT의 직류 부하선(DC load line)

그림 6-3의 에미터 접지 회로는 BJT의 동작 특성을 살펴보기 위한 회로이다. 각각의 회로 정수는 주어져 있고 이에 따라 i_B, i_C 및 V_{CE}를 구하기 위하여 다음의 두 가지 식이 적용된다.

$$I_B = \frac{V_{BB} - V_{BE}}{R_B} = \frac{V_{BB} - 0.7}{R_B} \tag{6-1}$$

$$I_C = \frac{V_{CC} - V_{CE}}{R_L} = -\frac{1}{R_L} V_{CE} + \frac{V_{CC}}{R_L} \tag{6-2}$$

식 (6-2)는 고려된 R_L의 특성에 따라 결정되는 V_{CE}에 대한 I_C의 1차 함수이며 이를 그림 6-2 (c)에 적용하면 그림 6-4와 같은 직류 부하선(DC load line)이 형성된다. 이러한 직류 부하선 상의 동작점 가운데 Q_{active}는 활성영역 구동을 위한 베이스 전류 I_B에 따라 활성영역 내에서 직류 부하선을 따라 움직이며 I_{C_Q}와 V_{CE_Q} 값을 변화시킨다. 반면에 차단영역의 $Q_{cut-off}$와 포화영역의 Q_{sat}는 각각 $I_B = 0$와 $I_B = I_{B,sat} \approx 60[\mu A]$의 전류와 대응하는 점으로 이로부터 컬렉터-에미터간 전압 V_{CE}가 각각 V_{CC} 및 0로 나타남에 따라, 이는 스위칭의 턴온/턴오프를 나타낸다고 볼 수 있다.

(2) 전계효과 트랜지스터(FET)

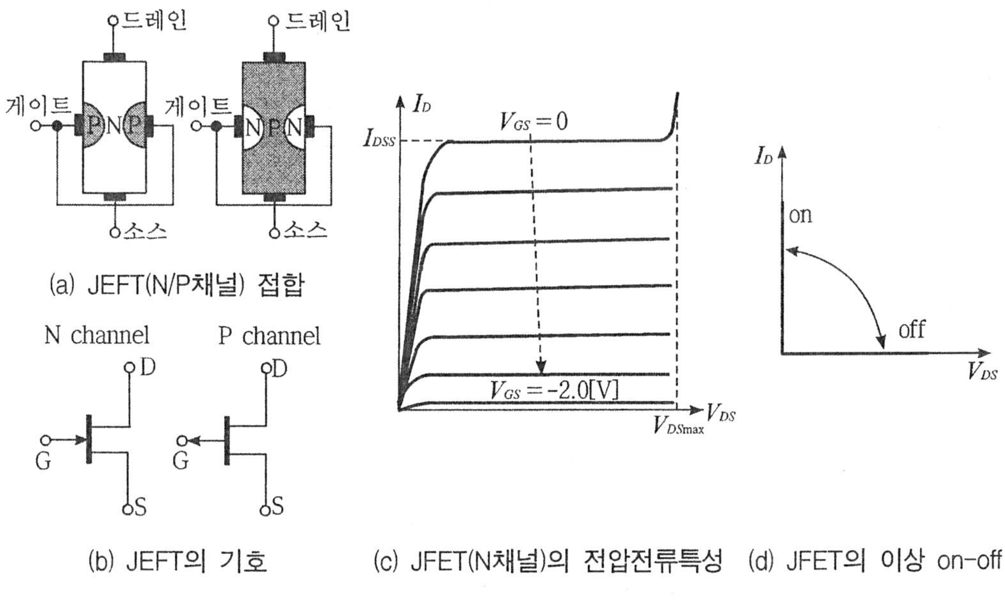

(b) JEFT의 기호 (c) JFET(N채널)의 전압전류특성 (d) JFET의 이상 on-off

그림 6-5 JFET의 기호 및 특성

전계효과 트랜지스터(Field Effect Transistor)는 단극성 트랜지스터로 접합형 FET(Juction FET : J-FET)와 금속산화물 FET(Metal Oxide Semiconductor FET : MOSFET) 등이 있다. 이는 드레인(Drain), 게이트(Gate) 및 소스(Source) 세 단자가 있으며 이는 각각 BJT의 컬렉터, 에미터 및 베이스의 역할을 수행한다. FET의 특징으로 BJT가 베이스 전류에 의한 전류 구동 방식인 반면 이는 게이트-소스간 전압 V_{GS}에 의하여 드레인 전류 I_D 및 드레인-소스간 전압 V_{DS}를 제어하는 전압 구동형 반도체이다. JFET의 구조 및 기호는 그림 6-5 (a)와 그림 6-5 (b)에 나타나 있다.

그림 6-5 (c)와 같이 드레인 전류의 제어방법은 소스단자와 비교하여 게이트단자가 더 역방향 바이어스 되게 하여 채널의 폭을 좁혀 이 채널에 흐르는 전류를 제한하는 형태이다. 이러한 채널의 협착은 최대가 될 때, 드레인 전류가 흐르지 못하게 되고 이러한 현상을 **핀치오프**(pinch off) **현상**이라고 한다. 두 가지 채널 형태로 P채널 및 N채널로 JFET의 종류가 구별되는데 이 두 채널의 동작특성은 반대로 고려하여도 무방하다.

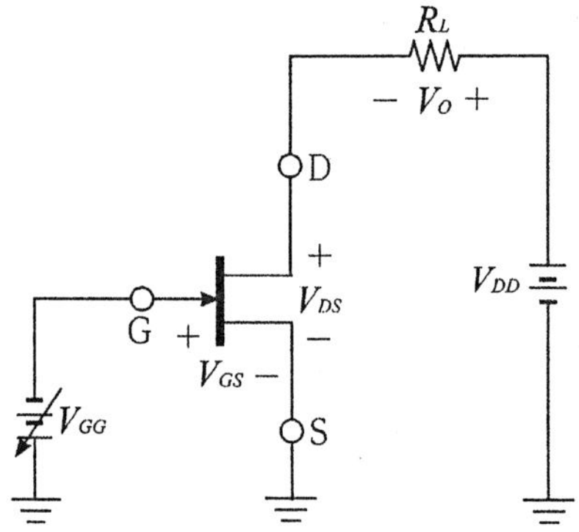

(a) 직류 부하선을 위한 JFET 시험회로

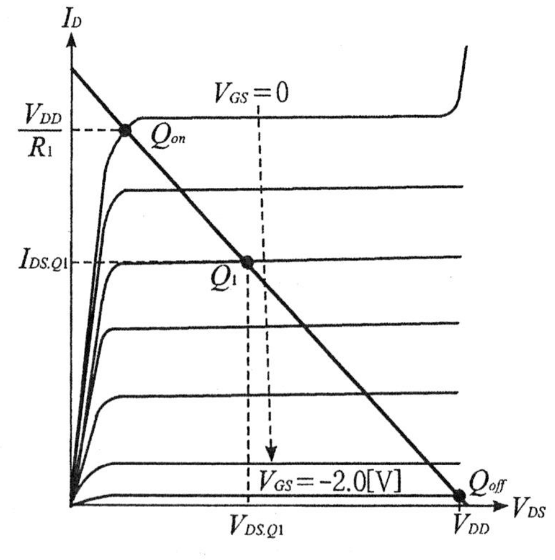

(b) JFET의 직류 부하선

그림 6-6 JFET 시험회로 및 직류 부하선(DC load line)

그림 6-6은 N채널 JFET의 직류 부하선을 나타내기 위한 그림이다. 그림 6-6 (a)의 회로는 제어전압 V_{GS}의 변화에 의하여 드레인 전류 I_D가 결정되면 이에 따라 부하저항 R_L에 걸린 전압 V_O이 결정되는 특성을 나타내고 있다. 이러한 관계를 키르히호프의 전압 방정식으로부터 정리하면 다음과 같다.

$$-V_{DD}+R_L I_D+V_{DS}=0 \tag{6-3}$$

$$I_D=-\frac{1}{R_L}V_{DS}+\frac{V_{DD}}{R_L} \tag{6-4}$$

식 (6-4)에 따라, V_{DS}에 대한 I_D의 일차 함수인 직류 부하선이 그림 6-6 (b)와 같이 얻어질 수 있다. 이 부하선에서 동작점 Q_1은 활성영역에 해당하며 이때의 JFET의 양단 전압 V_{DS} 및 드레인 전류 I_D는 각각 $V_{DS,Q1}$과 $I_{D,Q1}$으로 제어전압 V_{GS}의 변화에 따라 이 부하선을 추종하게 된다. 이러한 직류 부하선에는 스위칭 동작에 대한 결론도 도출되는데 스위치 턴오프에 해당하는 Q_{off}에서 $I_D\approx 0$, $V_{DS}\approx V_{DD}$인 상태이며, 턴온에 해당하는 Q_{on}에서 JFET 양단간 전압 $V_{DS}\approx 0$가 되고 드레인 전류 I_D는 $I_D\approx V_{DD}/R_L$이 됨을 보여주고 있다.

6.1.3 SCR

SCR(Slicon Controlled Rectifier) 또는 싸이리스터(Thyristor)는 전력전자공학의 출발선 상에 있는 최초의 전력용 반도체로서 전압전류 정격이 가장 커서 대전력용으로 현재에도 많은 적용이 이루어지고 있다. 이는 3개의 p-n접합, 즉, J_1, J_2 및 J_3을 가진 4층 구조의 P-N-P-N 접합 반도체 소자로 그림 6-7은 그 구조와 전압-전류 특성을 나타낸다.

SCR은 다이오드와 비슷한 특성이 있어 역방향 전압에서는 전류를 차단하고 순방향에서는 게이트 전류의 인가에 의하여 턴온(turn-on)된다. 턴-온에 대한 시점은 게이트 전류의 인가 시점이며, 게이트 구동없이 단순한 순방향 바이어스의 증가는 J_1접합과 J_3접합에는 순방향 바이어스를 만드나 역방향 바이어스된 J_2가 순방향 항복전압 또는 브레이크 오버전압(breakover voltage) V_{BR}에 의한 애벌런쉬 항복(avalanche breakdown)을 만들게 되어 비정상적인 턴-온 동작이 이루어진다.

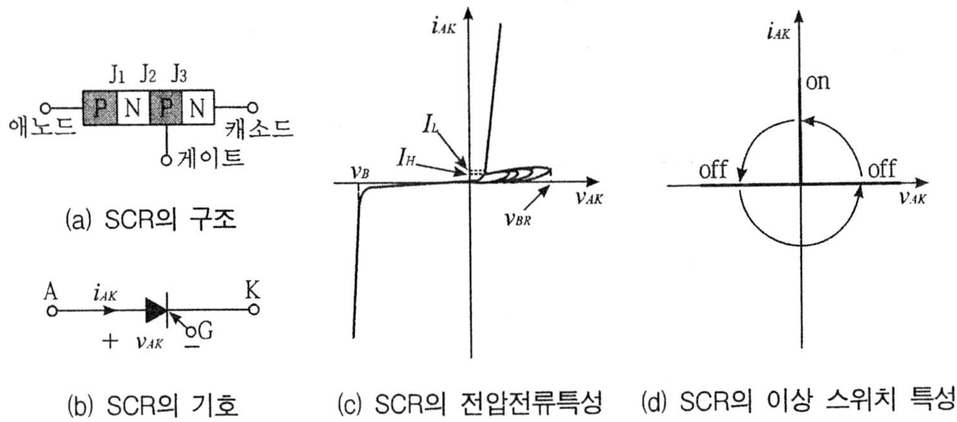

그림 6-7 SCR의 기호 및 특성

일반적으로 많이 사용하는 것은 SCR를 순바이어스로 하고 게이트와 캐소드 단자 사이에 순방향의 게이트 전류를 흘려 SCR를 점호한다. 게이트 전류를 증가시킴에 따라 순방향 항복전압 V_{BR}은 감소한다. 여기서 게이트 전류를 흘리는 시점 α를 제어각 또는 점호각이라 한다.

게이트 신호를 인가하여 SCR이 턴온할 때까지의 시간을 점호 시간이라 하며 정상 상태에서 게이트 전류가 10[%] 되는 시간에서 애노드 전류가 90[%] 되는 시간까지로 정의하고 다시 점호 시간은 지연 시간과 상승 시간으로 구분된다. 지연 시간은 게이트 전류가 10[%] 되는 시간에서 SCR의 애노드 전류가 10[%] 되는 시간까지로 정하고 상승 시간은 애노드 전류가 10[%]에서 90[%]로 되기까지의 시간이다.

그림 6-7 (c)에서 래칭전류((latching current) I_L은 SCR가 턴온되는 즉시 게이트 전압을 제거하여도 턴온 상태를 유지하는데 필요한 최소 전류이고, 유지전류(holding current) I_H은 게이트 개방 상태에서 SCR가 턴온하고 있을 때 그 상태를 유지하기 위한 최소의 순방향 전류를 의미하며 보통 래칭전류보다 항상 적다. 턴온 상태인 SCR의 애노드 전류가 유지전류 이하가 되면 SCR는 턴오프 상태로 된다.

그림 6-7 (d)는 스위치로서의 이상적 SCR 동작 특성을 나타내고 있다. SCR의 특성상 스위치가 단락(on)되는 구간은 한 가지이나, 턴오프(turn off) 영역은 두 가지, 즉, v_{AK}가 양의 방향 임에도 게이트가 인가되지 않은 구간과 v_{AK}를 역방향

으로 인가한 구간이다. 이러한 SCR 턴오프를 위한 방법으로 다이오드와 동일하게 역방향 바이어스를 애노드-캐소드 양단에 인가하는 것이다. 이는 전원전압에 교번에 의하여 SCR가 자연적으로 턴오프되는 방법과 더불어 역방향 바이어스를 에너지 축적 소자(커패시터 또는 리액터)에 저장하였다가 턴오프 회로를 이용하여 특정 시점에서 역방향 바이어스를 인가하는 강제적 방법이 있다.

이러한 SCR을 양방향으로 부착하여 게이트 신호로 양방향의 교류 전원의 턴온을 제어하여 교류 부하의 전원 공급을 위한 TRIAC이나 기존의 SCR에 순방향 턴오프 기능이 부가된 GTO(Gate turn-off Thyristor)가 있으며, 또한 SCR의 느린 스위칭 특성이 개선된 MCT(MOS Controlled Thyristor)나 SIT(Static Induction Thyristor) 등이 출시되고 있으나 전압 및 전류 정격이 SCR에는 미치지 못하고 있다.

6.2 정류기

6.2.1 단상 반파 정류기

(1) 저항 부하

저항 부하를 갖는 단상 반파 정류에서 스위칭용 다이오드는 이상적으로 가정한다. 그림 6-8 (a)와 같이 교류전압 $v_s = \sqrt{2}\, V_{rms} \sin\omega t$가 공급될 때, 다이오드에 의한 단상 반파 정류의 입력 및 출력파형을 비교하면 그림 6-8 (b)와 같다.

다이오드는 교류전원의 조건에 따라 이상적인 스위칭을 하는데 이는 전원의 양의 값에서 턴온되는 반면 음의 값의 경우 턴오프를 유지하는 것이다. 턴온 중에는 출력전압 v_O가 전압원 v_S와 같고 이에 따라 출력전류는 저항에 의해서만 제한된 값이 나타난다. 턴오프 과정중에는 교류전원의 음의 값이 모두 다이오드 양단 전압 v_{AK}로 나타남을 파형으로부터 관찰할 수 있다.

이러한 다이오드 단상 반파 정류기의 출력에 대한 평균전압 및 평균전류 V_O 및 I_O, 출력에 대한 실효전압 $V_{O,rms}$ 및 전류 $I_{O,rms}$, 효율 η계산을 위한 교류입력 P_{ac} 및 직류 출력 P_{dc}을 계산하면 다음과 같다.

$$V_O = \frac{1}{2\pi}\int_0^{\pi} \sqrt{2}\,V_{rms}\sin\omega t d(\omega t) = \frac{\sqrt{2}\,V_{rms}}{\pi} = 0.45\,V_{rms}[\mathrm{V}] \tag{6-5}$$

$$I_O = \frac{V_O}{R_L} = \frac{0.45\,V_{rms}}{R_L}[\mathrm{A}] \tag{6-6}$$

$$P_{dc} = I_O^2 R_L = (\frac{V_m/\pi}{R_L})^2 R_L = \frac{V_m^2}{\pi^2 R_L}[\mathrm{W}] \tag{6-7}$$

$$V_{O,rms} = \sqrt{\frac{1}{2\pi}\int_0^{\pi} V_m^2 \sin^2\omega t d(\omega t)} = \frac{V_m}{2} \tag{6-8}$$

$$I_{O,rms} = \frac{V_{O,rms}}{R_L} = \frac{0.5\,V_m}{R_L} \tag{6-9}$$

$$P_{ac} = I_{O,rms}^2 R_L = (\frac{0.5\,V_m}{R_L})^2 R_L = \frac{V_m^2}{4R_L} \tag{6-10}$$

$$\eta = \frac{P_{dc}}{P_{ac}} = \frac{V_m^2/\pi^2 R_L}{V_m^2/4R_L} \times 100 = 40.6[\%] \tag{6-11}$$

그림 6-9 (a)는 SCR이 적용된 단상 반파 위상제어 정류기에 저항 부하가 출력단에 인가된 경우이다. 전원전압 $v_S = \sqrt{2}\,V_{rms}\sin\omega t$ 이 공급될 때, SCR의 턴온은 $v_s > 0$ 구간에서 이루어지며, 이 구간의 $\omega t = \alpha$ 시점에서 SCR의 게이트에 트리거 펄스전압 v_g를 가하면 SCR는 턴온되어 부하로 전류를 공급한다.

SCR에 출력전류 i_O가 흐르면 이는 이상적 동작조건에서 단락으로 고려되므로, 부하의 출력전압 v_O는 전원전압 v_S와 일치하게 되며, 반주기 이후에 전원전압이 반전됨에 따라 SCR이 턴오프되게 된다. 이에 대한 파형은 그림 6-9 (b)와 같고 출력의 평균값 V_O, I_O은 다음 식과 같이 정리될 수 있다.

$$V_O = \frac{1}{2\pi}\int v_O\, d(\omega t) = \frac{1}{2\pi}\int_{\alpha}^{\pi} \sqrt{2}\,V_{rms}\sin\omega t\, d(\omega t)$$

$$= \frac{\sqrt{2}\,V_{rms}}{2\pi}[1+\cos\omega t]_{\alpha}^{\pi} = \frac{\sqrt{2}\,V_{rms}}{2\pi}[1+\cos\alpha] \tag{6-12}$$

$$I_O = \frac{V_O}{R} = \frac{\sqrt{2}\,V_{rms}}{2\pi R}[1+\cos\alpha] \tag{6-13}$$

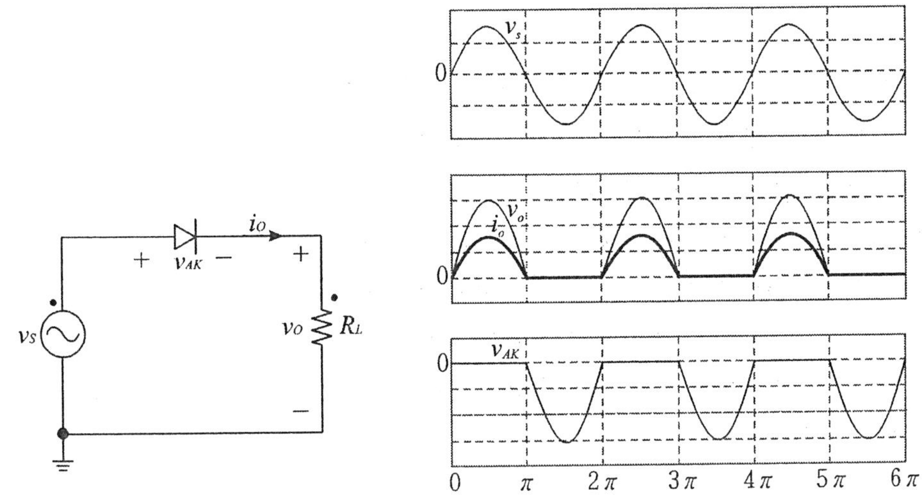

(a) 회로도 (b) 파형

그림 6-8 다이오드 단상 반파 정류기

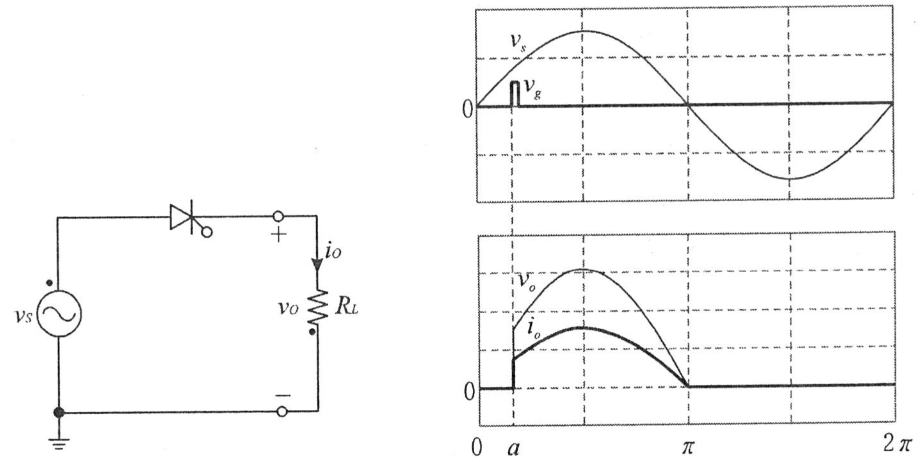

(a) 회로도 (b) 파형

그림 6-9 SCR 단상 반파 위상제어 정류기

예제 6-1

단상 반파 정류기에서 전원은 실효값이 220[V], 60[Hz]를 갖는 정현파이다. 부하 저항 5[Ω]에 대하여 평균 부하 전류, 평균 소비전력 및 역률을 구하시오.

풀이

저항 양단의 전압의 최대치 $V_m = 220\sqrt{2} = 311[V]$이므로

반파 정류기의 평균전압은 $V_O = V_m/\pi = 311/\pi = 99$이다.

따라서, 평균전류는 $I_O = V_O/R = 99/5 = 19.8[A]$이다.

반파 정류된 저항전압의 실효값은 $V_{rms} = V_m/2 = 311/2 = 156[V]$이며

저항의 소비전력은 $P = V_{rms}^2/R = 156^2/5 = 4867[W]$이다.

저항 전류의 실효값은 $I_{rms} = V_{rms}/R = 156/5 = 31.2[A]$이고

전력은 $I_{rms}^2 R = (31.2)^2 \times 10 = 4867[W]$으로도 계산 된다.

역률은 $pf = P/S = 4867/(220 \times 31.2) = 0.709$

(2) $R-L$ 부하

대부분의 산업 현장에서는 부하 특성이 저항과 더불어 인덕턴스가 포함된 $R-L$ 부하로 이루어져 있다. 이러한 $R-L$ 부하에 다이오드 단상 반파 정류기가 적용되는 경우 그림 6-10과 같이 전원전압이 양의 값이 되었다가 음이 되더라도 일정 구간($\omega t = \pi \sim \beta$) 동안 계속해서 턴온되는 특성이 나타난다. 이러한 특성의 핵심은 인덕턴스의 에너지 충전 및 방전 과정에서 형성되는 것으로 이에 대한 해석은 다음과 같이 요약될 수 있다.

우선적으로 이상적인 다이오드를 가정한 전압방정식은 다음과 같다.

$$v_S(t) = V_m \sin\omega t = Ri(t) + L\frac{di(t)}{dt} \tag{6-14}$$

식 (6-14)를 강제응답(forced response)과 자연응답(natural response)으로 나누어 전개하면 다음과 같다.

$$i(t) = i_f(t) + i_n(t) = \frac{V_m}{\sqrt{R^2 + (\omega L)^2}}\sin(\omega t - \tan^{-1}\frac{\omega L}{R}) + Ae^{-\frac{R}{L}t} \tag{6-15}$$

상수 A를 구하기 위하여 초기상태의 전류가 0인 경우를 대입하여 정리하면 다음과 같다.

$$i(0) = \frac{V_m}{\sqrt{R^2 + (\omega L)^2}}\sin(0 - \tan^{-1}\frac{\omega L}{R}) + Ae^0 = 0 \tag{6-16}$$

$$A = \frac{V_m}{\sqrt{R^2 + (\omega L)^2}} \sin(\tan^{-1}\frac{\omega L}{R}) = \frac{V_m}{\sqrt{R^2 + (\omega L)^2}} \sin(\theta) \qquad (6\text{-}17)$$

식 (6-17)을 식 (6-15)에 대입 정리하면 다음과 같다.

$$i(t) = \frac{V_m}{\sqrt{R^2 + (\omega L)^2}} [\sin(\omega t - \theta) + \sin(\theta) e^{-\frac{R}{L}t}] \qquad (6\text{-}18)$$

식 (6-18)은 음의 값을 갖게 되는 형태이나 실제적으로 다이오드의 특성에 따라 음의 전류가 존재할 수 없으므로 음의 영역은 전류가 0이 된다고 판단하여야 한다.

이러한 해석 결과가 실제 파형과 대비할 때 그림 6-10에 잘 나타나 있다. 초기 인덕터 전류가 0으로 전원전압이 양으로 증가하면 다이오드가 턴온되고 양의 전류가 흐르게 된다. 이후 전원전압이 0으로 회귀하여도 인덕터에 축적된 에너지에 의하여 전류의 값이 0이 되지 않고 이 에너지가 완전 방출될 때까지 계속 다이오드는 턴온상태를 유지한다. 이러한 턴오프시점의 위상각은 소호각(extinction angle) β라 하고 수치해석이나 시뮬레이션 등을 통하여 구할 수 있다.

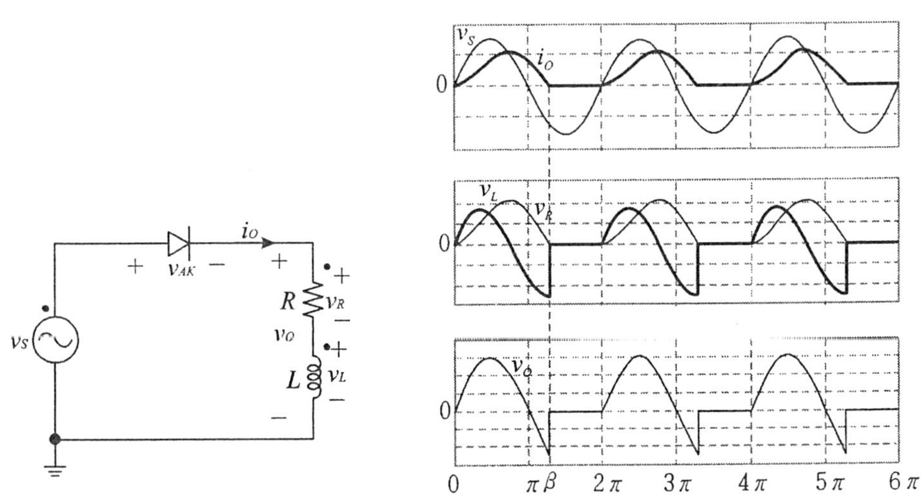

(a) 회로도 (b) 파형

그림 6-10 $R-L$ 부하의 단상 반파 정류기

그림 6-11은 점호각 $\alpha = 30^\circ$ 에서 SCR이 턴온될 때 $R-L$ 부하에 직류를 공급

하기 위한 단상 반파 위상제어 정류기에 대한 그림이다. 부하 전류 i_O는 인덕터로 인하여 전원전압이 음이 $\omega t=\pi$에서도 0이 되지 않고 $\omega t=\pi+\beta$까지 흐르게 된다. 이에 따라 SCR이 턴온되어 있는 구간은 $\alpha \le \omega t \le \beta$이고 나머지 구간에서는 턴오프되어 있다.

이러한 회로에 흐르는 부하 전류는 다음과 같이 정리된다.

$$i_O(t)=\frac{V_m}{\sqrt{R^2+(\omega L)^2}}\left[\sin(\alpha-\theta)+\sin(\theta)e^{-\frac{R}{\omega L}(\omega t-\alpha)}\right] \tag{6-19}$$

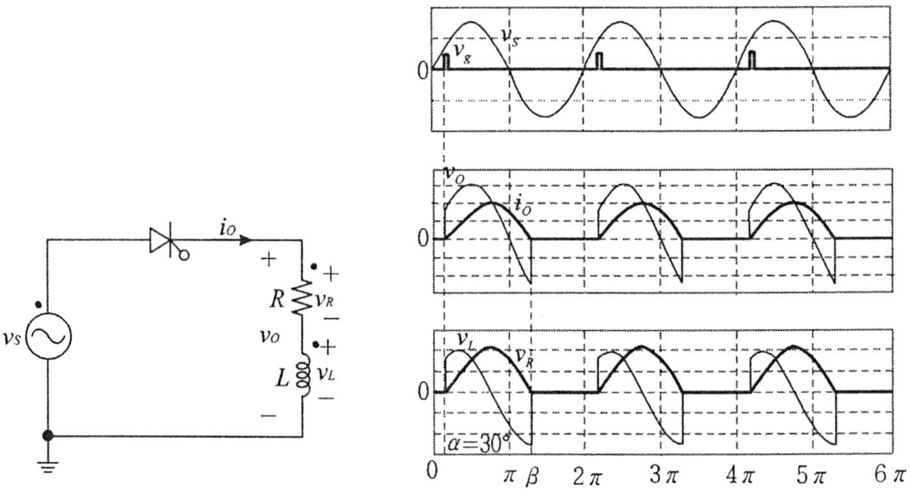

(a) 회로도 (b) 파형

그림 6-11 $R-L$ 부하의 SCR 단상 반파 위상제어 정류기

(3) 환류 다이오드

그림 6-10 (a) $R-L$ 부하의 단상 반파 정류기에 환류 다이오드(freewheeling diode) D_2가 추가된 그림 6-12 (a)의 정류기 회로는 이전의 출력 특성에 비하여 크게 달라진다.

이는 전원전압 v_S의 양의 반주기 동안 전력용 다이오드 D_1이 턴온되며 환류 다이오드 D_2는 턴오프 된다. 이 구간에서 부하에는 전원전압이 인가되어 전류가 흐르며 인덕터에 에너지가 축적된다.

또한, 전원전압이 음의 반주기 동안에는 환류 다이오드 D_2가 턴온되고 전력용 다이오드 D_1은 턴오프 된다. 이에 따라 전원전압은 부하와 분리되어 부하에 영향을 미치지 못하게 되고 인덕터에 기 저장된 에너지가 부하로 전달되면서 $R-L$에 의한 자연응답 특성이 부하에 나타나게 된다. 여기서 나타나는 자연응답은 $R-L$의 시정수에 의하여 결정되는데, L이 매우 커서 시정수가 커지면 전류는 거의 맥동이 없는 직류에 가깝게 되고 반대의 경우 과도상태가 길어지게 된다.

출력전압 v_O의 평균값 V_O 및 출력전류 i_O의 평균값 I_O는 다음과 같이 나타낼 수 있다.

$$V_O = \frac{1}{2\pi}\int_0^{\pi} V_m \sin\omega t d(\omega t) = \frac{V_m}{\pi} \tag{6-20}$$

$$I_O = \frac{V_O}{R} = \frac{V_m}{\pi R} \tag{6-21}$$

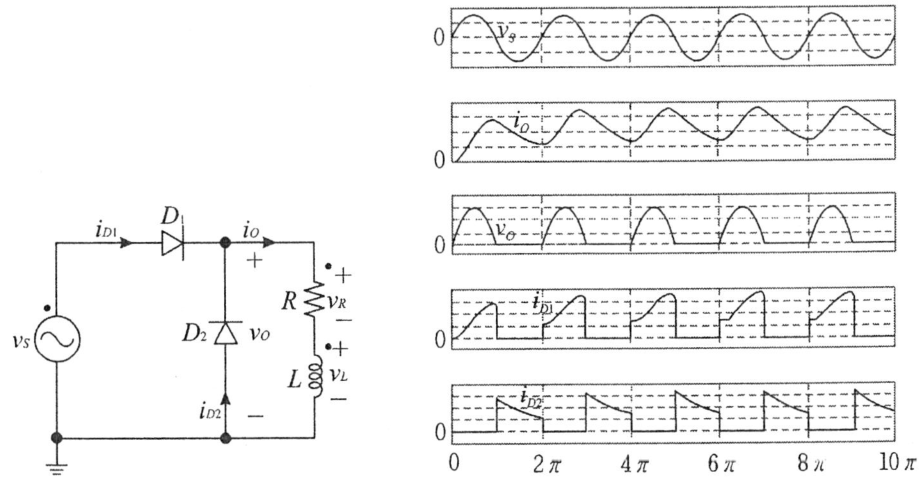

(a) 회로도 (b) 파형

그림 6-12 환류 다이오드에 의한 $R-L$ 부하의 단상 반파 정류기 특성

(4) 커패시터 필터를 가진 반파 정류기

정류기의 목적은 교류전원으로부터 직류 출력전압을 생성하기 위한 것이다. 이러한 목적에 충실함을 위하여 기존의 다이오드 단상 반파나 SCR 단상 반파 정류

기에는 출력단에 커패시터를 추가하여 직류 출력의 맥동이 저감되도록 하고 있다.

이러한 커패시터 필터가 인가된 그림 6-13에서 커패시터는 초기값 없이 $\omega t=0$에서 교류전원 v_S가 투여되었다고 하면 전력용 다이오드 D_1은 순방향 바이어스가 됨에 따라 턴온 된다. 이 때 출력전압은 전원전압과 같으며 부하저항에는 정현파 전압원에 의하여 전류가 흐르며 커패시터는 전원전압에 의하여 충전을 개시한다. 이러한 전원전압이 전달되는 턴온 구간에서 전원전압이 최대 V_m이 나타나는 $\omega t=\pi/2$ 시점에서 부하전압 및 커패시터 충전전압도 최대값 V_m이 된다.

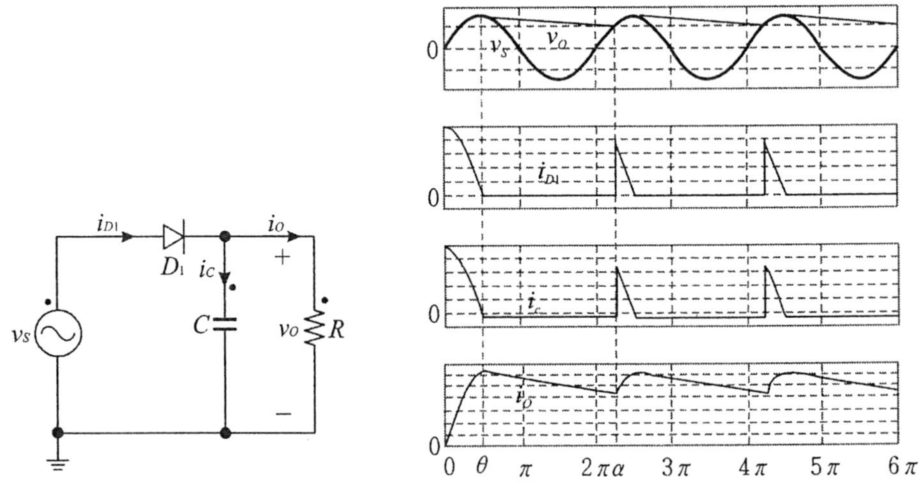

(a) 회로도 (b) 파형

그림 6-13 커패시터 필터가 적용된 다이오드 단상 반파 정류기

이후 커패시터의 충전전압과 전원전압 간의 차이에 따라 전력용 다이오드 D_1의 바이어스가 결정된다. 즉, $\omega t=\pi/2$ 시점 이후에 전원전압과 커패시터 충전전압은 모두 감소하는 구간으로 들어감에 이들의 차이 $v_S-v_C<0$이 되면 D_1이 턴오프되며 단지 커패시터 충전전압 만이 부하로 공급되는 구간이 시작된다. 세부적으로 커패시터 충전전압은 $R-C$ 회로에 의한 자연응답 특성에 따라 지수적인 감소가 나타나며, 전원전압은 정현적 감소가 이루어짐에 따라 특정 시점 θ까지는 $v_S \geq v_C$ 관계가 성립한다. 결국 이러한 θ는 D_1의 턴오프 시점을 나타내며 $\theta=-\tan^{-1}(\omega RC)+\pi$로 산정이 가능하다. 부하 저항 R을 별개로 하고 인위적인 커패시터 필터의 크기를 크게 하면 $\theta \approx \pi/2$가 되기도 한다.

θ 이후 감소되던 전원전압은 음의 구간을 지나 양의 구간으로 회복하고, 이 전압이 커패시터 필터의 전압 v_C를 상외하기 시작하면 전력용 다이오드 D_1이 다시 순방향 바이어스가 됨에 따라 턴온되어 커패시터를 재충전하기 시작한다. 이때의 위치를 그림에서와 같이 α라고 하고 이는 시정수 $\tau = RC$에 따라 가변적이 된다.

6.2.2 단상 전파 정류기

(1) 브리지 전파 정류기

단상 브리지 전파 정류기(Single phase full bridge rectifirer)는 그림 6-14 (b)와 같이 전원전압이 양인 동안 다이오드 D_1과 D_2가 턴온되어 부하저항 R에 전류가 흐르며, 음의 구간에서는 D_3과 D_4가 턴온되어 부하저항 R에 전류가 흐르는 동작을 수행한다. 이는 그림으로부터 D_1의 양단전압 v_{D1}과 v_{D2} 파형이 매 주기마다 π 간격 차이가 있는 경우로부터 확인이 가능하다. 이때 부하저항에 나타나는 출력전압 v_O는 다음과 같이 나타낼 수 있다.

$$v_O(t) = \begin{cases} V_m \sin\omega t & 0 \le \omega t \le \pi \\ -V_m \sin\omega t & \pi \le \omega t \le 2\pi \end{cases} \tag{6-22}$$

이러한 부하전압 순시치는 입력전압의 주기에 대하여 절반에 해당하므로 2배 빠른 주파수 특성을 가진다. 이러한 출력전압 및 출력전류 각각의 평균값은 다음과 같다.

$$V_O = \frac{1}{\pi}\int_0^{\pi} V_m \sin\omega t d(\omega t) = \frac{2V_m}{\pi} \tag{6-23}$$

$$I_O = \frac{V_O}{R} = \frac{2V_m}{\pi R} \tag{6-24}$$

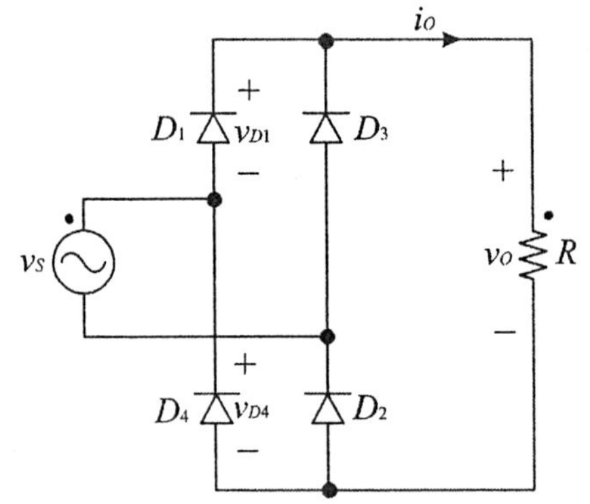

(a) 회로도

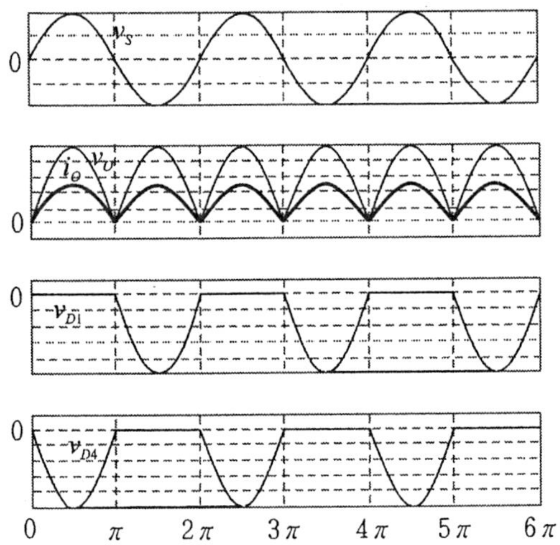

(b) 파형

그림 6-14 단상 브리지 전파 정류기

그림 6-15는 다이오드 대신에 SCR이 적용된 단상 브리지 전파 위상제어 정류기의 그림이다. 이 정류기의 동작은 개별 SCR이 턴온될 수 있는 조건이 충족될 때 게이트 전압에 의한 게이트 전류로 턴온 시켜 위상제어를 수행하는 정류기이다. 구체적으로 전원전압이 양의 주기에서 게이트 전류 i_{G1} 및 i_{G2}를 인가하면 대응 SCR S_1 및 S_2이 턴온되며, 음의 주기에서 게이트 전류 i_{G3} 및 i_{G4}를 인가하면 대응 SCR S_3 및 S_4가 턴온된다. 이러한 과정에서 기존 다이오드 방식과 달리 각 그룹별 스위칭 소자들은 임의의 도통각 α로 출력의 크기를 조정하게 된다.

부하전압은 그림 6-15 (b)와 같이 반복주기 π로 계속되며 부하전압의 평균값 및 실효값, 부하전류의 평균전류는 다음과 같이 나타낼 수 있다.

$$V_O = \frac{1}{\pi}\int_{\alpha}^{\pi} V_m \sin\omega t d(\omega t) = \frac{V_m}{\pi}(1+\cos\alpha) \tag{6-25}$$

$$V_{O,rms} = \sqrt{\frac{1}{\pi}\int_{\alpha}^{\pi}(V_m \sin\omega t)^2 d(\omega t)} = \frac{V_m}{\sqrt{2}}\sqrt{1-\frac{\alpha}{\pi}+\frac{\sin 2\alpha}{2\pi}} \tag{6-26}$$

$$I_O = \frac{V_O}{R} = \frac{V_m}{\pi R}(1+\cos\alpha) \tag{6-27}$$

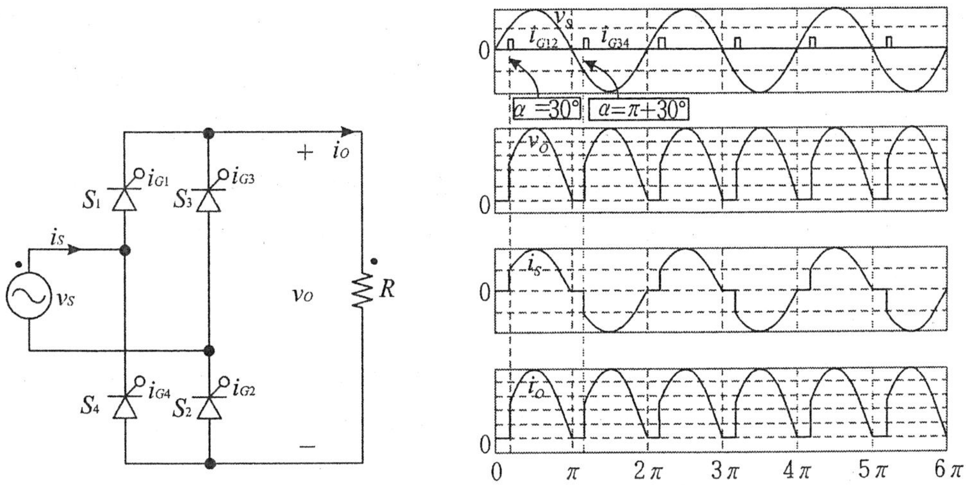

(a) 회로도 (b) 파형

그림 6-15 단상 브리지 전파 위상제어 정류기

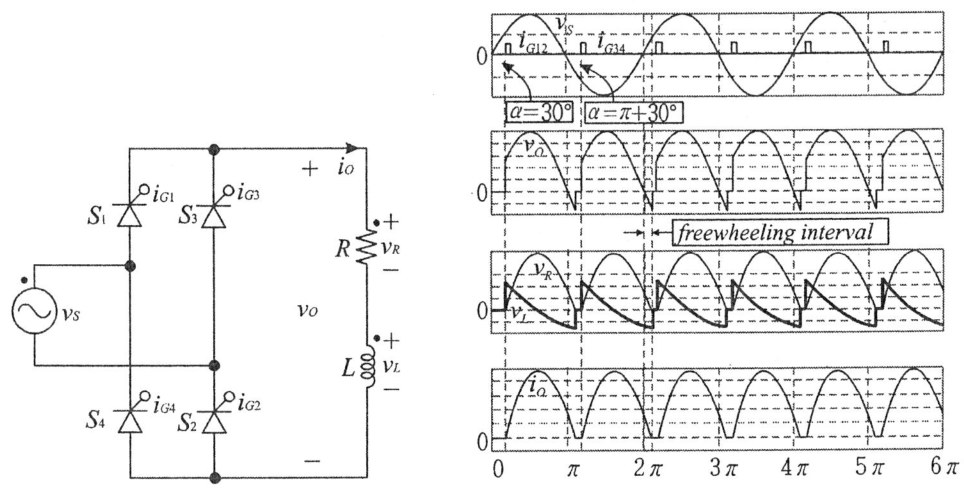

(a) 회로도 (b) 파형

그림 6-16 단상 브리지 전파 위상제어 정류기($R-L$ 부하)

그림 6-16은 단상 브리지 전파 위상제어 정류기에 $R-L$ 부하가 인가된 경우의 그림이다. $R-L$의 특성상 그림 6-16 (b)의 출력전류 i_O의 변화가 그림 6-15 (b)에 비하여 느린 특성을 가지고 있고, 특히 인덕터의 에너지 충전 및 방전 과정이 전원전압의 반 주기 마다 반복됨에 따라 환류 구간(freewheeling interval)이 존재

함을 나타내고 있다. 그림에서 표현된 구간은 SCR S_3 및 S_4이 턴온 되어 인덕터에 에너지가 충전된 후 방전하는 과정에서 전원전압이 양의 방향으로 상승하는 구간이 시작되었음에도 SCR S_3 및 S_4가 턴온을 유지하고 있는 경우를 나타낸다. 이러한 인덕터 에너지는 이 구간이 끝나는 시점에서 완전 방출되고 새로운 $\omega t = 2\pi + \alpha$ 시점까지 모든 SCR이 턴오프되어 있는 구간이 나타나고 있다.

▌예제 6-2▐

단상 브리지 전파 위상제어 정류기에서 전원은 실효값이 220[V], 60[Hz]의 정현파이고 도통각 $\alpha = 60°$이다. 부하 저항 20[Ω]에 대하여 부하의 평균전류와 소비전력 및 전원의 피상전력을 구하시오.

풀이

평균 출력전압은 다음과 같이 구해진다.

$$V_O = \frac{V_m}{\pi}(1+\cos\alpha) = \frac{311}{3.14}(1+0.5) = 148.57[\text{V}]$$

평균 부하 전류는 $I_O = V_O/R = 148.57/20 = 7.43[\text{A}]$이다.

부하소비전력은 실효값으로 계산되어야 하므로

$$V_{O,rms} = \frac{V_m}{\sqrt{2}}\sqrt{1-\frac{\alpha}{\pi}+\frac{\sin 2\alpha}{2\pi}}$$

$$= 220\sqrt{1-\frac{1.047}{\pi}+\frac{\sin(2\times 1.047)}{2\pi}}$$

$$= 197.38[\text{V}]$$

$$I_{O,rms} = V_{O,rms}/R = 197.38/20 = 9.86[\text{A}]$$

$$P = \frac{V_{O,rms}^2}{R} = \frac{197.38^2}{20} = 1947.9[\text{W}]$$

이에 따라, 피상전력과 역률은 다음과 같다.

$$S = V_{rms}I_{rms} = V_{rms}I_{O,rms} = 220\times 9.86 = 2169.2[\text{VA}]$$

$$pf = \frac{P}{V_{rms}I_{O,rms}} = \frac{1947.9}{2169.2} = 0.898$$

(2) 혼합 브리지 정류회로

그림 6-16 브리지 정류기에서 SCR를 다이오드로 대체하여 그림 6-17과 같은 두 가지의 혼합 브리지 정류기를 구성할 수 있다. 두 회로는 $R-L$ 부하가 접속될 때

출력전압 및 전류 특성은 동일하지만 SCR을 위상제어할 때 각 소자에 나타나는 전류의 분포에 차이점이 있다.

그림 6-17 (a)의 회로는 전원전압이 양의 방향에서 위상제어를 위한 도통각 α 에서 SCR S_1 이 턴온 되면 다이오드 D_2에 정방향 바이어스가 인가되며, 음의 방향 전압 조건에서는 S_2이 턴온되면 다이오드 D_4가 쌍으로 동작을 한다. 또한 그림 6-17 (b)의 회로에서는 양의 전원전압 조건에서는 S_1-D_2가 턴온 되며, 음의 전압 조건에서는 D_3-S_4가 동작하게 된다. 이러한 도통각 제어에 따라 S_1-D_2 경로에 전류가 흐르는 $\omega t=\alpha\sim\pi$ 구간에서 두 회로의 동작 특성은 동일하다. 이와는 달리 $\omega t=\pi-(\pi+\alpha)$ 구간에서 그림 6-17 (a)는 S_1-D_4을 통해서 환류 전류가 흐르고, 그림 6-17 (b)는 D_2-D_3을 경유하여 흐르게 된다. 이에 따라, 그림 6-17 (a) 회로의 부하전류에 대한 부담률이 SCR이나 다이오드 모두 동일한 특성이 있으나 그림 6-17 (b)는 SCR의 전류부담이 다이오드보다 작아 회로 설계 과정에서 SCR 용량산정에서 다이오드 보다 낮은 전류 정격이 적용될 수 있다.

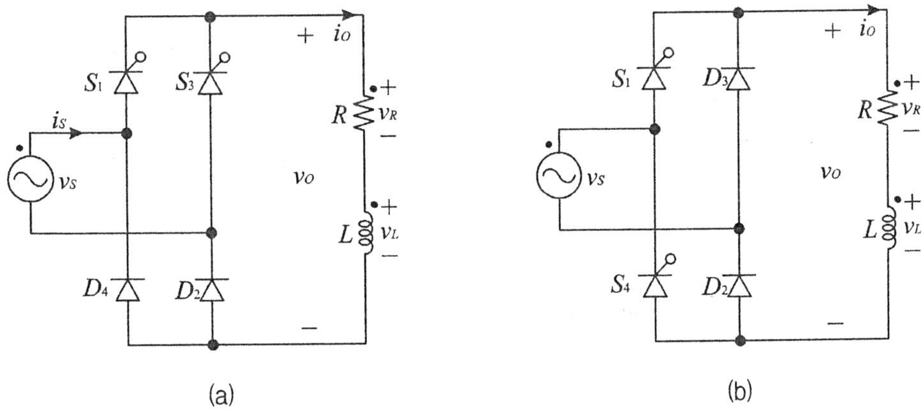

그림 6-17 혼합 브리지 정류기

(3) 2상 반파 정류기

그림 6-18 (a)는 전원 변압기의 2차 권선에 있는 중간 탭을 이용하여 2개의 정류용 반도체로 구성한 정류기로 변압기의 2차단의 전압 구성이 서로 반전되는 2상 전압을 각각 반파정류하고 있는 것으로 고려되어 2상 반파 정류기라고 한다.

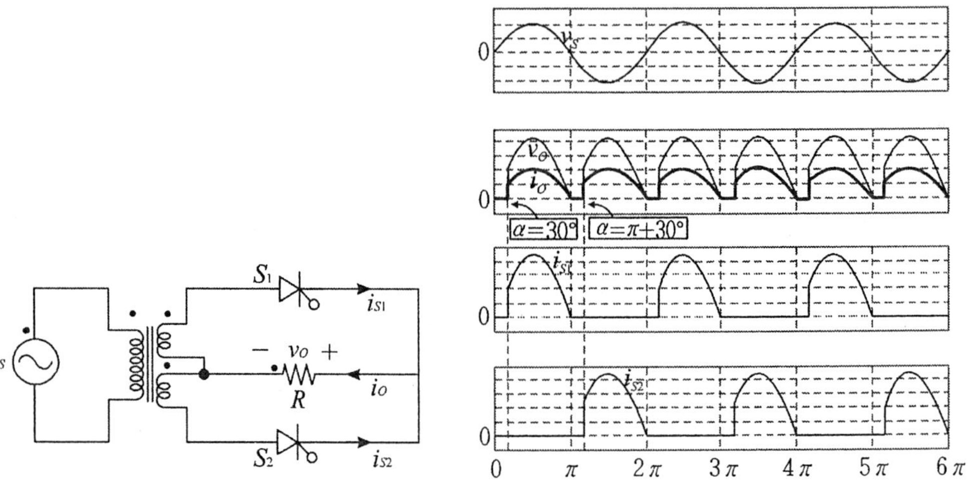

(a) 회로도 (b) 파형

그림 6-18 2상 반파 정류기

그림 6-18 (a)의 회로에서 $v_S = \sqrt{2}\,V\sin\omega t$일 때, 전원전압 v_S가 양의 값을 갖는 구간에서 $\omega t = \alpha$에서 SCR S_1을 턴온 시키고, $\omega t = \pi + \alpha$에서 SCR S_2를 턴온 시키면 그림 6-18 (b)와 같은 출력전압 v_O 및 출력전류 i_O를 얻을 수 있다. 이러한 과정에서 턴오프된 SCR에 걸리는 역방향 바이어스 전압은 출력전압 v_O와 변압기 2차단에 나타나는 전압의 합으로 일반 브리지 정류기에 비하여 SCR의 전압정격이 2배로 요구된다.

6.2.3 3상 반파 정류기

그림 6-19 (a)는 변압기 2차단이 Y 결선으로 구성된 회로에 다이오드의 캐소드를 공통으로 부하를 통해 변압기의 중성점에 결선한 3상 반파 정류기의 회로 구성이다. 이러한 정류용 다이오드의 캐소드 공통 전위에 의하여 각각의 다이오드는 각 다이오드의 애노드 전압이 가장 높게 형성되는 구간에서 정류 작용을 수행하게 된다. 이는 각 다이오드의 턴온 구간이 120° 임을 의미하며 각 구간에 대한 내용은 그림 6-19 (b)에 자세히 나타나 있다.

그림 6-19 (b)의 부하에 나타나는 출력전압 v_O에 따라 이는 전원전압 한 주기에 대하여 120° 구간이 세 번 반복하고 있음을 알 수 있으며, 이에 따라 출력전압

v_O의 주파수는 전원주파수의 3배, 주기 $T=2\pi/3$이 된다. 이 출력전압의 평균값과 부하전류의 평균값은 다음과 같이 나타낼 수 있다.

$$V_O=\frac{1}{2\pi/3}\int_{\frac{\pi}{6}}^{\frac{5\pi}{6}} V_m \sin\omega t d(\omega t)=\frac{3\sqrt{3}\,V_m}{2\pi} \tag{6-28}$$

$$I_O=\frac{V_O}{R}=\frac{3\sqrt{3}\,V_m}{2\pi R} \tag{6-29}$$

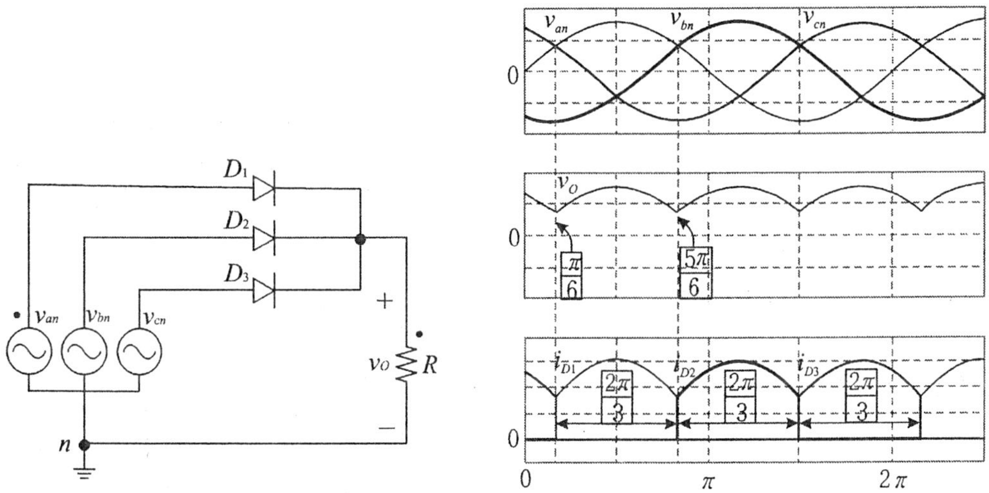

(a) 회로도 (b) 파형

그림 6-19 3상 반파 정류기

그림 6-20 (a)는 3상 반파 위상제어 정류기의 회로이다. 그림 6-19 (a)의 3상 반파 정류기와 차이점으로 게이트 전류가 인가된 시점에서 각 SCR이 턴온 되는 위상제어를 실시할 수 있다는 것이다. 이는 상전압 v_{an}과 v_{bn}이 만나는 $\pi/6$에서 $5\pi/6$ 구간이 SCR S_1이 턴온 가능한 구간이며, 이는 나머지 SCR S_2 및 S_3에서도 각각 $5\pi/6 \sim 9\pi/6$ 및 $9\pi/6 \sim 13\pi/6$의 $120°$ 간격의 턴온 가능 구간에서 위상제어의 실시가 가능하다는 차이점이다.

이러한 턴온 가능 구간 내에서 각 SCR의 위상각 α에 따른 제어는 출력전압의 평균값, 실효값 및 부하전류의 평균값 등을 변화시킬 수 있는데 이는 다음과 같이 정리된다.

$$V_O = \frac{3}{2\pi}\int_{\frac{\pi}{6}+\alpha}^{\frac{5\pi}{6}+\alpha} V_m \sin\omega t d(\omega t) = \frac{3\sqrt{3}\,V_m}{2\pi}\cos\alpha \tag{6-30}$$

$$V_{O,rms} = \sqrt{\frac{2}{3\pi}\int_{\frac{\pi}{6}+\alpha}^{\frac{5\pi}{6}+\alpha} (V_m \sin\omega t)^2 d(\omega t)}$$

$$= V_m\sqrt{\frac{3}{2\pi}\left[\frac{\pi}{3} - \frac{1}{4}\left\{\sin 2\left(\frac{5\pi}{6}+\alpha\right) - \sin 2\left(\frac{\pi}{6}+\alpha\right)\right\}\right]} \tag{6-31}$$

$$I_O = \frac{V_O}{R} = \frac{3\sqrt{3}\,V_m}{\pi R}\cos\alpha \tag{6-32}$$

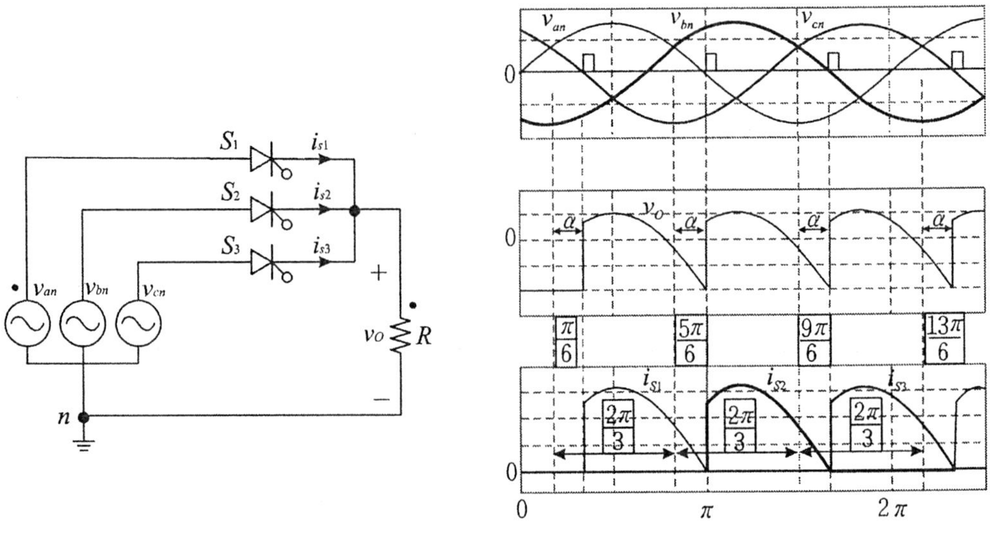

(a) 회로도 (b) 파형

그림 6-20 3상 반파 위상제어 정류기

6.2.4 3상 전파 정류기

일반적으로 3상 전파 정류기(three phase full-wave rectifier)는 대용량 부하에 직류전압과 전류를 공급하기 위한 산업용 시스템이다. 그림 6-21 (a)는 이러한 정류기의 회로이며 여기에 투입되는 3상 전원은 평형이라고 가정한다. 이 정류기의 스위칭 반도체로 적용된 다이오드가 이상적 스위칭 동작을 고려할 때 그림 6-21

(b)의 파형 결과로부터 다음과 같은 동작 특성에 대한 해석이 가능하다.

① 브리지 회로 내의 상부 다이오드 D_1, D_3 및 D_5 모두는 공통 캐소드를 가짐에 따라 이들 다이오드의 각 애노드에 나타타는 전압 가운데 가장 높은 애노드 전압의 다이오드 하나만이 턴온된다.

② 브리지 회로 내의 하부 다이오드 D_2, D_4 및 D_6 모두는 공통 애노드를 가짐에 따라 이들 다이오드의 각 캐소드에 나타타는 전압 가운데 가장 낮은 캐소드 전압의 다이오드 하나만이 턴온된다.

③ 브리지 회로 내의 상부-하부 다이오드의 조합, 즉 D_1-D_4, D_3-D_6 및 D_5-D_2는 동시에 턴온될 수 없다.

④ 입력전원이 Y 결선이므로 부하에 전달되는 출력전압은 전원의 선간전압이다.

⑤ 선간접압의 조합은 총 6개로 나타나며 입력전원의 한 주기 내에서 6개의 선간전압의 조합이 순차적으로 이루어진다.

⑥ 3상 전원 기본파 주파수를 ω라 할 때 부하에 나타나는 출력전압의 기본파 주파수는 6배 빠른 6ω이다.

⑦ 3상 반파 정류기에 비하여 출력의 맥동률이 작다.

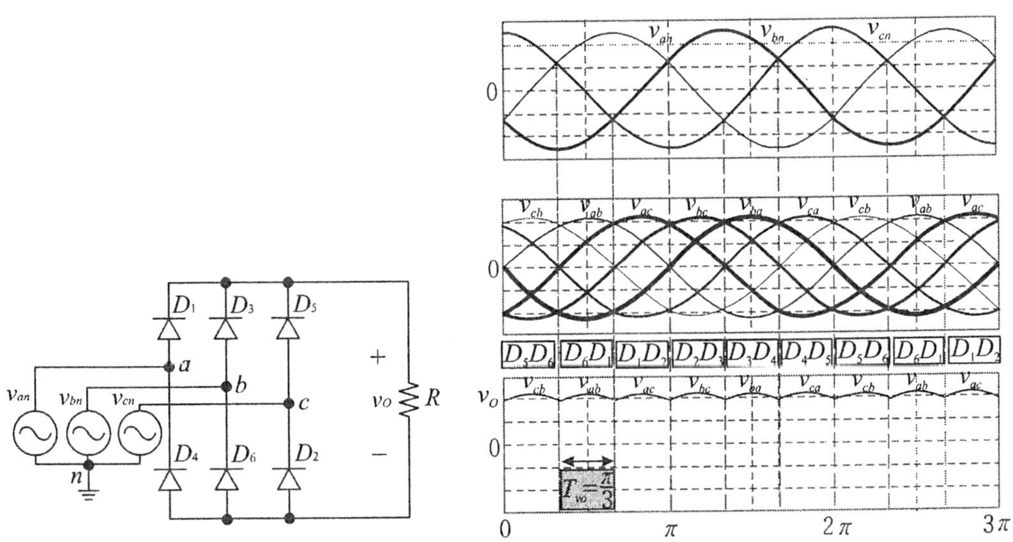

(a) 회로도

(b) 파형

그림 6-21 3상 전파 정류기

일예로, $\omega t = \pi/3 \sim 2\pi/3$ 구간에서와 같이 선간전압 $v_{ab} = \sqrt{3}\,V_m \sin(\omega t)$이 부하의 출력전압으로 나타나는 경우를 가정할 때, 이때의 a상 상전압은 $v_{an} = V_m \sin(\omega t - \pi/6)$이고 b상의 상전압은 $v_{bn} = V_m \sin(\omega t - 5\pi/6)$으로 가정될 수 있다. 이러한 구간의 선간전압에 의한 출력전압 v_O의 평균값 V_O 및 출력전류 i_O의 평균값 I_O는 다음과 같다.

$$V_O = \frac{1}{\pi/3}\int_{\frac{\pi}{3}}^{\frac{2\pi}{3}} \sqrt{3}\,V_m \sin\omega t d(\omega t) = \frac{3\sqrt{3}\,V_m}{\pi} \tag{6-33}$$

$$I_O = \frac{V_O}{R} = \frac{3\sqrt{3}\,V_m}{\pi R} \tag{6-34}$$

출력전압 v_O의 크기를 가변하기 위하여 다음 그림 6-22 (a)의 3상 전파 위상제어 정류기가 적용될 수 있다.

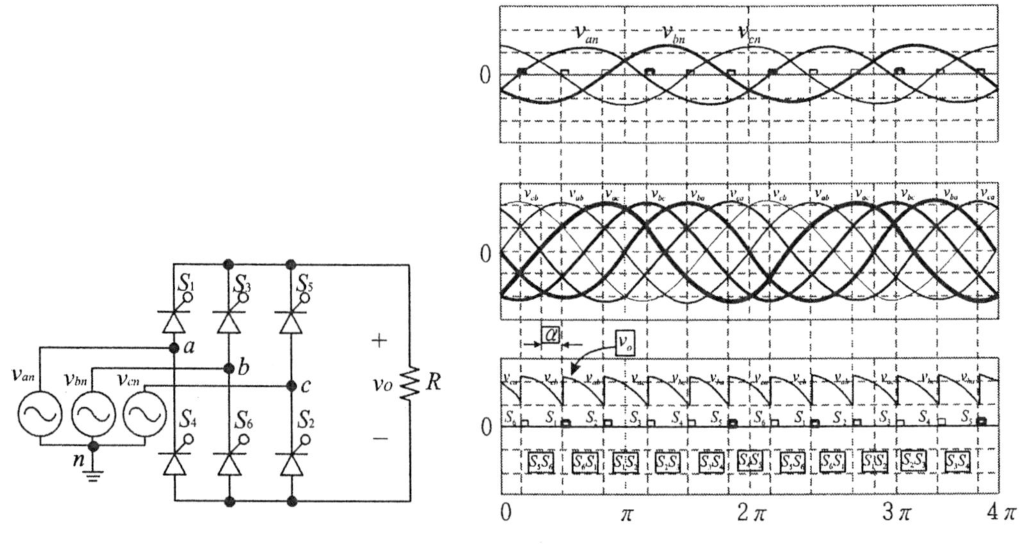

(a) 회로도 (b) 파형

그림 6-22 3상 전파 위상제어 정류기

이 정류기는 앞서의 다이오드 브리지 방식의 3상 전파 정류기에서 게이트 전류가 인가된 시점부터 턴온 된다는 차이점이 있으나, 상부 SCR 중 하나와 하부 SCR 하나가 턴온 되어 출력전압으로 Y 결선 입력전압의 선간전압이 나타나게 된다는 점은 동일하다. 이는 다이오드 특성에 의하여 선간전압 v_{cb}와 v_{ab}가 만나는 $\omega t=\pi/3$에서 v_{ab}와 v_{ac}가 만나는 $\omega t=2\pi/3$까지 턴온 되는 3상 전파 정류기에 비하여 그림 6-22 (b)와 같이 $\omega t=\pi/3$에서 점호각 α만큼 지난 후 턴온 됨에 따라 출력전압의 크기를 제어할 수 있다.

이러한 3상 전파 위상제어 정류기의 출력전압 평균값 V_O, 실효값 $V_{O,rms}$ 및 부하전류의 평균값 I_O은 다음과 같다.

$$V_O=\frac{1}{\pi/3}\int_{\frac{\pi}{3}+\alpha}^{\frac{2\pi}{3}+\alpha}\sqrt{3}\,V_m\sin\omega t d(\omega t)=\frac{3\sqrt{3}\,V_m}{\pi}\cos\alpha \tag{6-35}$$

$$V_{O,rms}=\sqrt{\frac{3}{\pi}\int_{\frac{\pi}{3}+\alpha}^{\frac{2\pi}{3}+\alpha}(\sqrt{3}\,V_m\sin\omega t)^2 d(\omega t)}$$

$$=\sqrt{3}\,V_m\sqrt{\frac{3}{\pi}\left[\frac{\pi}{6}-\frac{1}{4}\left\{\sin2\left(\frac{2\pi}{3}+\alpha\right)-\sin2\left(\frac{\pi}{3}+\alpha\right)\right\}\right]} \tag{6-36}$$

$$I_O=\frac{V_O}{R}=\frac{3\sqrt{3}\,V_m}{\pi R}\cos\alpha \tag{6-37}$$

예제 6-3

3상 전파 정류기에 투입된 3상 전원의 선간전압의 실효값이 380[V]이고 부하는 $R=20[\Omega]$과 $L=50[\text{mH}]$의 직렬 구성으로 인가되어 있다. 이러한 3상 전파 정류기의 출력 직류전압의 크기를 구하시오.

풀이

3상 전파 정류기의 직류 출력전압은 식 (6-33)으로부터 구할 수 있으며, 이에 따라 평균 부하 전류를 다음과 같이 구할 수 있다.

$$V_O=\frac{3\,V_{m,L-L}}{\pi}=\frac{3\sqrt{2}\cdot380}{\pi}=513.4[\text{V}]$$

$$I_O=\frac{V_O}{R}=\frac{513.4}{20}=25.67[\text{A}]$$

6.3 직류-직류 변환기

6.3.1 직류-직류 변환기의 종류

교류전원에서 직류전원을 만드는 정류기에는 출력단의 맥동을 줄이기 위하여 필터 커패시터를 출력단과 병렬로 연결하여 양질의 직류 출력 특성을 얻을 수 있다. 이렇게 얻은 양질의 직류전원은 다른 준위의 직류전압으로 변환되는데 이에 적용되는 변환기가 직류-직류 변환기(DC-DC converter)이다. 이러한 직류-직류 변환기는 고정된 직류 입력전압으로부터 가변 직류 출력으로 변환하는 과정에서 고정된 직류의 양을 적절한 크기로 나누어 보내 준다는 개념에서 쵸퍼(chopper)라는 명칭으로도 부르고 있다. 이들의 종류로는 입력보다 낮은 크기로 변환하는 강압 변환기(Buck converter), 입력전압보다 크게 출력을 만드는 승압 변환기(Boost converter), 강압 및 승압 기능이 모두 포함된 강압-승압 변환기(Buck-Boost converter) 및 축 변환기(Cuk converter)로 구분된다.

6.3.2 펄스폭 변조(PWM) 제어

이러한 직류-직류 변환기에는 출력전압의 조정을 위하여 펄스폭 변조, 즉 PWM(Pulse width modulation) 제어를 기본으로 하고 있다. 이러한 PWM의 동작원리에 대한 그림은 그림 6-23과 같다.

그림 6-23에서 스위치가 이상적이라 할 때 스위치가 닫혀 있으며 출력전압은 입력전압과 같고, 스위치가 열려 있을 때 입력전압이 턴오프됨에 따라 출력전압은 0이 된다. 이러한 스위치의 주기적인 동작을 가정할 때 그림 6-23(b)와 같은 펄스 형태의 출력이 고려된다.

이 출력전압의 평균값은 다음 식으로 표현된다.

$$V_O = \frac{1}{T}\int_0^T v_O(t)dt = \frac{1}{T}\left[\int_0^{DT} V_S dt + \int_{DT}^{T} 0 dt\right] = DV_S \qquad (6\text{-}38)$$

식 (6-38)로부터 출력전압의 평균값 V_O는 시비율(Dutiy ration) D에 의하여 제어됨을 의미하고 이러한 시비율 D는 다음과 같이 스위칭 주기 T_S에 대한 턴온 시간 t_{on}의 비로 나타낸다.

$$D = \frac{t_{on}}{t_{on} + t_{off}} = \frac{t_{on}}{T_S} = t_{on} \cdot f_S \tag{6-39}$$

여기서, f_S는 스위칭 주파수를 의미하며, 시비율의 범위 $D = 0 \sim 1$에 따라 출력 전압의 평균값은 0에서 V_S까지 변하게 된다.

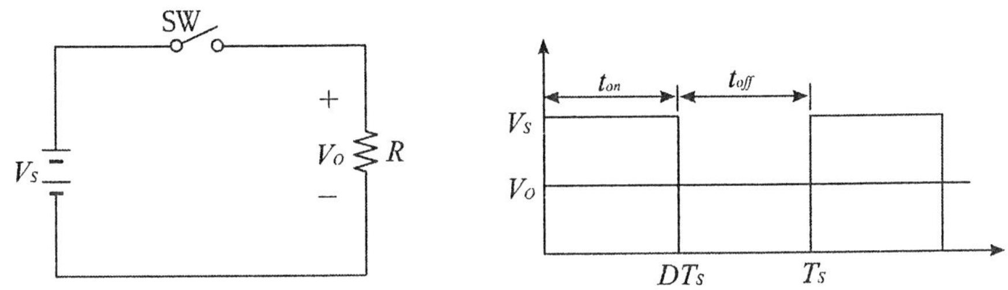

(a) 회로도 (b) 파형

그림 6-23 직류-직류 변환기의 PWM 제어

6.3.3 강압 변환기(Buck converter)

그림 6-23에서 시비율을 제어하면 출력전압의 평균값을 제어할 수 있으나 출력 전압의 순시값은 여러 주파수의 고조파가 포함되어 있다. 이에 그림 6-23의 직류-직류 변환기의 기본 회로에 이러한 고조파 성분을 제거하기 위하여 $L-C$ 필터를 삽입하여 교류 성분을 제거한다. 또한, 직류 성분의 증가를 도모하기 위하여 환류 다이오드를 추가한 다음 그림 6-24 (a)의 변환기를 강압 변환기(Buck converter)라고 하며, 이는 입력전압 범위 이하의 출력전압을 목적으로 적용된다.

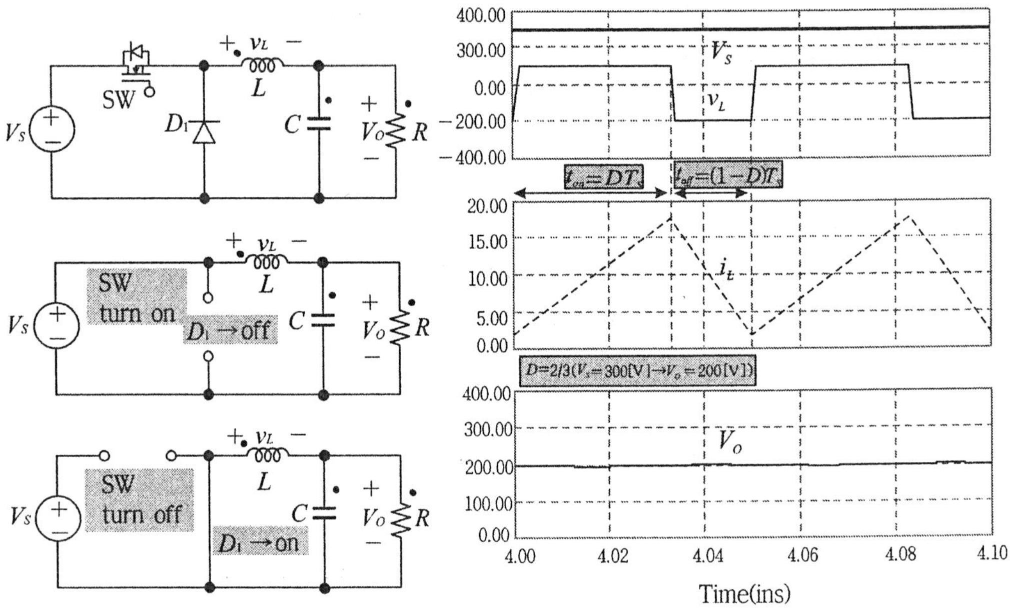

(a) 회로도 (b) 파형

그림 6-24 강압 변환기(Buck converter)

그림 6-24 (a)의 강압 변환기는 주기적인 정상 상태에서 동작을 가정하여 다음과 같은 사항을 고려하여 동작 특성을 해석한다.

① 인덕터 전류는 연속하며 주기적인 변화를 갖는다.
② 한 주기 내에서의 인덕터 양단간 전압의 평균값은 0이다.
③ 한 주기 내에서의 커패시터 전류의 평균값은 0이다.

(1) 스위치용 트랜지스터가 턴온($0 \le t \le DT_S$)

스위치용 트랜지스터가 턴온 구간($0 \le t \le DT_S$)에서 닫혀 턴온 되면 그림 6-24 (a)의 환류 다이오드는 역방향 바이어스가 인가되어 턴오프 된다. 이러한 상태에서 인덕터의 양단간 전압은 식 (6-40)과 같이 나타낼 수 있으며, 이에 따라 인덕터 전류의 변화율을 식 (6-41)로 표현할 수 있다.

$$v_L = L\frac{di_L}{dt} = V_S - V_O \tag{6-40}$$

$$\frac{di_L}{dt} = \frac{V_S - V_O}{L} = \frac{\Delta i_L}{\Delta t} \tag{6-41}$$

식 (6-41)로부터 턴온 구간($\Delta t = DT_S$)에서의 인덕터 전류의 변화량은 다음 식과 같이 정리된다.

$$\Delta i_{L,on} = \left(\frac{V_S - V_O}{L}\right) DT_S \tag{6-42}$$

(2) 스위치용 트랜지스터가 턴오프($DT_S \le t \le T_S$)

스위치용 트랜지스터가 턴오프 구간($DT_S \le t \le T_S$)에서 열리게 되면 환류 다이오드는 인덕터 저장 에너지의 방출에 따라 순방향 바이어스가 되어 턴온되어 인덕터 전류를 흘리게 된다. 이 시점에서의 인덕터의 양단간 전압은 식 (6-43)과 같이 나타낼 수 있으며, 이에 따라 인덕터 전류의 변화율은 식 (6-44)로 표현된다.

$$v_L = L\frac{di_L}{dt} = -V_O \tag{6-43}$$

$$\frac{di_L}{dt} = \frac{-V_O}{L} = \frac{\Delta i_L}{\Delta t} \tag{6-44}$$

식 (6-44)로부터 턴오프 구간($\Delta t = (1-D)T_S$)에서의 인덕터 전류의 변화량은 다음 식으로 표현된다.

$$\Delta i_{L,off} = -\left(\frac{V_O}{L}\right)(1-D)T_S \tag{6-45}$$

강압 변환기의 정상 상태 해석을 위한 인덕터 전류의 한 주기 내에서의 연속성 및 주기성에 의하여 식 (6-42)의 인덕터 전류 변화분과 식 (6-44)의 변화분의 합이 0이 된다. 이에 따라, 다음과 같은 식 (6-47)과 같은 강압 변환기의 입출력 관계가 도출된다.

$$\Delta i_{L,on} + \Delta i_{L,off} = \left(\frac{V_S - V_O}{L}\right) DT_S - \left(\frac{V_O}{L}\right)(1-D)T_S = 0 \tag{6-46}$$

$$V_O = D \cdot V_S \tag{6-47}$$

6.3.4 승압 변환기(Boost converter)

(1) 스위치용 트랜지스터가 턴온($0 \le t \le DT_S$)

직류 입력 전원보다 높은 출력전압을 얻기 위하여 그림 6-25 (a)와 같은 승압 변환기가 적용된다. 트랜지스터 스위치가 턴온되면 환류 다이오드는 역방향 바이어스가 되며, 이에 따라 인덕터에 나타나는 전압은 전원전압과 같게 된다. 인덕터 전류는 전압원에 의하여 상승을 하게 되며 이에 대한 변화율은 식 (6-49)와 같이 표현된다.

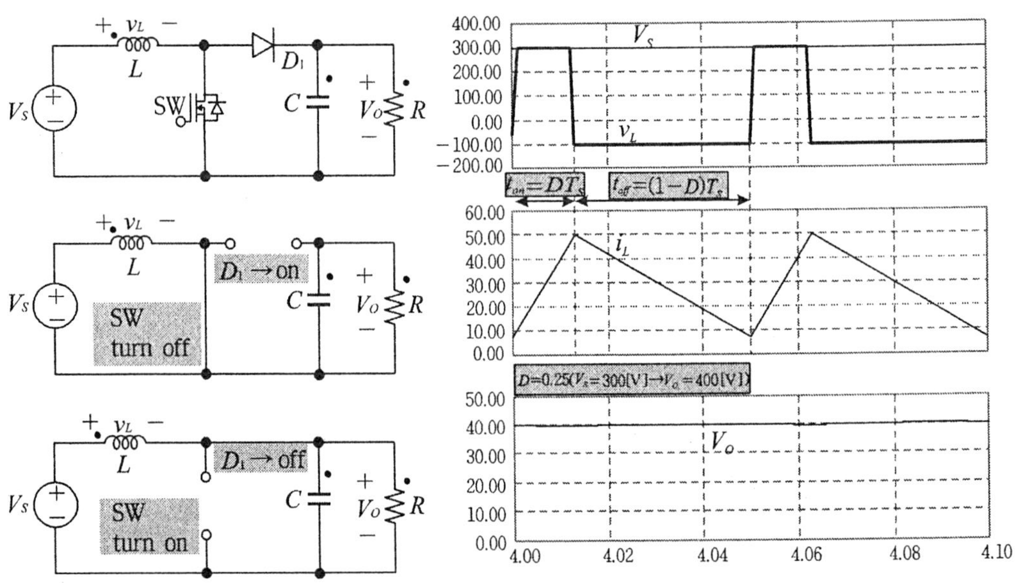

(a) 회로도　　　　　(b) 파형

그림 6-25　승압 변환기(Boost converter)

$$v_L = L\frac{di_L}{dt} = V_S \qquad (6\text{-}48)$$

$$\frac{di_L}{dt} = \frac{V_S}{L} = \frac{\Delta i_L}{\Delta t} \qquad (6\text{-}49)$$

식 (6-49)로부터 턴온 구간($\Delta t = DT_S$)에서의 인덕터 전류의 변화량은 다음 식과 같이 정리된다.

$$\Delta i_{L,on} = \frac{V_S D T_S}{L} \tag{6-50}$$

(2) 스위치용 트랜지스터가 턴오프($DT_S \leq t \leq T_S$)

트랜지스터 스위치가 턴오프되면 인덕터 전류는 연속되며 이에 따라 환류 다이오드가 순방향 바이어스가 됨에 따라 턴온 된다. 출력단 커패시터에 의하여 출력전압이 V_O로 일정하다고 가정하여 인덕터 양단 전압 및 인덕터 전류 변화량에 대한 수식 전개가 가능하다.

$$v_L = L\frac{di_L}{dt} = V_S - V_O \tag{6-51}$$

$$\frac{di_L}{dt} = \frac{V_S - V_O}{L} = \frac{\Delta i_L}{\Delta t} \tag{6-52}$$

식 (6-52)로부터 턴오프 구간($DT_S \leq t \leq T_S$)에서의 인덕터 전류의 변화량은 다음과 같다.

$$\Delta i_{L,off} = \frac{(V_S - V_O)(1-D)T_S}{L} \tag{6-53}$$

승압 변환기도 강압 변화기와 동일하게 정상 상태에서의 인덕터 전류의 변화량은 제로합이므로 다음과 같은 식 (6-55)와 같은 승압 변환기의 입출력 관계가 도출된다.

$$\Delta i_{L,on} + \Delta i_{L,off} = \frac{V_S D T_S}{L} + \frac{(V_S - V_O)(1-D)T_S}{L} = 0 \tag{6-54}$$

$$V_O = \frac{1}{1-D} \cdot V_S \tag{6-55}$$

6.3.5 강압-승압 변환기(Buck-Boost converter)

강압-승압 변환기는 강압 변환 및 승압 변환 모두를 하나의 변환기로 구성한 것으로 이의 구성 회로는 그림 6-26 (a)에 나타나 있다.

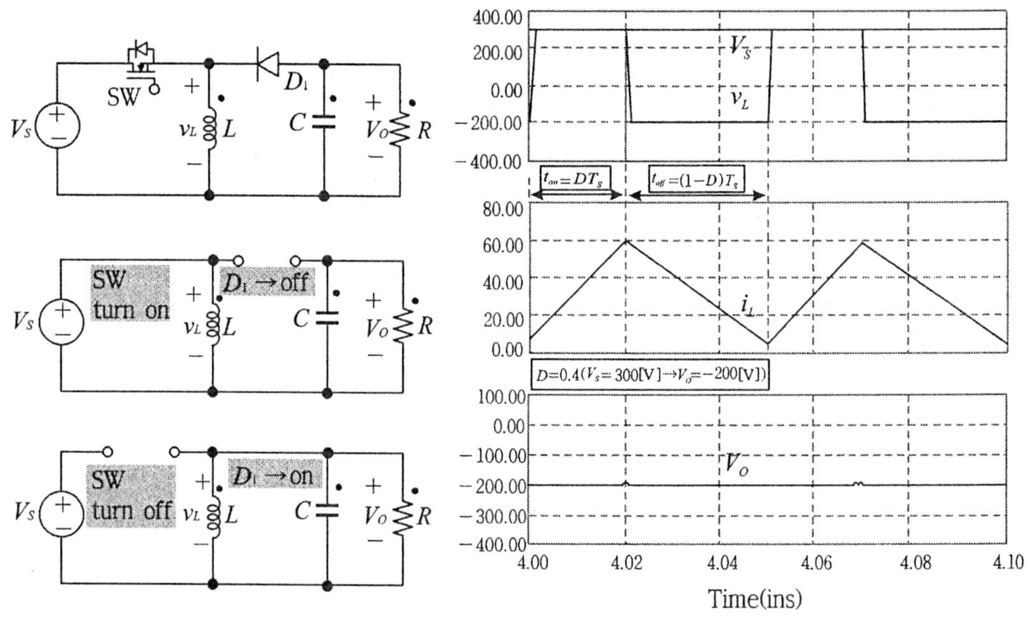

(a) 회로도 (b) 파형

그림 6-26 강압-승압 변환기(Buck-Boost converter)

(1) 스위치용 트랜지스터가 턴온($0 \le t \le DT_S$)

트랜지스터 스위치가 턴온되면 다이오드 D_1은 역방향 바이어스 상태로 판단할 수 있다. 이에 따라 인덕터 전압은 다음과 같이 나타낼 수 있다.

$$v_L = L\frac{di_L}{dt} = V_S \tag{6-56}$$

$$\frac{di_L}{dt} = \frac{V_S}{L} = \frac{\Delta i_L}{\Delta t} \tag{6-57}$$

식 (6-57)로부터 턴온 구간($\Delta t = DT_S$)에서의 인덕터 전류의 변화량은 다음과 같다.

$$\Delta i_{L,on} = \frac{V_S D T_S}{L} \tag{6-58}$$

(2) 스위치용 트랜지스터가 턴오프($DT_S \leq t \leq T_S$)

트랜지스터 스위치가 턴오프되면 인덕터 전류는 순간적으로 변화 없이 계속되며, 이에 따라 다이오드 D_1이 순방향 바이어스가 됨에 따라 턴온 된다. 필터 커패시터 용량의 적절함에 따라 출력전압 V_O가 일정함을 가정하여 인덕터 양단 전압 및 인덕터 전류 변화량에 대한 수식을 다음과 같이 나타낼 수 있다.

$$v_L = L\frac{di_L}{dt} = V_O \tag{6-59}$$

$$\frac{di_L}{dt} = \frac{V_O}{L} = \frac{\Delta i_L}{\Delta t} \tag{6-60}$$

식 (6-60)으로부터 턴오프 구간($\Delta t = (1-D)T_S$)에서의 인덕터 전류의 변화량은 다음 식으로 표현된다.

$$\Delta i_{L,off} = \frac{V_O(1-D)T_S}{L} \tag{6-61}$$

강압 및 승압 변환기와 동일하게 정상 상태 해석을 위한 인덕터 전류의 한 주기 내에서의 연속성 및 주기성에 의하여 식 (6-58)의 인덕터 전류 변화분과 식 (6-61)의 변화분의 합이 0이 된다. 이에 따라, 다음과 같은 식 (6-63)과 같은 강압-승압 변환기의 입출력 관계식을 얻을 수 있다.

$$\Delta i_{L,on} + \Delta i_{L,off} = \frac{V_S D T_S}{L} + \frac{V_O(1-D)T_S}{L} = 0 \tag{6-62}$$

$$V_O = -\frac{D}{1-D} \cdot V_S \tag{6-63}$$

6.4 교류-교류 변환기

교류-교류 변환기는 전력용 반도체 SCR 등을 이용하여 교류입력을 임의의 크기나 주파수를 갖는 교류출력으로 변환하는 장치이다. 이러한 교류-교류 변환기의 수요는 산업분야에서의 전열 제어, 조명 제어 및 대용량 유도전동기의 속도 제어 등에 폭 넓게 이용되고 있다.

교류-교류 변환기에 적용된 교류전압에 대한 제어는 단상 교류전압 제어와 3상 교류전압제어로 나누어진다.

6.4.1 단상 교류전압 제어

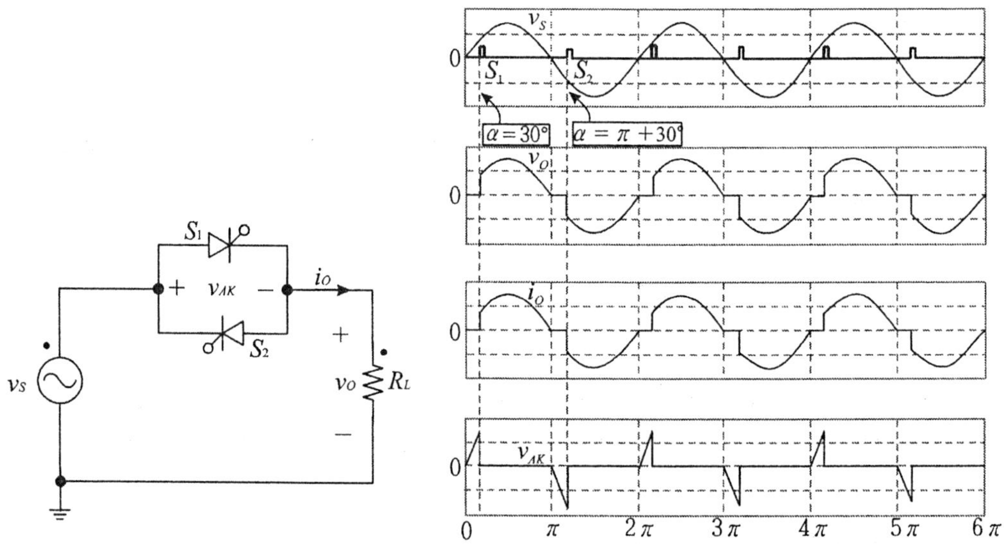

(a) 회로도 (b) 파형

그림 6-27 단상 교류전압 제어

그림 6-27과 같이 저항 부하 대상의 단상 교류전압 제어기의 구성은 두 개의 SCR S_1과 S_2를 역병렬로 이루어져 있다. 이들은 동시에 턴온될 수 없으며, 어느 하나의 턴온에 의하여 입력전원이 부하로 바로 전달됨과 아울러 동일 구간동안 두 SCR이 모두 턴온 상태에서는 부하 전류의 평균값이 0이 된다.

입력 전원전압 v_S를 $v_S(t) = V_m \sin\omega t$이라고 할 때, 단상 교류전압 제어기로부터의 출력전압 v_O는 다음과 같다.

$$v_O(t) = \begin{cases} V_m \sin\omega t & \alpha \le \omega t \le \pi, \ \pi + \alpha \le \omega t \le 2\pi \\ 0 & \text{나머지 구간} \end{cases} \tag{6-64}$$

또한, 출력전압 v_O에 대한 실효값은 식 (6-65)와 같고 이로부터 부하전류의 실효값을 식 (6-66)으로 구할 수 있다.

$$V_{O,rms} = \sqrt{\frac{1}{2\pi}\int_{\alpha}^{\pi}(V_m \sin\omega t)^2 d(\omega t)} = \frac{V_m}{\sqrt{2}}\sqrt{1 - \frac{\alpha}{\pi} + \frac{1}{2\pi}\sin 2\alpha} \tag{6-65}$$

$$I_{O,rms} = \frac{V_{O,rms}}{R} \tag{6-66}$$

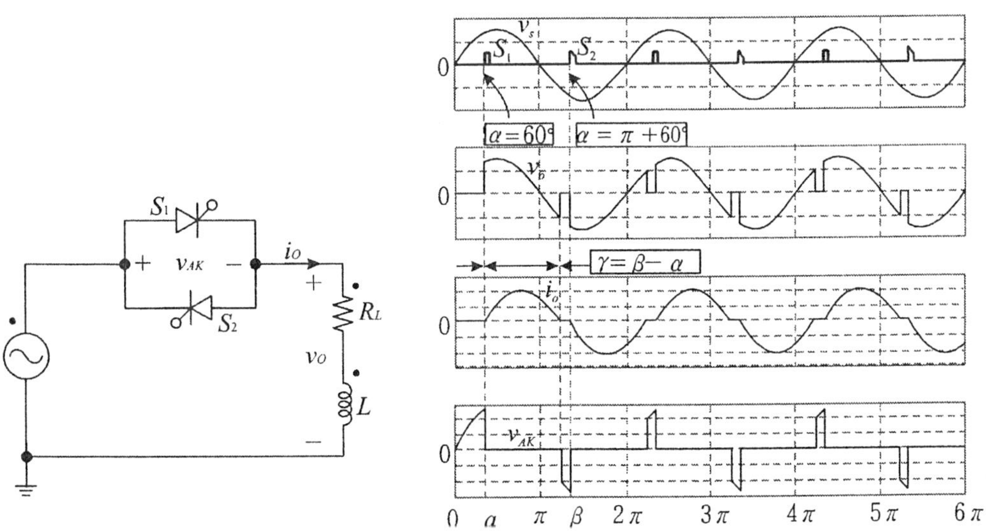

(a) 회로도 (b) 파형

그림 6-28 단상 교류전압 제어($R-L$ 부하)

상기의 단상 교류전압 제어기의 부하로 $R-L$이 적용된 그림 6-28 (a)에서 S_1의 게이트 신호가 $\omega t = \alpha$에서 인가된 경우 회로의 부하전류는 다음과 같은 전압 방정식으로부터 계산될 수 있다.

$$V_m \sin\omega t = Ri_O(t) + L\frac{di_O(t)}{dt} \tag{6-67}$$

식 (6-67)의 해석과정에서 과도상태 및 정상상태를 고려하여 그림 6-28 (b)와 같은 전류 턴온 구간 $\alpha \le \omega t \le \beta$에서의 출력전류 i_O는 다음과 같고 나머지 구간에서는 0이다.

$$i_O = \frac{V_m}{Z}\left[\sin(\omega t - \theta) - \sin(\alpha - \theta)e^{\frac{(\alpha - \omega t)}{\omega\tau}}\right] \tag{6-68}$$

여기서, $Z = \sqrt{R^2 + (\omega L)^2}$, $\theta = \tan^{-1}(\frac{\omega L}{R})$ 이다.

전류 흐름이 끝나는 β는 전류가 0이 되는 각이므로 $\omega t = \beta$에서의 전류는 다음과 같이 나타낼 수 있다.

$$i_O(\beta) = \frac{V_m}{Z}\left[\sin(\beta - \theta) - \sin(\alpha - \theta)e^{\frac{(\alpha - \beta)}{\omega\tau}}\right] = 0 \tag{6-69}$$

윗 식으로부터 β에 대한 결정은 수치해석에 의하여 결정될 수 있다.

S_2에 대한 게이트 신호는 $\omega t = \pi + \alpha$에서 인가되어 음의 전원전압에 따라 음의 출력전류 파형이 그림과 같이 나타난다.

전류의 턴온 구간을 나타내는 도통각 γ는 다음과 같다.

$$\gamma = \beta - \alpha \tag{6-70}$$

그림으로부터 $\omega t = \pi \sim \beta$ 사이의 구간은 전원전압이 음이고 인덕터 축적에너지의 방출과정에서 출력전류가 양의 값을 가지고 있으므로 SCR S_2를 턴온 시킬 수 없다. 이에 따라, S_2의 게이트 신호는 $\omega t = \beta$ 시점 이후에 지연하여 인가하여야 하는데, 이러한 지연각은 최소로 $\beta - \pi$ 이상이어야 한다.

$$\alpha \ge \beta - \pi \tag{6-71}$$

식 (6-69)로부터 $\alpha = \theta$라 가정할 때 다음의 관계가 성립된다.

$$\sin(\beta - \alpha) = 0 \tag{6-72}$$

식 (6-72)로부터 $\beta-\alpha=\pi$가 성립되고 이에 따라 도통각 $\gamma=\pi$가 된다.

$$\gamma=\pi \text{ 또는 } \alpha=\theta \tag{6-73}$$

만약 α가 θ보다 작은 경우에는 게이트 신호에 의한 개별 SCR의 턴온을 위하여 게이트 신호를 θ을 넘어 유지시켜야 한다.

6.4.2 3상 교류전압 제어

(1) 3상 전파 Y 결선 제어기

그림 6-29는 3상 전파 Y 결선 제어기를 나타내고 있다. 이는 3선 시스템으로 구성되어 있으므로 부하 전류가 흐르기 위해서는 최소 두 전원선에 있는 SCR이 턴온되어야 한다. 이 제어기 전원의 상전압 및 선간전압을 다음 식으로 각각 정의한다.

$$\left.\begin{aligned} v_{AN}(t) &= V_m \sin\omega t \\ v_{BN}(t) &= V_m \sin\left(\omega t-\frac{2}{3}\pi\right) \\ v_{CN}(t) &= V_m \sin\left(\omega t-\frac{4}{3}\pi\right) \end{aligned}\right\} \tag{6-74}$$

$$\left.\begin{aligned} v_{AB}(t) &= \sqrt{3}\, V_m \sin\left(\omega t+\frac{\pi}{6}\right) \\ v_{BN}(t) &= \sqrt{3}\, V_m \sin\left(\omega t-\frac{2}{3}\pi+\frac{\pi}{6}\right) \\ v_{CN}(t) &= \sqrt{3}\, V_m \sin\left(\omega t-\frac{4}{3}\pi+\frac{\pi}{6}\right) \end{aligned}\right\} \tag{6-75}$$

부하의 각 상에 걸리는 전압은 어느 SCR이 턴온 되었는냐에 따라 정해지며, 이 SCR은 모두 턴오프되거나, 2개 및 3개가 턴온될 수 있으며 각 상에 대칭인 SCR은 동시 턴온이 불가능하다.

각 상에 한 개씩 3개의 SCR의 턴온은 그림 6-29 (b)에 나타난 바와 같이 부하 각 상전압이 전원전압의 상전압과 일치하게 된다. 전원 및 부하의 중성점으로부터의 각 상전압은 대칭 3상 전원 및 평형 3상 부하 조건에 해당함에 서로 일치하게 된다.

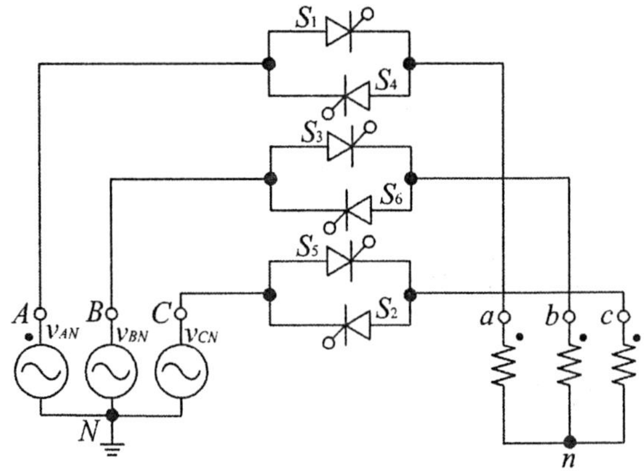

(a) 전체 제어기 회로

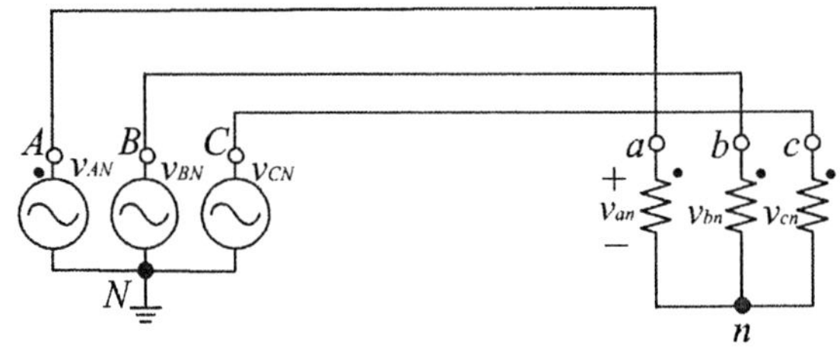

(b) SCR 3개의 턴온 상태

(c) SCR 2개의 턴온 상태

그림 6-29 3상 전파 Y 결선 제어기 회로

3상 중에서 1상은 모두 턴오프되고 2상의 SCR이 턴온된 그림 6-29 (c)의 경우 상간의 선간전압이 균등하게 배분되어 해당 두 개의 부하저항에 나타나게 된다. 여기서 S_1과 S_6만이 턴온되었다고 할 때 그림 6-29 (c)와 같이 $v_{an}=v_{AB}/2$, $v_{bn}=v_{BA}/2$, $v_{cn}=0$가 된다.

개별 시점에서의 턴온 되는 SCR는 모두 다르며 이는 그 시점에서의 전원전압 및 점호각 α에 따라 다음과 같이 판별된다.

- $0° < \alpha < 60°$: 턴온되는 SCR이 2개 또는 3개
- $60° < \alpha < 90°$: 턴온되는 SCR이 2개
- $90° < \alpha < 150°$: 두 개의 SCR 턴온 구간+세 개의 SCR 턴온 구간
- $150° < \alpha$: SCR 모두가 역방향 바이어스로 턴온 되지 않음

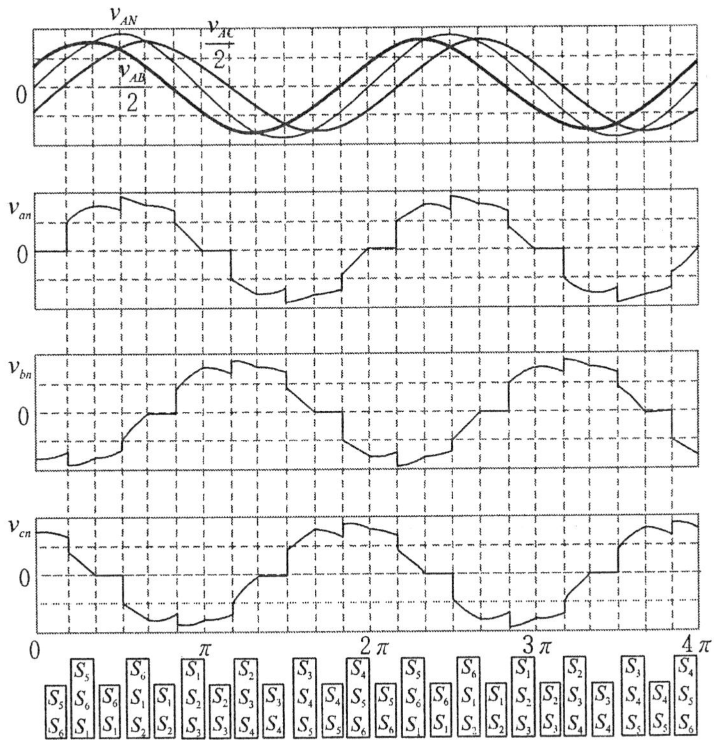

그림 6-30 3상 전파 Y 결선 제어기 파형($\alpha = 30°$)

그림 6-30은 $\alpha = 30°$일 때의 부하 상전압을 나타내고 있다. 이 경우 전압 α는 $0° < \alpha < 60°$ 범위에 있어 턴온 되는 SCR의 개수는 2개 또는 3개가 된다. $0 \le \omega t < \pi/6$ 구간에서는 SCR S_5과 S_6이 턴온 되어 $v_{an} = 0$이 되며, $\pi/6 \le \omega t < \pi/3$에서는 S_5, S_6와 더불어 S_1이 추가되어 $v_{an} = v_{AN}$이 된다. 다음의 구간 $\pi/3 \le \omega t < \pi/2$에서는 SCR S_5이 턴오프되고 S_6와 S_1의 턴온 상태의 지속에 따라 $v_{an} = v_{AB}/2$이 되며, $\pi/2 \le \omega t < 2\pi/3$ 구간에서는 S_6와 S_1에 S_2의 턴온이 추

가됨에 따라 $v_{an}=v_{AN}$이 된다. 계속해서 $2\pi/3 \le \omega t < 5\pi/6$에서는 S_1 및 S_2의 턴온만이 지속됨에 따라 $v_{an}=v_{AC}/2$의 부하 출력이 나타나며, $5\pi/6 \le \omega t < \pi$ 구간에서는 S_1, S_2에 추가적으로 S_3의 턴온이 추가되어 $v_{an}=v_{AN}$의 파형이 나타난다. 반 주기 이후의 동작도 그림에 나와 있듯이 2개 또는 3개의 SCR이 턴온되어 출력 파형이 나타나게 된다.

(2) 3상 전파 Δ 결선 제어기

그림 6-31은 3상 전파 Δ 결선 제어기이다. 부하 저항 양단에 걸리는 출력전압은 그림과 같이 각 상의 SCR이 턴온 되어 전원의 선간전압이 걸리게 된다. 이 선간전압은 다음과 같다.

$$\left.\begin{aligned} v_{AB} &= V_m \sin(\omega t) \\ v_{BC} &= V_m \sin(\omega t - \frac{2}{3}\pi) \\ v_{CA} &= V_m \sin(\omega t - \frac{4}{3}\pi) \end{aligned}\right\} \qquad (6\text{-}76)$$

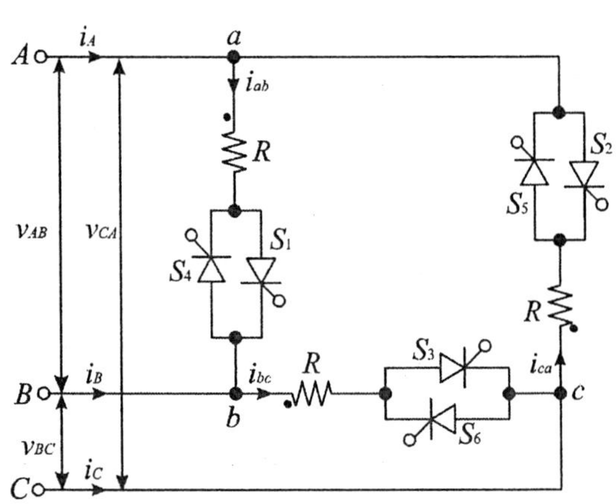

(a) 회로도

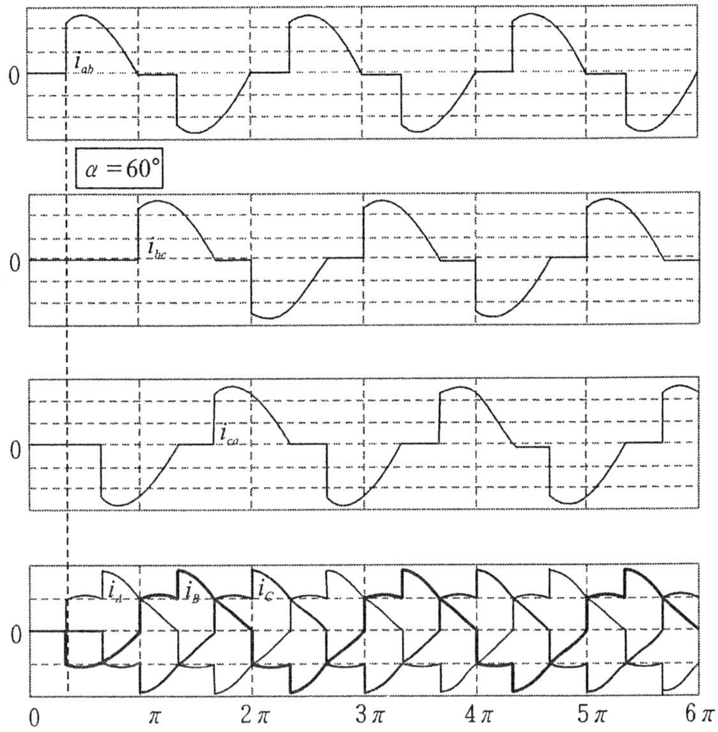

(b) 상전류 및 선전류 파형($\alpha = 60°$)

그림 6-31 3상 전파 Δ 결선 제어기

이러한 선간전압이 출력전압에 반영되어 출력전압에 대한 실효값은 다음과 같다.

$$V_{O,rms} = \sqrt{\frac{1}{2\pi}\int_{\alpha}^{\pi}(v_{ab})^2 d(\omega t)} = \frac{V_m}{\sqrt{2}}\sqrt{\frac{1}{\pi}(\pi - \alpha + \frac{1}{2}\sin\alpha)} \qquad (6\text{-}77)$$

상기의 실효값 관련 식으로부터 $\alpha = 0$에서 $V_{O,rms}$에서 최대가 되며, 이 α의 제어 범위는 $0 \le \alpha \le \pi$에 있다. 전원으로부터 공급되는 선전류는 Δ 부하의 상전류의 합으로 다음과 같다.

$$\left.\begin{aligned} i_A &= i_{ab} - i_{ca} \\ i_B &= i_{bc} - i_{ab} \\ i_C &= i_{ca} - i_{bc} \end{aligned}\right\} \qquad (6\text{-}78)$$

이러한 선전류의 실효값과 각 부하에 흐르는 전류의 실효값 사이의 관계는 SCR의 점호각에 따라 달라진다. α에 의한 부하 전류는 서로 중첩되지 않는 구간에서 선전류의 실효값은 $I_{L,rms} = \sqrt{2}\, I_{\Delta,rms}$이고, 중첩되는 구간에서의 선전류 실효값은 $I_{L,rms} > \sqrt{2}\, I_{\Delta,rms}$인 관계에 있다. $\alpha = 0$인 경우에는 일반적인 3상 회로의 선전류 실효값인 $I_{L,rms} = \sqrt{3}\, I_{\Delta,rms}$으로 이를 종합적으로 점호각 α에 대하여 정리하면 다음 식과 같다.

$$\sqrt{2}\, I_{\Delta,rms} \le I_{L,rms} \le \sqrt{3}\, I_{\Delta,rms} \tag{6-79}$$

6.4.3 싸이클로 컨버터

교류전원으로부터 가변주파수를 얻기 위한 전력변환기인 싸이클로 컨버터는 기본적으로 다이오드 정류기와 원리가 동일하다. 이러한 싸이클로 컨버터는 그림 6-32 (a)에 나타난 바와 같이 P형 컨버터 및 N형 컨버터로 구성되며, P형 컨버터의 동작으로 양의 평균 출력전압이 나타나며, N형 컨버터에 의하여 음의 평균 출력전압이 생성되도록 동작시킨다. 이는 양 컨버터 모두 점호각 α에 의하여 전원전압의 주기에 대한 정수배 제어를 통한 출력전압의 크기 및 주파수를 결정하는 것이다.

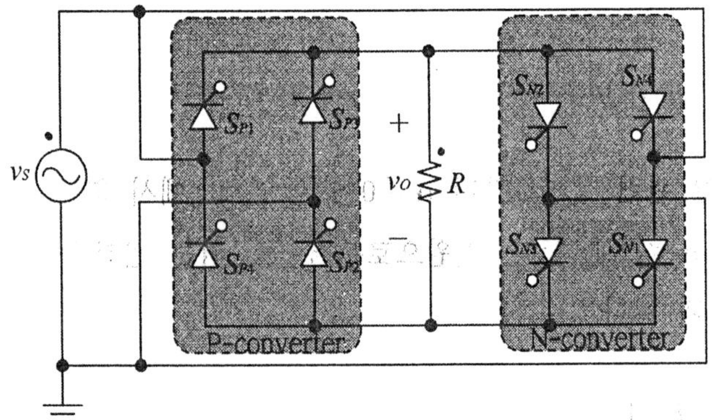

(a) 회로도

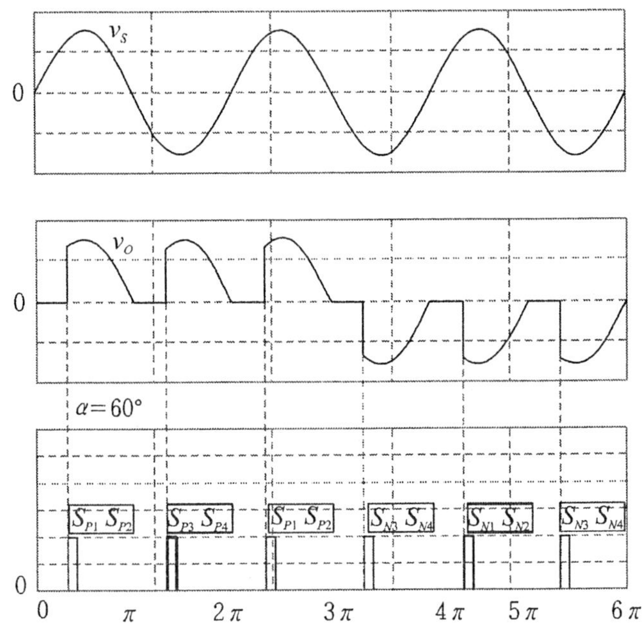

(b) 출력전압 및 게이트 신호

그림 6-32 싸이클로 컨버터($\alpha = 60°$)

이는 그림 6-32 (b)와 같이 전원전압의 주기 $T_S = 2\pi$를 대상으로 P형 컨버터를 3π 구동시키고, 이후에 N형 컨버터도 3π 구간동안 구동시키면 출력전압 v_O의 주기는 $T_O = 6\pi$가 되어 전원전압의 1/3배의 주파수 변환을 이룩한 경우로 볼 수 있다. 결론적으로 싸이클로 컨버터는 일정한 교류전원에 대하여 주파수 및 전압의 크기를 가변시킬 수 있는 변환기라고 할 수 있다.

그림 6-32 (b)의 부하 출력전압 v_O는 양의 크기와 음의 크기가 같으므로 이의 평균값 V_O 및 출력전류의 평균값 I_O를 구하면 다음과 같다.

$$V_O = \frac{1}{3\pi}\int_{\alpha}^{\pi} V_m \sin(\omega t) d(\omega t) = \frac{V_m}{3\pi}(1+\cos\alpha) \tag{6-80}$$

$$I_O = \frac{V_O}{R} = \frac{V_m}{3\pi R}(1+\cos\alpha) \tag{6-81}$$

또한, 부하 출력전압 v_O의 실효값 $V_{O,rms}$ 및 출력전류의 실효값 $I_{O,rms}$는 다음과 같다.

$$V_{O,rms} = \sqrt{\frac{1}{3\pi}\left[\int_{\alpha}^{\pi} v_S^2 d(\omega t) + \int_{\pi+\alpha}^{2\pi} v_S^2 d(\omega t) + \int_{2\pi+\alpha}^{3\pi} v_S^2 d(\omega t)\right]}$$

$$= \frac{V_m}{\sqrt{2}}\sqrt{\left(\frac{1}{\pi} - \alpha + \frac{1}{2}\sin 2\alpha\right)} \tag{6-82}$$

$$I_{O,rms} = \frac{V_{O,rms}}{R} = \frac{V_m}{\sqrt{2}R}\sqrt{\left(\frac{1}{\pi} - \alpha + \frac{1}{2}\sin 2\alpha\right)} \tag{6-83}$$

6.5 직류-교류 변환기

직류를 교류로 변환하는 직류-교류 변환기를 보통 인버터라고 한다. 인버터는 배터리와 같은 일정 직류 전원 또는 교류를 정류한 전원 등의 일정한 크기와 주파수의 전력을 가변 크기 및 가변 주파수의 전력으로 변환하는 기능을 수행하고 있다.

가변 출력전압은 입력 직류전압을 직접적으로 제어하여 얻거나 인버터 자체를 제어하여 얻을 수 있다. 특히 PWM(Pulse Width Modulation) 인버터는 인버터 자체에서 펄스 폭 변조 제어로 가변 전압과 가변 주파수를 모두 얻을 수 있다.

인버터의 출력전압 파형은 될 수 있는 한 정현파가 되도록 하지만 출력 파형은 스위칭 특성에 의하여 많은 고조파를 포함하고 있다. 이러한 고차 고조파들은 고속 스위칭 반도체를 적용하거나 고조파 저감 기법 등의 제어기법으로 많은 부분 제거되고 있다.

직류-교류 변환을 위한 인버터는 각종 산업용 교류 전동기의 가변속 운전, 유도 가열, 예비 전원, 무정전 전원 공급 장치, 철도차량용 전동기 구동용, 산업용 로봇, 전기 자동차, 자기 부상 열차, 항공기 및 우주선용 전원 등 산업 분야에서 광범위하게 이용된다. 추가적으로 입력 전원으로 연료 전지, 태양 전지, 풍력 발전 등 새로운 전원이 폭 넓게 고려되고 있고 이로부터 상용전원과의 연계 기술의 개발에 따라 스마트그리드 개념의 마이크로그리드 체계 구축이 활발하게 진행되고 있다.

인버터에 적용되는 스위칭 반도체는 기본적으로 중용량 범위까지 고속 스위칭 특성이 요구되는 분야에서는 BJT, MOSFET, IGBT 등이 폭 넓게 적용되고 있으며, 대용량의 경우 GTO, SIT, SCR의 적용이 일반적이라 할 수 있다. 특히, 고속 스위칭 특성에 전압전류 정격의 추가 확대에 따른 IGBT의 적용 영역은 대용량으로까지 확대되고 있다. 일반적인 인버터는 PWM 인버터를 많이 사용하며 입력전압을 일정하게 유지할 수 있는 전압원 인버터, 입력전류를 일정하게 유지할 수 있는 전류원 인버터, 입력전압을 제어할 수 있는 가변 직류 링크 인버터들도 있다.

6.5.1 단상 전브리지 인버터

그림 6-33은 단상 전브리지 인버터의 구조와 동작 상태를 나타내고 있다. 이의 동작 특성은 그림과 같이 상부-하부의 동시 턴온만 배제된 형태의 스위칭 조합이 총 4가지가 있으며 이에 대한 출력전압을 정리하면 표 6-1과 같다.

표 6-1 단상 전브리지 인버터의 스위칭 조합

스위칭 턴온	스위칭 턴오프	출력전압
$Q_1 - Q_2$	$Q_3 - Q_4$	$+V_S$
$Q_3 - Q_4$	$Q_1 - Q_2$	$-V_S$
$Q_1 - Q_3$	$Q_2 - Q_4$	0
$Q_2 - Q_4$	$Q_1 - Q_3$	0

그림과 같은 전브리지 인버터의 출력 관련 스위칭 기법에서 가장 간단한 것은 구형파 출력전압을 만드는 것이다. 이는 표 6-1의 스위칭 조합을 이용하여 그림 6-34와 같이 출력전압이 일정한 주기로 $+V_S$에서 $-V_S$ 전압으로 반복하는 형태이다. 이는 구형파 교번 전압이 되며 주파수는 스위칭 주기의 역수가 된다.

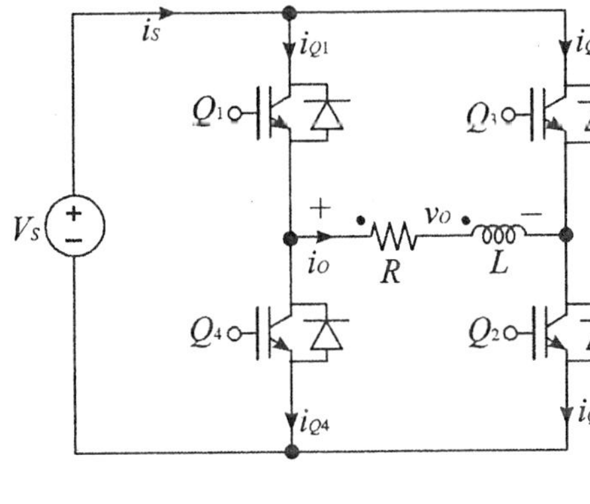

(a) 회로도

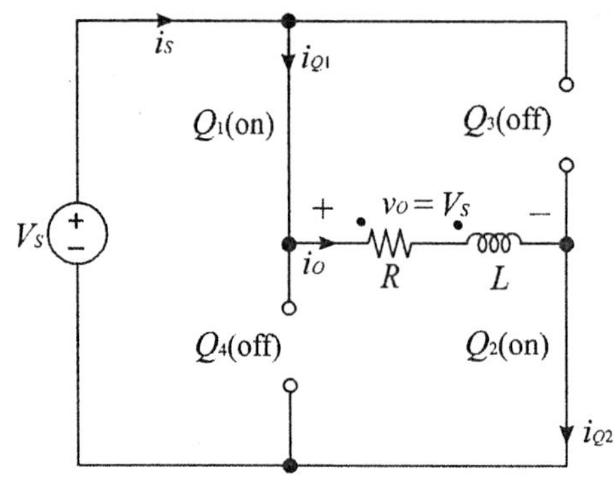

(b) $Q_1 - Q_2$ turn-on

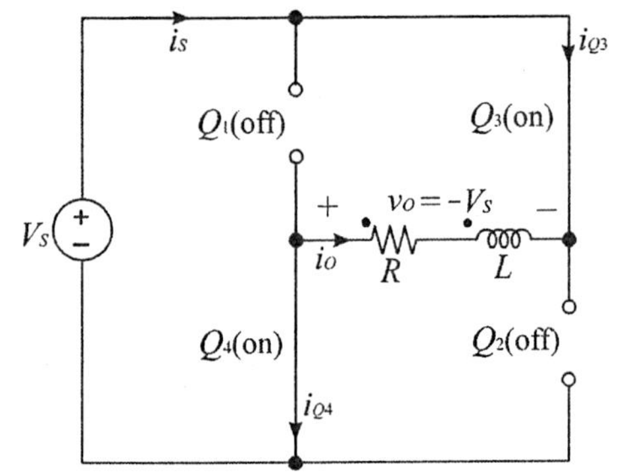

(c) $Q_3 - Q_4$ turn-on

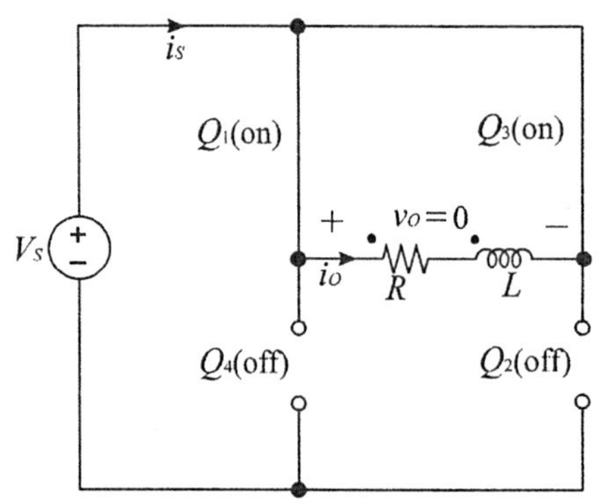

(d) $Q_1 - Q_3$ turn-on

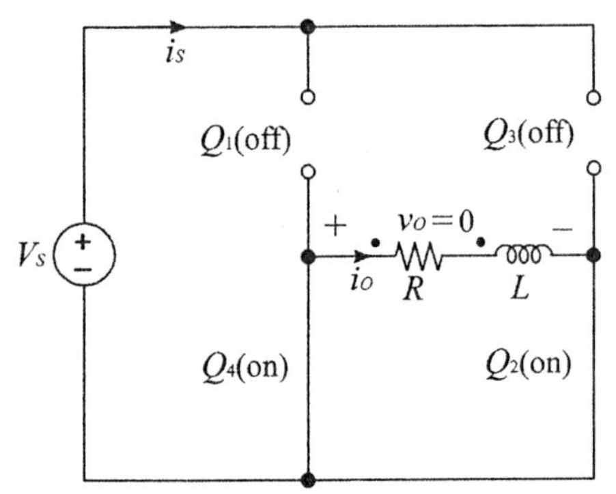

(e) $Q_2 - Q_4$ turn-on

그림 6-33 단상 전브리지 인버터 및 스위칭 조합

이와 같은 전압이 순수 저항 부하에 인가되면 전류 파형도 출력전압과 동상인 구형파 교번 전류가 흐르게 될 것이다.

부하가 $R-L$ 부하라 할 때, 출력전압은 동일하지만 출력전류의 흐름은 $R-L$ 부하의 시정수에 따라 그림과 같이 연속된 변화를 가지게 된다. 이 전류에 대한 정상 상태 해석은 다음 식으로 표현될 수 있다.

$$i_O(t) = \begin{cases} \dfrac{V_S}{R} + \left(-I_m - \dfrac{V_S}{R}\right)e^{-\frac{t}{\tau}} & 0 \le \omega t \le T/2 \\ -\dfrac{V_S}{R} + \left(I_m + \dfrac{V_S}{R}\right)e^{-\frac{(t-T/2)}{\tau}} & T/2 \le \omega t \le T \end{cases} \tag{6-84}$$

여기서, $\tau = L/R$ 이고 $I_m = \dfrac{V_S}{R}\left[\dfrac{1-e^{-T/2\tau}}{1+e^{-T/2\tau}}\right]$ 이다.

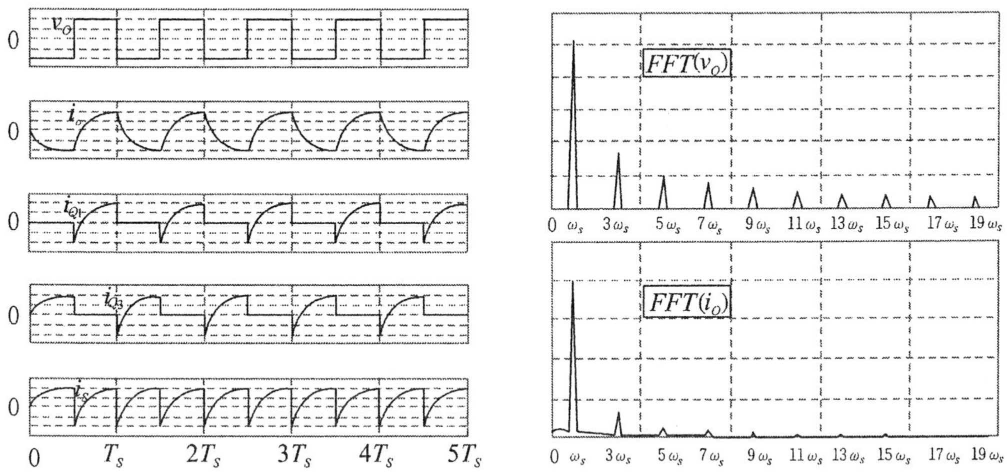

(a) 출력 파형　　　　　(b) 출력 FFT 분석

그림 6-34 단상 전브리지 인버터 출력 파형

대부분의 인버터 출력전압의 부하는 유도전동기 등을 비롯한 $R-L$ 부하 특성을 가지고 있다. 이에 따라, $R-L$ 부하에 공급된 전류의 실효값 $I_{O,rms}$는 저항의 소비전력($P_O = I_{O,rms}^2 R$) 계산에 직접 이용되므로 이를 계산하기 위해서는 그림 6-34 (b)의 분석 파형이나 다음 식과 같이 푸리에 급수 전개로부터 구한 각 주파수 대역에 대한 개별 성분을 취하여 계산하는 것이 용이하다.

$$I_{O,rms} = \sqrt{I_{O1,rms}^2 + I_{O2,rms}^2 + I_{O3,rms}^2 + \cdots} \tag{6-85}$$

식 (6-85)의 각 고조파 전류 성분을 구하기 위하여 출력전압의 푸리에 급수 성분을 나타내면 다음과 같다.

$$v_O(t) = \sum_{n=1,odd}^{\infty} \frac{4V_S}{n\pi}\sin(n\omega t) \tag{6-86}$$

각각의 출력전압의 푸리에 급수 성분이 구하여지면 이로부터 파형의 비정현적 특성을 정의하는 전고조파 왜형률 THD(Total Harmonic Distortion)을 다음 식으로 얻을 수 있다.

$$\text{THD}=\frac{\sqrt{\sum_{n=2}^{\infty} V_{On,rms}}}{V_{O1,rms}}=\frac{\sqrt{V_{O,rms}^2-V_{O1,rms}^2}}{V_{O1,rms}} \tag{6-87}$$

6.5.2 PWM 인버터

단상 전브리지 인버터의 구형파 출력 파형은 교류출력 성분에 많은 고조파가 포함되어 있다. 이러한 고조파는 여러 가지 문제의 원인이 되고 있기 때문에 이의 저감을 위한 방법이 다양하게 연구되어 왔다. 보통 여러 차수의 고조파 성분의 제거를 위하여 PWM(Pulse Width Modulation) 방식이 적용된다.

이러한 PWM 방식은 고조파 저감 특성, 출력관련 필터의 용량 저감 특성과 더불어 가변 출력전압 및 가변 주파수 제어를 수행할 수 있다. 이를 적용하기 위하여 기본적으로 스위칭 반도체의 스위칭 주파수가 높게 설정되어야 하며 또한 상대적으로 복잡한 제어 회로가 구성되어야 하나 다양한 디지털 제어기 관련 마이크로컨트롤러(Micro controller) 또는 DSP(Digital signal processor)의 범용화에 따라 대부분의 인버터는 PWM 방식으로 구현되고 있다.

PWM에 의한 출력전압은 기본적으로 스위칭 주기 내의 펄스로 그 기본이 구형파이다. 이러한 펄스는 평균화 과정으로 정현파 형태로 고려되고 있는데, 이러한 정현파 PWM 출력을 위한 요소 입력은 정현파로 구성된 제어기준신호(control signal) V_{sine}과 삼각파로 이루어진 반송신호(carrier signal) V_{tri}이 있으며, 이 두 가지의 요소 입력을 운영하는 방식에 따라 양방향 스위칭과 단방향 스위칭 방식으로 구분된다.

(1) 양방향 스위칭 PWM

양방향 스위칭 PWM은 표 6-2와 같이 제어기준 신호가 반송신호보다 클 경우 출력전압 $v_O=+V_S$가 되게 스위칭을 하고, 제어기준 신호가 반송신호보다 작을 경우 출력전압 $v_O=-V_S$가 나타나도록 스위칭을 하는 경우로 단상 전브리지 인버터의 논리와 동일하다.

이에 따라, 그림 6-33의 단상 전브리지 인버터에 적용된 양방향 스위칭 PWM은 그림 6-35와 같이 양의 전압과 음의 전압이 교번적으로 나타나게 된다. 이러한 양방향 스위칭 PWM은 출력 평균 전압 v_{AVG}의 크기가 삼각파(반송신호)의 크기와 정현파(제어신호) 크기의 비율로 나타나며, v_{AVG}의 주파수가 정현파 주파수와 일치하게 된다. 이러한 과정에서 스위칭 반도체의 스위칭 주파수 f_S는 삼각파의 주파수 f_{tri}와 동일하다.

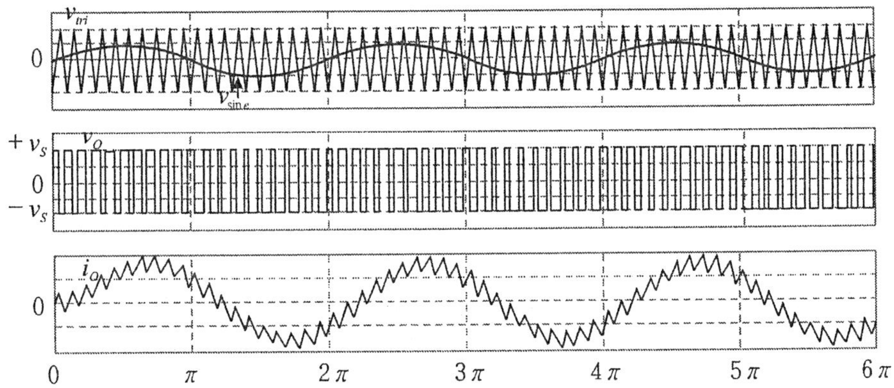

그림 6-35 양방향 스위칭 PWM 인버터 출력 파형

표 6-2 양방향 스위칭 PWM의 조합

스위칭 조건	스위칭 턴온	출력전압
$v_{sine} > v_{tri}$	$Q_1 - Q_2$	$+V_S$
$v_{sine} < v_{tri}$	$Q_3 - Q_4$	$-V_S$

(2) 단방향 스위칭 PWM

단방향 스위칭 PWM 방법은 양방향 기법과는 달리 구간을 나누어 스위칭 하는 경우로 제어신호 V_{sine}과 반송신호 V_{tri}를 비교하여 단상 전브리지 인버터의 Q_1과 Q_4를 각각 턴온/턴오프하며, 음의 제어신호 $-V_{sine}$과 반송신호 V_{tri}를 비교하여 Q_2과 Q_3를 각각 턴온/턴오프한다.

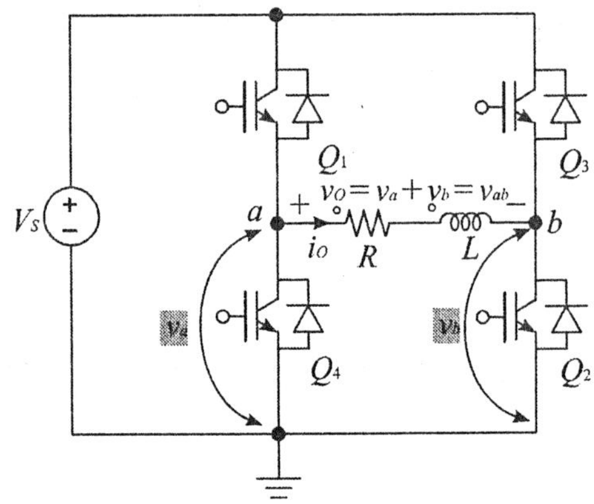

(a) 단방향 스위칭에 의한 출력단 전압(v_a 및 v_b)

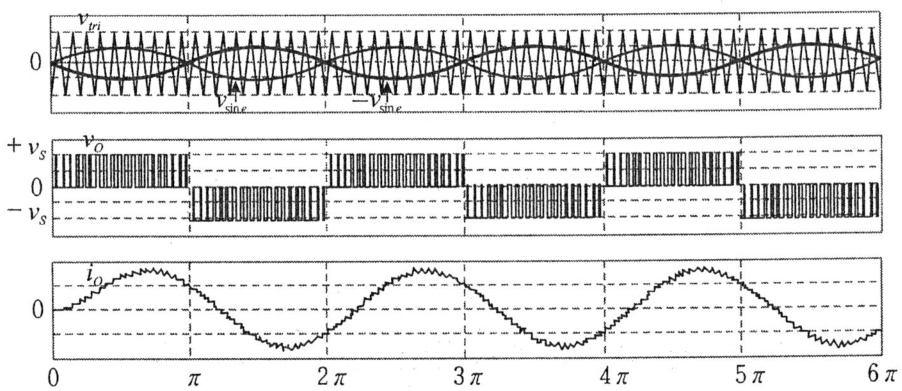

(b) 출력 파형

그림 6-36 단방향 스위칭 PWM 인버터 출력 파형

이러한 개별 전력용 반도체의 스위칭 신호 결정에 대한 기준과 그림 6-36 (a)의 a 및 b 노드에 나타나는 출력단 전압에 대한 정리는 표 6-3과 같다.

표 6-3 단방향 스위칭 PWM의 조합

스위칭 조건	스위칭 턴온	출력단 전압
$v_{sine} > v_{tri}$	Q_1	$v_a = V_S$
$v_{sine} < v_{tri}$	Q_4	$v_a = 0$
$-v_{sine} > v_{tri}$	Q_3	$v_b = V_S$
$-v_{sine} < v_{tri}$	Q_2	$v_b = 0$

6.5.3 3상 인버터

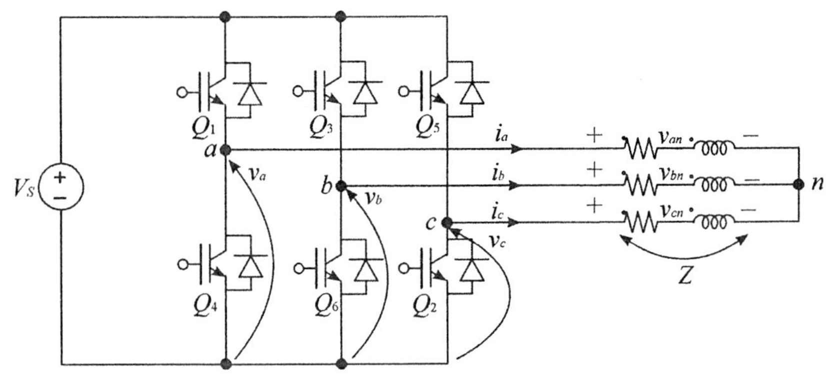

그림 6-37 3상 브리지 인버터 회로

대부분의 교류 부하의 전원 조건은 용량 대비로 단상에 비하여 3상이 많은 비중을 차지하고 있다. 이를 위하여 일정 직류 전원으로부터 3상 교류를 출력하는 그림 6-37의 3상 브리지 인버터가 소용량에서 중용량까지 대부분의 인버터에 폭넓게 적용되고 있다. 이러한 3상 브리지 인버터 회로는 스위칭 반도체의 제어신호 인가 방식에 따라 크게 6 스텝 인버터와 3상 PWM 인버터로 나뉜다.

(1) 6 스텝 인버터

일정 직류 전원으로부터 3상 교류를 출력하는 그림 6-37의 3상 브리지 인버터는 그림 6-38과 같은 스위칭을 통하여 6 스텝 인버터라 불리고 있다. 이는 각 스위칭 반도체가 출력 전원의 주기에 대한 50[%]의 시비율(duty ration)로 동작하며 $Q_1 \sim Q_6$의 순번에 의하여 1/6주기의 시간 간격인 60°마다 턴온/턴오프 교차 동작한다. 추가적으로 상부 무리의 스위칭 반도체(Q_1, Q_3 및 Q_5)는 하부 무리(Q_4, Q_6 및 Q_2)와 직결된 반도체와 서로 반대로 동작하여 동시 턴온에 따른 단락을 방지한다. 이러한 스위칭 방식은 6 단계의 상전압을 얻을 수 있다.

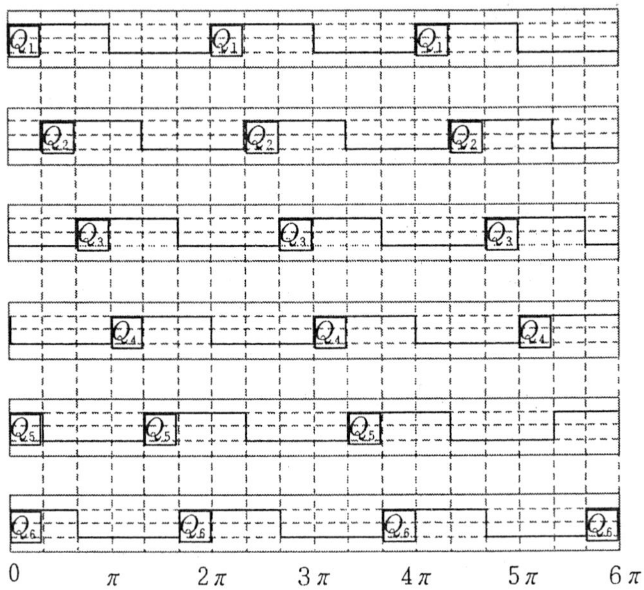

그림 6-38 6 스텝 인버터의 스위칭 구동 파형

표 6-4 6 스텝 인버터의 구간별 스위칭 구성 및 출력 상전압

위상 구간	턴온 스위치	턴오프 스위치	v_{an}	v_{bn}	v_{cn}
$0 \sim \pi/3$	$Q_5 - Q_6 - Q_1$	$Q_2 - Q_3 - Q_4$	$+\frac{1}{3}V_S$	$-\frac{2}{3}V_S$	$+\frac{1}{3}V_S$
$\pi/3 \sim 2\pi/3$	$Q_6 - Q_1 - Q_2$	$Q_3 - Q_4 - Q_5$	$+\frac{2}{3}V_S$	$-\frac{1}{3}V_S$	$-\frac{1}{3}V_S$
$2\pi/3 \sim \pi$	$Q_1 - Q_2 - Q_3$	$Q_4 - Q_5 - Q_6$	$+\frac{1}{3}V_S$	$+\frac{1}{3}V_S$	$-\frac{2}{3}V_S$
$\pi \sim 4\pi/3$	$Q_2 - Q_3 - Q_4$	$Q_5 - Q_6 - Q_1$	$-\frac{1}{3}V_S$	$+\frac{2}{3}V_S$	$-\frac{1}{3}V_S$
$4\pi/3 \sim 5\pi/3$	$Q_3 - Q_4 - Q_5$	$Q_6 - Q_1 - Q_2$	$-\frac{2}{3}V_S$	$+\frac{1}{3}V_S$	$+\frac{1}{3}V_S$
$5\pi/3 \sim 2\pi$	$Q_4 - Q_5 - Q_6$	$Q_1 - Q_2 - Q_3$	$-\frac{1}{3}V_S$	$-\frac{1}{3}V_S$	$+\frac{2}{3}V_S$

이는 Y 결선된 부하가 그림 6-39와 같이 임피던스 Z의 3상 평형 부하라 할 때, $Q_5 - Q_6 - Q_1$이 턴온되고 $Q_2 - Q_3 - Q_4$가 턴오프되는 $\omega t = 0 \sim \pi/3$ 구간에서는 a상 부하와 c상 부하가 병렬이 되어 $Z/2$되며, 이는 b상 부하와 직렬임에 따라 전체 부하 임피던스는 $3Z/2$가 된다. 이에 따라 각 상에 걸리는 전압을 일정 직류 전원 V_S에 대하여 전개하면 다음 식과 같다.

$$v_{an} = -\left(\frac{V_S}{\frac{3}{2}Z}\right) \times \left(\frac{Z}{2}\right) = -\frac{1}{3}V_S \tag{6-88}$$

$$v_{bn} = +\left(\frac{V_S}{\frac{3}{2}Z}\right) \times (Z) = +\frac{2}{3}V_S \tag{6-89}$$

$$v_{cn} = -\left(\frac{V_S}{\frac{3}{2}Z}\right) \times \left(\frac{Z}{2}\right) = -\frac{1}{3}V_S \tag{6-90}$$

이상과 같이 한 주기를 2π라 할 때 스위칭 모드는 $\pi/3$ 간격으로 6개가 구성되며, 각 모드별로 턴온, 턴오프 되는 스위칭 반도체의 구성 및 각 상전압을 정리하면 표 6-4와 같다.

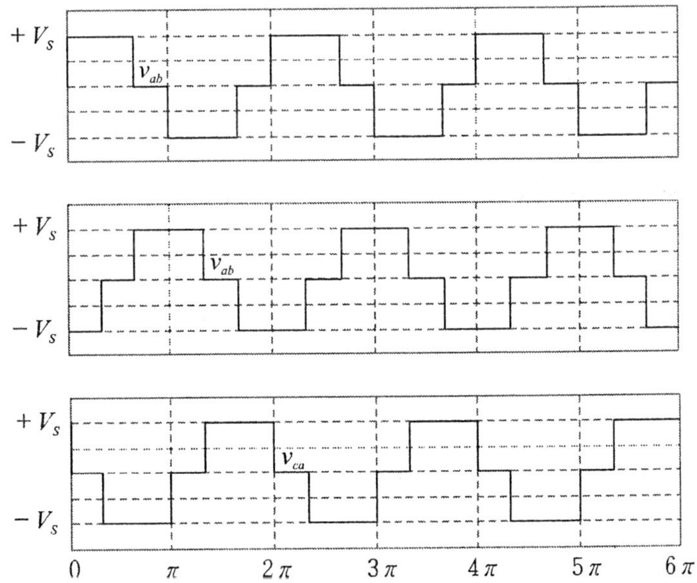

(a) 선간전압

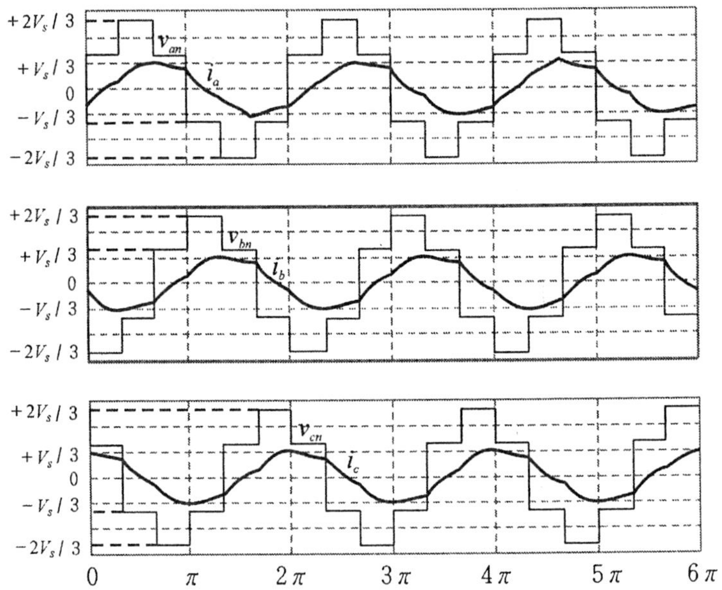

(b) 상전압 및 상전류

그림 6-39 6 스텝 인버터의 출력 파형

(2) 3상 PWM 인버터

PWM 제어 방법은 단상 인버터와 더불어 그림 6-37의 3상 브리지 인버터에도 적용된다. 이러한 PWM 스위칭은 고조파 저감에 대한 우수한 특성, 출력전압의 기본파 제어의 용이함 및 출력단 전압-전류 필터의 저 용량화 가능 등 장점이 많은 제어 기법이다.

3상 인버터에 적용된 PWM도 단상 인버터와 유사하게 3상 정현파로 구성된 제어신호 v_{a_ref}, v_{b_ref} 및 v_{c_ref} 과 삼각파에 의한 반송신호 v_{tri}의 비교에 의해 발생된 개별 상의 펄스 신호를 이용한다. 이 펄스 신호는 상부 및 하부 스위칭 반도체로 구성된 각 브리지에 정방향으로 상부 반도체에 인가하여 턴온시키고, 반전시켜 하부 반도체에 투여하여 턴오프를 이룩한다. 이러한 스위칭을 개별 스위칭 반도체에 대하여 정리하면 표 6-5와 같다.

표 6-5 3상 PWM 인버터의 스위칭 구성 및 출력단 전압

스위칭 조건	스위칭 턴온	출력단 전압
$v_{a\_ref} > v_{tri}$	Q_1	$v_a = V_S$
$v_{a\_ref} < v_{tri}$	Q_4	$v_a = 0$
$v_{b\_ref} > v_{tri}$	Q_3	$v_b = V_S$
$v_{b\_ref} < v_{tri}$	Q_6	$v_b = 0$
$v_{c\_ref} > v_{tri}$	Q_5	$v_c = V_S$
$v_{c\_ref} < v_{tri}$	Q_2	$v_c = 0$

표 6-5에 의한 3상 PWM 인버터의 출력단 전압 v_a, v_b 및 v_c의 그림은 6-40과 같고, 상전압, 상전류 및 선간전압에 대한 그림은 6-41과 같다.

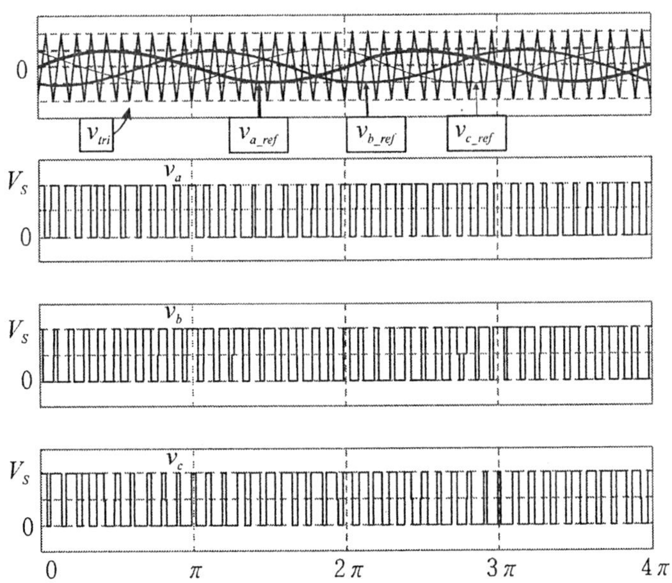

그림 6-40 3상 PWM 인버터 출력단 파형

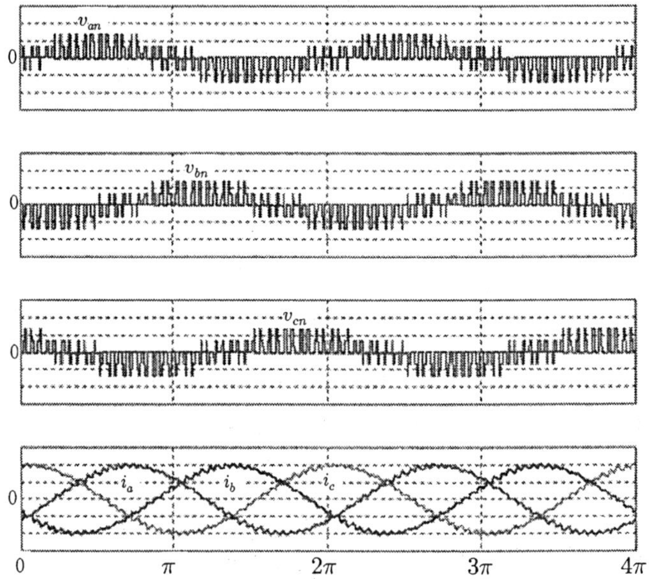

(a) 상전압 및 상전류

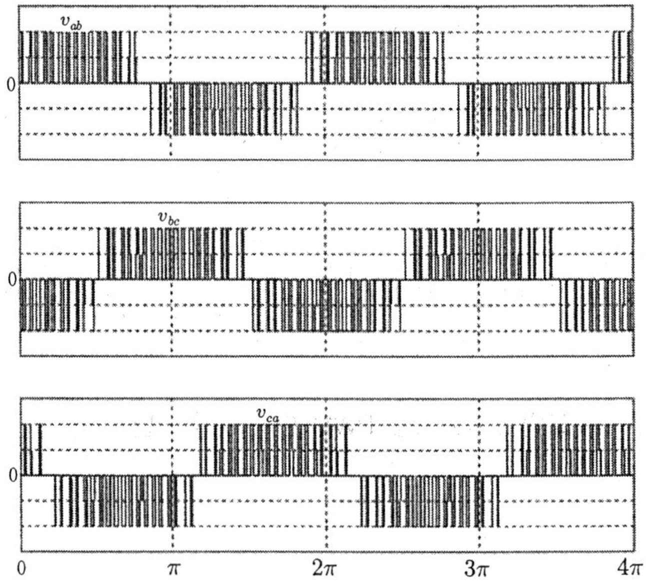

(b) 선간전압

그림 6-41 3상 PWM 인버터 출력 파형

(3) 3상 PWM 인버터에 의한 농형 유도 전동기 구동

산업 현장에서 가변속 또는 정속 운전을 위한 동력용 전동기 중에서 3상 농형 유도 전동기의 운영이 일반화 되어 있다. 이러한 유도 전동기의 가변속 운전을 위하여 적용되고 있는 전력변환기가 3상 PWM 인버터이다. 이 인버터에 의하여 유도 전동기의 고정자 전압 및 주파수를 가변하여 사용자가 원하는 속도 특성을 얻을 수 있다. 그림 6-42는 3상 PWM 인버터를 전력변환기로 적용한 유도 전동기 구동 시스템에 대한 그림이다. 적용된 유도 전동기의 정수는 표 6-6에 나타나 있다. 또한, 그림 6-43은 유도 전동기의 속도, 토크, 출력 선간전압 및 상전류에 대한 그림으로 정격 속도로 속도 상승을 하는 과정에서의 변화를 보여주고 있다.

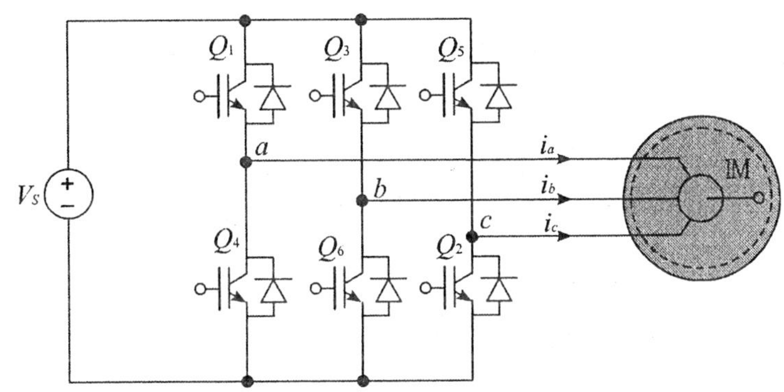

그림 6-42 3상 PWM 인버터에 의한 유도 전동기 구동 시스템

표 6-6 3상 농형 유도 전동기 정수

종류	정수값
고정자 저항(R_S)	0.6865[Ω]
고정자 누설 인덕턴스(L_S)	0.00261[H]
회전자 저항(R_R)	0.6460[Ω]
회전자 누설 인덕턴스(L_R)	0.00392[H]
관성 모멘트(J_m)	0.0376[kg · m^2]
자화 인덕턴스(L_M)	0.08136[H]
극수(P)	4

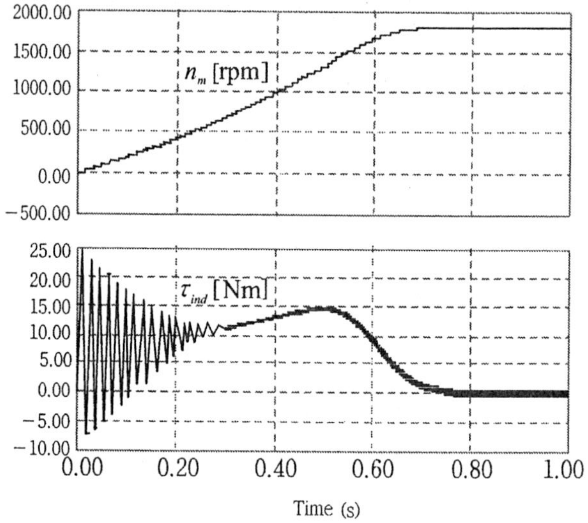

(a) 속도 및 토크 곡선

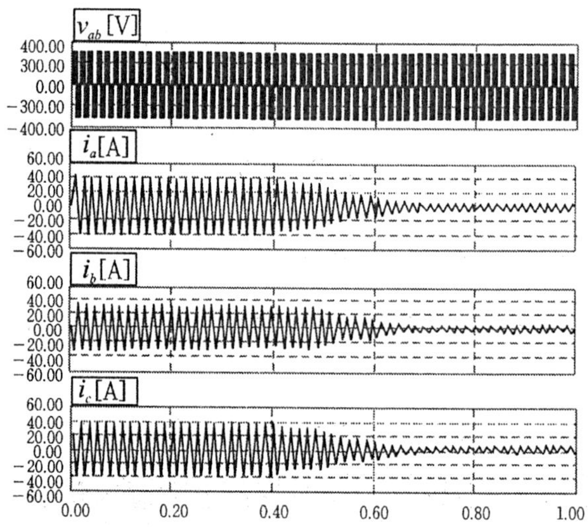

(b) 선간전압 및 상전류

그림 6-43 유도 전동기 구동을 위한 3상 PWM 인버터 출력 파형

연습문제 1

1. 전력용 반도체의 이상적 스위칭에 대하여 설명하시오.

2. 전원전압 $v_S(t) = 311\sin(2\pi 60 \cdot t)$[V]인 단상 반파 정류기에 부하 저항 $R = 10$[Ω]이 연결되어 있다. 이 부하에 나타나는 전류의 평균값, 실효값, 전원의 피상전력과 역률을 구하시오.

3. 전원전압 $v_S(t) = 311\sin(2\pi 60 \cdot t)$[V]인 단상 전파 브리지 정류기에 $R = 10$[Ω] 및 $L = 10$[mH]인 부하가 직렬연결되어 있다. 이 부하의 평균전류, 저항의 소비전력을 구하시오.

4. 저항 부하를 가정할 때 3상 반파 정류기 및 3상 전파 정류기의 맥동률은 각각 얼마인가?

5. 강압 직류-직류 변환기에서 전원전압 $V_S = 50$[V], 부하 저항 $R = 10$[Ω], $L = 50$[μH], $C = 100$[μF], $D = 0.5$, 스위칭 주파수 $f_S = 25$[kHz]인 상태에서 출력전압, 인덕터의 전류의 최대값 및 최소값, 출력전압의 맥동값을 구하시오.

6. 승압 직류-직류 변환기에서 입력전압 $V_S = 24$[V]을 이용하여 출력전압 $V_O = 100$[V]를 만들려고 한다. 스위칭 주파수 $f_S = 25$[kHz]라 하고 출력 전력이 100[W]가 요구되는 경우, 시비율, 인덕터 연소전류의 최소값, 출력전압의 맥동률 1[%]가 되기 위한 필터 커패시터의 크기를 각각 구하시오.

7. 직류 전원 $V_S = 310$[V]을 이용하여 출력 주파수 $f = 60$[Hz]인 교류 출력을 위한 단상 브리지 전파 정류기의 출력전류의 실효값 및 평균값을 구하시오. 여기서, 부하의 $R = 20$[Ω], $L = 20$[mH]이다.

8. PWM 제어기 구성을 위한 양방향 스위칭 및 단방향 스위칭의 차이점에 대하여 기술하시오.

9. 6 스텝 인버터의 회로와 이의 동작 특성에 대하여 기술하시오.

연습문제 2

1. 다음은 SCR에 관한 설명이다. 적당하지 않은 것은?

㉮ 3단자 소자이다.

㉯ 적은 게이트 신호로 대전력을 제어한다.

㉰ 직류 전압만을 제어한다.

㉱ 도통 상태에서 전류가 유지 전류 이하로 되면 비도통 상태로 된다.

2. SCR의 설명으로 적당하지 않은 것은?

㉮ 게이트 전류 (I_G)로 통전 전압을 가변시킨다.

㉯ 주전류를 차단하려면 게이트 전압을 (0) 또는 (−)로 해야 한다.

㉰ 게이트 전류의 위상각으로 통전 전류의 평균값을 제어시킬 수 있다.

㉱ 대전류 제어 정류용으로 이용된다.

3. 사이리스터(thyristor)의 기본 동작 원리 중 양극 전위가 (−), 음극 전위가 (+), 게이트 조건이 OFF이고, 특성 조건이 누설 전류가 급증하였을 때, 사이리스터의 상태는?

㉮ OFF　　　㉯ ON

㉰ ON → OFF　　　㉱ OFF → ON

4. 사이리스터(thyristor)에서의 래칭 전류(latching current)에 관한 설명으로 옳은 것은?

㉮ 게이트를 개방한 상태에서 사이리스터 도통 상태를 유지하기 위한 최소의 순전류

㉯ 게이트 전압을 인가한 후에 급히 제거한 상태에서 도통 상태가 유지되는 최소의 순전류

㉰ 사이리스터의 게이트를 개방한 상태에서 전압을 상승하면 급히 증가하게 되는 순전류

㉱ 사이리스터가 턴온하기 시작하는 순전류

5. 단상 반파 정류 회로에 환류 다이오드(free-wheeling diode)를 사용할 경우에 대한 설명 중 해당되지 않는 것은?

㉮ 유도성 부하에 잘 사용된다.

㉯ 부하 전류의 평활화를 꾀할 수 있다.

㉰ pn 다이오드의 역바이어스 전압이 부하에 따라 변한다.

㉱ 저항 R에 소비되는 전력이 약간 증가한다.

6. 단상 반파 정류 회로에서 입력에 교류 실효값 100[V]를 정류하면 직류 평균 전압은 몇 [V]인가? 단, 정류기 전압 강하는 무시한다.

㉮ 45 ㉯ 90 ㉰ 144 ㉱ 282

7. 단상 브리지 전파 정류 회로의 저항 부하의 전압이 100[V]이면 전원전압[V]은?

㉮ 111 ㉯ 141 ㉰ 100 ㉱ 90

8. 3상 반파 정류 회로에서 맥동률은 몇 [%]인가? 단, 부하는 저항 부하이다.

㉮ 약 10 ㉯ 약 17 ㉰ 약 28 ㉱ 약 40

9. 단상 반파 정류로 직류 전압 100[V]를 얻으려고 한다. 최대 역전압(peak inverse voltage : PIV)이 몇 [V] 이상의 다이오드를 사용하여야 하는가?

㉮ 100 ㉯ 141.4 ㉰ 222 ㉱ 314

10. 반파 정류 회로에서 직류 전압 100[V]를 얻는 데 필요한 변압기의 역전압 첨두값[V]은? 단, 부하는 순저항으로 하고 변압기 내의 전압 강하는 무시하며 정류기 내의 전압 강하를 15[V]로 한다.

㉮ 약 181 ㉯ 약 361 ㉰ 약 512 ㉱ 약 722

11. 사이리스터(thyristor) 단상 전파 정류 파형에서의 저항 부하시 맥동률[%]은?

㉮ 17 ㉯ 48 ㉰ 52 ㉱ 83

12. 다음 회로에서 직류 전압의 평균값은?

㉮ 49.4[V]

㉯ 49.5[V]

㉰ 70[V]

㉱ 99[V]

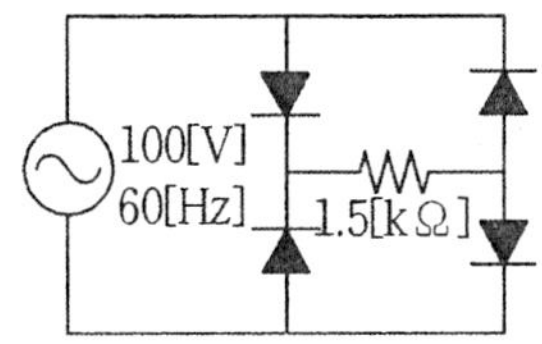

13. 그림의 단상 전파 정류 회로에서 교류측 공급 전압 $628\sin 314t$[V], 직류측 부하 저항 20[Ω]일 때의 부하 전류의 평균값 I_d[A] 및 부하 전압의 평균값 E_d[V]는?

㉮ $I_d=20$[A], $E_d=400$[V]

㉯ $I_d=10$[A], $E_d=200$[V]

㉰ $I_d=14.1$[A], $E_d=282$[V]

㉱ $I_d=28.2$[A], $E_d=565$[V]

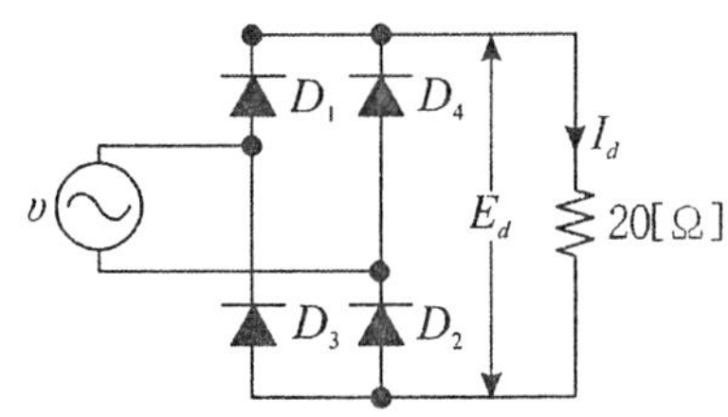

14. 그림의 단상 반파 정류 회로에서 V_1이 100[V]이면 부하 R단에서 얻는 직류 전압은 몇 [V]이며, 다이오드 D_1의 PIV(첨두 역전압)는 몇 [V]인가? 단, D_1의 전압 강하는 무시한다.

㉮ 45[V], 141[V]

㉯ 50[V], 100[V]

㉰ 45[V], 100[V]

㉱ 50[V], 282[V]

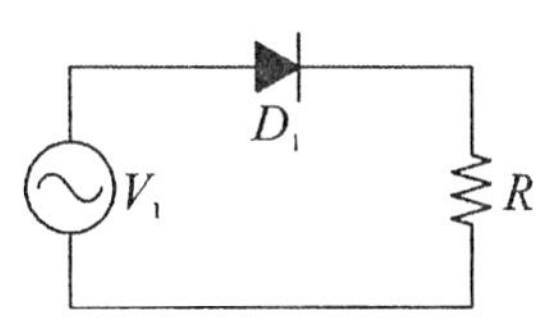

15. 2개의 사이리스터를 이용한 단상 전파 정류 회로에서 직류 전압 150[V]를 얻는데 필요한 1차측 교류 전압[V]과 이 회로에 사용되는 다이오드의 첨두 역전압(PIV)는 얼마인가?

㉮ 166.5, 235.5 ㉯ 166.5, 471 ㉰ 235.5, 323 ㉱ 235.5, 471

16. 100[V]의 정현파 단상 교류를 브리지 정류하여 저항 부하에 직류 전력을 공급하는 경우 직류 출력 전압[V]과 다이오드에 걸리는 PIV는 몇 [V]인가?

㉮ 31.8, 70.7 ㉯ 45, 100 ㉰ 63.7, 282.8 ㉱ 90, 141.4

17. 상전압 200[V]의 3상반파 정류회로의 각 상에 SCR를 사용하여 위상제어할 때 제어각이 30°이면 직류전압[V]은?

㉮ 168 ㉯ 203 ㉰ 314 ㉱ 628

해답	1. ㉱ 2. ㉯ 3. ㉯ 4. ㉱ 5. ㉯ 6. ㉮ 7. ㉮ 8. ㉯ 9. ㉱ 10. ㉯ 11. ㉯ 12. ㉱ 13. ㉮ 14. ㉮ 15. ㉯ 16. ㉱ 17. ㉯

찾아보기

ㅈ

전기기기

2024. 1. 7 인쇄
2024. 1. 10 발행

저 자 : 이철직 · 이택기 · 김남준 · 홍정표 · 조수억 · 이상훈 공저

발행자 : 이진권

발행처 : 도서출판 **태영문화사**

주 소 : 서울특별시 강서구 초원로 38
전 화 : 2661-8751
F A X : 2661-8798

등 록 : 1998년 11월 12일 제 2-2682호

정가 24,000원

ISBN 978-89-6354-096-2